普通高等教育"九五"国家级重点教材

动物生物化学

第三版

周顺伍 主编

动物类专业用

中国农业出版社

第三版修订者

名誉主编　齐顺章（中国农业大学）
主　　编　周顺伍（中国农业大学）
编　　者　邹思湘（南京农业大学）
　　　　　姜涌明（扬州大学）
主　　审　喻梅辉（新疆农业大学）
参　　审　李庆章（东北农业大学）

第三版前言

《动物生物化学》第一版、第二版均在北京农业大学齐顺章教授的主持下，由各兄弟农业院校多位同行共同编写而成的。本书出版以来，由于内容精炼、重点突出、概念清楚、可读性强，深受学生及广大读者的欢迎，多次印刷延用至今，曾获得农业部优秀教材奖，列为国家重点教材。

但《动物生物化学》第二版，自第一次印刷 (1986) 至今已10余年，生物化学有了很大的发展，特别是以 DNA 重组技术为中心的分子生物学技术的建立和应用，生物化学中核酸的部分也扩展为分子生物学，并正向着结构生物学方向发展。原教材中核酸的内容已远远跟不上需要。此外，10余年的教学实践中，发现有些章节安排不当，有些章节的内容已趋落后，全书需要重修编写。

1997年11月农业部农教高［1997］91号文件关于下达1997年全国高等农业院校"九五"规划教材编写任务的通知中，《动物生物化学》被列为国家重点教材的重编项目，要求组织人员重编。原计划仍请齐顺章教授主编，但因齐顺章教授年事已高，已不能亲自参加编写，所以第三版由中国农业大学 (原北京农业大学) 周顺伍教授、南京农业大学邹思湘教授和扬州大学姜涌明教授组成编写组。并请新疆农业大学喻梅辉教授主审，东北农业大学李庆章教授参审。

和第二版相比，第三版修改如下：①核酸内容增加了。为了突出核酸的生物学功能，将核酸的化学结构与生物学功能分开，单列一章，其内容在讲清基本原理的同时尽可能介绍新的进展资料，并增加了基因表达调控及分子生物学技术。②原"细胞的生物化学形态学"一章改为"生物膜的结构与功能"。目的是将生物化学中研究的热点之一的生物膜作重点介绍。原"蛋白质代谢"与核酸中核苷酸的代谢合并，改称为"含氮小分子的代谢"。因为两者有密切关系，以利学生理解。③"维生素和辅酶"一章中的部分内容合并在酶学，重点突出维生素的辅酶功能。"新陈代谢的调节"一章的内容分散在有关章节及基因表达调控中去讲，不再单列一章。④"激素"一章的内容已在生理学中介绍，本书不再列入。⑤"水和无机盐的代谢"是动物整体代谢的重要组成部分，仍然保留。"血液化学"、"组织和器官生物化学"及"乳和蛋的生物化学"等章，反映了"动物生物化学"的特点，仍然保留，但内容作了修改。这次重新编写后全书由原来的19章减少为14章，尽管蛋白质化学、酶学、糖类代谢、生物氧化和脂类代谢等章在重新编写时增加了内容，但第三版的总字数仍比原来减少，适应了教学改革的需要。

  本书第一、二版均是由兄弟农业院校多位同行共同编写。根据这次重编要求参编人员控制在1～3人的规定，不可能请更多的同行参加。为了能集思广益，听取各方面意见，重编好本书，在编写组成立后，曾及时给各兄弟农业院校同行发出了"动物生物化学"重编征求意见书。其间收到了多位同行的来信，对编好本书提出了宝贵意见，同时给予热情支持和鼓励。编写过程中许多同行给予了积极的支持与帮助，齐顺章教授始终给予关心和指导，在此表示衷心的感谢！

  由于编者水平有限，重编时间又很紧，书中定会有许多缺点和不足，望读者提出宝贵意见。

编 者

1999年5月1日于北京

第二版前言

《动物生物化学》第一版出版后,受到了广大读者,尤其是各高等农业院校师生的支持和鼓励,我们深致谢意。同时广大师生在使用本教材中也发现了一些缺点和不足之处。而且近几年来在生物化学的领域中又有了不少新进展。为了使本教材更符合教学的需要,我们于1982年秋召开了教学大纲审订会*。与会者共同制订了新的教学大纲。我们据此修订教材,编写了第二版。

和第一版相比,第二版的重要改变如下:①增加了蛋白质的化学和核酸的化学两章。原因是蛋白质和核酸是生命的物质基础,它们的结构和功能也是当前生物化学研究中发展最快的课题。而有机化学中所讲的内容常不能完全满足生化教学的需要。②增加了激素一章。这一方面是为了生物化学的完整性,同时也由于生理学所讲的内容其侧重面与生物化学有所不同,而近年来在激素的生物化学方面又进展的非常迅速之故。③把绪论中细胞的生物化学形态学部分分出来另编了一章。④把原来核酸的代谢及其生物学功能一章中有关蛋白质生物合成调控的内容放在新陈代谢的调节一章中,结合酶含量的调控来讲授。⑤取消了糖、脂肪和蛋白质代谢之间的关系及其紊乱一章,其内容分散在有关章节中讲授。取消了能量代谢与物质平衡一章。因其中的内容大部分与饲养学重复;小部分需要在生化中讲授的放在了有关章节中。这些改变都是为了把内容安排得更为合理一些之故。此外,还根据新进展做了一些修改和补充。

---

* 参加新大纲的审订人员:齐顺章、王悦先、陆曼姝、刘昌沛、郑世昌、皮蔚霞、翟全志、王辉、杨世钺、牛文彪、张曼夫、鲁安太、朱哲保、张焕荣、陈志毅

在修订之后，第二版的字数比第一版稍有增加。由于学时所限，恐怕难于在课堂上全部讲授。考虑到本教材兼有参考书的性质，而且各校的情况也不尽相同，因而多编了一些内容，供大家在讲授中选择和参考。

由于编者水平所限，第二版仍然会有许多缺点和不足之处，还望读者提出宝贵意见。

编　者

1983 年 12 月于北京

第二版修订者

主　编　齐顺章 (北京农业大学)
编　者　张曼夫　牛文彪 (北京农业大学)
　　　　王悦先 (浙江农业大学)
　　　　王　辉 (华中农业大学)
　　　　杨世钺 (山东农业大学)
　　　　张焕荣 (湖南农学院)
　　　　张喜南 (河北农业大学)

第一版前言

《动物生物化学》是供高等农业院校畜牧、兽医专业用的基础教材，亦可供有关畜牧兽医工作者参考。

本教材的重点是阐述家畜、家禽的基本代谢规律，并简要介绍现代生物化学发展中的一些重要新成就，根据基础课要注意系统性，要服从专业培养目标的要求，本教材在系统阐述家畜、家禽基本代谢规律的同时，也写入了一些与畜牧、兽医专业有关的异常代谢障碍等内容。书中供教学参考的内容用小字编排。按照专业教材会议关于课程之间的衔接与分工的意见：①叙述生化部分（糖、脂肪类、蛋白质和核酸的化学）由有机化学讲授。②激素、营养物质的消化吸收及血液呼吸化学与凝固机理由家畜生理学讲授，为减少重复，本教材未将这些内容编入。有关生化名词均采用《英汉生物化学词汇》（科学出版社1977年版）所推荐的中文译名。

本教材是由北京农业大学、山东农学院、华中农学院、华南农学院、湖南农学院组成编写小组集体编写的，并由北京农业大学负责主编。初稿完成后，邀请了部分农业院校的动物生物化学教师进行了审订。

由于水平所限，加之时间紧迫，教材的缺点与错误一定不少。我们渴望读者提出批评意见，以便再版时修改。

《动物生物化学》编写组于北京
1979年2月

第一版编审者

主　编　齐顺章 (北京农业大学)
编　者　张曼夫　牛文彪 (北京农业大学)
　　　　陈志毅 (华南农学院)
　　　　王　辉 (华中农学院)
　　　　杨世钺 (山东农学院)
　　　　张焕荣 (湖南农学院)
审　订　王悦先 (浙江农业大学)　陆曼姝 (贵州农学院)
　　　　刘昌沛 (江苏农学院)　　魏元忠　罗治和 (甘肃农业大学)
　　　　高　佳 (沈阳农学院)　　郭志钧 (西北农学院)
　　　　翟全志 (东北农学院)　　冯明镜 (四川农学院)
　　　　张喜南 (河北农业大学)　皮蔚霞 (内蒙古农牧学院)
　　　　喻梅辉 (新疆八一农学院)

目　录

第三版前言
第二版前言
第一版前言
第一章　绪论 …………………………………………………………………… 1
　一、生物化学的概念 …………………………………………………………… 1
　二、生物化学的发展 …………………………………………………………… 1
　三、生物化学与畜牧和兽医 …………………………………………………… 6
第二章　蛋白质的结构与功能 ………………………………………………… 8
　第一节　蛋白质在生命活动中的重要作用 …………………………………… 8
　第二节　蛋白质的化学组成 …………………………………………………… 9
　　一、蛋白质的元素组成 ……………………………………………………… 9
　　二、蛋白质的基本结构单位和其它组分 …………………………………… 9
　　三、氨基酸 …………………………………………………………………… 9
　第三节　蛋白质的化学结构 …………………………………………………… 14
　　一、蛋白质的氨基酸组成 …………………………………………………… 14
　　二、肽键和肽链的概念 ……………………………………………………… 14
　　三、蛋白质的一级结构 ……………………………………………………… 16
　第四节　蛋白质的高级结构 …………………………………………………… 17
　　一、蛋白质结构的层次 ……………………………………………………… 17
　　二、肽单位平面结构和二面角 ……………………………………………… 19
　　三、维持蛋白质分子构象的化学键 ………………………………………… 20
　　四、二级结构 ………………………………………………………………… 21
　　五、超二级结构 ……………………………………………………………… 23
　　六、结构域 …………………………………………………………………… 23
　　七、三级结构 ………………………………………………………………… 24
　　八、四级结构 ………………………………………………………………… 25

第五节　多肽、蛋白质结构与功能的关系 ······ 27
一、多肽结构与功能的关系 ······ 27
二、同功能蛋白质结构的种属差异与保守性 ······ 27
三、蛋白质前体激活 ······ 30
四、一级结构变异与分子病 ······ 30
五、血红蛋白变构与运输氧的功能 ······ 31
六、蛋白质的变性和复性 ······ 33

第六节　蛋白质的物理化学性质和分离提纯 ······ 34
一、蛋白质的物理化学性质 ······ 34
二、蛋白质的分离提纯 ······ 39

第七节　蛋白质分类 ······ 40
一、简单蛋白质 ······ 40
二、结合蛋白质 ······ 40

第三章　酶 ······ 42

第一节　酶的一般概念 ······ 42
一、酶是生物催化剂 ······ 42
二、酶催化作用的特征 ······ 42
三、酶的化学本质 ······ 45
四、单体酶、寡聚酶和多酶复合体 ······ 45
五、酶的重要意义 ······ 45

第二节　酶的组成与辅酶 ······ 46
一、单纯酶和结合酶 ······ 46
二、酶的辅助因子 ······ 46
三、维生素与辅酶 ······ 47

第三节　酶结构与功能的关系 ······ 50
一、酶活性部位和必需基团 ······ 50
二、酶原激活 ······ 51

第四节　酶催化机理 ······ 52
一、过渡态和活化能 ······ 52
二、中间产物学说 ······ 53
三、诱导契合学说 ······ 53
四、酶催化机理 ······ 54

第五节　酶活力测定 ······ 56
一、酶活力测定 ······ 56
二、酶活力单位 ······ 57
三、比活力 ······ 58

第六节　酶促反应动力学 ······ 58
一、底物浓度对酶反应速度的影响 ······ 59

二、抑制剂对酶反应速度的影响 …………………………………………… 62
　　三、激活剂对酶反应速度的影响 …………………………………………… 66
　　四、酶浓度对酶反应速度的影响 …………………………………………… 66
　　五、温度对酶反应速度的影响 ……………………………………………… 67
　　六、溶液 pH 对酶反应速度的影响 ………………………………………… 67
　第七节　酶活性调节 …………………………………………………………… 68
　　一、变构酶 …………………………………………………………………… 68
　　二、共价调节酶 ……………………………………………………………… 70
　　三、同工酶 …………………………………………………………………… 71
　第八节　酶工程 ………………………………………………………………… 72
　　一、酶工程的概念 …………………………………………………………… 72
　　二、化学酶工程 ……………………………………………………………… 72
　　三、生物酶工程 ……………………………………………………………… 73
　第九节　酶的命名和分类 ……………………………………………………… 74
　　一、酶的命名 ………………………………………………………………… 74
　　二、酶的分类 ………………………………………………………………… 74

第四章　糖类代谢

　第一节　糖在动物体内的一般概况 …………………………………………… 76
　　一、糖的生理功能 …………………………………………………………… 76
　　二、糖代谢的概况 …………………………………………………………… 76
　第二节　糖的分解供能 ………………………………………………………… 77
　　一、糖酵解 …………………………………………………………………… 78
　　二、丙酮酸形成乙酰辅酶 A ………………………………………………… 81
　　三、柠檬酸循环 ……………………………………………………………… 83
　　四、葡萄糖完全氧化产生的 ATP …………………………………………… 86
　第三节　磷酸戊糖途径 ………………………………………………………… 87
　　一、磷酸戊糖途径的反应 …………………………………………………… 87
　　二、磷酸戊糖途径的生理意义 ……………………………………………… 90
　第四节　葡萄糖异生作用 ……………………………………………………… 91
　　一、葡萄糖异生作用的生物学意义 ………………………………………… 91
　　二、葡萄糖异生作用的反应途径 …………………………………………… 91
　　三、底物循环 ………………………………………………………………… 93
　　四、乳酸异生为葡萄糖的意义 ……………………………………………… 93
　第五节　糖原 …………………………………………………………………… 94
　　一、糖原的合成 ……………………………………………………………… 94
　　二、糖原的分解 ……………………………………………………………… 96
　　三、糖原代谢调节 …………………………………………………………… 97
　第六节　糖代谢各途径之间的联系 …………………………………………… 99

第五章 生物氧化 ······ 102
第一节 自由能 ······ 102
第二节 ATP ······ 103
一、ATP 是生物体中自由能的通用货币 ······ 103
二、ATP 具有较高的磷酸基团转移潜势 ······ 105
三、ATP 以偶联方式推动体内非自发反应 ······ 105
第三节 氧化磷酸化作用 ······ 106
一、生物氧化的特点 ······ 106
二、两条主要的呼吸链 ······ 106
三、胞液中 NADH 的氧化 ······ 110
四、氧化磷酸化作用 ······ 111
五、化学渗透假说 ······ 112
第四节 其他生物氧化体系 ······ 114
一、需氧脱氢酶 ······ 114
二、过氧化氢酶和过氧化物酶 ······ 114
三、加氧酶 ······ 115
四、超氧化物歧化酶 ······ 115

第六章 脂类代谢 ······ 117
第一节 脂类的生理功能 ······ 117
第二节 脂肪的分解代谢 ······ 118
一、脂肪的动员 ······ 118
二、甘油的代谢 ······ 118
三、脂肪酸的分解代谢 ······ 118
第三节 脂肪的合成代谢 ······ 126
一、长链脂肪酸的合成 ······ 126
二、脂肪酸碳链的延长和脱饱和 ······ 131
三、甘油三酯的合成 ······ 132
第四节 脂肪代谢的调控 ······ 133
一、脂肪组织中脂肪的合成与分解的调节 ······ 133
二、肌肉中糖与脂肪分解代谢的相互调节 ······ 134
三、肝脏的调节作用 ······ 135
第五节 类脂的代谢 ······ 135
一、磷脂的代谢 ······ 135
二、胆固醇的合成代谢及转变 ······ 137
第六节 脂类在体内运转的概况 ······ 141
一、血脂和血浆脂蛋白的结构与分类 ······ 141
二、血浆脂蛋白的主要功能 ······ 144

第七章 含氮小分子的代谢 ······ 147

第一节 蛋白质的营养作用 …………………………………………… 147
一、饲料蛋白质的生理功能 …………………………………………… 147
二、氮平衡 …………………………………………………………… 148
三、蛋白质的生理价值与必需氨基酸 ………………………………… 148
第二节 氨基酸的一般分解代谢 ……………………………………… 149
一、动物体内氨基酸的代谢概况 ……………………………………… 149
二、氨基酸的脱氨基作用 ……………………………………………… 150
三、氨基酸的脱羧基作用 ……………………………………………… 154
第三节 氨的代谢 ……………………………………………………… 154
一、动物体内氨的来源与去路 ………………………………………… 154
二、谷氨酰胺的生成 …………………………………………………… 155
三、尿素的生成 ………………………………………………………… 155
四、尿酸的生成和排出 ………………………………………………… 157
第四节 α-酮酸的代谢和非必需氨基酸的合成 ……………………… 158
一、α-酮酸的代谢 ……………………………………………………… 158
二、非必需氨基酸的生成 ……………………………………………… 159
第五节 个别氨基酸代谢 ……………………………………………… 161
一、提供一碳基团的氨基酸 …………………………………………… 161
二、芳香族氨基酸的代谢转变 ………………………………………… 162
三、含硫氨基酸的代谢 ………………………………………………… 164
第六节 核苷酸的合成代谢 …………………………………………… 166
一、嘌呤核苷酸的合成 ………………………………………………… 166
二、嘧啶核苷酸的合成 ………………………………………………… 169
三、脱氧核糖核苷酸的合成 …………………………………………… 170
第七节 核苷酸的分解代谢 …………………………………………… 171
一、嘌呤的分解 ………………………………………………………… 174
二、嘧啶的分解 ………………………………………………………… 174
第八节 糖、脂类、氨基酸和核苷酸代谢的联系 …………………… 174
一、相互联系 …………………………………………………………… 174
二、营养物质之间的相互影响 ………………………………………… 177

第八章 核酸的化学结构 …………………………………………………… 178
第一节 核酸的化学组成与结构 ……………………………………… 179
一、核酸的化学组成 …………………………………………………… 179
二、DNA 分子的结构 ………………………………………………… 183
三、DNA 的一些性质 ………………………………………………… 189
第二节 RNA 分子的结构 ……………………………………………… 191

第九章 核酸的生物学功能 ………………………………………………… 194
第一节 DNA 的生物合成 ……………………………………………… 194

一、DNA 的复制 ………………………………………… 194
　　二、DNA 的损伤和修复 ………………………………… 201
　　三、RNA 指导下的 DNA 合成（反向转录）………………… 203
　　四、多聚酶链式反应（PCR）……………………………… 204
　　五、DNA 核苷酸顺序测定 ………………………………… 205
　第二节　RNA 的生物合成 …………………………………… 206
　　一、转录 …………………………………………………… 206
　　二、RNA 转录后的加工成熟 ……………………………… 211
　　三、真核生物中的转录 …………………………………… 212
　第三节　催化活性 RNA 的发现 …………………………… 215
　第四节　RNA 的翻译——蛋白质的生物合成 …………… 216
　　一、遗传密码 ……………………………………………… 216
　　二、解码系统 ……………………………………………… 219
　　三、核糖体 ………………………………………………… 222
　　四、蛋白质合成的过程 …………………………………… 225
　第五节　蛋白质的到位 ……………………………………… 232
　第六节　中心法则 …………………………………………… 233
　第七节　基因表达的调控 …………………………………… 234
　　一、原核生物的基因表达调控 …………………………… 235
　　二、真核生物的基因表达调控 …………………………… 240
　第八节　分子生物学技术 …………………………………… 243
　　一、DNA 重组技术 ………………………………………… 243
　　二、转基因技术 …………………………………………… 249
　　三、体细胞克隆技术 ……………………………………… 250
　　四、DNA 指纹技术 ………………………………………… 250
　　五、蛋白质工程 …………………………………………… 252

第十章　生物膜的结构与功能 ……………………………… 254
　第一节　生物膜的化学组成 ………………………………… 254
　　一、膜脂 …………………………………………………… 254
　　二、膜蛋白 ………………………………………………… 257
　　三、膜糖 …………………………………………………… 258
　第二节　生物膜的结构特点 ………………………………… 258
　　一、膜的运动性 …………………………………………… 258
　　二、膜脂的流动性与相变 ………………………………… 259
　　三、膜蛋白与膜脂质的相互作用 ………………………… 260
　　四、脂质双层的不对称性 ………………………………… 260
　　五、流动镶嵌模型 ………………………………………… 260
　第三节　物质的过膜运输 …………………………………… 261

一、小分子与离子的过膜转运 ………………………………………………… 262
　　二、大分子物质的过膜转运 …………………………………………………… 265
第四节　信号的过膜转导 ………………………………………………………… 266
　　一、受体的概念 ………………………………………………………………… 267
　　二、G 蛋白偶联型受体系统 …………………………………………………… 267
　　三、酪氨酸蛋白激酶型受体系统 ……………………………………………… 270
　　四、DNA 转录调节型受体系统 ………………………………………………… 271

第十一章　水、无机盐代谢及酸碱平衡 ……………………………………… 272
第一节　体液 ……………………………………………………………………… 273
　　一、体内总水量 ………………………………………………………………… 273
　　二、体液的分区 ………………………………………………………………… 273
　　三、体液各分区的组成 ………………………………………………………… 274
　　四、体液在各分区间的交流 …………………………………………………… 276
第二节　水和钠的代谢 …………………………………………………………… 277
　　一、水的代谢 …………………………………………………………………… 277
　　二、钠的代谢 …………………………………………………………………… 279
　　三、水、钠平衡的调控 ………………………………………………………… 280
　　四、水、钠代谢的紊乱 ………………………………………………………… 281
第三节　钾的代谢 ………………………………………………………………… 283
　　一、钾的生理作用 ……………………………………………………………… 283
　　二、钾的平衡及其调控 ………………………………………………………… 283
　　三、钾代谢的紊乱 ……………………………………………………………… 285
第四节　体液的酸碱平衡 ………………………………………………………… 286
　　一、体液的酸碱度 ……………………………………………………………… 286
　　二、体液酸碱平衡的调节 ……………………………………………………… 286
第五节　体液酸碱平衡的紊乱 …………………………………………………… 292
　　一、呼吸性酸中毒 ……………………………………………………………… 292
　　二、呼吸性碱中毒 ……………………………………………………………… 292
　　三、代谢性酸中毒 ……………………………………………………………… 293
　　四、代谢性碱中毒 ……………………………………………………………… 293
　　五、酸碱平衡与血钾 …………………………………………………………… 294
第六节　钙和无机磷代谢 ………………………………………………………… 294
　　一、钙、磷在体内的分布及其生理作用 ……………………………………… 294
　　二、钙和无机磷代谢 …………………………………………………………… 296
第七节　镁代谢 …………………………………………………………………… 303
第八节　铁代谢 …………………………………………………………………… 303
　　一、分布与功能 ………………………………………………………………… 303
　　二、吸收和排出 ………………………………………………………………… 304

三、转运、利用和贮存 ………………………………………………………… 304
　第九节　畜禽体内的微量元素 …………………………………………………… 305
　　　一、微量元素的概念和分类 ……………………………………………………… 305
　　　二、微量元素的吸收和排泄 ……………………………………………………… 306
　　　三、微量元素在体内的分布和存在方式 ………………………………………… 306
　　　四、必需微量元素的生理功能 …………………………………………………… 307
　　　五、微量元素中毒 ………………………………………………………………… 307

第十二章　血液化学 ……………………………………………………………… 309
　第一节　血液化学成分概说 ……………………………………………………… 309
　第二节　血浆蛋白质 ……………………………………………………………… 310
　　　一、血浆蛋白质的种类及含量 …………………………………………………… 310
　　　二、血浆中的主要蛋白质 ………………………………………………………… 310
　　　三、血浆蛋白质的更新 …………………………………………………………… 313
　　　四、疾病对血浆蛋白的影响 ……………………………………………………… 313
　第三节　免疫球蛋白 ……………………………………………………………… 314
　　　一、概述 …………………………………………………………………………… 314
　　　二、Ig 的分子结构 ………………………………………………………………… 315
　　　三、免疫球蛋白的生物学功能 …………………………………………………… 317
　　　四、免疫球蛋白的生物合成 ……………………………………………………… 318
　　　五、编码 Ig 的基因结构 …………………………………………………………… 319
　　　六、免疫球蛋白的多样性及其根源 ……………………………………………… 320
　第四节　红细胞的代谢 …………………………………………………………… 321
　　　一、红细胞的化学组成及代谢特点 ……………………………………………… 321
　　　二、血红蛋白的性质及代谢 ……………………………………………………… 323

第十三章　某些组织和器官的生物化学 ………………………………………… 327
　第一节　神经组织 ………………………………………………………………… 327
　　　一、大脑的一般代谢 ……………………………………………………………… 327
　　　二、神经递质 ……………………………………………………………………… 329
　第二节　肌肉收缩的生物化学 …………………………………………………… 331
　　　一、肌纤维和肌原纤维 …………………………………………………………… 332
　　　二、肌球蛋白和粗丝 ……………………………………………………………… 333
　　　三、肌动蛋白和细丝 ……………………………………………………………… 334
　　　四、粗丝和细丝间发生相对位移的机制 ………………………………………… 334
　　　五、调控肌肉收缩的机制 ………………………………………………………… 336
　　　六、在肌肉收缩时 ATP 的供应 …………………………………………………… 336
　第三节　结缔组织 ………………………………………………………………… 337
　　　一、纤维 …………………………………………………………………………… 337
　　　二、基质 …………………………………………………………………………… 341

第四节　肝脏的代谢功能 ………………………………………………… 343
　一、肝脏的结构特点及其在代谢中的重要作用 ………………………… 343
　二、肝脏的生理解毒作用及排泄功能 …………………………………… 344

第十四章　乳和蛋的生物化学 …………………………………………… 348
第一节　乳的生物化学 …………………………………………………… 348
　一、乳的组成 ……………………………………………………………… 348
　二、乳的生成 ……………………………………………………………… 351
第二节　蛋的生物化学 …………………………………………………… 354
　一、蛋的结构 ……………………………………………………………… 354
　二、蛋的成分与形成 ……………………………………………………… 356

参考书 ………………………………………………………………………… 361

第一章 绪 论

一、生物化学的概念

生物化学是研究什么的？长期以来人们曾经定义为：生物化学是研究生命的化学的一门科学，简称为生命的化学。即研究生物的化学组成，组成生物的这些化学物质在生物体内所发生的化学变化，以及这些化学变化与生物的生命活动之间的关系。这个定义无疑是正确的，然而随着对生命现象不断深入的研究，这个定义就不能明显的表示出当前生物化学研究的主要内容。当前生物化学研究的主要内容是构成生物的各种物质是怎样表现出生命活动现象的。大家知道，每个生物个体都是由很多种物质构成的，在其中许多生物大分子，尤其是蛋白质和核酸是体现生命活动的最主要物质。然而，从生物体中提取出任何一种物质，即使是任何一种蛋白质或核酸，都不能独立的表现出生命活动。只有当它们以特定的方式结合在一起时才能表现出生命活动。例如肌肉收缩。执行肌肉收缩机能的主要物质是肌动蛋白和肌球蛋白。提纯的肌动蛋白或肌球蛋白单独存在时都不能表现出肌肉收缩现象。只有将这两种蛋白质放在一起，并加入 ATP（提供能量）时，才可见到简单的收缩现象（两种蛋白质构成的丝缩短）。当然在体内的情况要复杂得多。在体内和肌动蛋白、肌球蛋白相结合的还有多种其他蛋白质，这样使得肌肉的收缩和舒张受着神经等的调控。现已知，许多生命现象（基因的表达及其调控、离子的转运等）都是由于类似肌肉收缩的生物分子之间相互作用引起的。特别是蛋白质和核酸，是能够特异的彼此识别和识别其他分子的，从而能够特异的相互结合，相互作用，并表现出特定的生命活动现象。那么，生物分子是怎样相互识别和相互作用的？这种相互作用所遵循的原理是什么？这就是当前生物化学研究的内容。因此生物化学可定义为是研究生物分子，特别是生物大分子相互作用、相互影响以表现生命活动现象原理的科学。

二、生物化学的发展

认识生命现象，揭示生命的本质，人类已经经历了漫长的历史过程，至今仍在不断探索。在此过程中围绕着生命科学，人们创立了如象解剖学、组织学、生理学及医学等学科。同时化学、物理学等学科的发展也有力地推动了生命科学的进步。生物化学是生命科学之一。它是在有关学科发展的基础上逐步形成的。

然而，有关生物化学的许多知识人类早已在生产实践中发现与应用，其中以我国最早。远在公元前22世纪的夏禹时代我国就知道酿酒，至公元前约14世纪的殷代我国饮酒风气已很盛行。公元前12世纪"周礼"已有发酵制酱的记载，公元前6世纪的孔子曾经说过"不得其酱不食"，足见此时酱已成为重要的调味品。公元前4世纪，庄子已记载有"瘿病"，即现代的地方性甲状腺肿病；到公元4世纪时，葛洪已知用含碘丰富的海藻来治疗。有关缺乏维生素 B_1 引起的脚气病；缺乏维生素 A 引起的"雀目"（夜盲症）等疾病，在我国早有记载，孙思邈（公元581—682年）已知用米糠熬成的粥来治疗脚气病，用猪肝治疗"雀目"。从公元10世纪起，我国的学者已利用各种动物器官来治疗疾患，成为近代内分泌学的开端。明代李时珍（公元1522—1596）历经30年著成的"本草纲目"一书，已详细的记载了人体的代谢产物及分泌物。这些都是早期的生物化学萌芽，只可惜未能深入实验升华为理论。

现代自然科学包括生物化学是首先在欧洲，随着资本主义的兴起才逐步发展起来的。近代生物化学是到18世纪拉瓦锡之后才开始的。拉瓦锡（A. L. Lavoisier，1743—1794），研究了燃烧现象，然后他又研究了呼吸，认为动物的呼吸有如蜡烛燃烧，但这种燃烧是缓慢和不发光的。这些实验成为生物化学中生物氧化和能量代谢的发展基础。

到19世纪自然科学有了更大的发展，在许多前人工作的基础上，德国化学家李比希（J. Liebig，1803—1873）初创了生理化学（生物化学），在他的著作中首次提出了"新陈代谢"这个词。以后德国的霍佩赛勒（E. F. Hoppe‐seyler，1825—1895）将生理化学建成一门独立学科，并于1877年提出"Biochemie"一词，译为英语为"Biochemistry"，即生物化学。他还首创蛋白质（proteide）一词。他研究病理体液和脓细胞，从而导致他的学生 F. Miescher 从脓细胞中分离出核蛋白，开创了核酸的研究。

19世纪虽说在各个领域都有突飞的进展，但在生物科学中还存在着"活力论"的影响，认为生命过程是由一种神秘和超物质的生命力所支配。当时很有名的法国细菌学家，微生物学的奠基人巴斯德（L. Pasteur. 1822—1895）在1860年也断言：发酵作用绝对离不开活细胞。虽然早在1828年魏勒（F. Wohlen，1800—1882）就用人工由无机物（氰酸铵）合成了哺乳动物的代谢产物—尿素，说明生命的产物和无机化合物一样，都可以离开"生命力"在体外合成，向"活力论"作出有力的冲击。但真正冲破"活力论"的是1897年布克纳兄弟（Hans Buchner 和 Edward Buchner）的工作。他们将蔗糖放入已磨碎的酵母细胞的液汁中，结果发现蔗糖发酵了！这里没有完整的酵母细胞，蔗糖也能发酵，说明没有"生命力"也能发酵。这个发现彻底推翻了"活力论"。同时也打开了现代生物化学的大门，即生命体的新陈代谢反应过程可以在体外来研究。生物化学进入了发展的新时代。

继布克纳兄弟的实验之后，1905年哈登（A. Harden）和杨（W. youg）发现把破碎后的酵母汁液加入葡萄糖溶液中，发酵立即开始，但要保持反应速率需要加入无机磷酸盐，他们推断无机磷酸盐掺入到糖中形成了磷酸酯，并分离出了一种六碳糖二磷酸酯，即后来的果糖1,6-二磷酸。这些是对发酵过程认识的开始。他们还发现如果将酵母汁液加热至50℃或经透析后活性就丧失了，但将透析失活的酵母汁与加热失活的酵母汁混合，则酵母汁又恢复发酵活力。于是他们推断酵母汁中含有发酵所必需的两种物质。一类不耐热，不被透析的成分称为发酵酶（zymase）；另一类是耐热，可被透析的成分称为辅发酵酶（Cozymase）。

酶（enzyme）这类生物催化剂，最初注意到它的是意大利生理学者 Spallanzani。他将装在铁丝小袋中的肉片喂给猎隼后，再把小袋拉出来，发现隼胃液中含有能使肉片液化的物质，这个物质就是后来的胃蛋白酶。这是最早对酶的观察。1878 年库恩（F. WKiihne）提出了酶这个名词，是指生活的酵母中可使糖类发酵成酒精的催化物质，也称为酵素（femene）由希腊文（ε'νζμη）（意是在酵母菌内）派生而来。哈登和杨的实验结果，使酵母中酶这种物质具体化了，即酶是酵母中起发酵的催化剂。同时获得一个观念：酶分为酶物质本身和辅助成分两部分。那么酶的化学本质是什么？又引起了很长时间的争论，当时认为酶是吸附在蛋白质上的一种物质。直到 1926 年桑孟尔（J. B. Sumner）首次用丙酮从刀豆中获得了结晶的脲酶，稍后那士洛普（Nothrop）等又制得很多种活性很高的胃蛋白酶、胰蛋白酶等。都证明酶的化学本质是蛋白质。由于酶都是蛋白质，具有催化性，那么与其它蛋白质的差异在什么地方呢？由此开始了蛋白质分子结构与功能的研究，1945 至 1955 年英国生物化学家桑格尔（F. Sanger）用 10 年的时间完成了牛胰岛素的氨基酸组成结构的分析，这是第一个蛋白质分子组成结构的分析。紧接着英国的肯德鲁（J. Kendrew，1917—）和佩鲁茨（M. F. Perutz，1914—）用 X-射线衍射分析得到鲸肌红蛋白和马血红蛋白的空间结构，这是人类首先证明蛋白质具有立体三维的空间结构，这是蛋白质结构研究的又一重大贡献。1965 年我国科学家人工合成了具有生物学活性的蛋白质——牛胰岛素，有力地证明人对蛋白质结构认识的正确性，也有力地证明蛋白质结构与功能的统一性。这些成就使蛋白质结构与功能的研究成为热点。

布克纳（Buchner）兄弟开辟了新陈代谢研究的途径。但从酵母汁液演变到动物体新陈代谢的研究，有一个贡献必须提到，这就是 19 世纪 80 年代初 sidney Ringer 发现用简单的氯化钠、钾、钙化合物的混合液可维持灌注的蛙和龟心脏的正常活动，这是最初的生理盐水。以后的实验还证明：用酵母菌榨汁液酵解葡萄糖的过程与用生理盐水制的动物肌肉浸出液将糖酵解成乳酸的过程是完全相似的两套变化，彼此可以相互参证。它揭示出生物化学的反应是生物界新陈代谢共同的基础。由此开辟了不但用酵母菌还使用动物细胞的匀浆，组织切片及动物离体器官灌注和非离体器官灌注等方式来研究各种物质的新陈代谢。今天我们所知道的许多物质新陈代谢的途径大都是用这些方法研究出来的。象组织匀浆等方法至今还在应用。

自 1905 年 Harden 和 Young 开始用酵母菌榨汁研究糖的酵解起，又花费了几十年的时间，由许多研究者在不同的国家辛勤工作，直到 1940 年前酵解的全过程才获得圆满的结果。其中恩伯顿（G. Embden）、迈耶霍夫（O. Meyerhof）等为此作出了重大贡献。因此糖酵解也称为 Embden-Meyerhof 途径。

随后德国生化学家瓦堡（O. Warburg，1883—1970）在拉瓦锡等前人的基础上研究了细胞呼吸，并设计了瓦氏呼吸计（warburg constant volume Respirometer）即在恒温恒体积的条件下，细胞生物氧化吸收的氧可以从气体压力的变化测量出来，从而了解细胞的代谢。它为许多物质的代谢，酶催化提供了一个十分有力的手段，为此而获得 1931 年诺贝尔奖。

20世纪有关糖有氧分解化，脂肪、蛋白质的氨基酸代谢的研究也齐头并进的展开起来。许多结果是很多科学家各自研究又相互补充应证而成的。糖的有氧分解于1937年由克雷布斯（S. H. A. Krebs）完成，其中圣-乔治（A. Szent-Gyorgyi）、马提乌斯（C. Martius）、克努普（F. Knoop）作出了重要贡献。在此前，Krebs还用肾脏浸出液观查了D-型和L-型氨基酸的代谢，并证明了脱氨基的机理。在前人的基础上1932年Krebs用组织切片实验证明了尿素的合成反应提出了他的鸟氨酸循环（ornithine cycle）。关于脂肪酸的代谢，1904年克努普（F. Knoop）制备了一系列的 ω-苯基脂肪酸，即在距羧基最远的一个碳原子上导入一个苯环作"标记"。并喂给狗，然后检查尿中含苯环的化合物。结果发现凡烃链碳原子是偶数的脂肪酸均生成苯乙酸，凡奇数脂肪酸均生成苯甲酸。因此提出 β-氧化的学说。1949年 E. Kennedy 等证明脂肪氧化是在线粒体中进行，β-氧化生成乙酸CoA。G. Cahill证明酮体在脂肪代谢中占重要位置。脂肪酸合成的细节到60年代才完成。

20世纪初还发现了维生素。同时还发现不同蛋白质的营养价值决定于它所含必需氨基酸的种类与数量。这些扩大了生物化学的研究领域，建立了现代营养学的概念。

自1897年巴克纳兄弟打开了现代生物化学的大门，到20世纪50年代生物化学中有关物质代谢、能量代谢及维生素和相关的营养学等，都已经搞得比较清楚，已形成生物化学的重要内容。有关酶和蛋白质分子结构与功能的研究已成为重要的研究内容。

到20世纪50年代核酸研究的开展把生物化学又推入了一个新时代。

生物的生长、发育和繁殖中，遗传的本质是什么？是大家热衷的问题。最早用实验说明这个问题的是孟德尔（G. J. Mendal，1822—1884），他于1865年2月8日在Brün宣读了他的豌豆杂交实验，提出生物遗传的不是其性状本身，而是它的遗传因子，任何胚胎中的变化都是遗传因子（后称为基因）指导下发生出来的外显状态。而遗传因子却能一代一代传递下来，是恒定的物质基础。但他的理论过了30年才被人们重视。而"遗传因子"是什么？并不清楚。

米斯切（F. Miescher，1844—1895年）最早从绷带上的浓细胞中分离出细胞核，并第一次发现核物质中有一种含磷异常多的化合物，他称为"核素"即核蛋白。1889年Altmann继Miescher之后建立了从植物、酵母中制备不含蛋白的核酸的方法，开始了DNA和RNA的研究，但并不了解DNA有何作用。1928年格里菲思（F. Griffith）发现，将活的非致病性的R型肺炎球菌和经加热杀死的致病性的S型肺炎球菌混合后注入小鼠，结果小鼠得肺炎而死，在致死的小鼠血液还发现活的S型肺炎球菌。而单独活的R型或经加热杀死的S型都不能致死小鼠。因此推测一定是加热杀死的S型以某种方式将R型转化成了活S型。后来又发现R—S的转化可在体外进行。用杀死的S型的无细胞抽提物也能使R转化成S型。那么转化的"要素"是什么？于是对S型肺炎球菌无细胞提取液逐一分离测定。1944年由艾弗里（O. Aðery）、麦克劳德（C. Macleod）和麦卡蒂（M. McCarty）证明，转化因素是DNA。首次证明DNA是遗传物质。

于是DNA成为研究中心，其中1950年查加夫（E. Chargaff）证明DNA中腺嘌呤与胸腺嘧啶、鸟嘌呤与嘧啶之比接近于1.0。1946年威尔金斯（M. Wilkins）完成了DNA的X-

射线衍射研究。1953年沃森（J. D. Watson）和克里克（F. H. C. Crick）在分析了Wilkins所摄制的DNA纤维的X-光衍射图后，提出了DNA双螺旋三维空间结构模型。其中双螺旋DNA碱基对互补的原则，成为DNA复制、转录、反转录及翻译的分子基础。这是一个划时代的贡献。它开辟了从分子水平去理解基因功能的道路，成为当今分子生物学的起点。根据这个模型Watson-Crick很快提出了DNA半保留复制的理论并很快得了实验的证实。

1961年F. Jacob和J. Monod指出在基因与蛋白质之间存在着一个由基因决定的中间物（mRNA）。与此同时S. Spiegelman发展了分子杂交技术。用这项技术证明了mRNA的存在，其碱基顺序与DNA模板互补。mRNA来自DNA，以后证明tRNA和rRNA也是基因的产物。接着J. Hurwith和S. Weiss分别发现了RNA聚合酶，很快DNA转录机理得到了阐明。

现在的问题是遗传信息如何从基因向蛋白质传递，也就是DNA（或其转录的mRNA）的碱基顺序和蛋白质中氨基酸顺序之间的遗传密码是怎样的？这项工作经F. Crick、S. Brenne最后由H. G. Khorana和M. Nirenbeng两位学者合作终于在1966年破译了遗传密码。这是近代生物学上的一个杰出成就。

至此遗传信息在生物体由DNA至蛋白质的传递过程已经弄清。到70年代初随着对病毒的认识，如RNA病毒遗传信息就编码在RNA中而不是DNA里，自身有复制能力并产生mRNA。另外，如RNA肿瘤病毒，带有一种逆转录病毒，能将病毒RNA复制成DNA分子，这些重要的发现，丰富了生物基因遗传信息传递的知识。1971年F. Crick完善了他1958年提出的中心法则，清楚地表述了生物世界遗传信息的传递方向及相互关系。

基于以上的成就，及20世纪50年代以来电泳、层析、电镜、同位素、高速离心等新技术新方法的不断改进和发展，1962年Arber等人又发了限制性内切酶，Southern、Northerm等分子杂交方法的延生，于70年代初出现了DNA重组技术，这项技术的特点在于根据生物基因遗传的规律，按人的预先设计，通过体外DNA的重组，将外源基因转入生物体，最终使生物体的遗传性状发生了改变。它的伟大意义在于，人类终于实现了改变生物的遗传性状的目的。在一定程度上使生物按人的愿望行事。

1978年F. Sanger提出的末端终止法核苷酸顺序测定、DNA自动合成仪，及80年代后期DNA体外快速扩增的聚合酶链反应（PCR）等的出现，极大地丰富和扩大了DNA重组技术，形成当今分子生物学技术的主要内容。今天利用这些技术使主宰生命遗传的基因组象一本打开的书，任何一段都可以被译读出来，又像是架在DNA和蛋白质之间的一座桥梁，可从蛋白质来找基因组，从基因组又可以了解相应的蛋白质。基于这些特点，很快提出了以"定点突变"技术为核心的"蛋白质工程"。蛋白质是生命存在的形式，而结构决定它的功能，DNA重组技术与定点突变等技术的应用对蛋白质结构与功能的研究产生了深远的影响。过去10年才能搞清一个蛋白质的结构，到1995年已每天可搞清3.5个，这些成就，使生物学迎来了结构生物学的时代。

DNA重组技术等的另一个结果是促使人们在分子水平上来解释基因和表达之间错综复杂的相互关系及如何被调控。早在1960年F. Jacob和J. Monod发现了原核生物的操纵子，划时地说明基因的表达是受到生物严格调控的。开始了原核生物基因表达调控的研究。但真核生物的调控不同于原核生物，方法也不完全不同，DNA重组技术出现才促进了真核生物基因表达调控机理的研究，现已成为生物化学中研究的热点。其成果将为揭示细胞生长和增殖、分化的本质奠定基础。

DNA重组技术等的另一个意义是像工具一样能为人类造福。如运用DNA重组技术使大肠杆菌生产一些特有的蛋白质和药物如猪、牛、人的生长激素，乙肝疫苗、干扰素等。1982年Palmiter将大白鼠生长激素的基因重组后注射入小鼠受精卵，再将卵植入小鼠子宫，发育成的小鼠长得比原小鼠大两倍成为"硕鼠"，证明转入的外源基因改变了生物的性状，创立了转基因技术，尽管目前转基因动物尚有许多问题有待研究，但这项技术仍是可使用的。1991年苏格兰人运用转基因技术使绵羊的乳腺表达α-抗胰蛋白酶基因成功，产量十分可观。这种转基因动物称为"生物反应器"。现在生物反应器也成为新的运用热点。1997年英国I. Wilmut等运用羊的体细胞（乳腺细胞）克隆出了羊，这项成果，震惊了世界，其潜在意义是难以估量的。

生物化学中另一个重要发现是1982年塞克（T. Ceeh）等在原生物四膜虫中发现了具有催化作用的RNA，称为Ribozyem。以后又发现一些起催化作用的RNA。尽管这些有催化作用的RNA在真核生物中也很少见，但这种RNA集遗传信息编码和催化功能于一身，其意义是十分重大的。以后又发现反义RNA具有调节基因表达的作用等。使我们看到了生命进化早期的一个RNA世界，它存在于DNA和蛋白质出现之前，那时RNA既起着基因的作用，又起着酶的作用。为生命起源的认识打开了大门。

上述的一切成就已经使生物化学发生了深刻的变化。而且还在不断前进，生物化学及其分子生物学技术最终将揭示生命的本质。

三、生物化学与畜牧和兽医

畜牧和兽医是农业的重要领域，也是重要的生物学科。生物化学是生物科学的基础，也是畜牧和兽医学科主要的专业基础课程。学好生物化学及生物技术的基本原理是学好畜牧、兽医专业课程的保证。

在畜禽饲养中深刻理解畜禽机体内物质代谢和能量代谢的状况，掌握体内营养物质代谢间相互转变及相互影响的规律，是提高饲料营养作用的基础。如为了研究饲料营养成分的作用，需要了解各种饲料成分及配比对消化道酶系的影响。现在许多新型添加剂、生理调节剂、酶制剂的研制及应用都是基于对动物体内代谢过程的调控，达到机体内营养成分更加合理、有效地进行转化，提高饲料的营养作用，促进畜禽的生产效益。同样，深入认识畜禽在不同生理时期（生长、发育、妊娠、泌乳、产蛋等）的代谢特点，可避免因营养配比不当，饲养不合理而引起各种代谢的疾病（如酮病、产蛋疲劳综合症等）。

掌握正常畜禽的代谢规律，对于临床上畜禽代谢疾病的徵断与治疗，具有主要的作用。许多疾病如酮症是脂肪酸正常代谢的产物-酮体过多造成的，但多数是在低糖的情况下才会出现酮症。因此应该找到引起低糖的病因。对正常代谢规律的认识也有利于临床上药物的使用。

分子生物学技术已正愈来愈多地运用于畜禽生产的各个方面。

过去是利用蛋白质和酶（主要是同工酶）等的遗传多态性作为遗传标记，进行畜禽品种亲缘关系、种间遗传距离的分析，并筛选与优良生产性状相关的遗传标记，为培养高产优质的畜禽品种（如瘦肉型猪、小型猪、高产蛋鸡等）提供理论依据。现在已采用效率更高的 DNA 指纹技术作为遗传标记，在遗传育种中已取得明显的成果。

国内外许多实验都证明，给肥育猪在适当的时候注射外源的猪生长激素，可以提高猪的生长速度 25%，提高饲料转化率，降低饲料消耗，多长瘦肉、降低脂肪等。同样，给牛注射外源牛生长激素，可以提高奶产量达 20%。可见猪、牛生长激素的运用能显著提高猪牛的生产能力。现在已能运用 DNA 重组技术，由细菌来生产基因工程的猪和牛生长激素，用于生产实践。同样，运用转基因动物制成的"生物反应器"来生产多种人、畜需要的蛋白质和药物。

在畜禽生产中有些动物如鸡和牛，希望主要繁殖雌性个体，以提高生产力。目前正在研究性别控制的分子机理，以求找到有效控制的方法。在动物中还有一些稀有的珍奇物种，如小型猪等，其个体矮小的遗传性状的分子机理尚有待用生物技术去研究。同时，运用体细胞克隆个体的技术，将为保存和发展珍奇优良畜禽品种发挥积极的作用。

兽医工作中常规疫苗已不能满足要求，制备广谱、高效的畜禽疫苗是一项十分重要的任务。这就要求用分子生物学技术深入了解各种毒病基因的分子结构与功能，才能有目的地制备有效的基因工程疫苗。新近发现的反义 RNA 等分子调控机理正被运用为某些疾病基因治疗的手段。

总之，生物化学及其生物技术在发展畜牧、兽医工作中显示出强大的潜在能力。随着不断的发展，生物化学及生物技术已成为每个生物科学工作者必备的知识与技能。畜牧兽医工作者，应该运用这些知识和技术为发展我国的畜牧兽医事业作出贡献。

第二章　蛋白质的结构与功能

第一节　蛋白质在生命活动中的重要作用

蛋白质和核酸（分为 DNA 和 RNA）都是生物大分子。它们存在于动物、植物和微生物的细胞之中。甚至于最简单的病毒，亦含有蛋白质和核酸。DNA 分子含有大量的遗传信息。在生物体内，蛋白质（protein）是以 DNA 为间接模板，以 mRNA 为直接模板而被生物合成的。因此，蛋白质是信息大分子，是 DNA 的遗传信息体现者。蛋白质是生命活动的物质基础，几乎在一切生命过程中都起着关键的作用。蛋白质的种类非常多。每一种蛋白质都有特殊的结构与功能。它们在错综复杂的生命活动中各自扮演着重要的角色，发挥重要的作用：

酶类　是具有催化作用的一类蛋白质。种类繁多。生物体内的一切化学反应，几乎都是在酶（enzyme）催化下进行的。没有酶，就没有新陈代谢，也就没有生命。

激素蛋白类　对人和动物体内某些物质的代谢过程，具有重要的调节作用，从而保证机体的正常生理活动。例如：胰岛素能够调节人和高等动物细胞内的葡萄糖代谢过程。缺乏胰岛素，就会产生糖尿病，危及生命。

运输蛋白类　专门运输新陈代谢所需要的各种小分子、离子以及电子。例如：人和动物红细胞中的血红蛋白能够将氧气从肺部运送到组织细胞，供生物氧化使用。煤气中毒的实质是：煤气中的一氧化碳与血红蛋白相结合，使其失去了运输氧气的能力，从而危及生命。

运动蛋白类　能使细胞或生物体发生运动。例如：人和动物的运动靠肌肉收缩来实现。肌球蛋白和肌动蛋白是参与肌肉收缩的主要成分。

防御蛋白类　能抵御细菌、病毒等异物对机体的侵害，保护机体。例如：抗体能与细菌、病毒选择性地结合，补体则杀死细菌、病毒；干扰素能杀死病毒；凝血酶和血纤维蛋白原参与血液凝固，防止大量血液从伤口流出。

受体蛋白类　存在于细胞的各个部分，在细胞之间化学信息的传递过程中起重要的作用。例如：细胞膜上的膜受体能选择性地接受相应的激素或神经递质，向靶细胞内传递信息。

生长、分化的调控蛋白类　对细胞的生长、分化、基因表达起调节作用。例如：组蛋白、阻遏蛋白、表皮生长因子等。

营养和贮存蛋白类　能贮存氨基酸等，作为人和动物的营养物；为胚胎发育提供营养。例如：卵白中的卵清蛋白、乳汁中的酪蛋白、小麦种子中的醇溶蛋白等。

结构蛋白类 是不溶性纤维蛋白质，具有强大的抗拉作用，作为机体的结构成分，对机体起支持作用。例如：存在于皮、软骨和肌腱中的胶原蛋白，羊毛、头发、羽毛、甲、蹄中的α-角蛋白，昆虫外壳中的硬蛋白，蚕丝中的丝心蛋白，韧带中的弹性蛋白等。

毒素蛋白类 是极少量就能使人和动物中毒，甚至于死亡的异体蛋白质。例如：霍乱菌的霍乱毒素、毒蛇的毒素蛋白等。

膜蛋白类 是生物膜的主要成分。生物膜的各种功能，如，细胞识别、物质运输、信息传递等，都与膜蛋白的作用有密切的关系。

综上所述，蛋白质在生命活动过程中发挥了极其重要的作用，是生命活动所依赖的物质基础。没有蛋白质，就没有生命。

第二节　蛋白质的化学组成

一、蛋白质的元素组成

经元素分析，蛋白质一般含有碳 50%～55%、氢 6%～8%、氧 20%～23%、氮 15%～17%、硫 0.3%～2.5%。在某些蛋白质中，还含有微量的磷、铁、铜、钼、碘、锌等元素。各种蛋白质的氮含量比较恒定，平均值为 16% 左右。

二、蛋白质的基本结构单位和其它组分

蛋白质是生物大分子，通过酸、碱或者蛋白酶的彻底水解，可以产生各种氨基酸。因此，蛋白质的基本结构单位是氨基酸。

蛋白质分为简单蛋白质和结合蛋白质两大类。简单蛋白质水解时只产生各种氨基酸；结合蛋白质水解时，不仅产生各种氨基酸，还产生其它组分，如：血红素、糖类、脂类、核酸、金属离子等（详见第七节）。

三、氨　基　酸

（一）**氨基酸的基本结构和构型**　在蛋白质中，常见的氨基酸有 20 种（表 2-1）。其中，脯氨酸的化学结构式为：

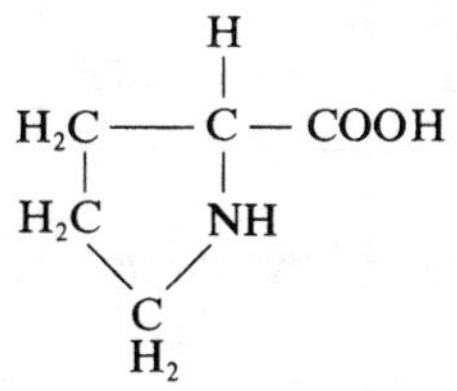

$$\begin{array}{c} H \\ H_2C \!-\! C \!-\! COOH \\ | \quad\quad | \\ H_2C \quad NH \\ \diagdown \; \diagup \\ CH_2 \end{array}$$

除脯氨酸以外，其余 19 种氨基酸的化学结构可以用下列通式表示：

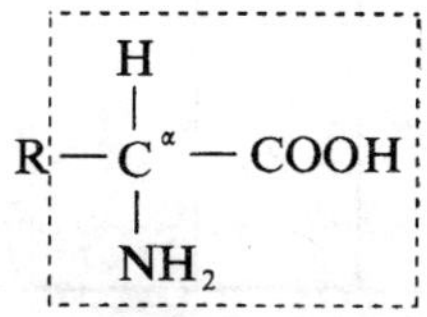

$$R \!-\! \underset{NH_2}{\overset{H}{C^{\alpha}}} \!-\! COOH$$

它们都有一个共同的结构,即:一个羧基(—COOH)、一个氨基(—NH$_2$)和一个氢原子,与α-碳原子相连。它们的结构差别,表现在 R 基(R 侧链)的化学结构上。不同的氨基酸,其 R 基的化学结构不同(表 2-1)。

由通式看出,不论 R 基结构如何,总有一个氨基连在与羧基相邻的α-碳原子上。因此,蛋白质的氨基酸都是属于α-氨基酸(但脯氨酸是α-亚氨基酸)。除甘氨酸以外,其余 19 种氨基酸的α-碳原子都是不对称(手性)碳原子。因而,每一种氨基酸都有 D-型和 L-型两种构型:

$$\begin{array}{cc} \text{COOH} & \text{COOH} \\ | & | \\ \text{H}_2\text{N—C—H} & \text{H—C—NH}_2 \\ | & | \\ \text{R} & \text{R} \\ \text{L-型氨基酸} & \text{D-型氨基酸} \end{array}$$

天然蛋白质中的所有氨基酸都是 L-型氨基酸。虽然蛋白质中不含有 D-型氨基酸,但是,在某些微生物和植物体中常含有 D-型氨基酸。例如:短杆菌肽中含有 D-苯丙氨酸;细菌细胞壁中含有 D-丙氨酸和 D-谷氨酸。

(二)**氨基酸的分类** 蛋白质中的常见氨基酸(基本氨基酸)有 20 种。为了便于表示蛋白质的一级结构,每一种氨基酸都用一定符号表示,如表 2-1 所示。

根据 R 侧链极性和电荷的不同,可以将常见氨基酸分成四类,如表 2-1 所示。

表 2-1 常见氨基酸的名称、结构及分类

分类	氨基酸名称	三字符号	单字符号	中文简称	R 基化学结构	等电点
非极性氨基酸	丙氨酸 (alanine)	Ala	A	丙	$H_3C—$	6.02
	缬氨酸 (valine)	Val	V	缬	$H_3C—CH—$ $\quad\quad\quad\ |$ $\quad\quad\quad CH_3$	5.97
	亮氨酸 (leucine)	Leu	L	亮	$H_3C—CH—CH_2—$ $\quad\quad\quad\ |$ $\quad\quad\quad CH_3$	5.98
	异亮氨酸 (isoleucine)	Ile	I	异亮	$H_3C—CH_2—CH—$ $\quad\quad\quad\quad\quad\ |$ $\quad\quad\quad\quad\quad CH_3$	6.02
	苯丙氨酸 (phenylalanine)	Phe	F	苯丙	⌬—$CH_2—$	5.48
	色氨酸 (tryptophan)	Trp	W	色	(吲哚基)—$CH_2—$	5.89
	蛋氨酸(甲硫氨酸) (methionine)	Met	M	蛋 (甲硫)	$H_3C—S—CH_2—CH_2—$	5.75
	脯氨酸 (proline)	Pro	P	脯	$\begin{array}{c} H_2C—CH_2 \\ |\quad\quad\ | \\ H_2C\quad CH—COOH \\ \ \backslash\ /\ \\ N \\ | \\ H \end{array}$	6.30

(续)

分类	氨基酸名称	三字符号	单字符号	中文简称	R 基化学结构	等电点
不带电荷极性氨基酸	甘氨酸 (glycine)	Gly	G	甘	H—	5.97
	丝氨酸 (serine)	Ser	S	丝	HO—CH$_2$—	5.68
	苏氨酸 (threonine)	Thr	T	苏	H$_3$C—CH(OH)—	6.16
	半胱氨酸 (cysteine)	Cys	C	半胱	HS—CH$_2$—	5.07
	酪氨酸 (tyrosine)	Tyr	Y	酪	HO—C$_6$H$_4$—CH$_2$—	5.66
	天冬酰胺 (asparagine)	Asn	N	天酰	H$_2$N—CO—CH$_2$—	5.41
	谷氨酰胺 (glutamine)	Gln	Q	谷酰	H$_2$N—CO—CH$_2$—CH$_2$—	5.65
带正电荷极性氨基酸	组氨酸 (histidine)	His	H	组	咪唑基—CH$_2$—	7.59
	赖氨酸 (lysine)	Lys	K	赖	$^+$H$_3$N—CH$_2$—CH$_2$—CH$_2$—CH$_2$—	9.47
	精氨酸 (arginine)	Arg	R	精	H$_2$N—C(=NH$_2^+$)—NH—CH$_2$—CH$_2$—CH$_2$—	10.26
带负电荷极性氨基酸	天冬氨酸 (aspartic acid)	Asp	D	天冬	$^-$OOC—CH$_2$—	2.77
	谷氨酸 (glutamic acid)	Glu	E	谷	$^-$OOC—CH$_2$—CH$_2$—	3.22

（三）**稀有氨基酸** 除了上述20种广泛存在于各种蛋白质之中的常见氨基酸以外，还有一些仅存在于少数蛋白质中的稀有L-型氨基酸。例如：胶原蛋白和弹性蛋白中的4-羟脯氨酸和5-羟赖氨酸；甲状腺球蛋白中的二碘酪氨酸和L-甲状腺素；肌球蛋白中的ε-N-甲基赖氨酸；α-角蛋白中的胱氨酸。

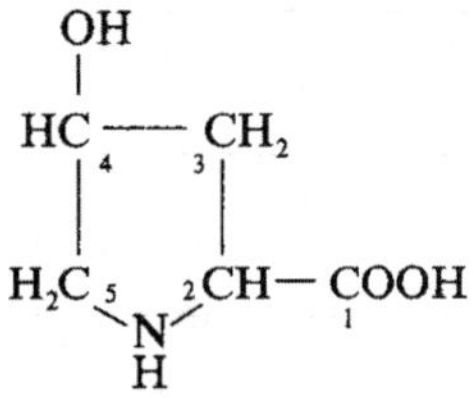

4-羟脯氨酸 结构式

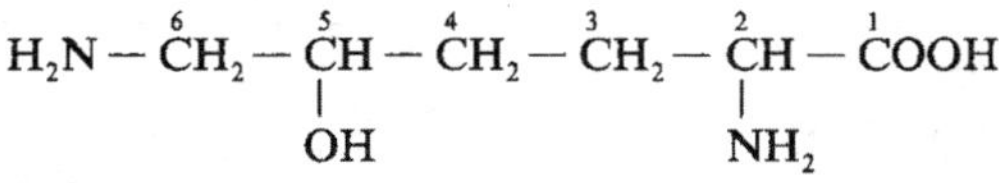

5-羟赖氨酸 结构式

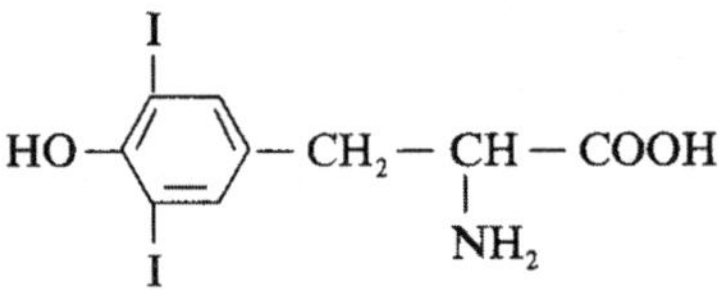

二碘酪氨酸 结构式

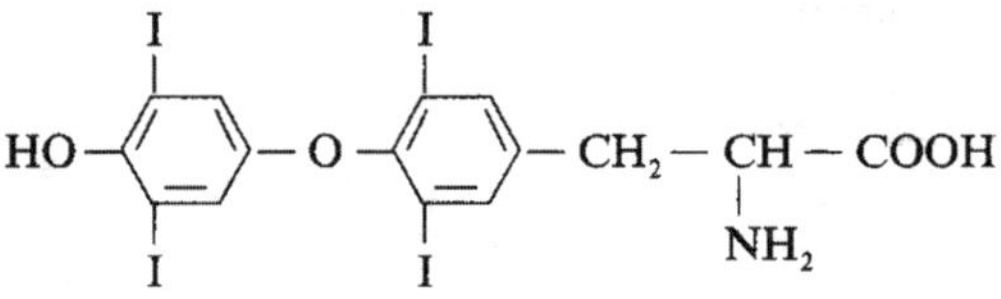

L-甲状腺素 结构式

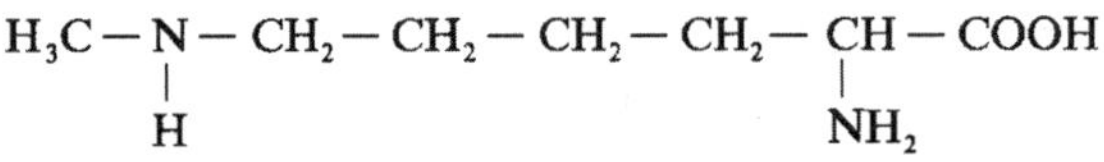

ε-N-甲基赖氨酸 结构式

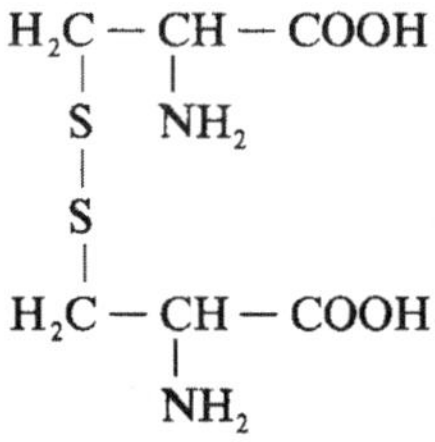

胱氨酸 结构式

上述稀有氨基酸是常见氨基酸的衍生物。它们没有遗传密码，是在蛋白质生物合成以后，通过有关酶的催化修饰而形成的。

（四）非蛋白质的氨基酸 有一些氨基酸不参与蛋白质的组成，而是以游离的状态存在于生物体之中，例如：L-鸟氨酸、L-瓜氨酸等。

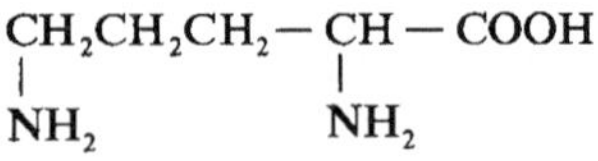

L-鸟氨酸 结构式

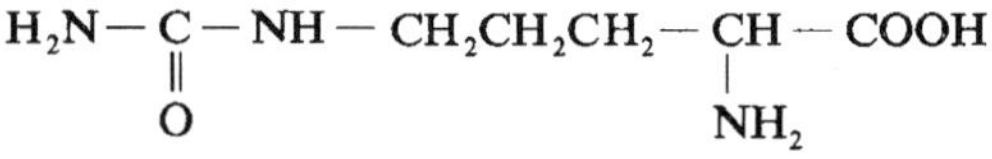

L-瓜氨酸 结构式

（五）氨基酸的主要理化性质

1. **氨基酸的光吸收特征** 各种氨基酸在可见光区都没有光吸收；在紫外光区，只有色氨酸、酪氨酸和苯丙氨酸有吸收光的能力。这三种氨基酸的紫外吸收光谱如图 2-1 所示。色氨酸、酪氨酸、苯丙氨酸的最大吸收波长（λ）分别为 279、278、259 nm。利用紫外光吸收法可以定量地测定这三种自由氨基酸的含量和蛋白质的含量。

2. **氨基酸的两性解离及等电点** 氨基酸分子既含有酸性的羧基（—COOH），又含有

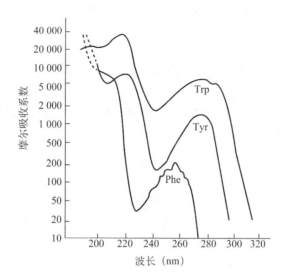

图 2-1　Trp、Tyr 和 Phe 的紫外吸收光谱

碱性的氨基（—NH_2）。其—COOH 能放出质子（H^+），而变成—COO^-；其—NH_2 能接受质子，而变成—NH_3^+。因此，氨基酸是两性电解质（ampholyte）。

$$\underset{\text{中性分子形式}}{R-\underset{NH_2}{\underset{|}{\overset{H}{\overset{|}{C}}}}-COOH} \rightleftharpoons \underset{\text{两性离子形式}}{R-\underset{NH_3^+}{\underset{|}{\overset{H}{\overset{|}{C}}}}-COO^-}$$

许多实验证明，在中性水溶液或晶体中，氨基酸主要是以两性离子（兼性离子）的形式存在的。所谓两性离子（zwitterion）是指：带有数量相等的正负两种电荷的离子。

溶液的 pH 能够影响氨基酸的解离，使其变成不同的带电离子，呈现不同的电泳行为。例如：甘氨酸在 pH5.97 的水溶液中主要是两性离子。加酸使溶液的 pH=1 时，由于—COO^- 接受质子，使大部分甘氨酸变成为带正电荷的阳离子，在直流电场中，移向负极；加碱使溶液的 pH=11 时，由于—NH_3^+ 上的质子被 OH^- 中和，使绝大多数甘氨酸变成为带负电荷的阴离子，在直流电场中，移向正极。

$$\underset{\text{pH 1}(<pI)}{H-\underset{NH_3^+}{\underset{|}{\overset{H}{\overset{|}{C}}}}-COOH} \underset{+H^+}{\overset{+OH^-}{\rightleftharpoons}} \underset{\text{pH 5.97}(=pI)}{H-\underset{NH_3^+}{\underset{|}{\overset{H}{\overset{|}{C}}}}-COO^-} \underset{+H^+}{\overset{+OH^-}{\rightleftharpoons}} \underset{\text{pH 11}(>pI)}{H-\underset{NH_2}{\underset{|}{\overset{H}{\overset{|}{C}}}}-COO^-}$$

对某种氨基酸来讲，当溶液在某一特定的 pH 时，氨基酸以两性离子的形式存在，正电荷数与负电荷数相等，净电荷为零，在直流电场中，既不向正极移动，也不向负极移动。这时，溶液的 pH，称为该氨基酸的等电点，用 pI 表示。上述甘氨酸的 pI 为 5.97。在一定的实验条件下，等电点是氨基酸的特征常数。不同的氨基酸，由于 R 基结构的不同，而有不同的等电点（表 2-1）。当氨基酸处于等电点状态时，由于静电引力的作用，其溶解度最小，容易发生沉淀。利用这一特性可以从各种氨基酸的混合物溶液中分离制取某种氨基酸。

第三节 蛋白质的化学结构

蛋白质的化学结构包括：氨基酸组成、多肽链数目、末端氨基酸组成、氨基酸排列顺序，以及二硫键位置等。

一、蛋白质的氨基酸组成

要测定蛋白质结构，必须首先测定蛋白质的氨基酸组成。分别用一定浓度的盐酸和 NaOH 对高纯度的蛋白质样品彻底水解，然后，用氨基酸自动分析仪测定蛋白质的氨基酸组成。

蛋白质的氨基酸组成，是指：蛋白质中所包含的氨基酸的种类及其数量，有多种表示方式。一般用每 100 g 蛋白质中游离氨基酸的重量（g）或者氨基酸残基的重量（g）来表示。如果蛋白质的分子量已经准确测出，还可以用每个蛋白质分子中各种氨基酸残基的个数来表示。表 2-2 表示了胰岛素的氨基酸组成。每一种蛋白质都有特定的氨基酸组成。氨基酸组成不同，则蛋白质不同。

表 2-2 胰岛素的氨基酸组成

氨基酸种类	每 100g 蛋白质中游离氨基酸克数	每 100g 蛋白质中氨基酸残基的克数	每分子蛋白质中氨基酸残基个数
Asp	7.06	6.15	3
Thr	2.05	1.75	1
Ser	5.33	4.45	3
Glu	18.40	16.30	7
Pro	1.95	1.65	1
Gly	4.80	3.67	4
Ala	4.76	3.84	3
Cys	12.15	10.42	3
Val	9.20	7.85	5
Leu	14.26	12.42	6
Ile	2.30	1.99	1
Tyr	12.67	11.50	4
Phe	8.94	8.03	3
Lys	2.64	2.34	1
His	5.60	4.98	2
Arg	3.05	2.76	1
NH_3	1.88		6

二、肽键和肽链的概念

一个氨基酸分子的 α-羧基可以与另一个氨基酸分子的 α-氨基缩合，失去一个水分子，从而形成肽。这种由二个氨基酸分子缩合而成的肽，称为二肽。其中，包含一个肽键（图2-2）。所谓肽键（peptide bond），是指：$-\overset{O}{\underset{H}{C}}-\overset{}{\underset{}{N}}-$键。含有三个、四个、五个氨基酸的肽，分别称为三肽、四肽、五肽等。含有三个以上氨基酸的肽，统称为多肽（polypeptide）。由许多氨基酸残基通过肽键彼此连接而成的链状多肽，称为多肽链（polypeptide chain）。一条多肽链通常只有一个游离的 $\alpha-NH_2$ 基和一个游离的 $\alpha-COOH$ 基。在书写多肽链结构时，总是从左到右，把含有 $\alpha-NH_2$ 基的氨基酸残基写在多肽链的左边，称为N-末端（氨基端），把含有 $\alpha-COOH$ 基的氨基酸残基写在多肽链的右边，称为C-末端（羧基端）。

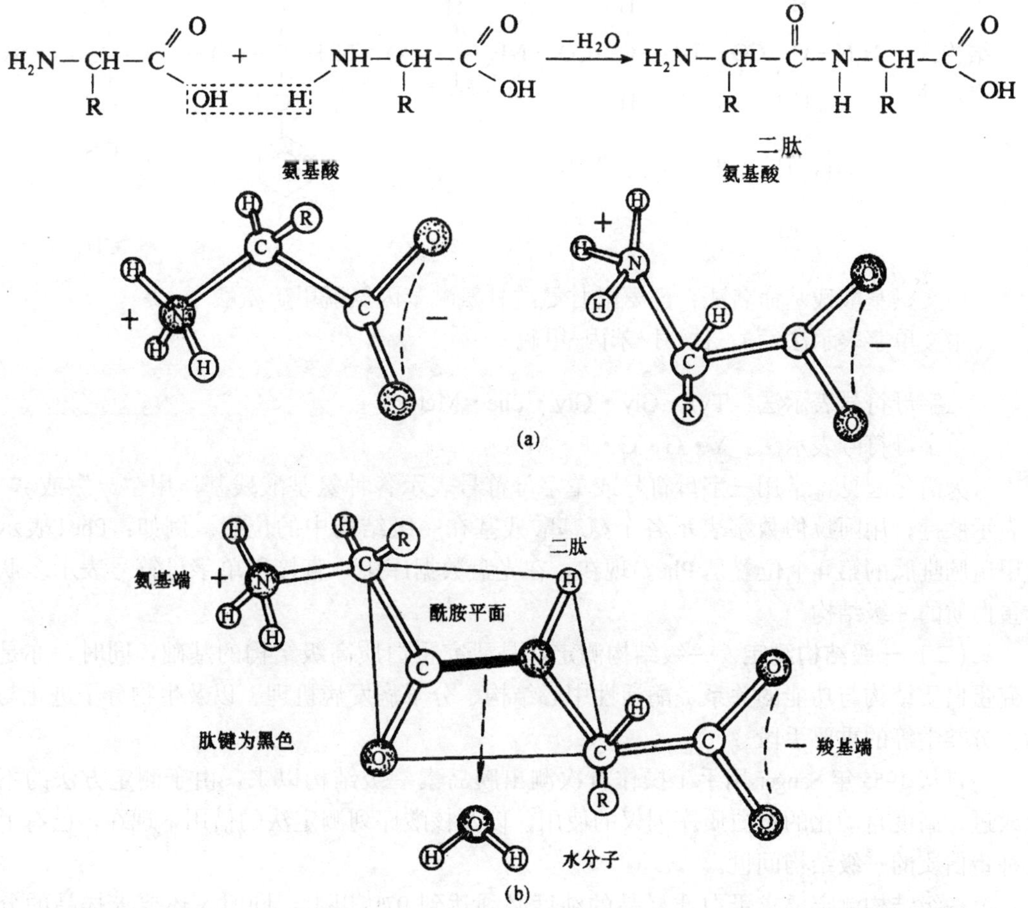

图 2-2 由两个氨基酸形成二肽

(a) 两个氨基酸 (b) 肽键（CO-NH）将一个氨基酸的羧基与另一个氨基酸的氨基连接起来，反应中失去一分子水。

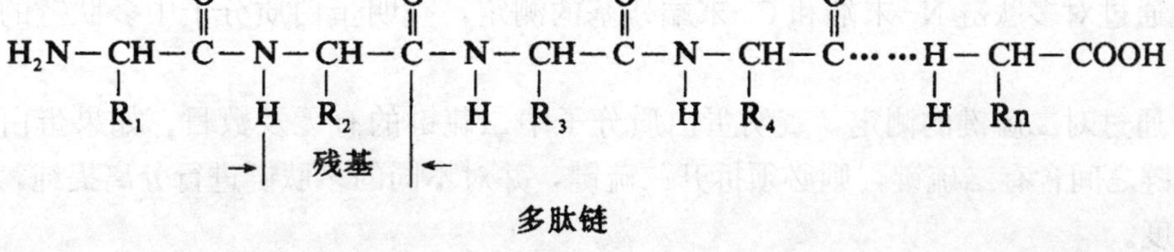

多肽链上的每个氨基酸，由于形成肽键而失去了一分子水，成为不完整的分子形式。这种不完整的氨基酸被称为氨基酸残基（amino acid residue）。

三、蛋白质的一级结构

（一）蛋白质一级结构的定义及表示　蛋白质的一级结构（primary structure）是指：多肽链上各种氨基酸残基的排列顺序，即氨基酸序列（图2-3）。

蛋白质的一级结构，如果用化学结构式表示是非常复杂的，很不方便的。通常根据参与组成多肽链的氨基酸残基种类，按照其排列顺序，从N-末端氨基酸残基开始，依次命名。例如：对甲硫脑啡肽（五肽）的命名如下：

结构式表示法：

$$H_2N-\underset{\underset{\underset{\underset{OH}{\bigcirc}}{CH_2}}{|}}{\overset{H}{\underset{|}{C}}}-CO-NH-\underset{H}{\overset{H}{\underset{|}{C}}}-CO-NH-\underset{H}{\overset{H}{\underset{|}{C}}}-CO-NH-\underset{\underset{\bigcirc}{CH_2}}{\overset{H}{\underset{|}{C}}}-CO-NH-\underset{\underset{\underset{CH_3}{S}}{CH_2}}{\overset{H}{\underset{|}{C}}}-COOH$$

中文氨基酸残基命名法：酪氨酰甘氨酰甘氨酰苯丙氨酰甲硫氨酸

中文单字表示法：酪-甘-甘-苯丙-甲硫

三字母符号表示法：$\overset{1}{Tyr}\cdot\overset{2}{Gly}\cdot\overset{3}{Gly}\cdot\overset{4}{Phe}\cdot\overset{5}{Met}$

单字母符号表示法：Y·G·G·F·M

为简化起见，常用三字母符号或单字母符号表示各种氨基酸残基；用"－"或"·"表示肽键；用阿拉伯数字表示各个氨基酸残基在一级结构中的位置。例如：Phe4表示在甲硫脑啡肽的第4个位置是Phe。现在，在光盘数据库中，直接用单字母符号表示多肽和蛋白质的一级结构。

（二）一级结构测定　一级结构测定，是研究蛋白质高级结构的基础，同时，亦是研究蛋白质结构与功能的关系、酶活性中心结构、分子病发病机理、以及生物分子进化与分子分类学等的重要手段。

自从1955年Sanger用手工操作首次测出胰岛素一级结构以来，由于测定方法的不断改进，高度自动化的蛋白质序列仪的使用，以及核酸序列测定法的借用，现在，已有上千种蛋白质的一级结构问世。

一级结构测定要求蛋白质样品的纯度必须达到97%以上，同时，还要求样品的分子量和氨基酸组成必须事先测出。

蛋白质一级结构测定一般有下列步骤：

1. 通过对多肽链N-末端和C-末端残基的测定，查明蛋白质分子中多肽链的数目与种类。

2. 通过对二硫键的测定，查明蛋白质分子中二硫键的有无及数目。如果蛋白质分子中多肽链之间含有二硫键，则必须拆开二硫键，并对不同的多肽链进行分离提纯，达到很高的纯度。

3. 用裂解点不同的两种裂解方法（如胰蛋白酶裂解法和溴化氰裂解法）分别将很长的多肽链裂解成两套较短的肽段。

4. 分别对上述两套肽段中的每一种肽段进行分离提纯，达到很高的纯度。

5. 用自动化蛋白质序列仪测定每一种肽段的氨基酸序列。

6. 应用肽段序列重迭法确定各种肽段在多肽链中的排列次序，即确定多肽链中氨基酸排列顺序。

7. 确定二硫键在多肽链中的位置。

1955 年 Sanger 等人用酶和化学方法，成功地揭示了牛胰岛素的全部化学结构（图 2-3）。胰岛素分子包含 51 个氨基酸，由二条肽链组成。一条叫 A 链；一条叫 B 链。A 链是由 21 个氨基酸组成的 21 肽；B 链是由 30 个氨基酸组成的 30 肽。通过两个二硫键把 A、B 两条链连起来。另外 A 链本身 6 位和 11 位上的二个半胱氨酸通过二硫键相连，形成链内小环。A 链和 B 链的氨基酸各有特定的排列顺序。这种氨基酸排列顺序，通常称为蛋白质的一级结构或初级结构。

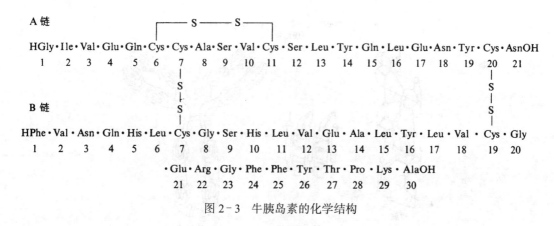

图 2-3　牛胰岛素的化学结构

第四节　蛋白质的高级结构

一、蛋白质结构的层次

一般认为，蛋白质分子是指：蛋白质中具有完整生物功能的最小结构单位。有的蛋白质分子只包含一条多肽链；有的包含数条多肽链。蛋白质分子的高级结构是指：一条或数条多肽链上所有原子在三维空间中的排布。此高级结构又称为构象（conformation）、三维结构、空间结构、立体结构。构象与构型都是立体结构，但概念是不同的。构型的改变是由于共价键的变化而产生的。例如：氨基酸从 D-型变成 L-型。构象变化是由于单键旋转而产生的。它不需要共价键的断裂与形成，只需要非共价键（次级键）的变化。因此，现在，对蛋白质的立体结构采用构象名词，而不采用构型名词。

蛋白质分子具有明显的结构层次。各个结构层次之间的关系可以作下列表示（图 2-4）：

一级结构（多肽链上的氨基酸排列顺序）

二级结构（secondary structure，多肽键主链骨架的局部空间结构）

↓

超二级结构（supersecondary structure，二级结构单位的集合体）

↓

结构域（structural domain，多肽链上可以明显区分的球状区域）

↓

三级结构（tertiary structure，整个多肽链上所有原子的空间排布）

↓

四级结构（quarternary structure，由球状亚基或分子缔合而成的聚合体结构）

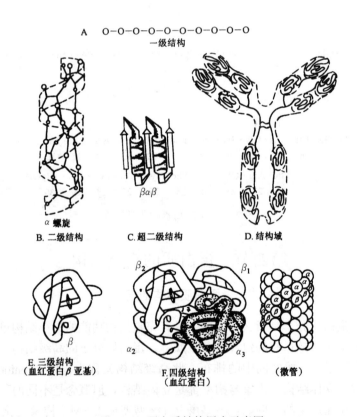

图 2-4　蛋白质结构层次示意图
A. 一级结构　B. 二级结构，如 α-螺旋　C. 超二级结构，如 βαβ
D. 结构域，如 IgG 分子的 12 个结构域　E. 三级结构，如血红蛋白 β-亚基
F. 四级结构，如血红蛋白 $α_2β_2$ 四聚体；由 α-和 β-微管蛋白构成的微管

应用 X-射线晶体结构分析法能够测定晶体中蛋白质分子的构象；应用二维核磁共振法能够测定水溶液中蛋白质分子的构象。

二、肽单位平面结构和二面角

(一) 肽单位平面结构的特征

多肽链的基本结构是:

$$\underset{H}{\overset{H}{N}}-\underset{R_1}{\overset{H}{C^\alpha}}-\underset{}{\overset{O}{C}}-\underset{H}{\overset{H}{N}}-\underset{R_2}{\overset{H}{C^\alpha}}-\underset{}{\overset{O}{C}}-\underset{H}{\overset{H}{N}}-\underset{R_3}{\overset{H}{C^\alpha}}-\underset{}{\overset{O}{C}}\cdots\underset{H}{\overset{H}{N}}-\underset{R_n}{\overset{H}{C^\alpha}}-\underset{}{\overset{O}{C}}-OH$$

在此结构式中,$\underset{H}{\overset{O}{C-N}}$是肽键;$\underset{H}{\overset{H}{N}}-\underset{R}{\overset{H}{C^\alpha}}-\overset{O}{C}$是氨基酸残基(amino acid residues);R_1、R_2、

$R_3 \cdots R_n$是侧链(side chain);$\underset{H}{N}-\overset{O}{C^\alpha}-\overset{O}{C}-\underset{H}{N}-\overset{O}{C^\alpha}-\overset{O}{C}-\underset{H}{N}-\overset{O}{C^\alpha}-\overset{O}{C}\cdots\underset{H}{N}-\overset{O}{C^\alpha}-\overset{O}{C}$是主

链骨架(main chain backbone 或主链),$C^\alpha-\underset{H}{\overset{O}{C}}-N-C^\alpha$是主链骨架的重复单位,称为肽单位

(peptide unit)。多肽链主链骨架实际上是由许多肽单位通过 α-碳原子(C^α)连接而成的。肽单位结构基本上是固定不变的,有下列特征(图 2-5)。

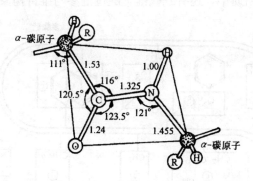

图 2-5 肽单位平面结构

1. 肽键具有部分双键性质,不能自由旋转;
2. 肽单位上的 6 个原子都位于同一个刚性平面上,称为酰胺平面。

3. 在肽单位上,C=O 与 N—H 或者 C^α—C 与 C^α—N 一般呈反式排布:

4. 肽单位平面结构有一定的键长、键角。

(二)二面角 从图 2-6 看出，C_2^α 原子位于相邻二个肽平面的交线上，C_2^α 原子上的 $C_2^\alpha - N_1$ 和 $C_2^\alpha - C_2$ 键都是单键。肽平面 1 可以围绕 $C_2^\alpha - N_1$ 单键旋转，其旋转的角度用 Φ 表示；肽平面 2 也可以围绕 $C_2^\alpha - C_2$ 单键旋转，其旋转的角度用 Ψ 表示。由于 Φ 和 Ψ 这二个转角决定了相邻二个肽平面在空间上的相对位置，因此，习惯上将这二个转角称为二面角（dihedral angle）。

多肽链中所有的肽单位基本上都具有相同的结构；每个 α-碳原子和与其相连的 4 个原子都呈现正四面体构型。因此，多肽链的主链骨架构象，是由一系列 α-碳原子的成对二面角（Φ，Ψ）所决定的。也就是说，二面角决定多肽链主链骨架的构象。在多肽链中，任何 α-碳原子的二面角（Φ 或 Ψ），如果发生改变，则多肽链主链骨架的构象，必然发生相应的变化。

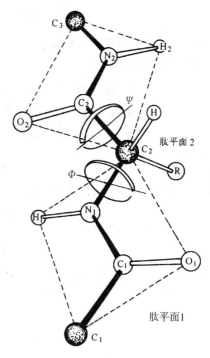

图 2-6 相邻二个肽平面上的二面角

三、维持蛋白质分子构象的化学键

蛋白质分子构象主要靠非共价键维持，如：范德华引力、氢键、疏水作用力，以及离子键。此外，在某些蛋白质中，还有二硫键、配位键参与维持构象（图 2-7）。

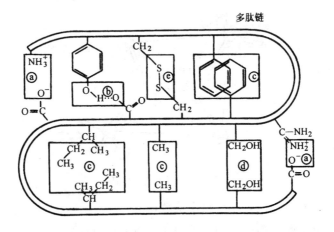

图 2-7 维持蛋白质分子构象的化学键
a. 离子键　b. 氢键　c. 疏水键　d. 范德华引力　e. 二硫键

(一)范德华引力 范德华引力（Van der weals force）的实质是静电引力。它包括三种力：(1) 二个极性基团偶极之间的静电吸引（取向力）；(2) 极性基团的偶极与非极性基团的诱导偶极之间的静电吸引（诱导力）；(3) 二个非极性基团瞬时偶极之间的静电吸引（色散力）。范德华引力参与维持蛋白质分子的三、四级结构。

（二）**氢键** 与电负性较大、原子半径较小的 X 原子（如 N、O 等）共价结合的氢原子，还可以与另一个电负性较大、半径较小的 Y 原子（如 N、O 等）结合，所形成的第二个较弱的化学键，即为氢键（hydrogen bond）。氢键一般指：X—H⋯Y，但亦有人指：H⋯Y 之间的结合力。

氢键，对维持蛋白质分子的二级结构（如：α-螺旋、β-折迭、β-转角）起主要的作用，对维持三、四级结构亦有一定的作用。

（三）**疏水作用力** 2 个或 2 个以上的疏水基团（非极性基团），由于周围的极性水分子对它们的排斥，而被迫彼此接近，这时，由于范德华引力而互相结合。这种结合力称为疏水作用力。有人称为疏水键（hydrophobic bond）。疏水键对维持蛋白质分子的三、四级结构起主要作用。

（四）**离子键** 离子键（ionic bond）是指：由于正离子与负离子之间的静电吸引而产生的化学键。离子键又称为盐键、盐桥。在一定条件下，蛋白质分子中的—NH_3^+ 与—COO^- 可以形成离子键。在一些蛋白质分子中，离子键参与维持三、四级结构。

（五）**配位键** 二个原子之间的共价键，是由于一个原子单独提供电子对而形成的，此共价键就是配位键（coordinate hond）。在金属蛋白质分子，如血红蛋白等，金属离子与多肽链的连接，往往是配位键。配位键在一些蛋白质中，参与维持三、四级结构。

（六）**二硫键** 指二个硫原子之间的共价键，又称二硫桥、硫硫桥。在一些蛋白质中，二硫键（disulfide bond）对稳定蛋白质分子构象起重要的作用。

四、二级结构

多肽链主链骨架中，某些肽段可以借助于氢键形成有规则的构象，如：α-螺旋、β-折迭片和 β-转角；另一些肽段则形成不规则的构象，如无规卷曲。上述多肽链主链骨架中局部的构象，就是二级结构。二级结构不包括 R 侧链的构象。

（一）**规则的二级结构**

1. α-螺旋 Pauling 和 Corey（1951）研究羊毛、猪毛、羽毛等的 α-角蛋白时，提出了 α-螺旋结构。α-螺旋（α-helix）又称为 3.6_{13}-螺旋，具有下列特征（图 2-8）：

（1）多肽链主链骨架围绕一个中心轴一圈

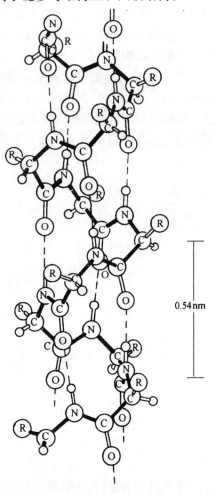

图 2-8 右手 α-螺旋

又一圈地上升,从而形成了一个螺旋式的构象。此构象称为螺旋构象。每一圈包含3.6个氨基酸残基,是非整数螺旋。有一定的二面角(Φ,Ψ)。

(2) 相邻的螺旋之间形成链内的氢键。即:一个肽平面上的 \C=O 基氧原子与其前的第三个肽平面上的 \N—H 基氢原子生成一个氢键: \C=O…H—N\ 。氢键封闭环本身包含13个原子。α-螺旋允许所有的肽键都能参与链内氢键的形成。因此,α-螺旋是相当稳定的。α-螺旋仅靠氢键维持。如果破坏氢键,则α-螺旋遭到破坏,变成伸展的多肽链。

(3) 与α-碳原子相连的R侧链,位于α-螺旋的外侧,对α-螺旋的形成和稳定性,有较大的影响。

由于主链骨架沿中心轴旋转的方向有左手和右手之分,因此,α-螺旋分为左手α-螺旋和右手α-螺旋。左手α-螺旋不稳定;右手α-螺旋很稳定。右手α-螺旋存在于大多数蛋白质之中,其中,肌红蛋白、血红蛋白,以及α-角蛋白中含量很高。到目前为止,仅在嗜热菌蛋白酶中发现了一个左手α-螺旋。

2. β-折迭片 β-折迭股(β-sheet strand)是指:多肽链中一段较伸展的周期性折迭的锯齿形的主链构象(图2-9)。

二条β-折迭股彼此平行排列,并以氢键相连,从而形成β-折迭片。β-折迭片(β-pleated sheet)又称为β-折迭、β-折迭片层等。为了在相邻主链骨架之间形成最多的氢键,避免相邻侧链间的空间障碍,各主链骨架同时作一定程度的折迭,从而产生一个周期性折迭的片层。其R侧链垂直于相邻二个平面的交线上,交替地位于片层的两侧(图2-9)。

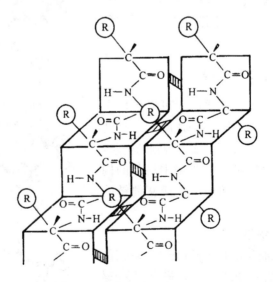

图2-9 β-折叠片示意图

β-折迭片分为平行β-折迭片和反平行β-折迭片两种形式。二者的主要区别在于:前者的二条β-折迭股走向相同⇒⇒;后者的二条β-折迭股走向相反⇒⇐。

3. β-转角　在多肽链的主链骨架中，经常出现 180°转弯的结构。此结构就是回折（reverse turn）。有 β-转角（β-turn）和 γ-转角二种形式。β-转角有下列结构特征（图 2-10）。

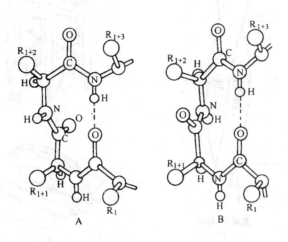

图 2-10　两种主要类型的 β-转角
A. Ⅰ型 β-转角　B. Ⅱ型 β-转角

多肽链中的一段主链骨架以 180°返回折迭；由 4 个连续的氨基酸残基组成；第一个肽单位上的 C═O 基氧原子与第三个肽单位的 N—H 基氢原子生成一个氢键；$C_1^α$ 与 $C_4^α$ 之间的距离小于 0.7 nm。

β-转角一般分为Ⅰ型 β-转角和Ⅱ型 β-转角两种结构形式。前者稳定，后者一般不稳定。

Ⅰ型 β-转角存在于大多数球蛋白之中，含量较多，大多数位于球蛋白分子的表面。

（二）不规则的二级结构　无规卷曲的特征是：主链骨架片段中，大多数的二面角（Φ，Ψ）都不相同，其构象不规则。它存在于各种球蛋白之中，含量较多。

五、超二级结构

在蛋白质中，特别是球蛋白中，某些相邻的二级结构单位（如：α-螺旋、β-折迭片、β-转角、无规卷曲）组合在一起，相互作用，从而形成有规则的二级结构集合体，充当更高层次结构的构件，称之为超二级结构。图 2-11 表示了各种形式的超二级结构。

六、结　构　域

对于较大的球蛋白分子，一条长的多肽链，在超二级结构的基础上，往往组装成几个相对独立的球状区域，彼此分开，以松散的单条肽链相连。这种相对独立的球状区域，称为结构域。较大的球蛋白分子包含 2 个或 2 个以上的结构域，例如：免疫球蛋白（抗体）分子包含 12 个结构域（图 2-4D）。较小的球蛋白分子只包含一个结构域，如肌红蛋白分子。

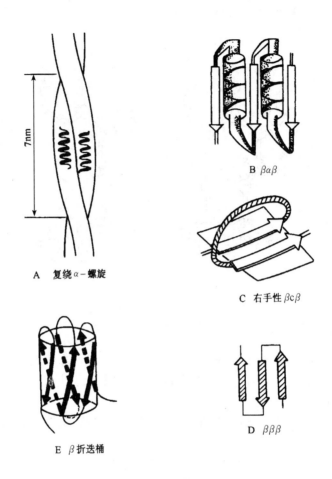

图 2-11 各种形式的超二级结构
α. α-螺旋，用圆柱表示　β. β-折迭股，用箭头表示　C. 无规卷曲

七、三级结构

一条多肽链，通过各种二级结构（α-螺旋、β-折迭片、β-转角、无规卷曲）的组装，借助于非共价键的作用，形成了紧密的球状构象。这种球状构象，就是蛋白质分子的三级结构。这种定义只适用于球蛋白，不适用于纤维蛋白。广义的三级结构是指：多肽链中所有的原子在三维空间中的排布。这种定义适用于一切蛋白质。图 2-12 表示了肌红蛋白（myoglobin）分子的三级结构。肌红蛋白分子由一条多肽链（153 个残基）和一个血红素组成。分子呈扁圆形，大小为 4.5 nm×3.5 nm×2.5 nm。多肽链主链骨架包含长短不等的 A、B、C、D、E、F、G、H 8 个 α-螺旋。分子中几乎 80% 的氨基酸残基（简称残基）都是位于 α-螺旋结构中。α-螺旋之间的拐弯处（AB、CD、EF、FG、GH）是无规卷曲。绝大多数亲水性 R 侧链分布在分子的外表面，与水分子结合，使肌红蛋白可溶于水溶液中。绝大多数疏水性 R 侧链埋藏在分子内部。

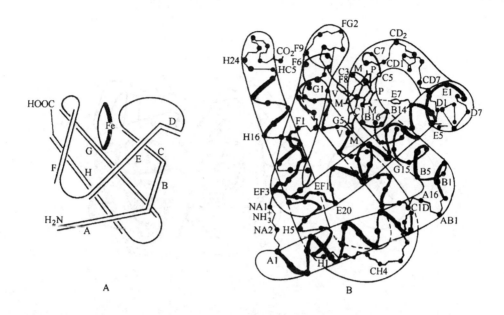

图 2-12 肌红蛋白分子三级结构
A. 多肽链主链走向（双线表示 α-螺旋区段）
B. 0.2 nm 分辨率的分子构象

分子表面有一个深陷的洞穴。该洞穴由 C、E、F、G 4 个螺旋段构成。洞穴周围分布许多疏水性 R 侧链，从而为洞穴构成了疏水性环境。平面的血红素分子埋入疏水的洞穴内。

维持肌红蛋白分子二级结构和三级结构的作用力是范德华引力、疏水键、氢键和配位键。

八、四级结构

较大的球蛋白分子，往往由二条或更多条的多肽链组成功能单位。这些多肽链本身都具有球状的三级结构，彼此以非共价键相连。这些多肽链就是球蛋白分子的亚基（亚单位）。亚基（subunit），一般只包含一条多肽链，但有的亚基由 2 条或更多条的多肽链组成，这些多肽链彼此以二硫键相连。由少数亚基聚合而成的蛋白质，称为寡聚蛋白（oligomer protein）；由几十个，甚至于上千个亚基聚合而成的蛋白质，称为多聚蛋白（polymer protein）。

四级结构是指：由相同或不同的亚基（或分子）按照一定的排布方式聚合而成的聚合体结构。它包括亚基（或分子）的种类、数目、空间排布以及相互作用。根据亚基数目的不同，可以将寡聚蛋白分为二聚体、三聚体、四聚体等。根据亚基种类的不同，可以分别以 α、β、γ、δ、ε 命名不同的亚基。维持四级结构的作用力是疏水键、离子键、氢键、范德华引力。

图 2-13 表示了血红蛋白分子的四级结构。血红蛋白分子是由 2 个相同的 α-亚基和 2 个相同的 β-亚基，按照正四面体排布方式，聚合而成的四聚体（$\alpha_2\beta_2$）。

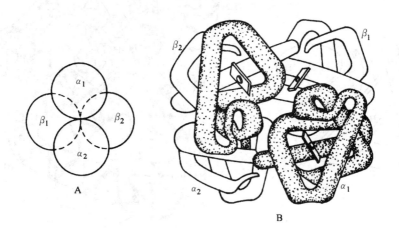

图 2-13　血红蛋白分子四级结构
A. 表明 2 个 α-亚基与 2 个 β-亚基呈四面体排布　B. 氧合血红蛋白分子，图中指示 α-和 α-亚基的三级结构。圆柱形片段是 α-螺旋区。血红素以平盘表示。平盘中心的小球代表铁原子

图 2-14 表示了烟草花叶病毒的外壳蛋白四级结构。亚基呈螺旋状排布。

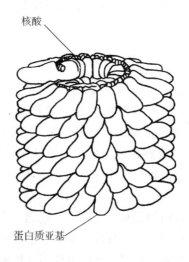

图 2-14　烟草花叶病毒的外壳蛋白四级结构

第五节 多肽、蛋白质结构与功能的关系

在生命活动过程中，不同的多肽和蛋白质执行不同的生物功能。多肽和蛋白质的生物功能，不仅决定于一级结构，同时，还决定于空间结构。多肽、蛋白质的结构与功能是密切相关的。研究多肽、蛋白质的结构与功能的关系，对于阐明生命起源、生命现象的本质，以及分子病机理等具有十分重要的意义，是蛋白质化学中长期的重大的研究课题。

一、多肽结构与功能的关系

在人和高等动物体内，有不少游离的多肽，如：催产素、加压素、生长激素、脑啡肽等。它们分别具有不同的激素功能，对体内新陈代谢起调节作用。多肽的激素功能与一级结构是密切相关的。

$$\text{牛催产素} \quad \underset{1}{\text{Cys}} \cdot \underset{2}{\text{Tyr}} \cdot \underset{3}{\text{Ile}} \cdot \underset{4}{\text{Gln}} \cdot \underset{5}{\text{Asn}} \cdot \underset{6}{\text{Cys}} \cdot \underset{7}{\text{Pro}} \cdot \underset{8}{\text{Leu}} \cdot \underset{9}{\text{Gly}} - NH_2$$

(S—S 连接 Cys1 与 Cys6)

$$\text{牛加压素} \quad \text{Cys} \cdot \text{Tyr} \cdot \text{Phe} \cdot \text{Gln} \cdot \text{Asn} \cdot \text{Cys} \cdot \text{Pro} \cdot \text{Arg} \cdot \text{Gly} - NH_2$$

(S—S 连接 Cys1 与 Cys6)

催产素和加压素都是由人和高等动物的垂体后叶所分泌的多肽激素。催产素能促进子宫和乳腺平滑肌收缩，临床上用于引产和减少产后出血；加压素有增加血压和抗利尿的作用，临床上用于治疗尿崩症等。加压素的一级结构与催产素的一级结构极其相似。因此，加压素亦兼有微弱的催产素生理活性；催产素亦兼有微弱的加压素生理活性。但是，由于二者在第3位和第8位的残基不同，因此，加压素具有不同于催产素的生理功能；而催产素具有不同于加压素的生理活性。

二、同功能蛋白质结构的种属差异与保守性

对不同生物来源的同功能蛋白质的一级结构进行比较研究，可以帮助我们了解哪些氨基酸对蛋白质的活性是重要的，哪些是不重要的，同时，还可以为生物进化规律提供新的可靠的依据。

（一）不同生物来源的胰岛素一级结构比较 比较各种哺乳类、鸟类和鱼类等动物的胰岛素（insulin）一级结构，发现组成胰岛素分子的51个氨基酸残基中，只有24个氨基酸残基始终保持不变，为不同生物所共有。这些始终不变的氨基酸残基，称为守恒氨基酸残基（守恒残基）。例如：6个Cys是守恒残基。这说明不同来源的胰岛素分子中A、B链之间都有共同的连接方式，3对二硫键对维持高级结构起着重要作用。其他绝大多数守恒残基是带有疏水侧链的氨基酸。X-光晶体结构分析结果证明，这些非极性的氨基酸对维持胰岛素分子的高级结构起着稳定作用。因而推测，不同动物来源的胰岛素，其空间结构可能大致相同。一般认为，激素的活性中心以及维持活性中心构象

的氨基酸残基不能改变，否则，激素将失去生物活性。表 2-3 说明胰岛素 A 链的 8、9、10 和 B 链 30 位 4 个氨基酸残基的改变并不影响胰岛素的生物活性，对生物活性并不起决定作用。

表 2-3 不同哺乳动物的胰岛素分子中的氨基酸差异

胰岛素来源	氨基酸排列顺序的差异			
	A_8	A_9	A_{10}	B_{30}
人	Thr	Ser	Ile	Thr
猪	Thr	Ser	Ile	Ala
牛	Ala	Ser	Val	Ala
狗	Thr	Ser	Ile	Ala
山羊	Ala	Gly	Val	Ala
马	Ala	Gly	Val	Ala
象	Thr	Gly	Val	Thr
抹香鲸	Thr	Ser	Ile	Ala
兔	Thr	Ser	Ile	Ser

对于这些可变动的氨基酸，一般认为，不处于激素的"活性中心"，或者对维持"活性中心"不重要，只是与免疫性有关。我国生产的胰岛素是从猪胰中提取出来的。由于猪与人的胰岛素相比，只有 B_{30} 的一个氨基酸不同（人的是苏氨酸，猪的是丙氨酸），因此，用猪胰岛素治疗人糖尿病，既不易引起胰岛素抗体的产生，而且疗效也较好。

（二）不同生物来源的细胞色素 c 一级结构比较 细胞色素 c 广泛存在于一切需氧生物细胞的线粒体之中，是一种包含一个血红素的单链蛋白质。它在呼吸链中起着传递电子的作用。脊椎动物的细胞色素 c 多肽链，一般是由 104 个氨基酸残基所组成的。图 2-15 表示了马心细胞色素 c 的分子构象。

对 50 多种不同生物来源的细胞色素 c 的一级结构作了比较研究，发现 35 个氨基酸在各种生物中是保守的。其中，有 Cys 14、Cys 17、His 18、Met 80、Tyr 48 和 Trp 59。血红素是细胞色素 c 呈现电子传递功能的活性中心。根据各种研究得知，这几个保守残基是保证细胞色素 c 发挥电子传递功能的关键部位。例如：多肽链中的 Cys 14 和 17 通过共价键（硫醚键）与血红素的乙烯基相连；Tyr 48 和 Trp 59 通过氢键与血红素的丙酸基相连；His 18 和 Met 80 通过配位键与血红素中的 Fe 离子相连。这些守恒残基可能对于维持蛋白质的特定构象和发挥生物功能，起着重要的作用，因此，不能改变。至于其它可变的氨基酸残基，在不同物种之间，改变程度不一样。这是属于种属特异性的差异，对该蛋白质的生物功能是不重要的。

同功能蛋白质在种属之间的氨基酸差异大小，通常与这些种属在进化位置的差距大体上相平行。细胞色素 c 是最古老而又广泛存在的蛋白质之一。比较 50 多种生物的细胞色素 c 一级结构的种间差异，发现：凡与人类亲缘关系越远的生物，其氨基酸顺序与人的差异越大，如表 2-4 所示。这些种属差异可以为生物进化提供重要的依据。这说明，生物进化过程中所发生的种属差异，不仅表现在生物的形态结构上，同时，也反映在蛋白质分子的一级结构上。这也揭示了某些蛋白质在进化上可能来自同一祖先蛋白质，而在长期进化过程中，不断分化出结构与功能相适应的蛋白质。

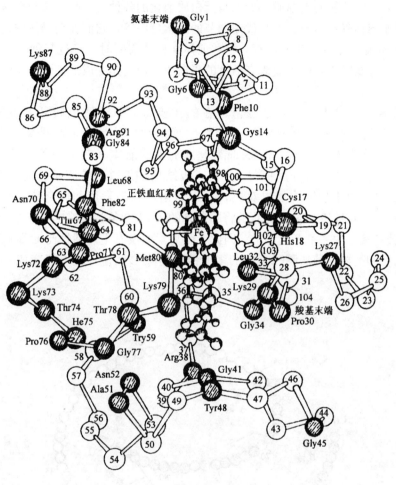

图 2-15 细胞色素 c 分子构象

表 2-4 细胞色素 c 的种属差异量（以人为标准）

物 种	残基改变数	物 种	残基改变数
黑猩猩	0	鸡、火鸡	13
恒河猴	1	响尾蛇	14
兔	9	海龟	15
袋鼠	10	金枪鱼	21
鲸	10	狗鱼	23
牛、羊、猪	10	小蝇	25
狗	11	蚕蛾	31
驴	11	小麦	35
		面包酵母粗糙链孢霉	43
马	12	酵母	44

三、蛋白质前体激活

许多具有一定功能的蛋白质，如参与蛋白质消化的各种蛋白酶、参与血液凝固的血纤维蛋白、凝血酶和凝血因子，参与代谢调节的激素蛋白等，它们在动物体内通常以无活性的前体（precurser）形式产生和贮存。这些前体在机体需要时，经过某种蛋白酶的限制性水解，切去部分肽段之后，才变成有活性的蛋白质。使前体变成活性蛋白质的过程，被称为激活（activation）。

前体激活在人和动物体内是普遍存在的。胰岛素原激活成胰岛素就是其中的一例。胰岛素参与代谢调节，有降低血糖的生理活性，是治疗人糖尿病的特效药。从胰岛细胞中合成的胰岛素原（proinsulin）是胰岛素的前体。它是一条多肽链，包含84个左右的氨基酸残基（因种属而异）。其一级结构如图2-16所示。对胰岛素原与胰岛素（图2-3）的化学结构加以对比，可以看出，胰岛素原与胰岛素的区别就在于：胰岛素原多一个C肽链。通过C肽链将胰岛素的A、B 2条肽链首尾相连（B链-C链-A链），便是胰岛素原的一条多肽链了。因此，胰岛素原没有生理活性与C肽链有关。如果用类胰蛋白酶和类羧肽酶从胰岛素原的多肽链上切除C肽链，就可以变成有生理活性的胰岛素了。

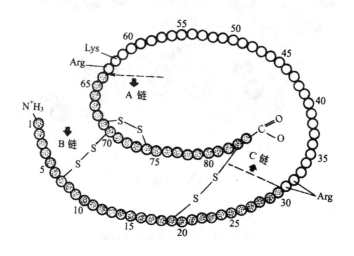

图2-16 胰岛素原一级结构

四、一级结构变异与分子病

基因突变导致蛋白质一级结构的突变。如果蛋白质一级结构的突变导致蛋白质生物功能的下降或丧失，就会产生疾病。这种病称为分子病（molecular disease）。例如：在非洲普遍流行的镰刀型红细胞贫血病，就是由于血红蛋白一级结构的变异而产生的一种分子病（遗传病）。病人的异常血红蛋白（HbS）与正常人的血红蛋白（HbA）相比，仅仅是β-亚基（β-链）第6位的氨基酸残基不同：

β-链 N-末端序列　　　　1　 2　　3　　4　　5　　6　　7　　8
　　　　　　HbA　Val - His - Leu - Thr - Pro - Glu - Glu - Lys
　　　　　　HbS　Val - His - Leu - Thr - Pro - Val - Glu - Lys

因为 Glu 的 R 侧链是带负电荷的亲水基团，而 Val 的 R 侧链是不带电荷的疏水基团，所以，当 Glu 被 Val 取代之后，使原来血红蛋白分子表面的电荷发生了改变。于是，等电点改变，溶解度降低，产生细长的聚合体，从而使扁圆形的红细胞变成镰刀形，运输氧的功能下降，细胞脆弱而溶血，严重的可以致死。

五、血红蛋白变构与运输氧的功能

氧（O_2）对生命是极端重要的。缺氧可以使许多细胞坏死，甚至于机体死亡。血红蛋白（hemoglobin，简写 Hb）存在于人和脊椎动物的红细胞之中。它具有运输氧的生物功能，能够通过血液循环将氧从肺部运输到组织（如肌肉）中，从而为生物氧化提供所需要的氧。

血红蛋白分子是由二个 α-亚基和二个 β-亚基所构成的四聚体（$\alpha_2\beta_2$）。其中，每个亚基都包含一条肽链和一个血红素。由于 α-亚基和 β-亚基的一级结构都与肌红蛋白的一级结构有高度的相似，因而，α-和 β-亚基的二、三级结构（图 2-17）都与肌红蛋白的二、三级结构（图 2-12）高度相似。血红素位于每个亚基的空穴中。血红素中央的 Fe^{2+} 是氧结合部位（图 2-18），可以结合一个氧分子。

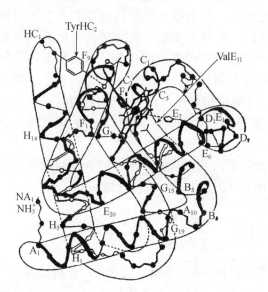 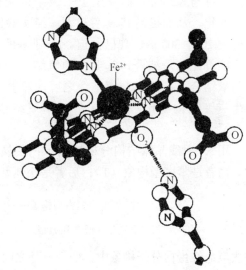

图 2-17　血红蛋白 β-链的三级结构　　图 2-18　血红素中 Fe^{2+} 与血红蛋白 β-链的
全链共折迭成八段 α-螺旋（从 A 到 H），用 NA 表示 N　　　　　　F_8His 的咪唑环以配位键相结合
端，用 HC 表示 C 端，F_8 和 E_7 为 His 的咪唑环

血红蛋白分子能够对 O_2 进行可逆的结合和解离：

$$Hb + 4O_2 \underset{\text{组织（氧分压低）}}{\overset{\text{肺（氧分压高）}}{\rightleftharpoons}} Hb(O_2)_4$$

　　（去氧血红蛋白）　　　　　　　　　（氧合血红蛋白）

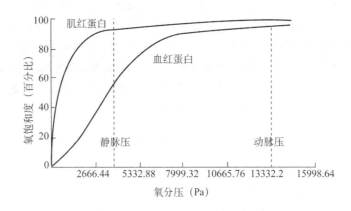

图 2-19 血红蛋白和肌红蛋白的氧结合曲线

图 2-19 表示了血红蛋白和肌红蛋白的氧结合曲线。从该图看出，血红蛋白的氧结合曲线是 S 形的；而肌红蛋白的氧结合曲线是双曲线。此 S 形曲线说明，在血红蛋白分子与氧结合的过程中，其亚基之间（或氧结合部位之间）存在着相互作用。血红蛋白四聚体在开始与氧结合时，其氧亲和力很低，即与氧结合的能力很小。当其中的一个亚基一旦与氧结合，而发生了三级结构变化之后，就会逐步引起其余亚基发生三级结构的变化，从而提高其氧亲和力。经实验测定，第四个亚基对氧的亲和力比第一个亚基要大 200～300 倍。现已知道，α-亚基的氧结合部位没有空间位阻，对氧的亲和力较大，能首先与氧结合；β-亚基的氧结合部位有空间位阻，对氧的亲和力很小，不能首先与氧结合。α-亚基与氧结合之后，发生了三级结构变化，此变化使相邻的 β-亚基亦发生三级结构变化，排除了 β-亚基氧结合部位的空间位阻，此时，β-亚基才能与氧结合。

用 X-射线晶体结构分析法揭示：去氧血红蛋白和氧合血红蛋白的分子构象是不同的。前者是紧密型构象（T）；后者是松弛型构象（R）。二者可以相互转变：

$$\text{紧密型构象} \underset{\text{氧分压低}}{\overset{\text{氧分压高}}{\rightleftharpoons}} \text{松弛型构象}$$

（低亲和力型） （高亲和力型）

在去氧血红蛋白分子构象中，四个亚基之间是通过许多盐键而相互连接的。这些盐键使去氧血红蛋白分子的三、四级结构受到了较大的约束，成为紧密型构象（T），从而使其氧亲和力小于单独的 α-亚基或 β-亚基的氧亲和力，成为低亲和力型。去氧血红蛋白与氧结合之后，变成氧合血红蛋白。其三、四级结构发生了较大变化。在氧合血红蛋白分子构象中，维持和约束四级结构的盐键全部断裂了；每个亚基的三级结构发生了变化；整个分子的构象由紧密型变成了松弛型，并提高了氧亲和力，成为高亲和力型。

从广义的角度讲，变构效应（allosteric effect）的定义是指：在寡聚蛋白分子中，一个亚基，由于与配体的结合，而发生的构象变化，引起相邻其它亚基的构象和与配体结合的能力亦发生改变的现象。

肌红蛋白分子没有四级结构，不存在亚基之间的相互作用，因此，其氧结合曲线必然是双曲线。

血红蛋白分子是寡聚蛋白，在结合氧的过程中，存在着亚基之间的相互作用，即变构效应，因此，其氧结合曲线是 S 形的。此 S 形曲线具有重要的生理意义。在肺部，它有利于脱氧血红蛋白结合更多的氧；在肌肉中，它有利于氧合血红蛋白分子释放更多的氧，以满足肌肉中生物氧化的需要。

变构效应不仅存在于血红蛋白分子之中，也普遍存在于其它寡聚蛋白（如变构酶）分子之中。

六、蛋白质的变性和复性

（一）蛋白质变性定义和变性因素 天然蛋白质，在变性因素作用之下，其一级结构保持不变，但其高级结构发生了异常的变化，即由天然态（折迭态）变成了变性态（伸展态），从而引起了生物功能的丧失，以及物理、化学性质的改变。这种现象，被称为变性（denaturation）。变性后的蛋白质，称为变性蛋白质；没有变性的蛋白质，称为天然蛋白质。天然蛋白质分子具有紧密有序的折迭构象（天然态或折迭态），呈现全部的生物功能。能够引起天然蛋白质变性的因素，称为变性因素。变性因素是很多的。其中，物理因素包括：热（60～100 ℃）、紫外线、X 射线、超声波、高压、表面张力，以及剧烈的振荡、研磨、搅拌等；化学因素，又称为变性剂，包括：酸、碱、有机溶剂（如乙醇、丙酮等）、尿素、盐酸胍、重金属盐、三氯醋酸、苦味酸、磷钨酸以及去污剂等。不同的蛋白质对上述各种变性因素的敏感程度是不同的。

（二）变性表现及变性机理

变性蛋白质有下列各种表现：

(1) 生物功能丧失，如：酶丧失催化活性；激素蛋白丧失生理调节作用；抗体失去与抗原专一结合的能力。还有蛋白质的抗原性发生改变。

(2) 物理性质发生改变，如：溶解度明显降低，易结絮、凝固沉淀，失去结晶能力，电泳迁移率改变，特性黏度增加，紫外光谱和荧光光谱发生改变等。

(3) 化学性质发生改变，如：加快了蛋白酶水解速度，提高了消化率等。

天然蛋白质分子的构象是通过各种次级键来维持的。变性因素破坏了蛋白质分子构象中的各种次级键，从而使蛋白质分子从原来紧密有序的折迭构象（天然态）变成了松散无序的伸展构象（变性态），但一级结构没有改变，因此，变性蛋白质的分子量和组成成分不变。变性蛋白质的溶解度降低，是由于多肽链从折迭态变成了伸展态，使原来埋藏在分子内部的疏水基团大量暴露在分子表面上，从而使蛋白质分子表面不能与水分子结合，而失去水化膜，结果，容易引起分子间的相互碰撞，而聚集沉淀。

（三）复性 蛋白质的变性有些是可逆的。除去变性因素之后，在适宜的条件下，变性的蛋白质可以从伸展态恢复到折迭态，并恢复全部的生物活性。这种现象，称之为复性（renaturation）。例如：含有一条肽链、4 个二硫键的 RNA 酶，由于 8 mol/L 尿素和巯基乙醇的破坏作用，发生了变性。二硫键全部断裂，分子构象从天然态变成了变性态，酶活性和结晶能力全部丧失。如果将该变性蛋白质放在透析袋里透析，除去变性剂，在氧的存在下，让二硫键重新生成，则酶活性全部恢复，并恢复了结晶能力。这说明，RNA酶的分子构象已由变性态恢复到天然态（图2-20）。

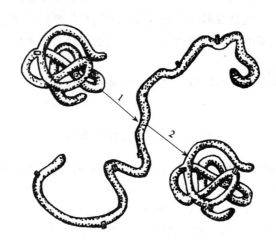

图2-20　RNA酶分子构象的松散与恢复
1. 构象松散　2. 构象恢复

（四）变性的利用和预防　蛋白质变性有许多实际应用。在医疗上，利用高温高压蒸煮手术器械、用紫外线照射手术室、用75%酒精消毒手术部位的皮肤，其目的是为了消毒杀菌，防止伤口被感染。上述变性因素都可以使病菌、病毒的蛋白质发生变性，从而失去致病作用。在临床化验血清中的非蛋白质成分时，为了防止蛋白质对测定的干扰，常常需要加入三氯醋酸或磷钨酸，使血液中的蛋白质变性沉淀，而被除去。在蛋白质、酶、抗体的制备过程中，为了防止蛋白质变性、获得高活性的制剂，必须保持低温，防止强酸、强碱、重金属盐等变性剂的影响。

第六节　蛋白质的物理化学性质和分离提纯

一、蛋白质的物理化学性质

蛋白质是由各种氨基酸组成的生物大分子。它的理化性质，有些与氨基酸相同，如：两性解离、等电点、侧链基团反应等；但有些则不相同，如：蛋白质是高分子化合物，分子量较大，有胶体性质，还有变性、沉淀、沉降等现象。

（一）蛋白质的分子量　蛋白质分子有一定的大小，可以用分子量（molecular weight）表示。不同的蛋白质，其分子量是不同的，一般在 $6\times 10^3 \sim 10^6$ 之间，有的更大一些。测定蛋白质的分子量有许多不同的方法。这里仅介绍下列三种常见的方法。

1. 沉降速度法　是利用超速离心机测定蛋白质分子量的一种方法。将蛋白质溶液放在超速离心机的离心管中，进行超速离心。由于超过重力几十倍的离心力的作用，而使蛋白质分子沉降下来。当许多蛋白质分子的大小和形状都相同时，下沉速度相伺，在离心管中产生一个明显的界面，利用光学系统可以观察到此界面的移动，从而测得蛋白质的沉降速度。一种蛋白质分子在单位离心力场里的沉降速度为恒定值，被称为沉降常数（沉降系数），常用 S（Svedberg）表示。已测得许多蛋白质的 S 值都在 $1×10^{-13}\sim 200×10^{-13}$ 秒之间。因此，采用 $1×10^{-13}$ 秒作为沉降系数的一个单位，用 S 表示。例如：某蛋白质的沉降系数为 $30×10^{-13}$ 秒，可用 30 s 表示。用超速离心法测得某种蛋白质的沉降系数之后，则可按照一定的公式，计算出该蛋白质的分子量。

2. **凝胶过滤法（分子筛层析法）** 在层析柱中装入葡聚糖凝胶珠（颗粒）。这种凝胶珠具有多孔的网状结构。这些网孔只允许较小的分子进入珠内，而大于网孔的分子，则被排阻。当用洗脱液洗脱时，被排阻的分子量大的分子先被洗脱下来，分子量小的分子后下来（图 2-21）。

将 3 种以上分子量有较大差异的标准蛋白制成混合物溶液，然后上柱，洗脱。根据洗脱峰的位置，量出各种蛋白质的洗脱体积。然后，用分子量的对数作纵坐标，以洗脱体积为横坐标，作出标准曲线（图 2-22）。待测蛋白质溶液在上述相同的层析条件下，通过上述凝胶柱，量出其洗脱体积，然后，由标准曲线查出其分子量。该法仅适用于球状分子的分子量测定。

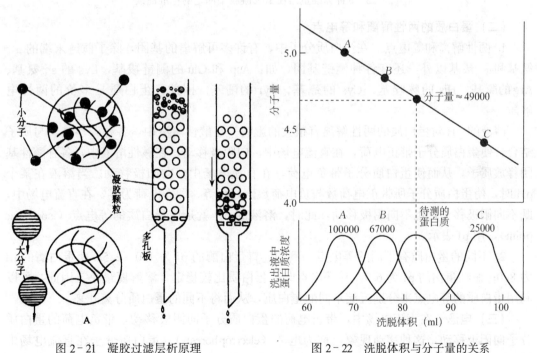

图 2-21 凝胶过滤层析原理　　　　图 2-22 洗脱体积与分子量的关系

3. **SDS 聚丙烯酰胺凝胶电泳法** 蛋白质在聚丙烯酰胺凝胶中的电泳速度，决定于蛋白质分子的大小、形状和电荷数量；而在 SDS-聚丙烯酰胺凝胶中的电泳速度，则与此不同。它决定于蛋白质分子的大小。十二烷基硫酸钠（SDS）带负电荷，可以与蛋白质分子相结合，使蛋白质分子带上大量的负电荷，并变性、解离成亚基，同时，使亚基由球状变成杆状，从而掩盖了蛋白质原有电荷和形状的差异。这样，蛋白质的电泳速度只决定于蛋白质分子量的大小。对蛋白质作 SDS-凝胶电泳时，用一种染料（如溴酚蓝）作前沿物质。蛋白质分子的移动距离与前沿物质移动距离的比值，称为相对迁移率。相对迁移率与蛋白质分子量的对数成直线关系。用几种标准蛋白质分子量的对数对相应的相对迁移率作图，得到标准曲线（图 2-23）。根据测得的样品的相对迁移率，从标准曲线上可以查出样品的分子量。

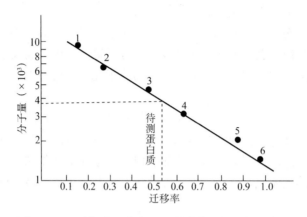

图 2-23　6 种标准蛋白在 10%凝胶中测定的标准曲线

（二）蛋白质的两性解离和等电点

1. **两性解离和等电点**　在蛋白质分子中，有许多可解离的基团，除了肽链末端的 α-氨基和 α-羧基以外，还有各种侧链基团，如：Asp 和 Glu 的侧链羧基、Lys 的 ε-氨基、Arg 的胍基、His 的咪唑基、Cys 的巯基、Tyr 的酚基。因此，蛋白质是多价的两性电解质。

溶液的 pH 对蛋白质的两性解离有很大的影响。在酸性溶液中，各种碱性基团与质子结合，使蛋白质分子带正电荷，在直流电场中，向阴极移动；在碱性溶液中，各种酸性基团释放质子，从而使蛋白质分子带负电荷，在直流电场中，向阳极移动。当溶液在某个 pH 时，使蛋白质分子所带正电荷数与负电荷数恰好相等，即净电荷为零，在直流电场中，既不向阳极移动，也不向阴极移动，此时，溶液的 pH 就是该蛋白质的等电点（isoelectric point），用 pI 表示。

2. **不同的蛋白质有不同的等电点**　例如：胃蛋白酶的 pI 为 1.0~2.5；胰蛋白酶的 pI 为 8.0；血红蛋白的 pI 为 6.7。在等电点时，蛋白质比较稳定，溶解度最小。因此，可以利用蛋白质的等电点来分别沉淀不同的蛋白质，从而将不同的蛋白质分离开来。

（三）电泳

在直流电场中，带正电荷的蛋白质分子向阴极移动，带负电荷的蛋白质分子向阳极移动，这种移动现象，称为电泳（electrophoresis）。蛋白质分子在直流电场中的迁移率（U）是指：带电分子在单位电场强度（E）下的移动速度（v），即 $U=v/E$。迁移率的大小与蛋白质分子本身的大小、形状和净电荷量有关。净电荷量愈大，则迁移率愈大；分子愈大，则迁移率愈小；还有，球状分子的迁移率大于纤维状分子的迁移率。在一定的电泳条件下，不同的蛋白质分子，由于其净电荷量、分子大小、形状的不同，一般有不同的迁移率。因此，可以利用电泳法将不同的蛋白质分离开来。在蛋白质化学中，最常用的电泳法有：聚丙烯酰胺凝胶电泳、等电聚焦电泳、双向电泳、火箭免疫电泳、高效毛细管电泳等。

（四）蛋白质的胶体性质　蛋白质是大分子。其分子大小在胶体溶液的颗粒大小范围之内。绝大多数亲水基团分布在球蛋白分子的表面上，在水溶液中，能与极性水分子结合，从而使许多水分子在球蛋白分子的周围形成一层水化层（水膜）。由于水化层的分隔作用，使许多球蛋白分子不能互相结合，而以分子的形式，均匀地分散在水溶液中，从而形成亲水胶体溶液。此亲水胶体溶液是比较稳定的。其稳定的因素有二个：一个是球状大分子表面的水膜，将各个大分子分隔开来；另一个是，各个球状大分子带有相同的电荷，由于同性电荷的相互排斥，使大分子不能互相结合成较大的颗粒。

在蛋白质水溶液中，加入少量的中性盐，如硫酸铵等，会增加蛋白质分子表面的电荷，增强蛋白质分子与水分子的作用，从而使蛋白质在水溶液中的溶解度增大。这种现象称为盐溶（salting in）。但在高浓度的盐溶液中，无机盐的离子从蛋白质分子的水膜中夺取水分子，将水膜除去，导致蛋白质分子的相互结合，从而发生沉淀。这种现象称为盐析（salting out），如图 2-24 所示。

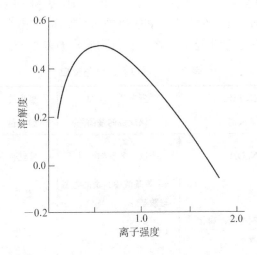

图 2-24　中性盐对碳氧血红蛋白溶解度的影响

蛋白质分子的直径在 1～100 nm 之间，不能通过半透膜；而无机盐等小分子化合物能自由通过半透膜。利用这一特性，将蛋白质与小分子化合物的溶液装进用半透膜制成的透析袋中，然后，将透析袋放在流水中或缓冲液中一定时间，则小分子化合物穿过半透膜，排出袋外，而蛋白质仍留在袋里。这就是实验室最常用的透析法（dialysis）法，用以分离提纯蛋白质。

（五）蛋白质的沉淀

1. 沉淀反应　高浓度的中性盐类，如硫酸铵、硫酸钠、氯化钠等，可以脱去蛋白质分子的水膜，同时，中和蛋白质分子的电荷，从而使蛋白质从溶液中沉淀下来。这种现象称为盐析。由于不同蛋白质分子的水膜厚度和带电量不同，因此，使不同蛋白质盐析所需要的盐浓度，一般是不同的。这样，逐步加大盐浓度，便可以使不同蛋白质从溶液中分段沉淀。这种方法称为分段盐析法，常用来分离提纯蛋白质。

2. 有机溶剂沉淀反应 高浓度的乙醇、丙酮等有机溶剂能够脱去蛋白质分子的水膜，同时，降低溶液的介电常数，从而使蛋白质从溶液中沉淀。使不同蛋白质沉淀所需要的有机溶剂浓度一般是不同的。因此，逐步加大有机溶剂浓度，可以使不同的蛋白质从溶液中先后沉淀下来。这种方法，称为有机溶剂分级法，常用来分离提纯蛋白质。

3. 重金属盐沉淀反应 在碱性溶液中，蛋白质分子的负离子基团（如—COO^-）可以与重金属盐（如醋酸铅、氯化高汞、硫酸铜等）的正离子结合成难溶的蛋白质重金属盐，并从溶液中沉淀下来。在临床上，利用这种特性抢救重金盐中毒的病人和家畜。

4. 生物碱试剂沉淀反应 生物碱试剂（如：苦味酸、单宁酸、三氯醋酸、钨酸，等）在溶液 pH 小于蛋白质等电点时，其酸根负离子能与蛋白质分子上的正离子基团相结合，变成为溶解度很小的蛋白盐，并从溶液中沉淀下来。临床化验时，常用上述生物碱试剂除去血浆中干扰测定的蛋白质。

（六）蛋白质的呈色反应 蛋白质分子的自由—NH_2 基和—COOH 基、肽键、以及某些氨基酸的侧链基团，如：Tyr 的酚基、Phe 和 Tyr 的苯环、Trp 的吲哚基、以及 Arg 的胍基等，能够与某种化学试剂发生反应，产生有色物质，如表 2-5。

表 2-5 蛋白质的颜色反应

反应名称	引起反应的化学试剂	蛋白质中参加该反应的基团	呈现的颜色	应用
双缩脲反应	硫酸铜、NaOH	二个以上的肽键	紫红色	鉴定蛋白质和多肽，测定蛋白质浓度
茚三酮反应	茚三酮	α-氨基酸中自由的氨基与羧基	蓝色	测定蛋白质的氨基酸组成
酚试剂反应（福林反应）	碱性硫酸铜溶液、磷钼酸、磷钨酸	Tyr 的酚基	蓝色	测定蛋白质浓度
黄色反应	浓硝酸及碱	Tyr 和 Phe 的苯环	黄色桔色	鉴定蛋白质
米伦氏反应	硝酸汞、亚硝酸汞、硝酸、亚硝酸混合物，共热	Tyr 的酚基	红色	鉴定蛋白质
乙醛酸反应	乙醛酸、浓硫酸	Trp 的吲哚基	紫色	鉴定蛋白质是否含 Trp
坂口反应	α-萘酚，次氯酸钠	Arg 的胍基	红色	定量测定蛋白质中的 Arg 含量

（七）蛋白质的紫外吸收光谱特征 蛋白质不能吸收可见光，但是，能够吸收一定波长范围的紫外光。用紫外分光光度计能够记录蛋白质溶液的紫外吸收光谱（图 2-25）。大多数蛋白质在 280 nm 波长附近，有一个吸收峰。这与蛋白质中 Trp、Tyr 及 Phe 对紫外光的吸收有关（图 2-1）。肽键在 225 nm 波长附近，给出一个吸收峰。因此，可以利用紫外分光光度法，在 280 nm 或 220 nm 波长，测定蛋白质浓度。

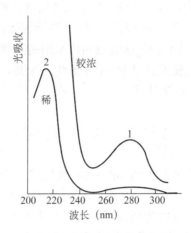

图 2-25 蛋白质的紫外吸收光谱

二、蛋白质的分离提纯

工农业生产、化验与医疗、蛋白质结构测定，以及基因工程研究，都需要一定纯度的蛋白质或酶制剂。因此，必须对样品中的目的蛋白（需要的蛋白质）进行分离提纯。

蛋白质的分离提纯，一般分为下列四个阶段：

1. 前处理　选择适当的生物材料，加上适当的抽提试剂，如 0.1 mol/L NaCl 溶液，采用适当的细胞破碎方法，对生物材料进行细胞破碎，使蛋白质充分释放到溶液中，然后离心，除去沉淀，得到上清液。此上清液含有各种蛋白质等物质，就是无细胞抽提液。如果目的蛋白不在细胞内，而在细胞外的分泌物中，则毋需破碎细胞。

2. 粗分级　采用适当的沉淀法，从无细胞抽提液中分离目的蛋白。沉淀法有好多种，如硫酸铵分段盐析法、乙醇分段沉淀法、等电点沉淀法、选择性变性法等。这些方法都是根据不同蛋白质的溶解度差异，来分离提取目的蛋白的，适合处理大体积的无细胞抽提液。

3. 细分级　通过上述粗分级得到的目的蛋白制剂是不够纯的。如果需要均一的（高纯度）蛋白质制剂，则需要对它进一步提纯（细分级）。细分级通常采用柱层析法。柱层析法有好多种，如：离子交换柱层析、凝胶过滤层析（分子筛层析）、亲和层析、疏水吸附层析、高效液相层析等。

我们可以根据样品中不同蛋白质的特性差异，如：电荷量差异、分子大小差异、吸附能力差异、对配体亲和力差异，选择上述一种或二种方法，对目的蛋白作进一步提纯。如果经过上述方法提纯之后，蛋白质制剂仍未达到很高的纯度，可以采用制备性电泳法进一步提纯。制备性电泳法有许多种，如：制备性聚丙烯酰胺凝胶电泳、蔗糖密度梯度等电聚焦电泳等。电泳法只能处理少量的样品，因此，在提纯后期使用，比较合适。也可以采用结晶法对目的蛋白质进一步提纯。蛋白质制剂必须达到较高的纯度（大约是 50%），才能进行结晶。因此，结晶法是在提纯后期使用的。

4. 质量鉴定　经过上述一系列方法，制备了蛋白质制剂。其纯度如何？生理活性如何？需要进行鉴定。

鉴定蛋白质制剂纯度的方法很多，有聚丙烯酰胺凝胶电泳法、等电聚焦电泳法、超离心沉降法、免疫电泳法、酶活力法等。一般需要用二种或更多种方法鉴定蛋白质制剂的纯度。同时，还要测定蛋白质的生理活性，如酶的比活力，多肽激素的生理活性等。为了计算酶的比活力，还必须测定蛋白质浓度。测定蛋白质浓度可以采用福林-酚法、双缩脲法等。

在提纯过程中，必须时刻注意防止蛋白质变性。因此，必须低温（0～4 ℃）操作，防止过酸过碱、防止产生过多的泡沫等。

第七节　蛋白质分类

据估计，自然界蛋白质的种类可达 10^{10}～10^{12} 数量级。为了便于研究，必须对各种蛋白质进行分类。

按照分子对称性的不同，可以将蛋白质分为球状蛋白质（globular proteins）和纤维状蛋白质（fibrous proteins）两大类。前者分子接近球状或椭圆状，溶解度较好，能结晶，包括大多数蛋白质；后者分子很不对称，类似纤维或细棒。其中，有不溶性的，如：毛发、羽毛等的角蛋白，皮肤、骨、肌腱等的胶原蛋白（collagen），蚕丝的丝心蛋白等；有可溶性的，如血液的血纤维蛋白原等。

根据化学组成的不同，可以将蛋白质分为简单蛋白质（simple proteins）和结合蛋白质（complex proteins）两大类。

一、简单蛋白质

简单蛋白质（单纯蛋白质）经过水解之后，只产生各种氨基酸。根据溶解度的不同，可以将简单蛋白质分为清蛋白、球蛋白、谷蛋白、醇溶蛋白、组蛋白、精蛋白以及硬蛋白 7 小类（见表 2-6）。

表 2-6　简单蛋白质分类

分 类	溶解度		实 例
	可 溶	不溶或沉淀	
清蛋白（albumins）	水、稀盐、稀酸、稀碱	饱和硫酸铵	血清清蛋白、卵清蛋白
球蛋白（globulins）	稀盐、稀酸、稀碱	水、1/2 饱和硫酸铵	血清球蛋白、溶菌酶
谷蛋白（glutelins）	稀酸、稀碱	水、稀盐	麦谷蛋白
醇溶蛋白（prolamines）	70%～90% 乙醇	水	小麦醇溶谷蛋白
组蛋白（histones）	水、稀酸	氨水	富含 Arg、Lys 的碱性蛋白，与 DNA 结合
精蛋白（protamines）	水、稀酸	氨水	富含 Arg、Lys，缺少 Trp、Tyr，如鱼精蛋白
硬蛋白（scleroproteins）		水、稀盐、稀酸、稀碱	角蛋白、胶原蛋白

二、结合蛋白质

结合蛋白质由蛋白质和非蛋白质两部分结合而成。其非蛋白质部分通常称为辅基。根据辅基的不同，可以将结合蛋白质分为核蛋白（nucleoproteins）、糖蛋白（glycoproteins）、脂蛋白（lipoproteins）、磷蛋白（phosphoproteins）、黄素蛋白（flavoproteins）、色蛋白（coloriproteins）以及金属蛋白（metalloproteins）7小类（见表2-7）。

表2-7 结合蛋白质分类

分 类	辅 基	实 例
核蛋白类	DNA 或 RNA	病毒、脱氧核糖核蛋白
糖蛋白类	糖类	免疫球蛋白、血型糖蛋白
脂蛋白类	脂类	血细胞凝集素
磷蛋白类	磷酸基	乳酪蛋白
黄素蛋白类	黄素腺嘌呤二核苷酸或黄素单核苷酸	氨基酸氧化酶、琥珀酸脱氢酶
色蛋白类	血红素或叶绿素	血红蛋白、叶绿素蛋白
金属蛋白	金属离子，如：Fe、Mo、Cu、Zn 等	固氮酶、铁氧还蛋白

第三章 酶

第一节 酶的一般概念

一、酶是生物催化剂

我们在生活中常常接触到酶（enzyme）。例如：吃馒头时多嚼一会儿，就会感到甜味。这是因为我们口腔里唾液的淀粉酶，能把馒头中的淀粉水解成麦芽糖和糊精。医生常用多酶片给病人治疗消化不良。多酶片含有蛋白酶、淀粉酶，以及脂肪酶。蛋白酶能将蛋白质水解成氨基酸；淀粉酶能将淀粉水解成葡萄糖；脂肪酶能将脂肪水解成脂肪酸和甘油。那末，酶是什么呢？酶是由生物细胞产生的具有催化能力的生物催化剂（biocatalyst）。

酶与化学催化剂具有下列共同的特性：

1. 二者只能催化化学热力学上允许进行的化学反应，都能降低化学反应所需要的活化能，从而加快化学反应速度；

2. 对于一个可逆反应来讲，

$$A+B \rightleftharpoons C+D$$
$$\text{反应物} \qquad \text{产物}$$

二者既能加快正向反应速度，又能加快逆向反应速度，从而缩短反应到达平衡的时间，但不改变平衡常数。

3. 与反应物数量相比，二者的用量都很少，反应前后，二者本身的量保持不变。

二、酶催化作用的特征

酶不同于化学催化剂，有下列特征：

（一）**酶具有高度的专一性**　所谓高度专一性（specificity），就是指：酶对于底物和反应类型有严格的选择性。一般地说，酶只能作用于一种或一类化学底物，催化一种或一类化学反应；而化学催化剂对于反应物没有这样严格的选择性。例如：蔗糖酶只能催化蔗糖的水解反应；淀粉酶只能催化淀粉的水解反应，而酸（H^+）作为化学催化剂，可以催化蔗糖、淀粉、蛋白质和脂肪等水解反应。通常，把酶作用的反应物称为该酶的底物（substrat）。酶的专一性有下列三种类型：

1. 绝对专一性（absolute specificity） 这一类酶对于底物的结构及反应类型，要求非常严格，只能催化一种底物发生一定类型的化学反应。例如：脲酶只能催化尿素的水解反应，对尿素的衍生物，如甲基尿素，则毫无作用。由此可见，绝对专一性是高度的底物专一性和高度的反应专一性的综合体现。

$$H_2N-\overset{\overset{O}{\|}}{C}-NH_2 + H_2O \longrightarrow 2NH_3 + CO_2$$
尿素

$$H_2N-\overset{\overset{O}{\|}}{C}-NHCH_3 \quad (甲基尿素)$$

2. 相对专一性（relative specificity） 与绝对专一性相比，相对专一性的专一程度要低一些，主要低在对底物的选择性不太高。相对专一性又可分为键专一性和基团专一性。

（1）键专一性（bond specificity） 有些酶具有键专一性，只对底物分子中某种化学键有选择性的催化作用，对该键两端的基团，则无严格要求。例如：脂肪酶催化酯类分子中的酯键发生水解反应，对酯键两端的 R 和 R′ 基团，则无严格要求。

$$R-\overset{\overset{O}{\|}}{C}\overset{\downarrow}{-}O-R' + H_2O \rightleftharpoons RCOOH + R'OH$$

由此可见，具有键专一性的酶，其作用的底物是一类底物（如甘油三酯，其它简单羧酸酯类），而不是某一种底物；它的反应专一性很高，但底物专一性不高。

（2）基团专一性（族专一性，group specificity） 具有基团专一性的酶，除了对底物分子中的化学键有严格要求而外，还对该键一端的基团有严格的要求，但对该键另一端的基团，则要求不严。例如：α-D-葡萄糖苷酶，不但要求底物分子必须含有 α-糖苷键，而且，还要求 α-糖苷键的一端必须是 α-D-葡萄糖残基，即 α-D-葡萄糖苷，但对该键另一端的基团（R），则要求不严。因此，该酶可以催化任何含有 α-D-葡萄糖苷的化合物（如蔗糖、麦芽糖等）的水解反应。

各种蛋白酶虽然都能水解肽键，表现为键的专一性，但彼此又有所不同。

图 3-1 和表 3-1 表示了消化道内几种蛋白酶的专一性。

3. 立体化学专一性（stereochemical specificity） 几乎所有的酶对于立体异构体都具有高度的专一性，即酶只能催化一种立体异构体发生某一种化学反应，而对另一种立体异构体，则无催化作用。例如：D-氨基酸氧化酶只能催化 D-氨基酸发生氧化脱氨反应，对 L-氨基酸，则无催化作用。

（二）**酶具有很高的催化效率** 一般地说，酶催化的反应速度比化学催化剂催化的反

应速度要高 $10^6 \sim 10^{13}$ 倍。例如：

$$2H_2O_2 \rightleftharpoons 2H_2O + O_2$$

1 mol 过氧化氢酶，1 min 内，能够催化 5×10^6 mol 的过氧化氢水解；同样条件下，1 mol 亚铁离子（Fe^{2+}）只能催化 6×10^{-4} mol 的过氧化氢水解。二者相比，催化效率相差 10^{10} 倍。由此可见，酶催化效率是很高的。

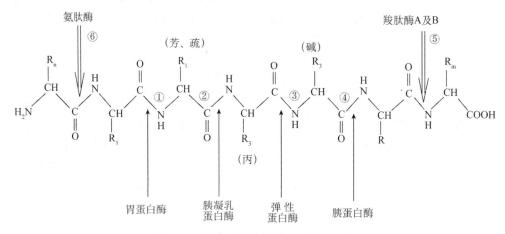

图 3-1 消化道中几种蛋白酶的专一性

表 3-1 消化道中几种蛋白酶作用的专一性

	酶	对 R 基团的要求	键作用部位	脯氨酸的影响
内肽酶	胃蛋白酶	R_1, R_1'：芳香族氨基酸及其它疏水氨基酸（NH_2 端及 COOH 端）	↑①	对肽键提供 $-\underset{H}{\overset{}{N}}-$ 的氨基酸为脯氨酸时，不水解
	胰凝乳蛋白酶	R_1：芳香族氨基酸及其疏水氨基酸（COOH 端）	↑②	对肽键提供 $-\underset{\parallel}{\overset{}{C}}-$ O 的氨基酸为脯氨酸时，水解受阻
	弹性蛋白酶	R_2：丙氨酸，甘氨酸，丝氨酸等短脂肪链的氨基酸（COOH 端）	↑③	
	胰蛋白酶	R_3：碱性氨基酸（COOH 端）	↑④	对肽键提供 $-\underset{\parallel}{\overset{}{C}}-$ O 的氨基酸为脯氨酸时，水解受阻
外肽酶	羧肽酶 A	R_m：芳香族氨基酸	⇓⑤ 羧基末端的肽键	
	羧肽酶 B	R_m：碱性氨基酸	⇓⑤ 羧基末端的肽键	
	氨肽酶		⇓⑥ 氨基末端的肽键	
二肽酶		要求相邻两个氨基酸上的 α-氨基和 α-羧基同时存在		

（三）反应条件温和　化学催化剂催化化学反应，一般需要剧烈的反应条件（如：高温、高压、强酸、强碱等），但是，酶催化反应（酶促反应）一般是在常温、常压、中性酸碱度等温和的反应条件下进行的。

（四）酶易变性失活 化学催化剂在一定条件下，会因中毒而失去催化能力；而酶比化学催化剂更加脆弱，更易失去活性。凡是使蛋白质变性的因素（如强酸、强碱、高温等），都能够使酶完全失去活性。

（五）体内酶活性是受调控的 在生物体内，酶活性是受到调节控制的。这是酶区别于化学催化剂的又一个重要的特征。对酶活性调控的方式很多，如：反馈调节、共价修饰调节、酶原激活、变构调节、激素调节等。这些调节将在后面有关章节介绍。

专一性、高效率，以及温和的反应条件，使酶在生物体内的新陈代谢中，发挥重要的作用。对酶活性的调控，使生命活动过程中的各种反应得以有条不紊地进行。

三、酶的化学本质

自从 1926 年 Summer 首次证明脲酶具有蛋白质性质以来，人们一直认为，所有的酶都是蛋白质。

酶与其它蛋白质一样，都是由 L-氨基酸通过肽键连接而成的生物大分子，具有一、二、三、四级结构，是两性电解质。酶的分子量很大，不能通过半透膜，其水溶液具有亲水胶体性质。凡是能使蛋白质变性的各种因素，如：热、酸、碱、有机溶剂等，都同样能使酶丧失活性。在体外，酶能被蛋白酶水解而失去活性。显然，不能说，所有的蛋白质都是酶，只能说，具有催化活性的蛋白质，才称为酶。

近年来，有不少人在研究抗体酶（abzyme）。抗体酶是具有催化作用的抗体。它亦是球蛋白。

80 年代，切克（T. Cech）和阿尔特曼（S. Altman）发现 $L_{19}RNA$ 具有多种酶的催化功能。这说明有催化作用的生物催化剂不一定是蛋白质。后来，愈来愈多的实验证明，不少的核糖核酸（RNA）亦是真正的生物催化剂。人们将这类具有催化作用的 RNA 称为 ribozyme（核糖酶）。研究 ribozyme 具有重大的理论意义和应用前景。

四、单体酶、寡聚酶和多酶复合体

根据酶分子的特点可以将酶分成下列三类：

1. **单体酶** 只有一条多肽链，分子量在 13 000～35 000 之间，如：胰蛋白酶、溶菌酶和胃蛋白酶等。

2. **寡聚酶** 由几个甚至几十个亚基组成，分子量在 35 000～几百万，例如：乳酸脱氢酶由 4 个亚基组成。

3. **多酶复合体** 又称多酶体系，是由几种酶彼此嵌合而形成的复合体，分子量很大，一般在几百万，例如：丙酮酸脱氢酶复合体是由丙酮酸脱氢酶、二氢硫辛酸转乙酰基酶与二氢硫辛酸脱氢酶彼此嵌合而成的。它有利于一系列反应的连续进行（详见糖代谢）。

五、酶的重要意义

生物体的新陈代谢过程包含着无数错综复杂的化学反应。生物体的一切化学反应几乎都是在酶的催化之下进行的。由此可见，一切生物都离不开酶。没有酶，则新陈代谢就不能进行，生物也就死亡。在人和动物体内，如果缺少一种酶，或者酶量不足，或者酶的功能异常，就会引起代谢紊乱，导致人和动物生病、甚至死亡。

现在，酶在工农业生产以及人医、兽医方面，已经有愈来愈广的应用。例如：通过检测胆碱酯酶活性，诊断有机磷农药对人与畜禽的中毒程度；给动物饲料添加某种酶制剂，可以促进畜禽生长与健康；通过检测血清或尿中某些酶的活性变化，可以为人和畜禽疾病的临床诊断，提供重要的依据；还有使用某些酶制剂对畜禽产品进行深度加工，等等。因此，为了掌握畜禽的正常代谢规律、发病机理、药物作用机理等，就必须了解酶作用的特点、化学本质，作用机制、以及各种因素对酶活性的影响规律等。加上饲料加工和畜禽产品加工的过程，也与酶的作用有关。由此可见，畜牧兽医工作者学习酶学是十分必要的。

第二节 酶的组成与辅酶

一、单纯酶和结合酶

按照化学组成，蛋白质可以分为简单蛋白质和结合蛋白质；同理，酶也可以分为单纯酶和结合酶（conjugated enzyme）。有些酶，如脲酶、胃蛋白酶、脂肪酶等，其活性仅仅决定于它的蛋白质结构。这类酶属于单纯酶（简单蛋白质）。另一些酶，如：乳酸脱氢酶、细胞色素氧化酶等，除了需要蛋白质而外，还需要非蛋白质的小分子物质，才有催化活性。这类酶属于结合酶（结合蛋白质）。前者称为酶蛋白（apoenzyme）；后者称为辅助因子（cofactor）。酶蛋白与辅助因子结合之后所形成的复合物，称为"全酶"（holoenzyme）。只有全酶才有催化活性。

全酶＝酶蛋白＋辅助因子

二、酶的辅助因子

有些结合酶，其辅助因子是金属离子，如 Zn^{2+}、Mo^{2+}、Mg^+、Fe 离子、Cu 离子等（表 3-2）；有些结合酶的辅助因子是小分子有机化合物，如"铁卟啉、NAD^+、FAD、FMN 等（表 3-3）；还有些结合酶，既需要辅酶，又需要金属离子，才能发挥催化作用，如细胞色素氧化酶既含有血红素辅基，又含有铜离子。将这些小分子有机化合物称为辅酶（coenzyme）或辅基。通常，把那些与酶蛋白结合比较牢固的，用透析法不易除去的小分子有机化合物，称为辅基（prosthetic group）；把那些与酶蛋白结合比较松弛，用透析法可以除去的小分子有机化合物，称为辅酶。因此，辅酶与辅基，二者没有严格的界限，可以统称为辅酶。

在绝大多数情况下，一种酶蛋白只能与一种辅酶相结合，组成一种全酶，催化一种或一类底物进行某种化学反应。相反的，一种辅酶可以与若干种酶蛋白相结合，组成若干种全酶，分别催化不同底物进行同一类型的化学反应。由此可见，在酶促反应中，酶蛋白决定对底物的专一性，辅酶决定底物反应的类型，与酶反应专一性有关。在全酶分子中，金属离子可能有下列作用：①作为酶活性部位的组成成分，参加催化底物反应；②对酶活性所必需的分子构象起稳

表 3-2 需要金属离子作为辅助因子的酶类

金属离子	酶 种 类	金属离子	酶 种 类
Fe^{2+} 或 Fe^{3+}	细胞色素氧化酶	Mg^{2+}	己糖激酶
	过氧化氢酶	Mn^{2+}	精氨酸酶
Cu^{2+} 或 Cu^+	细胞色素氧化酶	Mo^{2+}	黄嘌呤氧化酶
	酪氨酸酶	K^+	丙酮酸激酶
Zn^{2+}	DNA多聚酶	Na^+	质膜ATP酶
	羧肽酶（胰）	Ni^{2+}	脲酶（刀豆）
	醇脱氢酶	V^{5+}	硝酸还原酶

表 3-3 水溶性维生素及其辅酶的作用

维生素	学 名	辅酶形式	酶促反应中的主要作用
B_1	硫胺素	硫胺素焦磷酸(TPP)	作为丙酮酸脱氢酶、α-酮戊二酸脱氢酶及转酮醇酶的辅酶,参与转移 $RC\overset{O}{\diagdown}$
B_2	核黄素	黄素腺嘌呤二核苷酸(FAD^+) 黄素单核苷酸(FMN)	作为多种氧化还原酶及递氢体的酶辅基,参与递氢作用
PP	烟酰胺, 尼克酸	菸酰胺腺嘌呤二核苷酸(NAD^+) 菸酰胺腺嘌呤二核苷酸磷酸($NADP^+$)	作为多种氧化酶的辅酶,一些还原酶的辅酶,参与递氢作用
B_6	吡哆醛, 吡哆胺, 吡哆醇	磷酸吡哆醛	作为氨基酸脱羧酶、转氨基酶等的辅酶,参与转移氨基
泛酸		辅酶 A	作为多种酰基转移反应的辅酶
H	生物素	与酶蛋白赖氨酸的 ε-氨基共价结合	作为羧化酶的辅酶,脱羧基
叶酸		四氢叶酸	作为各种一碳基团转移的活性载体
B_{12}	钴胺素	甲基钴胺素,脱氧腺苷钴胺素	作为甲硫氨酸合成酶的辅酶,甲基丙二酸变位酶的辅酶
C	抗坏血酸		胶原中脯氨酰羟化酶、多巴胺 β 羟化酶等作用时提供还原物
	硫辛酸		硫辛酸活性二硫基可转移乙酰基

定作用;③在酶与底物分子之间起桥梁作用。在酶催化底物反应过程中,辅酶或辅基作为电子、氢原子、或者某些功能基团(如:氨基、酰基等)的载体,参与反应。

三、维生素与辅酶

维生素(Vitamin)是维持细胞正常代谢所必需,但需要量极少,人和动物体不能合成,或者合成量太少,而必须由食物供给的一组小分子有机化合物。维生素在生物体内,既不是构成各种组织的主要原料,也不是体内能量的来源。它们的生理功能,主要是,对新陈代谢过程起着非常重要的调节作用。机体缺少某种维生素时,可以使新陈代谢过程发生紊乱,产生维生素缺乏病。例如:缺少维生素 B_1 时,人产生脚气病,动物产生多发性神经炎。维生素的种类很多。它们的化学结构的差别很大。通常,根据溶解性质的差异将其分为脂溶性和水溶性两大类:

脂溶性维生素有维生素 A、维生素 D、维生素 E、维生素 K 等;水溶性维生素有维生素 B_1、维生素 B_2、维生素 B_6、维生素 B_{12}、维生素 PP、维生素 C、生物素、叶酸、泛酸等。

维生素对新陈代谢过程非常重要。这是因为,大多数维生素可以作为辅酶或辅基的组成成分,参与体内的代谢过程。特别是维生素 B 族,如维生素 B_1(硫胺素)、维生素 B_2(核黄素)、维生素 PP(烟酰胺)、维生素 B_6、叶酸、泛酸等,几乎全部参与辅酶的组成。甚至于有些维生素,如硫辛酸(是类维生素)、维生素 C(抗坏血酸)等,本身就是辅酶(表 3-3)。

在酶促反应过程中，辅酶作为载体，在供体与受体之间传递 H 原子或者某种功能基团（如：氨基、酰基、磷酸基、一碳基团等）。

主要辅酶的结构如下：

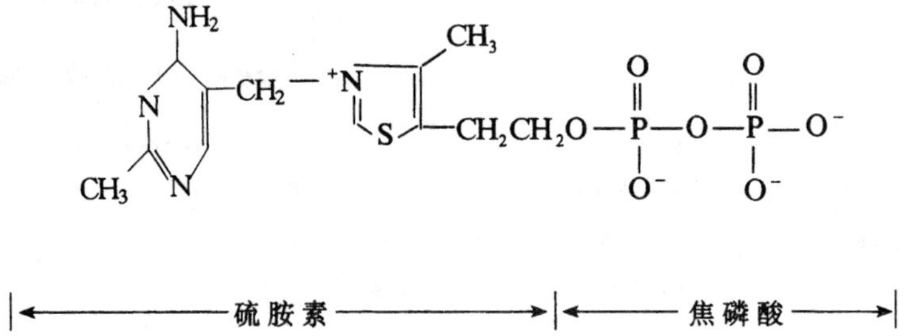

硫胺素焦磷酸酯（TPP）

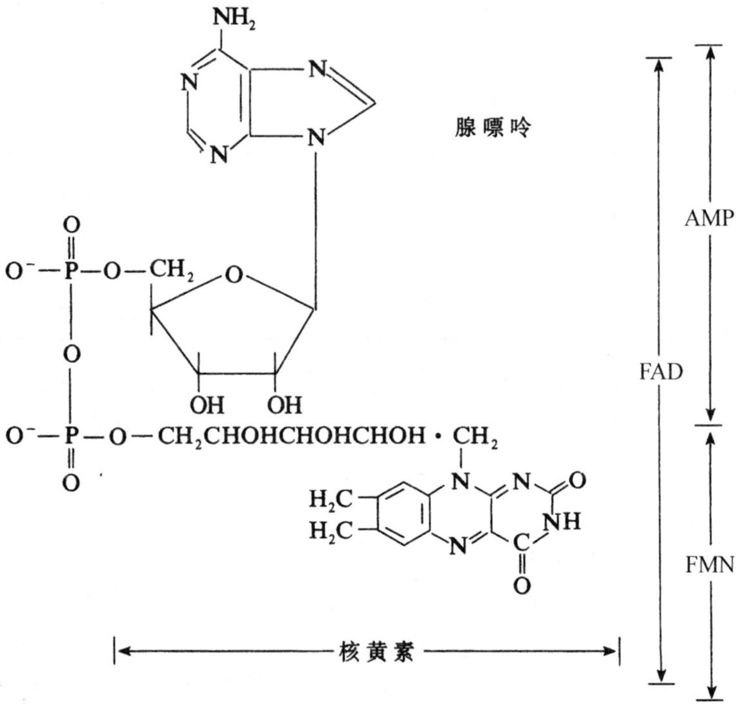

（硫胺素—焦磷酸）

（腺嘌呤）

AMP / FAD / FMN

核黄素

黄素腺嘌呤二核苷酸（FAD），将其中腺嘌呤核苷单磷酸（AMP）换成 H，则成黄素核苷单磷酸（FMN）

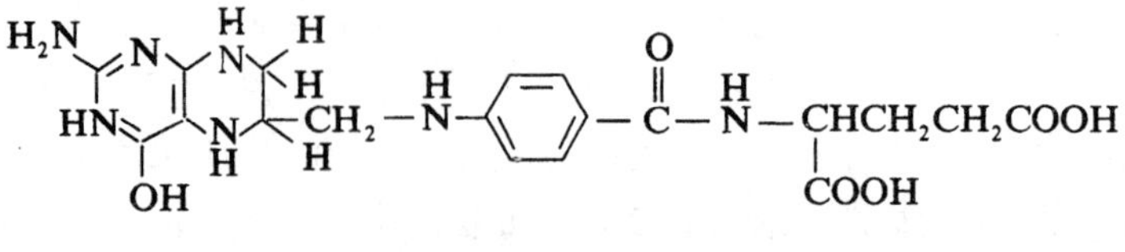

四氢叶酸（FH_4）

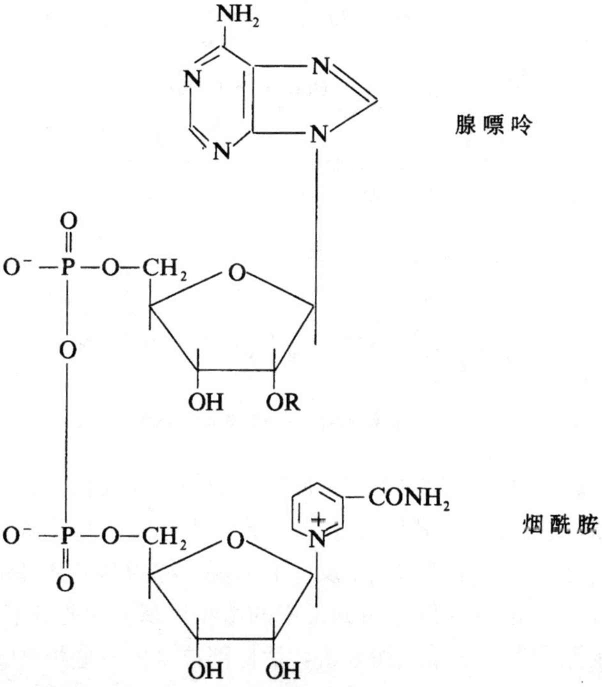

当 R=—H 时，为烟酰胺腺嘌呤二核苷酸（NAD$^+$、又名辅酶Ⅰ）；

当 R=—PO$_3^{2-}$ 时，为烟酰胺腺嘌呤二核苷酸磷酸（NADP$^+$，又名辅酶Ⅱ）。

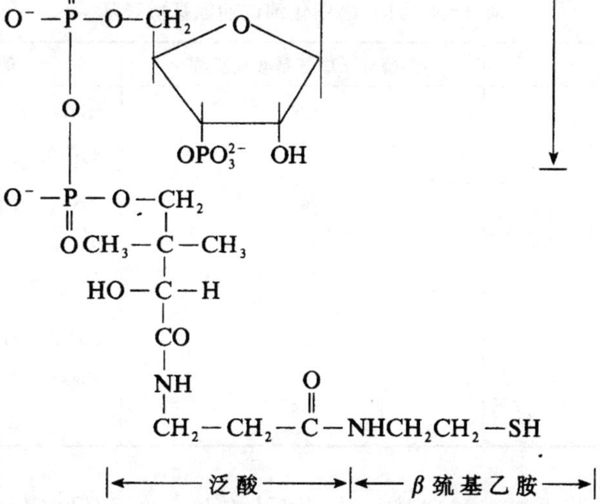

辅酶 A(CoA) 结构，含有泛酸成分

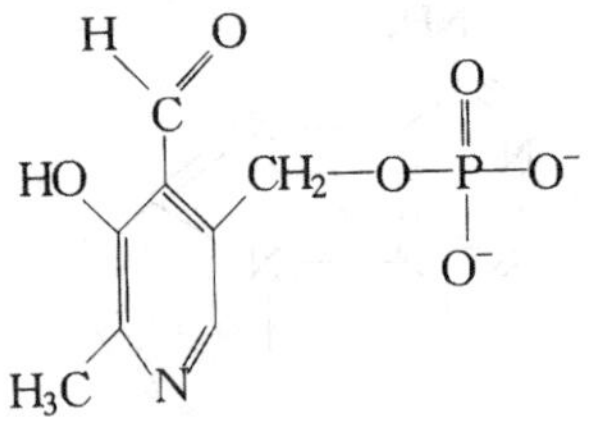

磷酸吡哆醛

第三节 酶结构与功能的关系

一、酶活性部位和必需基团

酶是生物大分子。其分子体积比大多数底物分子的体积大很多。酶分子与底物分子结合成酶-底物复合物时，底物分子只是结合在酶分子表面的一个很小的部位上。酶分子中能直接与底物分子结合，并催化底物化学反应的部位，称为酶的活性部位（active site）或活性中心（active center）。活性部位是酶分子中的微小区域。它通常位于酶分子表面的一个深陷的空穴或一条深沟中。对单纯酶来讲，活性部位是由一些极性氨基酸残基的侧链基团（如：His 的咪唑基、Ser 的羟基、Cys 的巯基、Lys 的 ε-NH_2 基、Asp 与 Glu 的羧基等）所组成的。有些酶还包括主链骨架上的亚氨基和羰基。对于结合酶来讲，除了上述基团而外，还包括金属离子或辅酶分子的某一部分。

酶活性部位上的基团，可以分成两类：直接与底物分子结合的基团，称为结合基团（binding group）；直接参与催化底物反应的基团，称为催化基团（catalytic group）。有些基团同时具有上述两种作用。由三个以上的结合基团组成结合部位；一般由 2～3 个催化基团组成催化部位（表 3-4）。因此，酶活性部位是由结合部位和催化部位组成的。前者决定底物专一性；后者决定反应专一性。

表 3-4 几种酶催化部位的氨基酸残基

酶 种 类	酶分子中氨基酸残基数	催化部位的残基
牛胰核糖核酸酶 A	124	His12, His119, Lys41
溶菌酶	129	Asp52, Glu35
牛胰凝乳蛋白酶	245	His57, Asp102, Ser195
牛胰蛋白酶	238	His46, Asp90, Ser183
弹性蛋白酶	240	His45, Asp93, Ser188
木瓜蛋白酶	212	Cys25, His159
碳酸酐酶	258	His93－Zn－His95 | His117

构成活性部位的若干氨基酸残基，在一级结构上，并不是紧密相邻的，可能相距很远，有的甚至于不在同一条肽链上，但是，由于肽链的盘曲、折迭，使它们的空间位置彼

此靠近，从而形成一个具有一定空间结构的活性部位。例如：胰凝乳蛋白酶分子的催化部位，包括 His57、Asp102 和 Ser195，它们分布在该酶的两条肽链上，但其空间位置彼此相邻。

酶分子中虽然有很多基团，但是只有必需基团才与酶活性有关。必需基团（essential group）是指：直接参与对底物分子结合和催化的基团以及参与维持酶分子构象的基团。

活性部位的空间结构是由酶分子构象决定的。如果酶分子构象遭到破坏，则活性部位的空间结构亦随之被破坏，酶亦就失去了活性。

二、酶原激活

有些酶，如参与消化的各种蛋白酶（如胃蛋白酶、胰蛋白酶，以及胰凝乳蛋白酶等），在最初合成和分泌时，没有催化活性。这种没有活性的酶的前体，被称为酶原（zymogen）。酶原必须经过适当的切割肽键，才能转变成有催化活性的酶。使无活性的酶原转变成活性酶的过程，称为酶原激活。这个过程实质上是酶活性部位组建、完善或者暴露的过程。例如：胰凝乳蛋白酶原（chymotrypsinogen）在胰腺细胞内合成时，没有催化活性，从胰腺细胞分泌出来、进入小肠之后，就被胰蛋白酶激活，接着自身激活（指酶原被自身的活性酶激活）。其激活过程如图 3-2 所示：第一步，胰凝乳蛋白酶原的 Arg15 与 Ile16 之间的肽键被胰蛋白酶切开，产生了不稳定的具有较高催化活性的 π-胰凝乳蛋白酶；第二步，π-胰凝乳蛋白酶的 Leu13 - Ser14、Tyr146 - Thr147 以及 Asn148 - Ala149 之间的肽键被另一个 π-胰凝乳蛋白酶分子激活（自身激活），产生稳定的但活性较低的 α-胰凝乳蛋白酶（α- chymotrysin），并释放 2 个二肽。

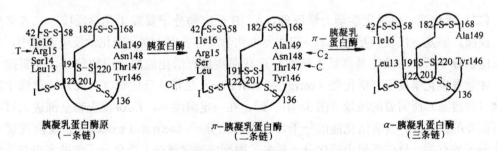

图 3-2　胰凝乳蛋白酶原激活过程示意图
T. 胰蛋白酶作用点　C_1、C_2、C_3. 胰凝乳蛋白酶自身激活作用点

有些酶原激活还存在着级联反应。例如：胰蛋白酶原被肠激酶激活成胰蛋白酶之后，此胰蛋白酶又能将消化道中的胰凝乳蛋白酶原、弹性蛋白酶原和羧肽酶原 A 分别激活成胰凝乳蛋白酶、弹性蛋白酶和羧肽酶 A，从而共同彻底消化食物中的蛋白质。

酶以酶原的形式合成和分泌，然后激活，是具有重要生理意义的。例如：由胰腺分泌的上述几种蛋白酶原，必须在肠道内经过激活之后才能水解蛋白质，这样，就保护了胰腺细胞不受蛋白酶的破坏，否则，将产生剧痛而又危及生命的急性胰腺炎。又如：血液中虽有凝血酶原，却不会在血管中引起大量凝血，妨碍血液循环。这是因为凝血酶原没有激活成凝血酶之故。当创伤出血时，大量凝血酶原被激活成凝血酶，从而促进了血液凝固，堵塞伤口，防止大量流血。

第四节 酶催化机理

一、过渡态和活化能

（一）过渡态 任何化学反应的全过程一般包含一个或多个过渡态（中间产物）：

$$A+B \longrightarrow A\cdots\cdots B \longrightarrow C+D$$

反应物　　中间产物　　产物
（初态）　　（过渡态）　　（终态）

例如：Cl^- 与 CH_3Br 发生取代反应的过程出现一个中间产物（图 3-3）。产物的 C-Br 拉长被部分破坏，又形成 C-Cl 新键，此中间产物的结构既不同于反应物（甲基溴）的结构，也不同于产物（甲基氯）的结构，其性质极不稳定，寿命极短。这种不稳定的中间产物被称为过渡态（transition state）。要达到过渡态，需要反应分子 Cl^- 具有一定的能量和正确的攻击方向

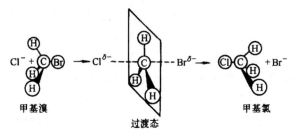

图 3-3 氯离子与甲基溴取代反应

（二）活化能 根据化学动力学原理，A、B 反应物分子要发生化学反应，二者必须相互碰撞，但是，仅仅相互碰撞不一定能发生化学反应。因为在一个化学反应系统中，各个反应物分子所含的动能是高低不同的。只有那些具有活化能的反应物分子，在碰撞之后，才能发生化学反应。活化能（energy of activation）是指从反应物（初态）转化成中间产物（过渡态）所需要的能量（图 3-4）。即：在一定温度下，1 mol 反应物全部进入过渡态所需要的自由能。含有活化能的分子，称为活化分子（activated molecule）。反应速度与活化分子数有关。反应系统中活化分子越多，则反应速度越快。活化分子数的多少与活化能高低有关。如果某一反应所需要的活化能较大，则活化分子较少，反应速度较慢；反之，反应所需要的活化能较低，则活化分子数较多，反应速度较快。酶和化学催化剂都能降低活化能，但酶作用更大（表 3-5）。

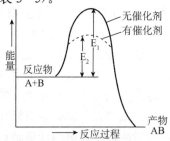

图 3-4 催化反应中的能量变化 E_1、E_2 表示活化能

表 3-5 几种催化反应的活化能

化学反应	催化剂	活化能（kJ/mol）
H_2O_2 分解	无催化剂	75.33
	胶性铂	48.96
	过氧化氢酶	23.02
蔗糖水解	氢离子	108.81
	蔗糖酶（酵母）	46.04
酪蛋白水解	HCl	86.21
	胰蛋白酶	50.22

二、中间产物学说

酶如何能降低反应所必需的活化能？用中间产物学说能够得到部分的解释。早在 19 世纪，就有人提出了中间产物学说。该学说假设：酶与底物首先结合成一个中间产物，然后，中间产物分解成为产物和游离的酶。此反应过程可用下式表示：

$$S + E \longrightarrow ES \longrightarrow P + E$$
底物　酶　中间产物　产物

现在，有人发展了中间产物学说，认为：酶首先与底物结合成酶-底物复合物，然后，转变成酶-过渡态中间物复合物，然后，生成酶-产物复合物，最后，从酶分子上释放产物。此反应过程可以用下式表示：

$$S + E \longrightarrow ES \longrightarrow ES^{\neq} \longrightarrow EP \longrightarrow P + E$$

式中，ES 为酶-底物复合物，$S^{\neq}$ 为过渡态中间物（过渡态），$ES^{\neq}$ 为酶-过渡态中间物复合物，EP 为酶-产物复合物。现在，已有多种方法证明，中间产物是客观存在的。例如：用电子显微镜能直接观察到核酸聚合酶与核酸结合而成的复合物。目前，有些酶反应的中间产物已被分离得到。例如：D-氨基酸氧化酶与 D-氨基酸结合而成的复合物已被分离、结晶出来了。过渡态中间产物及其与酶活性部位的结合情况，是一个重要的研究课题，正在研究之中，已有重要进展。

三、诱导契合学说

酶对底物为什么有专一性？早期，Emil Fischer 提出锁与钥学说。他认为：底物结构必须与酶活性部位的结构非常互补，就像锁与钥匙一样，这样，才能紧密结合，形成酶-底物复合物（图 3-5a）。这个学说可以解释酶的绝对专一性，但是不能解释酶的相对专一性等现象。他把酶的结构看成固定不变，是不切实际的。

后来，Koshland 提出了诱导契合（induced fit）学说。他认为：酶分子的活性部位结构原来并不与底物分子的结构互补，但活性部位有一定的柔性，当底物分子与酶分子相遇时，可以诱导酶蛋白的构象发生相应的变化，使活性部位上各个结合基团与催化基团达到对底物结构正确的空间排布与定向，从而使酶与底物互补结合，产生酶-底物复合物，并使底物发生化学反应（图 3-5b）。

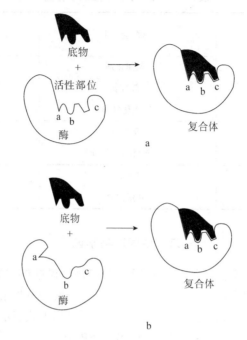

图 3-5　酶的钥匙与锁学说（a）和酶的诱导契合学说（b）示意图

四、酶催化机理

形成中间物、提高酶促反应速度的机理可能有下列几种原因：

（一）邻近和定向效应　在酶与底物结合形成中间产物的过程中，产生了"邻近"效应和"定向"效应（图 3-6）。所谓"邻近"效应（proximity effect），是指：结合在酶活性部位上的 A、B 双底物分子，二者的反应基团互相靠近，同时，底物的反应基团与活性部位的催化基团互相靠近。这样比溶液中的自由分子酶与底物更容易靠近，实际大大增加了活性部位内底物的有效浓度，从而使底物反应速度大大地提高。所谓定向效应（orientation effect），是指：在酶活性部位中，催化基团与底物分子反应基团之间，形成了正确的定向排列，使分子间的反应按正确的方向相互作用形成中间产物，从而降低了底物分子的活化能，增加了底物反应速度。

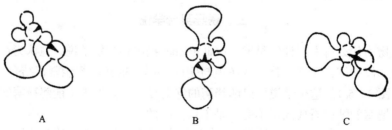

图 3-6　轨道定向假说示意图

A. 反应物的反应基团和催化剂的催化基团既不靠近，也不彼此定向

B. 两个基团靠近，但不定向，还不利于反应

C. 两个基团既靠近，又定向，大大有利于底物形成过渡态，加速反应

（二）底物形变 酶与底物的结合，不仅使酶分子构象发生变化（如诱导契合学说），同时，亦使底物分子发生扭曲变形，称为应变或形变效应（strain effect）。这是由于酶与底物结合之后，一部分结合能被用来削弱底物分子中的敏感键，产生键扭变，有助于过渡态的形成，降低了底物反应的活化能，从而使反应速度大大加快。酶与底物结合导致底物形变的实例不少。例如：用 X-射线衍射法证明，溶菌酶与底物结合后导致底物分子中的 D-糖环由椅形变成半椅形（图 3-7）。

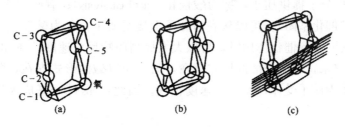

图 3-7　溶菌酶底物 D 环变成半椅式的形变图
(a) 正常椅式　(b) 与酶结合后，C_5 和环氧原子的移动　(c) 半椅式构象，C_1、C_2、C_5、O 同在一平面上

（三）共价催化　某些酶分子的催化基团可以通过共价键与底物分子结合形成不稳定的共价中间产物，这个中间产物极易变成过渡态，因而大大降低了活化能，使反应速度大为提高。这种催化称为共价催化（covalent catalysis）。共价催化分为亲核催化（nucleophilic catalysis）和亲电子催化。

1. **亲核催化**　亲核基团是指：化合物中能提供电子对的原子或基团。亲核催化是指：酶活性中心的亲核催化基团（图 3-8）提供一对电子，与底物分子中缺少电子具有部分正电荷的碳原子形成共价键，从而产生不稳定的共价中间物。

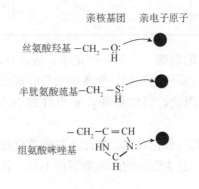

图 3-8　酶蛋白中重要的亲核基团

例如：胰凝乳蛋白酶催化蛋白质分子中肽键的水解反应：

$$\underset{\text{蛋白质}}{R-\underset{\underset{H}{|}}{\overset{\overset{O}{\|}}{C}}-N-R'} + HO-Ser-\text{E} \underset{}{\overset{\text{酰化}}{\rightleftharpoons}} \underset{\text{酰基-酶}}{R-\overset{\overset{O}{\|}}{C}-O-Ser-\text{E}} + H_2N-R'$$

$$\downarrow H_2O$$

$$\underset{\text{酶}}{R-COOH + HO-Ser-\text{E}}$$

其中，酰基-酶是不稳定的共价中间物。

2. **亲电子催化** 亲电子基团是指：化合物中能接受电子对的原子。它是电子对的受体。因此，亲电子催化与亲核催化恰好相反。它是指：酶活性中心上的亲电子催化基团，如—NH_3^+基、Fe^{2+}等，从底物分子的亲核原子上夺取一对电子，形成共价键，从而产生不稳定的共价中间物最终完成反应。

（四）**酸碱催化** 在酶活性中心上，有些催化基团（表3-6）是质子供体（酸催化基团），可以向底物分子提供质子，称为酸催化（acid catalysis）；有些催化基团（表3-6）是质子受体（碱催化基团），可以从底物分子上接受质子，称为碱催化。当酸催化基团和碱催化基团共同发挥催化作用时，可以大大提高底物反应速度。在pH接近中性的生物体中，His咪唑基，一半以酸的形式存在，另一半以碱的形式存在，既可以作为质子供体，又可以作为质子受体，而且，速度很快。因此，His咪唑基成为许多酶的酸碱催化基团。

表3-6 酶分子中可作为酸碱催化的功能基

氨基酸种类	酸催化基团（质子供体）	碱催化基团（质子受体）
Glu, Asp	—COOH	—COO$^-$
Lys	—NH_3^+	—NH_2
Cys	—SH	—S$^-$
Tyr	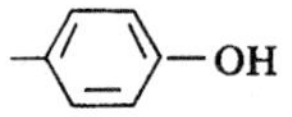 —〇—OH	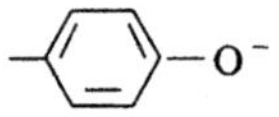 —〇—O$^-$
His	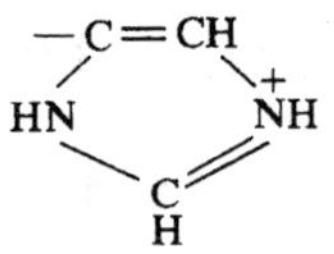 咪唑基（质子化）	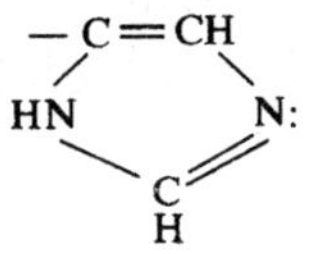 咪唑基

（五）**活性部位疏水空穴的影响** 已知某些化学反应，在非极性（低介电常数）的介质中，其反应速度比在极性（高介电常数）介质中的反应速度快得多。酶分子的活性中心是位于非极性的空穴中的。因此，可以推测，非极性的空穴有利于提高酶促底物反应速度。

上述五种因素都能提高酶的催化效率。实际上在酶催化底物反应中，常常是几种因素彼此交叉搭配。对不同的酶，起主要影响的因素可能不同，各有特点，分别受到一种或几种因素的影响。

第五节 酶活力测定

一、酶活力测定

酶活力（酶活性）就是指：酶催化底物化学反应的能力。因此，测定酶活力，实际上就是测定酶促反应进行的速度。酶促反应速度越快，酶活力就越大；反之，速度越慢，酶活力就越小。

由于酶难以制成纯品,又极易变性失活,因此,酶制剂中酶的含量,不能用重量或体积来表示,只能用酶活力来表示。酶活力的大小,是研究酶促反应动力学、酶分离提纯及应用时不可缺少的指标。因此,测定酶活力是非常重要的。

酶反应速度有二种表示方式:(1)用单位时间内底物浓度的减少量来表示;(2)用单位时间内产物浓度的增加量来表示。因此,反应速度的单位是:浓度/单位时间。

以产物浓度对反应时间作图,可以得到图 3-9 所表示的酶反应的速度曲线。从该图看出,反应速度就是曲线的斜率。在最初一段时间内,产物浓度对反应时间呈直线关系,即反应速度保持恒定,随着反应时间的延长,反应速度逐渐下降。引起反应速度下降的原因很多,例如:底物浓度下降;产物对酶的抑制;由于产物浓度增加而加速了逆反应;酶变性等。因此,为了排除上述干扰,酶活力应该用酶促反应的初速度(initial velocity)来表示。

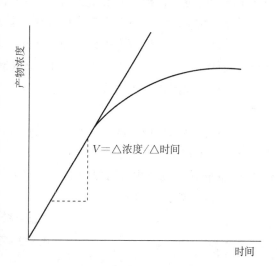

图 3-9 酶促反应的速度曲线

所谓反应初速度,就是指:底物开始反应之后,很短一段时间内的反应速度。反应时间一般采用 5~10 min。只要测定方法足够灵敏准确,原则上,反应时间愈短愈好。

测定不同反应时间内的产物浓度(或底物浓度),绘出产物浓度(或底物浓度)对反应时间的反应进程曲线(图 3-9),然后,根据曲线的直线部分,计算出酶反应的初速度,就是酶活力。

在简单的酶促反应(S⟶P)中,底物减少的速度与产物增加的速度是相等的。但是,一般以测定产物的增加量为好。因为测定反应速度时,底物浓度往往是过量的,底物减少量只占其总量的极小部分,测定不易准确,而产物从无到有,只要测定方法灵敏,就可以准确测定。

测定酶活力的方法很多,常用的有:化学分析法、光吸收测定法、荧光测定法、电化学测定法、滴定法等。主要根据产物或底物的物理化学特性来决定采用那一种方法。

二、酶活力单位

酶活力单位是衡量酶活力大小的计量单位。历史上,对于酶活力单位的规定,没有统一的标准。对于不同的酶或者同一种酶,由于测定方法的不同,对酶活力的单位,常常有不同的规定。例如:蛋白酶的活力单位,规定为:1 min 内,将酪蛋白水解,产生 1μg 酪氨酸所需要的酶量,定为一个单位(1U=1μg 酪氨酸/min);淀粉酶的活力单位,规定为:每小时催化 1 g 可溶性淀粉液化所需要的酶量,定为一个单位(1U=1 g 淀粉/h）；或者，每小时催化 1 ml 2%可溶性淀粉液化所需要的酶量，定为一个单位（1U＝1×2%淀粉/1 h）。

为了统一酶活力单位的计算标准，1961 年，国际生物化学协会酶学委员会对酶活力单位作了下列规定：在指定的反应条件下，1 min 内，将 1 微摩尔（μmol）的底物转化为产物所需要的酶量，定为一个国际单位（1U＝1μmol/min）。如果底物分子有一个以上可被作用的化学键，则一个酶活力单位，便是 1 min 使 1μmol 有关基团转化，所需要的酶量。上述反应条件是：25 ℃，最适 pH，饱和底物浓度。

由于种种原因，上述国际单位未被广泛采用，目前，在许多场合下，仍然采用上述习惯算法。

为了使酶活力单位与国际单位制中的反应速度（mol/s）相一致，1972 年，国际酶学委员会正式推荐用 Kat（Katal）作为酶活力单位。规定为：在最适条件下，每秒钟内，能使 1 mol 底物转化成产物所需要的酶量，定为一个 Kat 单位（1Kat＝1 mol/s）。Kat 与国际单位（u）的互算关系如下：

$$1Kat=6\times 10^7 U$$
$$1U=16.67nKat$$

三、比活力

比活力（比活性）是指：每毫克蛋白质中所具有的酶活力（活力单位数）。

$$比活力=\frac{酶活力}{蛋白质重量（mg）}=\frac{活力单位数}{蛋白质重量（mg）}$$

有时，亦用每克酶制剂含有的活力单位数来表示。

酶制剂的酶含量及纯度常用比活力的大小表示。比活力较大的酶制剂，其酶含量及纯度较高。

在酶分离提纯过程中，每完成一个关键的实验步骤，都需要测定酶的总活力和比活力，以监视酶的去向。判断分离提纯方法的优劣和提纯效果，一要看纯化倍数高不高，二要看总活力的回收率大不大。利用比活力，可以计算分离提纯过程中每一步骤所得到的酶的纯化倍数：

$$纯化倍数=\frac{酶制剂的比活力}{抽提液的比活力}$$

利用总活力可以计算分离提纯过程中每一步骤所得到的酶的回收率：

$$回收率=\frac{酶制剂的总活力}{抽提液的总活力}\times 100\%$$

第六节 酶促反应动力学

酶促反应动力学主要是研究各种因素对反应速度的影响。研究酶反应动力学，对于阐明酶结构与功能的关系、酶催化机理以及药物作用机理，对于酶的分离提纯及应用等，都具有重要的理论与实践意义。

影响酶反应速度的因素有：酶浓度、底物浓度、温度、pH、抑制剂、激活剂等。这些因素对酶反应速度的影响有何规律？

一、底物浓度对酶反应速度的影响

（一）**底物浓度与酶反应速度的关系** 在酶浓度、温度、pH等条件固定不变的情况下，测定不同底物浓度下的反应初速度（以下均称为反应速度），用反应速度（v）对底物浓度（[S]）作图，便得到图3-10的双曲线。

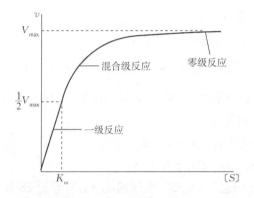

图3-10 底物浓度与酶反应速度的关系
$V_{max}(V)$：代表最大反应速度　K_m：代表米氏常数

从该图看出：当底物浓度较低时，反应速度随底物浓度的增加而迅速升高，呈正比关系，属于一级反应（只有一个底物参加）：

$$v = \frac{dP}{dt} = k[S]$$

式中，dP代表产物量增加，dt代表反应时间变化，k代表反应速度常数。

当底物浓度较高时，反应速度亦随着底物浓度的增加而升高，但变得缓慢，表现为混合级反应。

当底物浓度很大而达到一定极限时，则反应速度达到最大值。此时，再增加底物浓度，反应速度也不再升高，表现为零级反应：

$$v = \frac{dP}{dt} = K[E_t]$$

式中[E_t]代表酶的总浓度。

酶反应速度与底物浓度的上述关系，可以利用中间产物学说加以解释。该学说认为：酶（E）分子首先与底物（S）分子结合成中间复合物（ES），然后，这个中间复合物再分解成产物（P），并游离出酶。

$$E + S \rightleftharpoons ES \longrightarrow E + P$$

反应速度，实际上决定于ES浓度。当底物浓度较低时，只有一部分酶分子与底物结合成ES，此时，增加底物浓度，就会增加ES浓度，因而，反应速度亦随之增加。但是，当底物浓度很大时，反应体系中的酶分子已全部与底物结合成 ES，此时，底物浓度再增加，已没有剩余的酶分子与之结合，即 ES 浓度不再增加。因此，反应速度维持不变。

（二）米氏方程式的推导　为了描写底物浓度对酶反应速度影响的规律，Michaelis 和 Menten 推出了一个数学公式，称为米氏方程式：

$$v = \frac{V[S]}{K_m + [S]}$$

后来，Briggs 和 Haldane 对酶米氏方程作了一项重要修正。

米氏方程按修正案被推导出来：

根据中间产物学说，酶促反应分两步进行：

$$[E] + [S] \underset{k_2}{\overset{k_1}{\rightleftharpoons}} [ES] \overset{k_3}{\rightleftharpoons} E + P$$

式中 [E] 代表游离态酶浓度；[S] 代表底物浓度；[ES] 代表酶-底物复合物的浓度；k_1、k_2、k_3 代表各个反应的速度常数。

酶与底物生成 ES 的速度为：$v_1 = k_1 [E][S]$

ES 分解的速度为：$v_2 = k_2 [ES] + k_3 [ES]$

当整个反应体系处于恒态时，[ES] 生成速度（v_1）等于 ES 分解速度（v_2）：

$$k_1[E][S] = k_2[ES] + k_3[ES]$$

整理后得

$$\frac{[E][S]}{[ES]} = \frac{k_2 + k_3}{k_1}$$

令

$$\frac{k_2 + k_3}{k_1} = K_m$$

则

$$\frac{[E][S]}{[ES]} = K_m \quad \cdots\cdots\cdots\cdots (1)$$

上式中，[E] 和 [ES] 两项的数值很难测定，所以必须设法除去，用 [E_t] 代表酶的总浓度，则

$$[E_t] = [E] + [ES]$$

式中 [E] 表示游离态酶浓度；[ES] 代表结合态酶浓度。

整理后得：

$$[E] = [E_t] - [ES] \quad \cdots\cdots\cdots\cdots (2)$$

将（2）代入（1），得：

$$\frac{([E_t] - [ES])[S]}{[ES]} = K_m$$

经整理得：

$$[ES] = \frac{[E_t][S]}{K_m + [S]} \quad \cdots\cdots\cdots\cdots (3)$$

因为酶反应速度是与 [ES] 成正比的，所以

$$v = k_3[ES]$$

整理后得：

$$[ES] = \frac{v}{k_3} \quad \cdots\cdots\cdots\cdots (4)$$

将 (4) 代入 (3) 得：
$$\frac{v}{k_3} = \frac{[E_t][S]}{K_m + [S]}$$

整理后得：
$$v = \frac{k_3[E_t][S]}{K_m + [S]} \tag{5}$$

当反应体系中的底物浓度极大，而使所有的酶分子都以 ES 形式存在（即 $[E_t] = [ES]$）时，反应速度达到最大值（即最大反应速度，V）。因此，

$$V = k_3[E_t] \tag{6}$$

将 (6) 代入 (5)，得：

$$v = \frac{V[S]}{K_m + [S]} \tag{7}$$

这就是米氏方程式，其中，K_m 称为米氏常数。米氏方程圆满地表示了底物浓度与酶反应速度之间的定量关系。在底物浓度较低时，$K_m \gg [S]$，米氏方程式的分母中 $[S]$ 一项可以忽略不计，得：

$$v = \frac{V}{K_m}[S]$$

即反应速度与底物浓度成正比，符合一级反应。在底物浓度很高时，$[S] \gg K_m$，米氏方程中，K_m 可以忽略不计，得

$$v = V = k_3[E_t]$$

即反应速度与底物浓度无关，符合零级反应。

（三）米氏常数的意义、求法及应用

1. 米氏常数的意义

将米氏方程式整理后，得：$K_m = [S]\left(\dfrac{V}{v} - 1\right)$

当酶促反应处于 $v = \dfrac{1}{2}V$（图 3-7）时，则 $K_m = [S]$。由此可知，K_m 值是当酶反应速度为最大反应速度一半时的底物浓度。其单位是底物浓度的单位，一般用 mol/L 或 mmol/L 表示。米氏常数是酶的特征性物理常数。一种酶，在一定的实验条件（25 ℃，最适 pH）下，对某一种底物讲，有一定的 K_m 值。不同的酶有不同的 K_m 值（表 3-7）。因此，测定酶的 K_m 值可以作为鉴别酶的一种手段。

表 3-7 几种酶的 K_m 值

酶	底 物	K_m (mol/L)
α-淀粉酶	淀粉	6×10^{-4}
乳酸脱氢酶	丙酮酸	1.7×10^{-5}
己糖激酶	葡萄糖	1.5×10^{-4}
	果糖	1.5×10^{-3}
尿素酶	尿素	2.5×10^{-2}
蔗糖酶	蔗糖	2.8×10^{-2}

米氏常数是 k_1、k_2、k_3 三个反应速度常数的复合常数，即 $K_m = \dfrac{k_2 + k_3}{k_1}$

当 $k_3 \ll k_2$ 时，则 $K_m = \dfrac{k_2}{k_1} = K_s$

K_s 是 $E + S \rightleftharpoons ES$ 的解离常数，即 $K_s = \dfrac{[E][S]}{[ES]}$，也就是说，当 $k_3 \ll k_2$（$ES \longrightarrow P + E$ 为限速反应）时，米氏常数接近于 ES 中间复合物的解离常数。因此，可以用 $\dfrac{1}{K_m}$ 近似地表示酶对底物亲和力的大小。$\dfrac{1}{K_m}$ 值愈大，表示亲和力愈大。

2. 米氏常数的求法　求得米氏常数的方法很多，但是，最常用的是 Lineweaver–Burk 的作图法（双倒数作图法）。

将米氏方程式改写为下列倒数形式：

$$\dfrac{1}{v} = \dfrac{K_m}{V} \cdot \dfrac{1}{[S]} + \dfrac{1}{V}$$

该方程式相当于 $y = ax + b$ 直线方程。

实验时，测定几个不同底物浓度的酶反应速度。然后，以 $1/[S]$ 为横坐标，以 $1/v$ 为纵坐标作图，绘出一条直线（图 3–11）。此直线在纵轴上的截距为 $\dfrac{1}{V}$，在横轴上的截距为 $-\dfrac{1}{K_m}$，直线的斜率为 $\dfrac{K_m}{V}$。量取直线在两个坐标轴上的截距，或者，量取直线在任一坐标轴的截距，并结合斜率的数值，可以很方便地求出 K_m 和 V 数值。此法由于方便而应用最广，但亦有缺点，实验点过分集中于直线的左端，因而，作图不易十分准确。

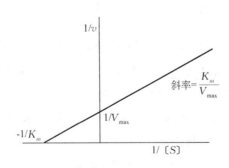

图 3–11　双倒数作图法

二、抑制剂对酶反应速度的影响

某些物质，如有机磷杀虫剂、磺胺类药物等，并不引起酶蛋白变性，但是，能够与酶分子上的某些必需基团相结合，改变其性质，从而使酶活性降低，甚至于完全丧失。这种作用称为抑制作用（inhibition）；这种物质称为抑制剂（inhibitor）。

抑制作用分为可逆抑制作用和不可逆抑制作用两大类：

（一）**可逆抑制作用**　抑制剂与酶分子的必需基团以非共价键结合，从而抑制酶活性，用透析等物理方法可以除去抑制剂,使酶活性得到恢复。这种抑制作用,称为可逆抑制作用(reversible inhibition);这种抑制剂称为可逆抑制剂(reversible inhibitor)。可逆抑制作用主要有下列二种类型:

1. 竞争性抑制作用　有些抑制剂,其分子结构与底物分子结构十分相似,因而,也能够与酶分子的底物结合基团相结合,从而抑制酶活性。由于抑制剂和底物对酶的结合,是相互竞争、相互排斥的,所以称为竞争性抑制作用(competitive inhibiton);这种抑制剂,称为竞争性抑制剂(competitive inhibitor)。

例如:琥珀酸脱氢酶能够催化琥珀酸脱氢变成延胡索酸。比较琥珀酸、草酰乙酸和丙二酸的结构式:

```
COOH        COOH        COOH
|           |           |
CH₂         C=O         CH₂
|           |           |
CH₂         CH₂         COOH
|           |
COOH        COOH

琥珀酸      草酰乙酸     丙二酸
```

可以看出,这三种二元羧酸,在结构上是十分相似的。因此,草酰乙酸和丙二酸都是琥珀酸脱氢酶的竞争性抑制剂。

竞争性抑制作用可以用下列反应式表示:

$$E+S \rightleftharpoons ES \longrightarrow E+P$$
$$+$$
$$I$$
$$\updownarrow$$
$$EI$$

由此可见,由于一部分酶与抑制剂(I)结合成酶-抑制剂复合物(EI),可以与底物(S)结合成中间产物(ES)的酶,就相对地减少了,酶活性也就因此而降低了。另一方面,由于竞争性抑制剂与酶的结合,是可逆的,因而,可以通过加入大量的底物来消除竞争性抑制剂对酶活性的抑制作用。这是竞争性抑制的一个重要特征。

从动力学方面看,竞争性抑制剂对酶活性的抑制还有下列特征:

以 v 对 [S] 作图,得到图 3-12。从该图看出:在竞争性抑制剂作用下,虽然酶反应速度明显地降低了,但是,V 不降低;K_m 增大($K_m' > K_m$)。

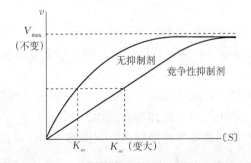

图 3-12　竞争性抑制剂对酶反应速度的影响

竞争性抑制剂在临床治疗方面十分重要。不少有疗效的药物实际上就是酶的竞争性抑制剂。例如：氨基喋呤是二氢叶酸还原酶的竞争性抑制剂。它抑制四氢叶酸的合成反应，而四氢叶酸是核酸合成不可缺少的辅酶，因而能抑制癌细胞，治疗白血病。5-氟尿嘧啶脱氧核苷酸是胸腺嘧啶核苷酸合成酶的竞争性抑制剂。它抑制 DNA 的生物合成，有抗癌作用。

磺胺类药物是治疗细菌性传染病的有效药物。它能抑制细菌的生长繁殖，而不伤害人和畜禽。细菌体内的叶酸合成酶能够催化对氨基苯甲酸变成叶酸。磺胺类药物，由于与对氨基苯甲酸的结构，非常相似，因此，对叶酸合成酶有竞争性抑制作用。人和畜禽能够利用食物中的叶酸，而细菌不能利用外源的叶酸，必须自己合成。一旦合成叶酸的反应受阻，则细菌由于缺乏叶酸，便停止生长繁殖。因此，磺胺类药物有抑制细菌生长繁殖的作用，而不伤害人和畜禽。

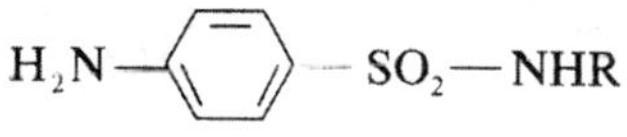

$$H_2N-\bigcirc-SO_2-NHR \quad 磺胺类药物$$

$$H_2N-\bigcirc-CO-OH \quad 对氨基苯甲酸$$

必须指出，抑制剂与底物结构相似，并不是竞争性抑制剂必不可少的条件。有些抑制剂的结构并不与底物相似，但是，对酶活性却表现出竞争性抑制作用。这种抑制剂与酶活性部位之外的必需基团结合之后，产生了不利于与底物结合的酶分子构象变化。

2. **非竞争性抑制作用** 有些抑制剂（I）和底物（S）可以同时结合在酶分子（E）的不同部位上，形成 ESI 三元复合物。换句话说，就是抑制剂与酶分子结合之后，不妨碍该酶分子再与底物分子结合，但是，在 ESI 三元复合物中，酶分子不能催化底物反应，即酶活性丧失。这种抑制作用，称为非竞争性抑制作用（non-competitive inhibition）；这种抑制剂，称为非竞争性抑制剂（non-competitive inhibitor）。

非竞争性抑制作用可以用下列反应式表示：

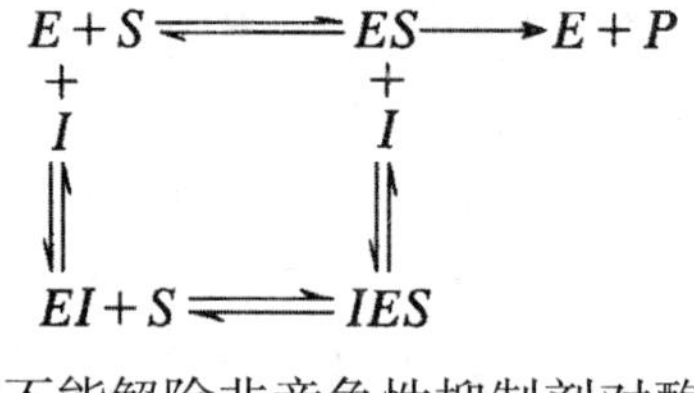

$$\begin{array}{c} E+S \rightleftharpoons ES \longrightarrow E+P \\ +\quad\quad\quad + \\ I\quad\quad\quad I \\ \updownarrow\quad\quad\quad \updownarrow \\ EI+S \rightleftharpoons IES \end{array}$$

由此可见，加入大量底物不能解除非竞争性抑制剂对酶活性的抑制。这是不同于竞争性抑制的一个特征。

从动力学方面看，非竞争性抑制剂对酶活性的抑制，还有下列特征：

从图 3-13 看出，在非竞争性抑制剂作用下，酶反应速度和最大反应速度 V 明显地降低，但 K_m 值不改变。

非竞争性抑制剂可能结合在酶活性部位之外、维持酶分子构象的必需基团上，或者，结合在酶活性部位的催化基团上，从而抑制酶活性。

如何区分竞争性抑制剂和非竞争性抑制剂？双倒数作图法可以用来鉴别是竞争性抑制剂，还是非竞争性抑制剂。以 $\dfrac{1}{v}$ 对 $\dfrac{1}{[S]}$ 作图，得到图 3-14。从该图看出：竞争性抑制的直线和非抑制的直线,在纵坐标上的截距相等,但在横坐标上的截距,前者小于后者;非竞争性抑制的直线和非抑制的直线,在横坐标上的截距相等,但在纵坐标上的截距,前者大于后者。由此可见,竞争性抑制剂和非竞争性抑制剂的双倒数图,有明显的区别,因而,可以利用双倒数图对二者加以鉴别。

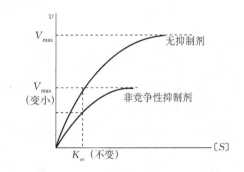

图 3-13 非竞争性抑制剂对酶反应速度的影响

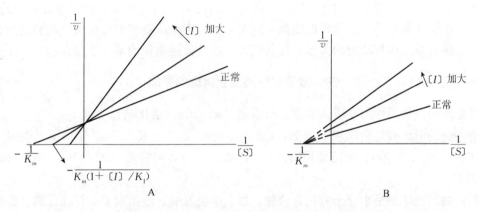

图 3-14 竞争性抑制剂(A)和非竞争性抑制剂(B)作用下的双倒数图

(二)不可逆抑制作用 有些抑制剂,能以共价键与酶分子的必需基团相结合,从而抑制酶活性,用透析、超滤等物理方法,不能除去抑制剂使酶活性恢复。这种抑制作用,称为不可逆抑制作用(irreversible inhibition);这种抑制剂,称为不可逆抑制剂(irreversible inhibitor)。不可逆抑制剂的种类很多。常见的有:有机磷杀虫剂、有机汞化合物、有机砷化合物、一氧化碳、氰化物等剧毒物质。其中,有机磷杀虫剂种类很多,有:敌百虫、乐果、杀螟松、对硫磷、内吸磷(1059)等。它们的化学结构,一般可以用下列结构通式来表示:

R 代表烷基,通常是甲基、乙基、异丙基。X:通常是对硝基酚、含 S 的基团,有时,是卤素、卤代烷基。有机磷杀虫药是乙酰胆碱酯酶的不可逆抑制剂。它的磷原子与乙酰胆碱酯酶活性部位上 Ser 的羟基以共价键结合,从而抑制酶活性。其反应表示如下:

$$\text{酶—CH}_2\text{—OH} + X-\overset{\overset{\displaystyle R}{\displaystyle |}}{\underset{\underset{\displaystyle R}{\displaystyle |}}{\overset{\displaystyle O}{\underset{\displaystyle O}{P}}}}=O \longrightarrow \text{酶—CH}_2\text{—O}-\overset{\overset{\displaystyle R}{\displaystyle |}}{\underset{\underset{\displaystyle R}{\displaystyle |}}{\overset{\displaystyle O}{\underset{\displaystyle O}{P}}}}=O + HX$$

有机磷杀虫药能够强烈地抑制与动物中枢神经系统有关的乙酰胆碱酯酶的活性，使乙酰胆碱大量的积累，从而引起一系列的神经中毒症状，以致于死亡。

测定乙酰胆碱酯酶的活性变化，可以诊断人、畜被有机磷农药中毒的程度。重度中毒时，该酶的活性可以降低到正常值的 30% 以下。

研究酶的抑制剂及其抑制作用，在工农业生产上、医疗上，以及基础理论研究上，都具有重要的意义。

一些对生物体有剧毒的物质，大都是酶的抑制剂。生物体往往只要有一种酶被抑制，就会使机体代谢不正常，以致于表现病态，严重时，甚至于使机体死亡。有不少酶的抑制剂已用于杀虫、灭菌和临床治疗。因此，研究酶的抑制作用，可以为医疗设计有效药物，为农业生产设计新农药，提供理论依据，同时，也为解除抑制剂中毒提出合理的措施。此外，也是研究酶结构与功能的关系，催化机理，以及代谢途径的基本手段。

三、激活剂对酶反应速度的影响

凡是能提高酶活性的物质，都称为激活剂（activator，活化剂）。

有些酶的激活剂是金属离子（如：Ca^{2+}、Mg^{2+}、Zn^{2+}、K^+、Na^+ 等）和无机阴离子（如：Cl^-、Br^-、I^- 等）。唾液淀粉酶需要 Cl^- 激活；羧肽酶需要 Zn^{2+} 激活；DNA 酶需要 Mg^{2+} 激活。

有些酶的激活剂是小分子有机化合物，如：半胱氨酸、维生素 C、谷胱甘肽、巯基乙醇等。有的酶还需要其它酶蛋白来激活。

激活剂的作用是相对的。一种酶的激活剂对另一种酶来讲，可能是抑制剂。不同浓度的激活剂对酶活性的影响也不同，往往是低浓度下起激活作用，高浓度下起抑制作用。

四、酶浓度对酶反应速度的影响

在底物浓度大大超过酶浓度、温度和 pH 固定不变、反应体系中不含有抑制剂的情况下，酶反应速度与酶浓度成正比（图 3－15）。

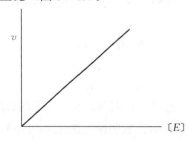

图 3－15 酶浓度对酶反应速度的影响

上述定量关系是酶活力测定的基础,用于测定酶溶液或酶制剂中的酶含量。

五、温度对酶反应速度的影响

化学反应速度随温度升高而加快,但是,酶是蛋白质,可以随温度升高而变性。在温度较低时,前一种影响较大,反应速度随温度升高而加快。但是,温度超过一定数值之后,酶受热变性的影响占优势,反应速度反而随温度升高而减慢,从而形成倒 V 形或倒 U 形曲线(图 3-16)。使反应速度达到最大值的温度被称为最适温度(optimun temperature)。动物体内各种酶的最适温度一般在 37～40 ℃,接近它们的体温。酶的最适温度不是恒定的常数。它与底物种类、介质 pH、离子强度、保温时间等因素有关。

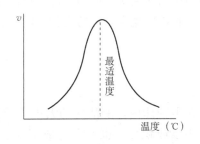

图 3-16　温度对酶促反应速度的影响

高温能使酶变性失活,一般在 80 ℃以上,几乎全部的酶变性失活。但是,低温则不然,低温虽然也能使酶活性降低,但是,不破坏酶分子构象。临床上低温麻醉,就是利用低温能降低酶活性,以减慢组织细胞的代谢速度,从而提高机体对氧和营养物质缺乏的耐受性。生物制品、菌种以及精液的低温保存,也是基于同一原理。

六、溶液 pH 对酶反应速度的影响

图 3-17 表示了溶液 pH 对酶活性影响的规律。pH 对酶活性的影响机制很复杂。主要有下列几个方面:

1. pH 过小(过酸)、过大(过碱)都能使酶蛋白变性而失活。

2. pH 的改变能影响酶活性中心上必需基团的解离程度,同时,也可以影响底物和辅酶的解离程度,从而影响酶分子对底物分子的结合和催化。只有在特定的 pH 下,酶、底物和辅酶的解离状态,最适宜它们相互结合,并发生催化作用,从而使酶反应速度达到最大值。这个 pH 称为酶的最适 pH(optimun pH),如图 3-17 所示。家畜体内大多数酶的最适 pH 一般为 6.5～8.0。但也有例外,例如:胃蛋白酶的最适 pH 为 1.5;肝精氨酸酶的最适 pH 为 9.8。

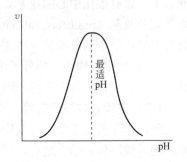

图 3-17　pH 对酶反应速度的影响

酶的最适 pH 不是一个常数。它的大小与底物的种类和浓度、缓冲液的性质与浓度、介质的离子强度、温度、反应时间有关。在测定某种酶的活力时,采用该酶的最适 pH,并用适当的缓冲液维持最适 pH。

第七节 酶活性调节

一切生命都是靠代谢的正常运转来维持的。生物体内的代谢是由许多相互联系、相互制约的代谢途径所组成的。每一条代谢途径都包括一系列连续的酶促反应。通过这些反应将一种底物转化为一定的产物。例如有这样一条代谢途径：

$$A \xrightarrow{E_1} B \xrightarrow{E_2} C \xrightarrow{E_3} D$$

E_1，E_2，E_3 是不同的酶；B，C 是中间产物。

在生物体内，酶活性的大小是受到调节控制的，只有这样，才不会引起某些代谢产物的不足或积聚，也不会造成某些底物的缺乏或过剩。这就是说，在生物体内，各种代谢物的含量基本上保持不变。酶活性的调控可以用两种方式来完成。第一种是，已存在于细胞的酶，可以通过酶分子构象的改变或共价修饰等方式来改变其活性。第二种是，通过改变酶的合成和降解的速度，来改变酶浓度，从而改变酶活性。本节仅介绍第一种调节方式。

对代谢途径的反应速度起调节作用的酶称为调节酶（regulatory enzyme）。调节酶包括变构酶、共价调节酶以及同工酶等。

一、变 构 酶

变构酶（allosteric enzyme）是含有 2 个或 2 个以上亚基的寡聚酶，分为同促变构酶、异促变构酶，以及同促异促变构酶三种类型。

（一）异促变构酶 酶分子上包含催化中心（活性部位）和调节中心（调节部位、变构部位）。催化中心（catalytic center）负责对底物分子的结合和催化；调节中心（regulatory center）负责结合调节物，对催化中心的酶活性起调节作用。这两种中心一般分布于不同亚基上。含有催化中心的亚基，称为催化亚基（catalyric subunit）；含有调节中心的亚基，称为调节亚基（regulatory subunit）。例如：天冬氨酸转氨甲酰酶（ATCase）分子含有二个催化亚基，三个调节亚基（图 3-18）。

（二）同促变构酶 酶分子中含有 2 个或 2 个以上的活性部位。每个亚基含有一个活性部位，但是，不含有专门的调节部位。活性部位也就是调节部位。

（三）变构效应与调节物 在变构酶分子上，活性部位与调节部位之间，或者活性部位之间，存在着相互作用（变构效应，协同效应）。调节物与酶分子的调节部位（或一个亚基的活性部位）结合之后，引起酶分子构象发生变化，从而提高或降低活性部位（或另一个亚基的活性部位）的酶活性（或对底物的亲和力）。这种效应称为变构效应（allosteric effect；变构效应）。提高酶活性的变构效应，称为变构激活（allosteric activation）或正协同效应（positive cooperative effect）；降低酶活性的变构效应，称为变构抑制（allosteric inhibition）或负协同效应（negative cooperative effect）。具有变构效应的酶，称为变构酶。能使变构酶产生变构效应的物质，称为效应物（effector），又称效应子、调节物。与调节部位（或活性部位）结合之后，能提高酶活性的效应物，称为变构激活剂（或正效应物）；反之,称为变构抑制剂(或负效应物)。效应物一般是小分子有机化合物。有的是底物;有的是非底物的物质。在细胞内,变构酶的底物通常是它的变构激活剂;代谢途径的终产物常常是它的变构抑制剂。

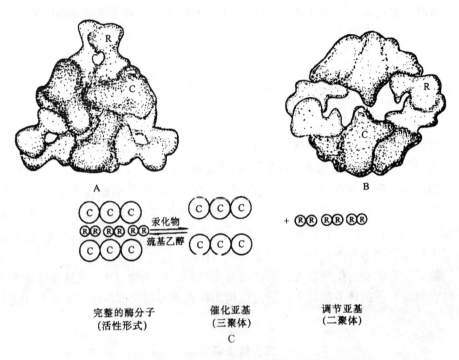

图 3-18 E.coli ATCase 中亚基排列及全酶与亚基的关系
A. ATCase 的顶面观　B. ATCase 的前面观　C. ATCase 与亚基的关系
C 代表催化肽链　R 代表调节肽链

(四) 变构酶 S 型动力学曲线　有许多变构酶,其反应速度(v)对底物浓度($[S]$)的动力学曲线,不服从米氏方程,即不是双曲线,而是呈 S 型曲线(图 3-19)。由此可见,在$[S]$很低时,$[S]$的改变对酶活性的影响很小;在曲线陡段,$[S]$稍有改变,则酶活性有较大的变化,即酶活性对$[S]$的变化非常敏感,在反应速度接近最大反应速度时,$[S]$的改变对酶活性的影响很小。

对上述 S 形曲线的产生机理,可以作下列解释:第一个底物分子与酶分子中第一个亚基的活性部位结合之后,使该亚基的构象发生变化,此亚基的

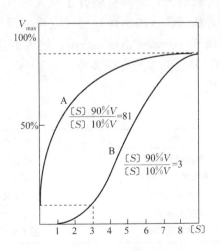

图 3-19 变构酶动力学曲线
A. 为非调节酶的曲线　B. 为变构酶的 S 形曲线

构象变化引起了相邻第二个亚基的构象发生变化，从而提高了第二个亚基的活性部位对第二个底物分子的结合力（亲和力）。其余第三、第四个亚基对第三、第四个底物分子的结合，依此类推。这就是正协同效应。

在S型曲线的陡段，酶活性对[S]的变化十分敏感。这对于维持细胞内的[S]于一定水平，颇为重要。在此水平附近，[S]对酶活性有较强的调节作用。有这样一条代谢途径：

$$A \xrightarrow{E_1} B \xrightarrow{E_2} C \xrightarrow{E_3} D$$

A是原始底物；B、C是中间产物；D是终产物；E_1、E_2、E_3分别是催化A、B、C的不同酶。其中，E_1是异促变构酶。D是E_1酶的变构抑制剂，A是E_1酶的变构激活剂。

变构抑制具有重要的生理意义。当终产物过多，将导致细胞中毒时，变构抑制剂（D）与变构酶（E_1）的调节部位相结合，快速抑制该酶催化部位的活性，从而降低代谢途径的总反应速度，因此，有效地减少了原始底物（A）的消耗，避免了终产物的过多产生。这对于维持生物体内的代谢恒定起了重要的作用。

变构激活亦有重要的生理意义。有些异促变构酶，以底物（A）或其前体作为变构激活剂，结合到酶分子的调节部位上，通过变构而提高该酶催化部位的活力，从而避免过多底物的积累。

二、共价调节酶

有些酶，在其它酶的催化下，其分子结构中的某种特殊的基团，如：Ser、Thr或Tyr的OH基，能与特殊的化学基团，如ATP分子上脱下的磷酸基或腺苷酰基（AMP），共价结合或解离，从而使酶分子从无活性（或低活性）形式变成活性（或高活性）形式，或者从活性（高活性）形式变成无活性（或低活性）形式。这种修饰作用称为共价修饰调节（covalent modification）。这种被修饰的酶称为共价调节酶（covalent modification enzyme）。共价调节酶有许多种（表3-8）。其中，催化糖原分解反应的磷酸化酶是这类的典型代表。

表3-8 酶促共价修饰对酶活力的调节

酶	修饰机理	活力变化
糖原磷酸化酶	磷酸化/脱磷酸	增大/减小
磷酸化酶b激酶	磷酸化/脱磷酸	增大/减小
糖原合成酶	磷酸化/脱磷酸	减小/增大
丙酮酸脱氢酶	磷酸化/脱磷酸	减小/增大
谷酰胺合成酶	腺苷酰化/脱腺苷酰	减小/增大

这种酶有二种形式：磷酸化酶a，高活性；磷酸化酶b，低活性。在磷酸化酶的激酶催化下，磷酸化酶b（二聚体）中，每个亚基的一个Ser残基的羟基，与ATP给出的磷酸基共价结合，从而使低活性的磷酸化酶b转变成高活性的磷酸化酶a（四聚体），如

图 3‑20 所示。

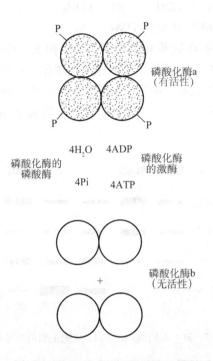

图 3‑20　磷酸化酶的两种形式的相互转变过程

磷酸化酶在磷酸酶催化下，磷酸化酶 a 中，每个亚基的磷酸基被酶水解除去，从而使高活性的磷酸化酶 a 转变成低活性的磷酸化酶 b（图 3‑20）。

由此可见，磷酸化酶的活性调节，是通过磷酸基与酶分子的共价结合（称为磷酸化）以及从酶分子中水解除去磷酸基来实现的。这种共价修饰是需要其它酶来催化的。

三、同 工 酶

自从 1959 年 Market 等人用电泳法从动物血清中发现了乳酸脱氢酶同工酶以来，由于蛋白质分离技术的发展，人们从动物界、植物界、微生物界发现了数百种各种各样的同工酶。

同工酶是指：能催化相同的化学反应，但在蛋白质分子的结构、理化性质和生物学性质方面，都存在明显差异的一组酶。即能催化相同化学反应的数种不同分子形式的酶。例如：哺乳动物的乳酸脱氢酶（LDH）有五种分子形式：

$$LDH_1、LDH_2、LDH_3、LDH_4、LDH_5$$

它们都能催化同一种乳酸脱氢反应：

$$CH_3\underset{OH}{CH}COO^- + NAD^+ \xrightleftharpoons{LDH} CH_3\underset{O}{C}COO^- + NADH + H^+$$

这五种分子形式就是乳酸脱氢酶同工酶。

乳酸脱氢酶同工酶分子都是四聚体；但其亚基组成不同：

分子形式：LDH$_1$　　LDH$_2$　　LDH$_3$　　LDH$_4$　　LDH$_5$

亚基组成：　H$_4$　　　H$_3$M　　H$_2$M$_2$　　HM$_3$　　M$_4$

其中，M 亚基和 H 亚基在氨基酸组成及一级结构上，都有明显的差异。由于上述分子组成与结构的差异，因此，这五种分子形式，在理化性质和免疫学性质方面，都是不同的。例如：对哺乳动物的乳酸脱氢酶同工酶作淀粉（或聚丙烯酰胺）凝胶电泳，在电泳图谱上出现了等距离的五条带（图 3-21）。这说明了乳酸脱氢酶同工酶的电泳行为是不同的。

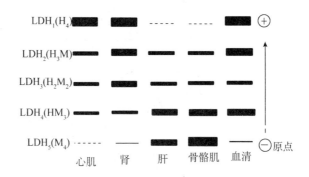

图 3-21　不同组织中的 LDH 同工酶的电泳图谱

既然同工酶的分子结构有所差异，它们为什么能催化同一种化学反应？这是因为同工酶的活性部位结构相同或者极其相似的缘故。

同工酶在哺乳动物体内不同组织或不同细胞器中的分布是不同的。例如：LDH 同工酶在心、肝、肾、骨骼肌以及血清中的分布是不同的（图 3-21）。同工酶适应于不同组织或不同细胞器在代谢上的不同需要，对代谢起调节作用。同工酶的不同亚基是由不同结构基因编码的。结构基因的变异会导致同工酶的变化。

第八节　酶　工　程

一、酶工程的概念

酶工程（enzyme engineering）是由酶学与化学工程技术、基因工程技术、微生物学技术相结合而产生的一门新的技术科学。它从应用的目的出发，研究酶的产生、酶的制备与改造、酶反应器，以及酶的各方面应用。酶工程分为化学酶工程和生物酶工程两大类：

二、化学酶工程

化学酶工程又称为初级酶工程。它是由酶化学与化学工程技术相结合的产物。它的主要研究内容是：酶的制备工艺、酶和细胞的固定化技术、酶分子化学修饰、人工酶的合成、酶反应器、酶传感器以及酶的应用等。其中，酶和细胞的固定化，在工农业生产以及医疗等应用上，具有巨大的潜力，引起人们特别的关注。现对固定化酶作一简单的介绍。

固定化酶（immobilized enzyme）是指：采用物理或化学的方法，将酶固定在固相的载体上,或者,将酶包埋在微胶囊或凝胶中,从而,使酶成为一种可以反复使用的形式。简单地说,固定化酶就是指:能够重复使用的酶。

制备固定化酶的方法很多,有包埋法、吸附法、共价偶联法(载体偶联法),以及交联法等,如图3-22所示。

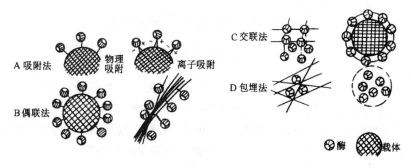

图3-22 各种方法制备的固定化酶

1. 包埋法 通常可分为凝胶包埋法和微囊化包埋法。运用凝胶包埋法,可以将酶分子包埋在凝胶格子中。最常用的凝胶有海藻酸钙、卡拉胶、聚丙烯酰胺等。运用微囊化包埋法可以将酶分子包埋在由半透膜构成的微型胶囊内。常用的半透膜有尼龙膜、醋酸纤维膜等。

2. 吸附法 运用该法可以将酶分子吸附在固相的吸附剂或离子交换剂上,从而制成固定化酶。常用的载体有多孔玻璃、DEAE-纤维素等。

3. 共价偶联法 运用该方法将酶分子上的非必需基团与固相载体上的基团共价结合,从而制成固定化酶。酶与载体结合要牢固。常用的载体有纤维素、葡聚糖、琼脂糖及其衍生物等。

4. 交联法 采用双功能试剂,如戊二醛等,使酶分子之间、或者酶分子与固相载体之间发生共价交联,从而制成固定化酶。

目前,已有一些固定化酶,如固定化青霉素酰化酶、固定化葡萄糖异构酶等投入大规模的工业生产,并显示了巨大的优越性。

三、生物酶工程

生物酶工程又称为高级酶工程。它是在化学酶工程的基础上发展起来的,是酶学与DNA重组技术为主的现代分子生物学技术相结合的产物。

生物酶工程主要包括下列研究内容:

(1) 用DNA重组技术(基因工程技术)大量生产酶。此酶称为克隆酶。例如:用DNA重组技术将人尿激酶原的结构基因,从人细胞转移到大肠杆菌细胞内,可以使大肠杆菌细胞生产人尿激酶原,从而取代从大量的人尿中提取尿激酶。尿激酶原和尿激酶都是治疗血栓病的有效药物。

(2) 用蛋白质工程技术定点改变酶结构基因,生产性能稳定、活性更高的酶。此酶称为突变酶(遗传修饰酶)。例如:酪氨酰—tRNA合成酶的突变酶,其突变部位是Ala51取代了Thr51,从而使该酶对底物ATP的亲和力提高了100倍。

（3）用蛋白工程技术，设计新的酶结构基因，生产自然界从未有过的性能稳定、活性更高的新酶。

上述（2）、（3）两方面的研究工作难度很大，但是，随着计算机技术、化学理论以及蛋白质结构与功能相互关系的研究进展，这些难题一定会得到解决。

第九节 酶的命名和分类

一、酶的命名

根据国际酶学委员会的建议，对每一种酶，不仅要有一个编号，而且，还要有二个名称。其中，一个是系统名称；另一个是惯用名称（通俗名称）。

系统名称包括两部分：底物名称和反应类型。若酶反应中有两种底物起反应，这两种底物均需表明，当中用"："分开。例如：催化乳酸脱氢反应的酶：

$$乳酸 + NAD^+ \rightleftharpoons 丙酮酸 + NADH + H^+$$

它的系统名称应该是：乳酸：NAD^+ 脱氢酶。

虽然系统名称系统严谨，但名称一般都很长，使用起来很不方便，因此，一般叙述时，往往采用惯用名称。

惯用名称要求简短、使用方便，通常根据底物名称和反应类型来命名，但不要求十分精确。例如：上述催化乳酸脱氢反应的酶，可以称为乳酸脱氢酶。

对于催化底物水解反应的酶，一般在酶的名称上省去了反应类型（水解）。例如：催化蛋白质水解的酶，称为蛋白酶，在名称上省去水解二字。有时为了区别同一类酶，还可以在酶的名称前面标上来源或酶的特性，例如：胰蛋白酶、胃蛋白酶、木瓜蛋白酶、中性蛋白酶、酸性蛋白酶、碱性蛋白酶。

二、酶的分类

国际酶学委员会根据酶催化的反应类型，将酶分成六大类：

1. **氧化还原酶类（oxidoreductases）** 催化底物氧化还原反应的酶，称为氧化还原酶。

反应通式：$AH_2 + B \rightleftharpoons A + BH_2$。如：琥珀酸脱氢酶、乳酸脱氢酶、细胞色素氧化酶等。

2. **转移酶类（Transferases）** 催化 AR 与 B 底物分子之间基团（R）转移反应的酶，称为转移酶。

反应通式：$AR + B \rightleftharpoons A + BR$。如：谷丙转氨酶等。

3. **水解酶类（Hydrolases）** 催化底物（AB）水解反应的酶，称为水解酶。

反应通式：$AB + H_2O \rightleftharpoons AOH + BH$。如：蛋白酶、淀粉酶、脂肪酶等。

4. **裂合酶（Lyases，裂解酶）类** 催化一种化合物（AB）裂解成两种化合物（A 和 B）及其逆反应的酶，称为裂合酶。

反应通式：$AB \rightleftharpoons A + B$。如：醛缩酶等。

5. **异构酶类（Isomerases）** 催化同分异构体相互转变反应的酶，称为异构酶。

反应通式：$A \rightleftharpoons B$。如：葡萄糖异构酶等。

6. 合成酶（Ligases，连接酶）类　催化必须由 ATP（或 GTP、UTP）提供能量、由两种分子（A 和 B）合成一种分子（AB）的反应，这种酶被称为合成酶。

反应通式：A＋B＋ATP $\rightleftharpoons$ AB＋ADP＋Pi。如：谷酰胺合成酶、DNA 聚合酶等。

在每一大类酶中，又可根据不同的原则，分为几个亚类。每一个亚类再分为几个亚亚类。最后，再把属于每一个亚亚类的各种酶按照顺序排好，分别给每一种酶一个编号。例如：乳酸脱氢酶（EC1.1.1.27）催化下列反应：

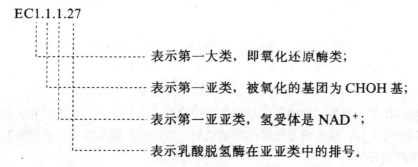

其编号可作下列解释：EC 代表酶学委员会。

```
EC1.1.1.27
   │ │ │ └──── 表示乳酸脱氢酶在亚亚类中的排号。
   │ │ └────── 表示第一亚亚类，氢受体是 NAD⁺；
   │ └──────── 表示第一亚类，被氧化的基团为 CHOH 基；
   └────────── 表示第一大类，即氧化还原酶类；
```

第四章 糖类代谢

第一节 糖在动物体内的一般概况

一、糖的生理功能

糖普遍存在于动物各组织中，它是构成组织细胞的成分。例如，核糖和脱氧核糖是细胞中核酸的组成成分；粘多糖是结缔组织基质的组成物质；糖与脂类形成的糖脂是细胞膜与神经组织的成分等。

糖在动物体内主要作为能源和碳源。在正常的情况下，糖是生物体主要的供能物质，体内能量的70%主要来自糖的分解。有些器官（如大脑）必须直接利用葡萄糖供能。此外，母畜妊娠时胎儿必须利用葡萄糖，泌乳时需大量的葡萄糖合成乳糖。糖在分解过程中形成的中间产物又可以提供合成脂类和蛋白质等物质所需的碳架。如葡萄糖分解代谢的中间产物丙酮酸可以转化为丙氨酸成为合成蛋白质的原料。丙酮酸转化成的乙酰辅酶A，是合成高级脂肪酸的原料，也是合成胆固醇等脂类的原料。

二、糖代谢的概况

（一）动物体内糖的来源

1. 由消化道吸收　主要是饲料中的淀粉及少量蔗糖、乳糖和麦芽糖等。在消化道转化为葡萄糖等单糖被吸收。
2. 由非糖物质转化而来　动物体可以由非糖物质合成糖，称为糖的异生作用。

在家畜饲料中淀粉和纤维素是主要的糖源。但由于不同家畜的消化特点不同，获得糖的方式有所不同。例如猪为单胃杂食动物，其饲料中淀粉含量丰富，所以猪体内糖的主要来源是由消化道吸收葡萄糖。而反刍动物，饲料中以草为主，糖源是纤维素，它不能被消化成葡萄糖，而是被瘤胃中的微生物发酵，分解为乙酸、丙酸和丁酸等低级脂肪酸后被吸收。由于反刍动物瘤胃的特点，饲料中的淀粉等也被发酵成低级脂肪酸吸收。所以反刍动物由肠道吸收的糖很少，主要靠糖的异生作用将吸收的低级脂肪酸转变为糖供给需要。马、骡、驴、兔等则介于猪、牛之间，即由消化道吸收一部分葡萄糖，另一部分是由发达的盲肠发酵纤维素等形成的低级脂肪酸经糖异生作用形成糖。

（二）**动物体内糖的主要代谢途径** 由小肠吸收的葡萄糖，首先经门静脉进入肝脏。再通过肝静脉进入血液循环，将糖送到各组织细胞，供全身利用。葡萄糖在细胞内主要分解供能，多余的葡萄糖在肝脏和肌肉合成糖原暂时贮存；或转变成脂肪、某些氨基酸等物质。过多的葡萄糖当超过肾糖阈值时，则由尿排除，呈临时性糖尿。肝脏是糖代谢的重要器官，葡萄糖在此分解供能或转变为其它物质（脂肪及某些氨基酸等）外，还能合成糖原。同时也是体内糖异生作用的主要场所。

（三）**血糖** 血液中所含的糖，除微量半乳糖、果糖及其磷酸酯外，几乎全部是葡萄糖及少量葡萄糖磷酸酯。因此，血糖主要是指血液中所含的葡萄糖。分布于红细胞和血浆中。每种动物的血糖含量各不相同（见表4-1），但对每种动物而言血糖浓度是恒定的。血糖浓度的相对恒定，是在神经、激素和肝脏组织器官的调节下，使其糖的来源和去路互相平衡而达到的（详见第四节）。

表4-1 某些家畜血糖的含量

动　物	血糖含量（mg%）	平均值	资料来源
哺乳仔猪（20～40日龄）	100～139	122	北京农业大学
后备小猪（65～112日龄）	70～111	91	
猪（肥育）	39～100	70	
马 公	71～113	92	
马 母	74～89	82	
骡 公	66～102	84	
骡 母	57～110	83	
水　牛	42～46	44	湖南农学院
乳　牛	35～55		中国人民解放军兽医大学
牦　牛	48～90		
绵　羊	35～60		
山　羊	45～60		
驴（怀孕期）	95～111		中国农业科学院兰州兽医研究所

第二节　糖的分解供能

葡萄糖在体内主要是分解供能。这个过程需要经过几十步化学反应才完成，最终使含有6个碳的葡萄糖分解为6个二氧化碳和水，同时释放出大量的能量来供给机体使用（图4-1）。

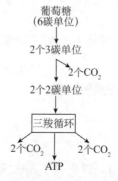

图4-1　葡萄糖的分解图

一、糖 酵 解

(一) 糖酵解反应过程　糖酵解（glycolosis）是把葡萄糖转变为乳酸（三碳糖）并产生 ATP 的一系列反应，共分为 4 个阶段。

1. 由葡萄糖形成 1,6-二磷酸果糖

反应的第一步是细胞内的葡萄糖被 ATP 磷酸化形成 6-磷酸葡萄糖。从 ATP 上将磷酰基转移到受体上的酶称为激酶。催化葡萄糖生成 6-磷酸葡萄糖的酶称己糖激酶，此酶不仅催化葡萄糖磷酸化，也催化其它己糖。

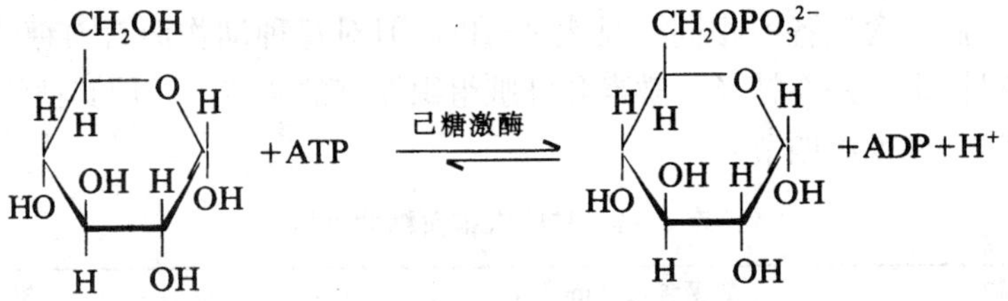

葡萄糖 + ATP $\xrightarrow{\text{己糖激酶}}$ 6-磷酸葡萄糖 + ADP + H$^+$

第二步反应是 6-磷酸葡萄糖异构化为 6-磷酸果糖。由磷酸葡萄糖异物化酶催化。

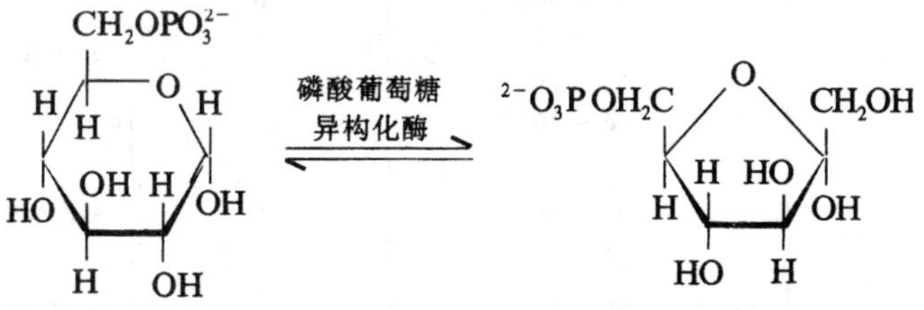

6-磷酸葡萄糖 $\xrightleftharpoons{\text{磷酸葡萄糖异构化酶}}$ 6-磷酸果糖

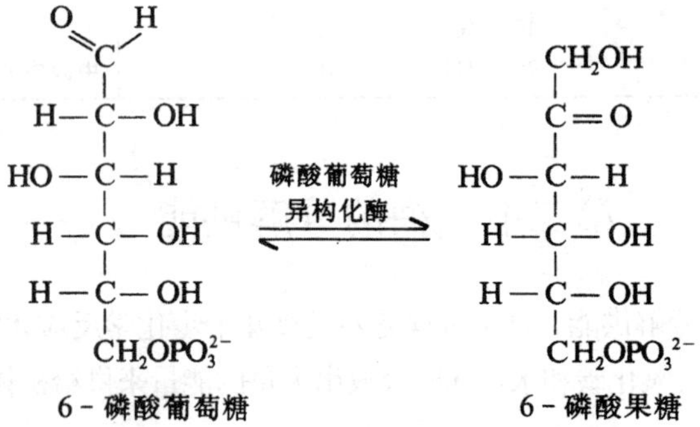

6-磷酸葡萄糖（醛糖） $\xrightleftharpoons{\text{磷酸葡萄糖异构化酶}}$ 6-磷酸果糖（酮糖）

第三步是 6-磷酸果糖由 ATP 磷酸化为 1,6-二磷酸果糖。反应由磷酸果糖激酶催化。

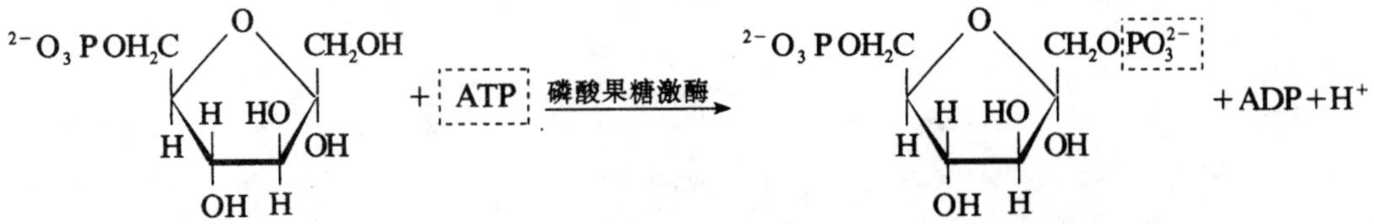

6-磷酸果糖 + ATP $\xrightarrow{\text{磷酸果糖激酶}}$ 1,6-二磷酸果糖 + ADP + H$^+$

2. 葡萄糖裂解为 2 分子三碳单位，首先是 1,6-二磷酸果糖裂解为 3-磷酸甘油醛和磷酸二羟丙酮。

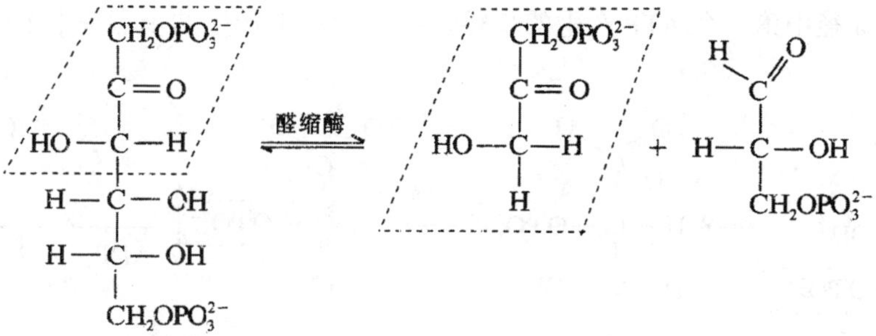

$$\text{1,6-二磷酸果糖} \underset{}{\overset{\text{醛缩酶}}{\rightleftharpoons}} \text{二羟丙酮磷酸} + \text{3-磷酸甘油醛}$$

反应由醛缩酶催化，因此酶也催化逆行的醛醇缩合反应而得名。此反应非常快而且可逆，平衡时 0.6% 是磷酸二羟丙酮。但因 3-磷酸甘油醛与磷酸二羟丙酮是同分异构体，在酶的催化下可相互转变：

$$\text{3-磷酸甘油醛（醛糖）} \underset{}{\overset{\text{磷酸三碳糖异构化酶}}{\rightleftharpoons}} \text{二羟丙酮磷酸（酮糖）}$$

3-磷酸甘油醛能有效地被转化为下一步产物，所以这个反应迅速将磷酸二羟丙酮变为 3-磷酸甘油醛。

从葡萄糖分解为 3-磷酸甘油醛，已完成从一分子含 6 个碳原子的葡萄糖变为 2 分子三碳单位的过程。这样的分子转变是为要释放能量，并在此前还消耗了 2 分子 ATP，其最终就是为从三碳单位中释放能量而作准备。

3. 丙酮酸的形成　从 3-磷酸甘油醛转变为丙酮酸是糖酵解途径中释放能量的过程。第一步是由 3-磷酸甘油醛脱氢酶催化形成 1,3-二磷酸甘油酸（1,3-DPG）。

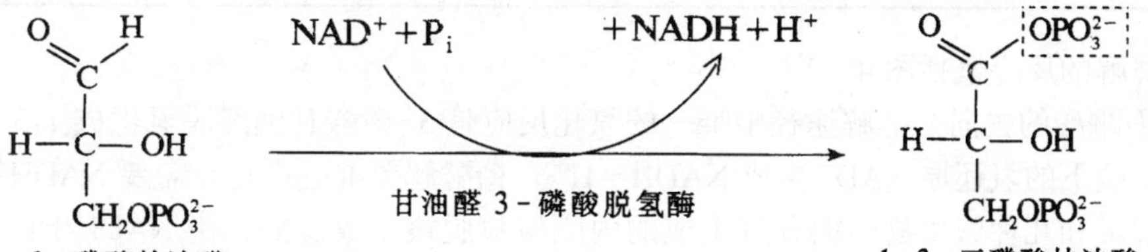

$$\text{3-磷酸甘油醛} \xrightarrow[\text{甘油醛 3-磷酸脱氢酶}]{NAD^+ + P_i \quad +NADH+H^+} \text{1,3-二磷酸甘油酸（1,3-DPG）}$$

3-磷酸甘油醛脱氢酶的辅酶是 NAD^+，这个酶催化的特点是使醛基脱氢氧化为羧酸的同时并用从反应中获得的能量使羧基磷酸化为酰基磷酸。这种磷酸化称为底物磷酸化，生成的酰基磷酸具有转移磷酸根的高潜势，即可以产生 ATP：

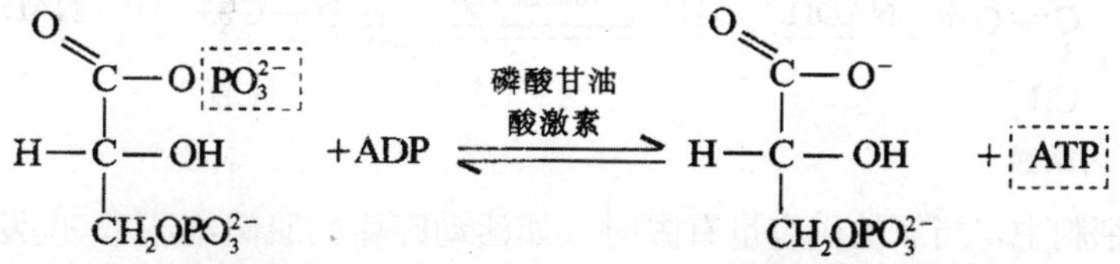

$$\text{1,3-二磷酸甘油酸} + ADP \underset{}{\overset{\text{磷酸甘油酸激酶}}{\rightleftharpoons}} \text{3-磷酸甘油酸} + ATP$$

这是酵解途径中第一个 ATP 产生的步骤。第二个 ATP 产生的步骤是由 3-磷酸甘油酸生成丙酮酸：

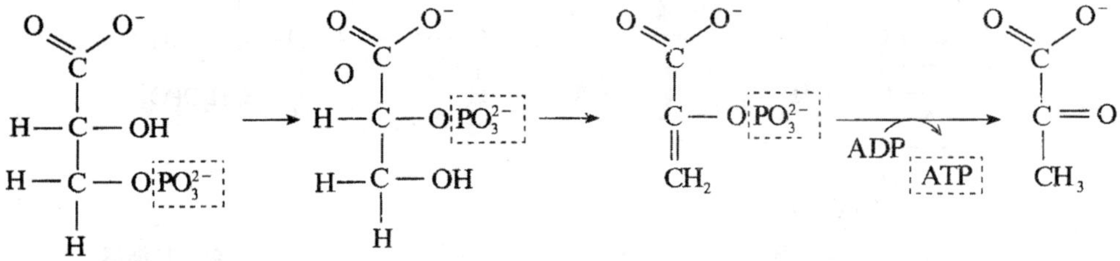

3-磷酸甘油酸　　　2-磷酸甘油酸　　　磷酸烯醇式丙酮酸　　　丙酮酸

这个过程包括如下反应：

第一个反应是在磷酸甘油酸变位酶催化下磷酸基移位形成 2-磷酸甘油酸。

第二个反应是 2-磷酸甘油酸脱水形成一个烯醇。由烯醇化酶催化的这一脱水反应显著地提高了磷酸基的转移潜势。

第三个反应是在丙酮酸激酶的催化下，含有高磷酸基转移潜势的磷酸烯醇式丙酮酸，将磷酸基转移至 ADP 生成 ATP。

至此，从 3-磷酸甘油醛至丙酮酸共生成 2 分子 ATP。因一分子葡萄糖生成 2 分子 3-磷酸甘油醛。所以一分子葡萄糖至丙酮酸共生成 4 分子 ATP。但在反应中已消耗 2 分子 ATP，因此一分子葡萄糖至丙酮酸净生成 2 分子 ATP（见表 4-2）。

葡萄糖 + 2Pi + 2ADP + 2NAD$^+$ ⟶ 2 丙酮酸 + 2ATP + 2NADH + H$^+$ + 2H$_2$O

表 4-2　糖酵解中 ATP 的消耗和产生

反应	每一分子葡萄糖的 ATP 变化
葡萄糖 ⟶ 6-磷酸葡萄糖	-1
6-磷酸果糖 ⟶ 1,6-二磷酸果糖	-1
2 个 3-二磷酸甘油酸 ⟶ 2 个 3-磷酸甘油酸	+2
	+2
2 个磷酸烯醇式丙酮酸 ⟶ 2 丙酮酸	净变化 +2

糖酵解的反应概括图 4-2。

4. 丙酮酸的去向　　酵解途径中唯一的氧化反应是 3-磷酸甘油醛脱氢生成 1,3-二磷酸甘油酸。脱下的氢还原 NAD$^+$ 生成 NADH + H$^+$，糖酵解要继续进行，需要 NAD$^+$ 再生出来。在酵母和几种微生物中糖分解生成的丙酮酸被脱羧生成乙醛，由 NADH + H$^+$ 还原乙醛生成乙醇，NAD$^+$ 被再生出来；在一些厌氧微生物发酵中 NADH + H$^+$ 则直接还原丙酮酸为乳酸，再生成 NAD$^+$。

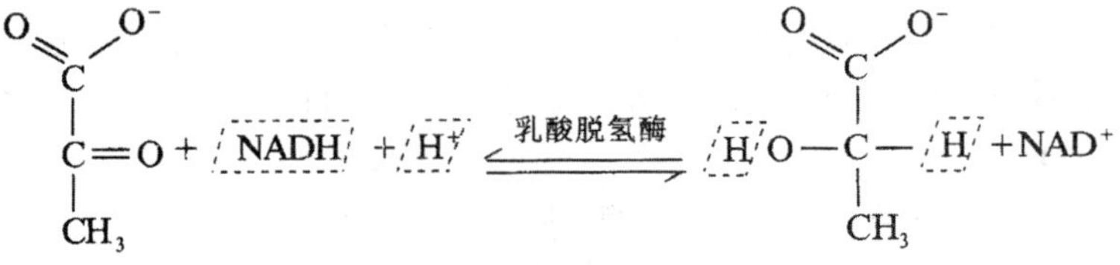

丙酮酸　　+ NADH + H$^+$ ⇌(乳酸脱氢酶) L-乳酸 + NAD$^+$

高等生物细胞中，当氧的供应量有限时（如活动旺盛的肌肉细胞），也发生这一反应生成乳酸，由于从葡萄糖生成乙醇和乳酸的过程都称为发酵，所以在高等生物中从葡萄糖生成乳酸的过程也称为糖的酵解途径。但在高等生物正常情况下，氧供应充足，糖酵解所生成的 NADH+H$^+$，主要通过呼吸链将氢传给氧生成水（见第五章），使 NAD$^+$ 再生循环使用。

（二）**糖酵解的生理意义** 从葡萄糖的酵解途径中获得的能量是有限的。在一般情况下，动物机体大多数组织的氧气供应充足，主要进行糖的有氧分解供能。但在有些情况下，如动物使重役或运动速度太快时，由于所需能量大增，糖分解加快，造成氧的相对供应不足，这时肌肉活动所需的一部分能量就靠糖酵解供应。在某些病理情况下，如休克时，由于循环障碍造成组织供氧不足，也会加强酵解作用，产生的乳酸过多时还会引起酸中毒。在某些组织即使在有氧情况下，也要进行酵解作用。如成熟的红细胞就是依靠糖酵解供给所需能量。

已知从单细胞到高等动、植物都存在酵解过程，都是获取能量，虽然产生的能量不多，但反映了生物的演化。选择酵解这种"古老"代谢方式，反映了在大气中缺氧时期原始生物采取了这种获能方式。以后当光合作用逐渐盛行，大气中出现了氧，生物才转而利用氧，以进行高效率的有氧分解方式。

二、丙酮酸形成乙酰辅酶 A

在需氧生物中糖酵解产生的丙酮酸主要去路是进入线粒体，在线粒体基质的丙酮酸脱氢酶复合体催化下，氧化脱羧形成乙酰辅酶 A：

丙酮酸+CoA+NAD$^+$ ⟶ 乙酰 CoA+CO$_2$+NADH+H$^+$

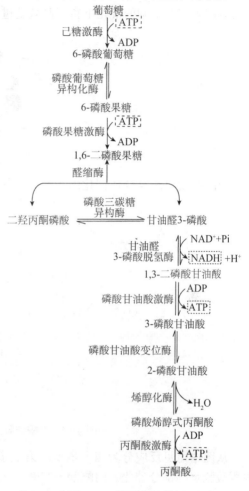

图 4-2 糖酵解途径

葡萄糖分解至此，已形成了 2 分子的二碳单位（乙酰 CoA）。反应中产生的 NADH+H$^+$ 在电子传递链中被 O$_2$ 氧化，释放出能量，NAD$^+$ 得到再生。

催化反应的丙酮酸脱氢酶复合体，是由丙酮酸脱氢酶、二氢硫辛酸转乙酰基酶和二氢硫辛酸脱氢酶组成。参加反应的除酶的辅助因子 NAD$^+$，FAD 外，还需要 CoA，焦磷酸硫胺素（TPP）和硫辛酸等辅助因子。复合体组成如表 4-3：

表 4-3 大肠杆菌（E.Coli）的丙酮酸脱氢酶复合体

酶	缩写	辅基	所催化的反应
丙酮酸脱氢酶	A 或 E$_1$	TPP	丙酮酸的脱羧
二氢硫辛酸转乙酰酶	B 或 E$_2$	硫辛酸	C$_2$ 单位的氧化并转移给 CoA
二氢硫辛酸脱氢酶	C 或 E$_3$	FAD	氧化型硫辛酰胺的再生

转乙酰酶的多肽链是丙酮酸脱氢酶复合体的核心，当这三种酶混合时，它们能自发地结合在一起形成丙酮酸脱氢酶复合体（图 4-3）。三种酶在结构上的整体性使得一套复杂的反应在酶相互协调的催化下得以高效地进行。

图 4-3 大肠杆菌的丙酮酸脱氢酶复合物的模型

丙酮酸脱氢酶复合体催化丙酮酸脱羧的反应如图 4-4。

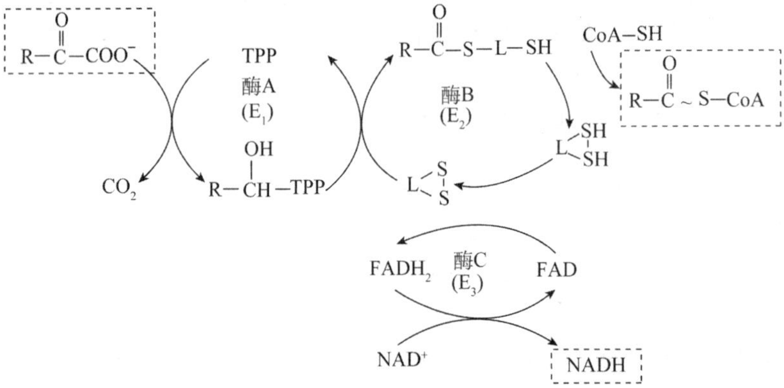

图 4-4 丙酮酸脱氢酶复合体的催化作用

从图中可见反应分为四个步骤。第一步丙酮酸与 TPP 结合后发生脱羧。由复合体中丙酮酸脱氢酶部分催化。丙酮酸＋TPP ⟶ 羟乙基 TPP＋CO_2。TPP 是维生素 B_1 的活化衍生物，它的不足将导致酶复合体活力下降，造成丙酮酸堆积，最终造成"脚气病"。第二步，连在 TPP 上的羟乙基被氧化成乙酰基，并转移到硫辛酰胺上。生成乙酰硫辛酰胺。反应由酶复合体上的二氢硫辛酸转乙酰酶催化。硫辛酸溶于脂而不溶于水。它以共价键与二氢硫辛酸转乙酰酶的赖氨酸侧链结合形成硫辛酰胺，这样使它可以从一个活性部位旋转到另一部分。第三步，乙酰基从乙酸硫辛酰胺上转移到 CoA 上，生成乙酰 CoA。二氢硫辛酸转化乙酰酶催化此反应。第四步，氧化型硫辛酰胺再生成。反应由酶复合体的二氢硫辛酸脱氢酶催化，它的辅基是 FAD。最后将脱下的氢，交给 NAD^+。

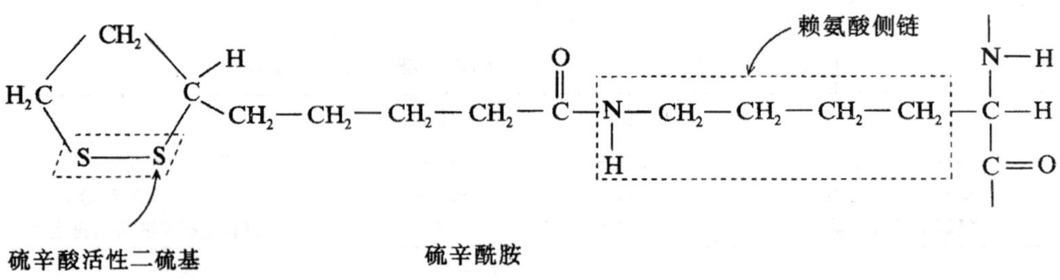

硫辛酸活性二硫基　　　　硫辛酰胺

三、柠檬酸循环

葡萄糖经糖酵解途径生成含三碳的丙酮酸；丙酮酸经氧化脱羧（CO_2）生成为含二碳的乙酰 CoA。乙酰 CoA 最终进入柠檬酸循环被完全氧化分解为一碳的 CO_2 放出体外，同时释放能量。

（一）**柠檬酸循环反应** 柠檬酸循环（如图 4-5，表 4-4）是一系列反应的循环过程，其中含有一些三羧基酸所以又称为三羧酸循环；它是由克雷布斯（Krebs）用实验所证明，因此也称 Krebs 循环。

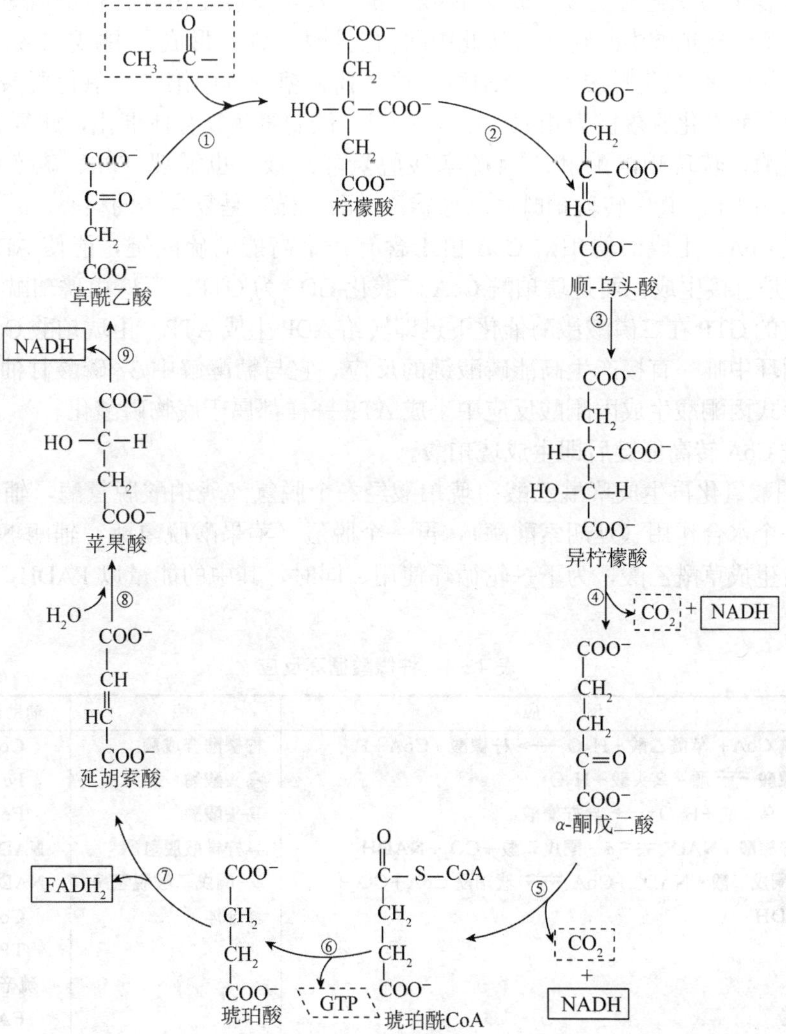

图 4-5 柠檬酸循环

反应可归纳为：

1. **柠檬酸合成** 这是循环的起始步骤，是由乙酰 CoA 与四碳的草酰乙酸首先缩合为柠檬酸 CoA，后再水解（H_2O）成为 CoA 和柠檬酸。整个缩合与水解反应由柠檬酸合成酶

（原来称缩合酶）催化：

$$O=C-COO^- + \underset{\text{乙酰CoA}}{\overset{O}{\underset{|}{C-CH_3}}} + H_2O \longrightarrow HO-\underset{\text{柠檬酸}}{\overset{CH_2-COO^-}{\underset{CH_2-COO^-}{C-COO^-}}} + HS-CoA + H^+$$

草酰乙酸　　乙酰CoA　　　　　　　　　柠檬酸

2. 异柠檬酸生成　柠檬酸必须异构化为异柠檬酸才能使这个6碳单位发生氧化脱羧。因此，在乌头酸酶催化下柠檬酸经顺乌头酸异构成异柠檬酸。是一个先脱水随后又水合的过程。

3. 异柠檬酸被氧化与脱羧生成α-酮戊二酸　这步反应是由异柠檬酸脱氢酶催化。先脱氢氧化为草酰琥珀酸中间物，再从此中间物上脱去CO_2，形成α-酮戊二酸。

4. α-酮戊二酸氧化脱羧生成琥珀酸　这是葡萄糖分解中第二个氧化脱羧反应。反应的机理与丙酮酸氧化脱羧极为相似。由α-酮戊二酸脱氢酶复合体催化，此复合体由α-酮戊二酸脱氢酶，转琥珀酰酶和二氢硫辛酸脱氢酶组成。也需要TPP、硫辛酸、FAD和NAD^+作辅助因子。其中转琥珀酰酶（像转乙酰酶一样）是复合体的核心。α-酮戊二酸先生成琥珀酰CoA。生成的琥珀酰CoA由于含有一个高能的硫酯键，能使ADP磷酸化为ATP。但不是直接生成，而是琥珀酰CoA磷酸化GDP为GTP。反应由琥珀酰CoA合成酶催化，生成的GTP在二磷酸激酶催化下迅即转给ADP生成ATP。由琥珀酸CoA生成ATP是柠檬酸循环中唯一直接产生高能磷酸键的反应，它与糖酵解中3-磷酸甘油醛脱氢反应及磷酸烯醇式丙酮酸生成丙酮酸反应中生成ATP一样都属于底物磷酸化。

琥珀酰CoA转高能键后即生成琥珀酸。

5. 琥珀酸氧化再生成草酰乙酸　琥珀酸经一个脱氢（琥珀酸脱氢酶，辅基FAD）氧化作用，一个水合作用（延胡索酸酶），再一个脱氢（苹果酸脱氢酶，辅酶NAD^+）氧化作用，最后生成草酰乙酸，为下一轮循环使用。同时，其中的能量以$FADH_2$和NADH的形式被捕获。

表4-4　柠檬酸循环反应

步骤	反　　应	酶	辅助因子	类型
1	乙酰CoA + 草酰乙酸 + H_2O ⟶ 柠檬酸 + CoA + H^+	柠檬酸合成酶	CoA	a
2	柠檬酸 ⇌ 顺-乌头酸 + H_2O	乌头酸酶	Fe^{2+}	b
3	顺-乌头酸 + H_2O ⟶ 异柠檬酸	乌头酸酶	Fe^{2+}	c
4	异柠檬酸 + NAD^+ ⇌ α-酮戊二酸 + CO_2 + NADH	异柠檬酸脱氢酶	NAD^+	d+e
5	α-酮戊二酸 + NAD^+ + CoA ⇌ 琥珀酰CoA + CO_2 + NADH	α-酮戊二酸脱氢酶复合体	NAD^+ CoA TPP 硫辛酸 FAD	d+e
6	琥珀酰CoA + Pi-GDP ⇌ 琥珀酸 GTP + CoA	琥珀酰CoA合成酶	CoA	f
7	琥珀酸 + FAD ⇌ 延胡索酸 + $FADH_2$	琥珀酸脱氢酶	FAD	e
8	延胡索酸 + H_2O ⇌ 苹果酸	延胡索酸酶	c	
9	L-苹果酸 + NAD^+ ⟶ 草酰乙酸 + NADH + H^+	苹果酸脱氢酶	NAD^+	e

反应类型：a. 缩合，b. 脱水，c. 水合，d. 脱羧，e. 氧化，f. 底物磷酸化

（二）柠檬酸循环的特点

1. 柠檬酸循环的反应位于线粒体间质中。乙酰 CoA 是胞液中糖的酵解与柠檬酸循环之间的纽带。进入的二碳化合物乙酰 CoA 与草酰乙酸缩合成柠檬酸，后经异柠檬酸脱氢酶和 α-酮戊二酸脱氢酶催化的两次脱羧反应，也以两个 CO_2 的形式离开循环。循环中参加反应的物质没有减少，但同位素标记证明：离开循环的两个碳原子不是新进入的乙酰 CoA 的碳原子，而是草酰乙酸的碳原子。

2. 循环中消耗了两个分子的水，一个用于柠檬酰 CoA 水解生成柠檬酸，另一个用于延胡索酸的水合作用。

3. 循环中共有 4 对氢离开循环。分别为：头两对在异柠檬酸和 α-酮戊二酸氧化脱羧反应中两分子 NAD^+ 脱氢；第三对是以 FAD 在琥珀酸氧化反应中脱氢；第四对是以 NAD^+ 在苹果酸氧化中脱氢。这些 NADH 和 $FADH_2$ 只有氢由呼吸链传递到分子态氧时才能再生成 NAD^+ 和 FAD。因此，分子态氧虽然并不直接参与柠檬酸循环，但这个循环只有在有氧条件下才能运转。不像糖酵解有需氧和不需氧两种方式。柠檬酸循环严格需氧。

4. 循环中生成的 NADH 和 $FADH_2$ 经传递氢给氧生成水，同时生成 ATP。其中每个 NADH 产生 3 个 ATP，每个 $FADH_2$ 产生 2 个 ATP。所以每一个乙酰 CoA 经柠檬酸循环共生成 11 个 ATP。再加琥珀酰 CoA 高能硫酯键直接生成 1 个 ATP。整个循环共生成 12 分子 ATP。

5. 循环不仅是葡萄糖生成 ATP 的主要途径，也是脂肪、氨基酸等最终氧化分解产生能量的共同途径。

6. 循环中的许多成分可以转变成其它物质（图 4-6）。如琥珀酰 CoA 是卟啉分子中碳原子的主要来源；α-酮戊二酸和草酰乙酸可以氨基化为谷氨酸和天冬氨酸。反过来这些氨基酸脱氨后也生成循环中的成分。草酰乙酸还可以通过糖的异生作用生成糖。丙酸等低级脂肪酸可经琥珀酰 CoA、草酰乙酸等途径异生成糖（有关反应见脂肪代谢）。由此可见，柠檬酸循环不仅是糖、脂肪、蛋白质及其它有机物质最终氧化分解的途径，也是这些物质相互转变、相互联系的枢纽。

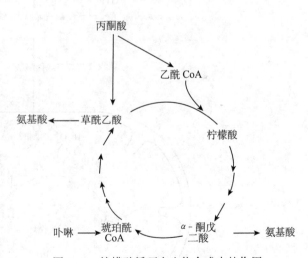

图 4-6 柠檬酸循环在生物合成中的作用

（三）柠檬酸循环的调控　ATP 的需要决定了柠檬酸循环的速率。丙酮酸脱氢酶及循环中的柠檬酸合成酶、异柠檬酸脱氢酶和 α-酮戊二酸脱氢酶是循环的重要控制点。丙酮酸形成乙酰 CoA 是一个关键性的不可逆步骤，所以动物不能把乙酰 CoA 转变为葡萄糖，循环中其它成分也就不能通过乙酰 CoA 生成糖。丙酮酸一旦转变为乙酰 CoA，就把葡萄糖碳原子推上两条可能的道路，或进入柠檬酸循环彻底氧化为二氧化碳排出，并产生能量，或合成脂肪酸、胆固醇等（见脂类代谢）。因此，丙酮酸脱氢酶受到多个因素的调节。当细胞内 ATP 浓度高时，这些因素相互影响以降低乙酰 CoA 生成的速度，循环中柠檬酸合成酶、异柠檬酸脱氢酶和 α-酮戊二酸脱氢酶活性降低。

四、葡萄糖完全氧化产生的 ATP

葡萄糖彻底氧化的总结果是：

$$C_6H_{12}O_6 + 6O_2 \longrightarrow 6CO_2 + 6H_2O + 能量$$

总反应的步骤见图 4-7。

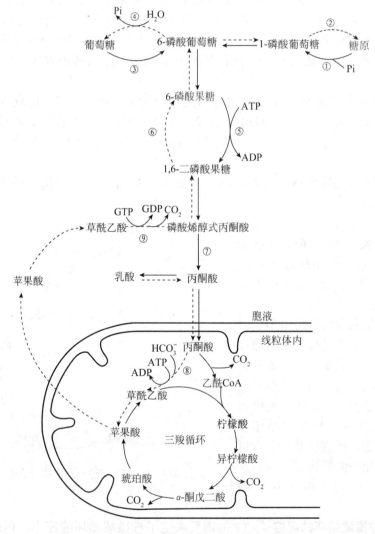

图4-7 糖的分解与糖的异生作用

---> 糖的异生作用 ——> 糖的分解

①磷酸化酶 ②糖原合成酶 ③己糖激酶 ④磷酸酶（肝、肾） ⑤磷酸果糖激酶 ⑥果糖二磷酸酶
⑦丙酮酸激酶 ⑧丙酮酸羧化酶 ⑨磷酸烯醇式丙酮酸羧激酶

葡萄糖彻底氧化分解所释放的能量例表 4-5。

表 4-5 糖有氧分解时 ATP 的生成

反应阶段	反 应	ATP 的消耗与合成			
		消耗	合成		净得
			底物磷酸化	氧化磷酸化	
酵 解	葡萄糖 —→ 6-磷酸葡萄糖	1			−1
	6-磷酸果糖 —→ 1,6-二磷酸果糖	1			−1
	3-磷酸甘油醛 —→ 1,3-二磷酸甘油酸			2×2*(或 2×3)	+4 (或 +6)
	1,3-二磷酸甘油醛 —→ 3-磷酸甘油酸		1×2		+2
	磷酸烯醇式丙酮酸 —→ 烯醇式丙酮酸		1×2		+2
丙酮酸氧化脱羧	丙酮酸 —→ 乙酰 CoA			2×3	+6
三羧循环	异柠檬酸 —→ α-酮戊二酸			2×3	+6
	α-酮戊二酸 —→ 琥珀酰辅酶 A			2×3	+6
	琥珀酰辅酶 A —→ 琥珀酸		1×2		+2
	琥珀酸 —→ 延胡索酸			2×2	+4
	苹果酸 —→ 草酰乙酸			2×3	+6
	总 计			2×3	36*(或 38)

* 根据 NADH 进入线粒体氧化的方式，有时只产生 2×2 个 ATP。

从表 4-5 可见每摩尔葡萄糖彻底氧化生成 H_2O 和 CO_2 时，净生成 36 mol（或 38 molATP 原因见生物氧化）

$$C_6H_{12}O_6 + 6O_2 + 36ADP + 36H_3PO_4 \longrightarrow 6CO_2 + 6H_2O + 36ATP$$

这与糖酵解只生成 2 molATP 相比，约大 18~19 倍。因此在一般情况下，动物体内各组织细胞（除红细胞外）都主要由糖的有氧分解获得能量。糖的有氧分解不但产能效率高，而且能量的利用率也极高。

据测定 1 mol 葡萄糖分解为 CO_2 和 H_2O 时，共放出能量约 2 872.14 kJ。生成的 36 molATP（每摩尔 ATP 按 30.56 kJ 计算）共储存可为机体做功的能量约为 1 100.29 kJ，其余以热能散失。故糖有氧氧化过程提供可利用的能量占其总释放能量的百分数为 1 100.29/2 872.14×100% = 38%。其热力学效率是相当高的。

第三节 磷酸戊糖途径

葡萄糖在体内主要的分解途径是经过糖酵解、柠檬酸循环产生 CO_2 和 H_2O 同时释放大量的 ATP，供机体需要。此外，葡萄糖还存在另一条途径即直接氧化为核糖（5 碳糖），同时将能量以一种还原力的形式贮存下来供机体生物合成时使用。这个途径是 1931 年瓦博（Otto Warburg）发现 6-磷酸葡萄糖脱氢酶开始研究的，称为磷酸戊糖途径（Pentose phosphate pathway），有时也称戊糖支路、己糖-磷酸途径或磷酸葡萄糖酸氧化途径。反应完全在细胞质中进行。

一、磷酸戊糖途径的反应

磷酸戊糖途径是从 6-磷酸葡萄糖开始，反应可分为氧化性和非氧化性两个分枝。

(一) 氧化性分枝　即从 6-磷酸葡萄糖氧化为 5-磷酸核糖。反应如下：

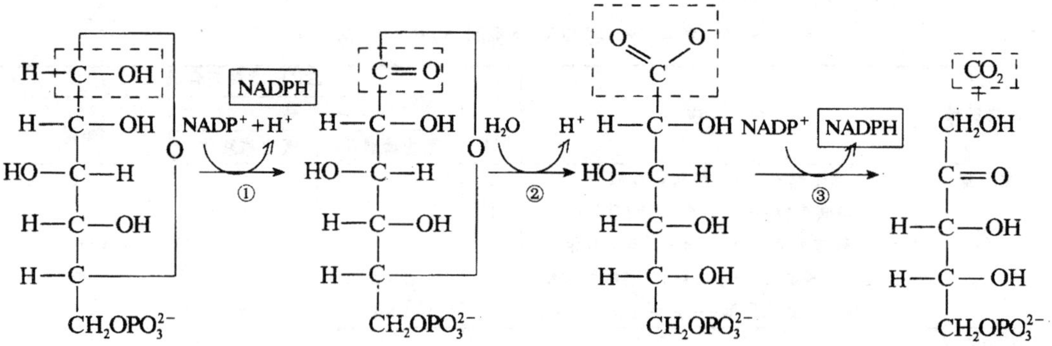

6-磷酸葡萄糖　　　6-磷酸葡萄糖酸-　　　6-磷酸葡萄糖酸　　　5-磷酸核酮糖
　　　　　　　　　　δ-丙酯

从反应中可以看到：(1) 6-磷酸葡萄糖被直接脱氢，并经两步脱氢氧化分解为戊糖和 CO_2。(2) 反应分别由①6-磷酸葡萄糖脱氢酶；②内酯酶；③6-磷酸葡萄糖酸脱氢酶催化。其中两个脱氢酶①、③所需要的辅助因子是 $NADP^+$ 而不是 NAD^+。产生两分子还原物 $NADPH+H^+$。

反应中生成的戊糖 5-磷酸核酮糖由磷酸戊糖异构酶转化变为 5-磷酸核糖：

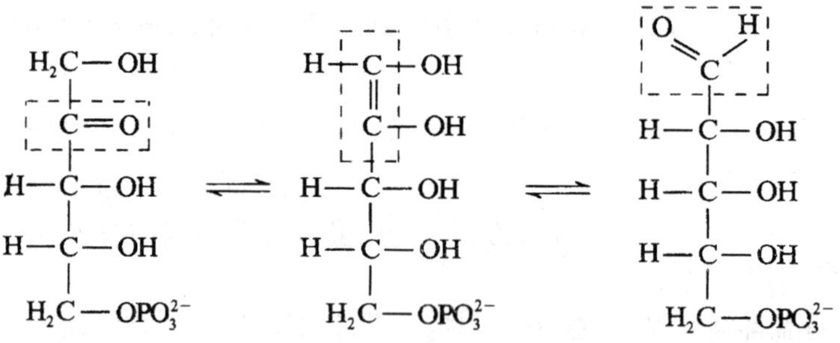

5-磷酸核酮糖　　　烯二醇　　　5-磷酸核糖
　　　　　　　中间产物

(二) 非氧化分枝　氧化分枝中每一个 6-磷酸葡萄糖被氧化产生两个 NADPH 和一个 5-磷酸核糖。NADPH 用于还原性的生物合成，5-磷酸核糖用于合成核苷酸和核酸。但细胞中所需要的 NADPH 比 5-磷酸核糖多得多。这样，多余的 5-磷酸核糖由转酮醇酶和转醛醇酶经三、四、五、六和七碳糖的相互转变，形成为 3-磷酸甘油醛和 6-磷酸果糖，反应如下：

1. 氧化分枝生成的 5-磷酸核酮糖在磷酸戊糖差向酶的催化下转变为 5-磷酸木酮糖：

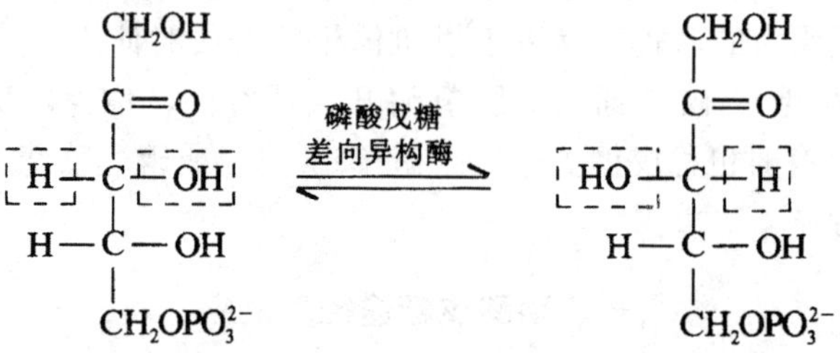

5-磷酸核酮糖　　　　　　5-磷酸木酮糖

2. 由 5-磷酸木酮糖和 5-磷酸核糖在转酮醇酶和转醛醇酶催化下，经七碳糖生成 1 分子 6-磷酸果糖和 1 分子四碳糖（4-磷酸赤藓糖）：

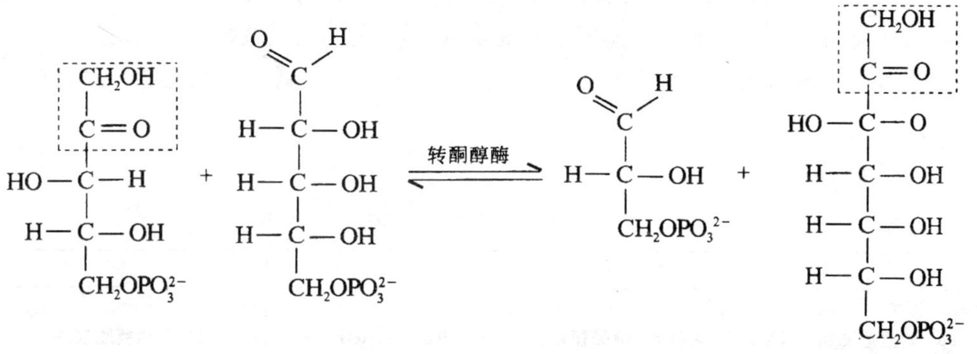

5-磷酸木酮糖　　5-磷酸核糖　　　　　3-磷酸甘油醛　　　7-磷酸景天庚酮糖

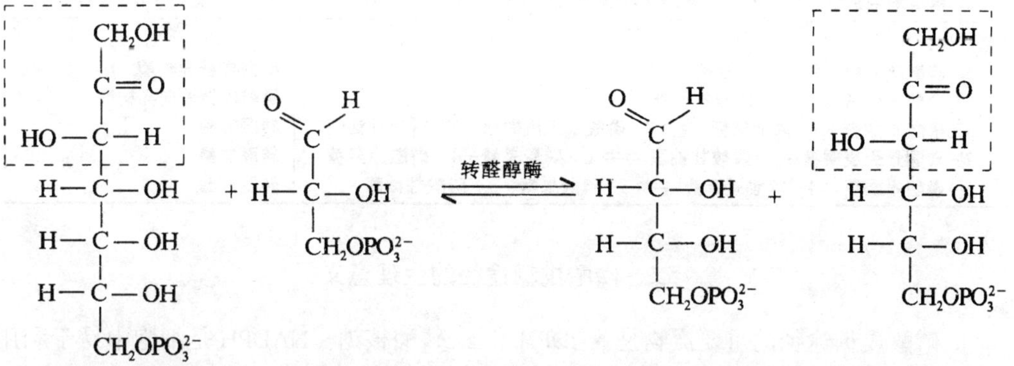

7-磷酸景天庚酮糖　　3-磷酸甘油醛　　　4-磷酸赤藓糖　　　6-磷酸果糖

3. 由转酮醇酶催化 4-磷酸赤藓糖和 5-磷酸木酮糖合成 6-磷酸果糖和 3-磷酸甘油醛：

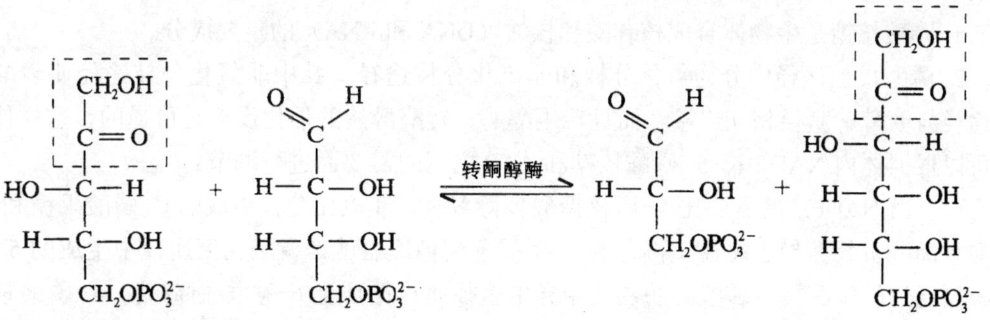

5-磷酸木酮糖　　4-磷酸赤藓糖　　　　3-磷酸甘油醛　　　6-磷酸果糖

（三）总结以上反应　第一，2、3 反应的总和是：

2(5-磷酸木酮糖)+5-磷酸核糖⇌2(6-磷酸果糖)+3-磷酸甘油醛。

由于 5-磷酸木酮糖是通过磷酸戊糖差向酶从 5-磷酸核糖转变而来，所以上述反应可以认为是：

3(5-磷酸核糖)⇌2(6-磷酸果糖)+3-磷酸甘油醛。

这样，由氧化分枝途径生成的多余 5-磷酸核糖，可以通过非氧化分枝途径转变为两个己糖和一个丙醣,它们都是糖酵解的中间产物,可被分解供给能量。

第二,在非氧化分枝途径中转酮醇酶和转醛醇酶起着重要的作用,它们开辟了一种磷酸戊糖途径与糖酵解之间的可逆联系。这些反应中转酮醇酶转移一个两碳单位,转醛醇酶转移一个三碳单位。供给两或三碳单位的总是酮糖,受体则是醛糖。

转酮醇酶的辅基是 TPP,与丙酮酸脱氢酶复合体及 α-酮戊二酸脱氢酶复合体一样依赖于维生素 B_1。

磷酸戊糖途径列表 4-6。

表 4-6 磷酸戊糖途径

反应	酶
氧化性分支	
6-磷酸葡萄糖+$NADP^+$ ⇌ 6-磷酸葡萄糖酸-δ-内酯+NADPH+H^+	6-磷酸葡萄糖脱氢酶
6-磷酸葡萄糖酸-δ-内酯+H_2O → 6-磷酸葡萄糖酸+H^+	内酯酶
6-磷酸葡萄糖酸+$NADP^+$ → 5-磷酸核酮糖+CO_2+NADPH+H^+	6-磷酸葡萄糖酸脱氢酶
非氧化性分支	
5-磷酸核酮糖 ⇌ 5-磷酸核糖	磷酸戊糖异构酶
5-磷酸核酮糖 ⇌ 5-磷酸木酮糖	磷酸戊糖差向异构酶
5-磷酸木酮糖+5-磷酸核糖 ⇌ 7-磷酸景天庚酮糖+3-磷酸甘油醛	转酮醇酶
7-磷酸景天庚酮糖+3-磷酸甘油醛 ⇌ 6-磷酸果糖+4-磷酸赤藓糖	转醛醇酶
5-磷酸木酮糖+4-磷酸赤藓糖 ⇌ 6-磷酸果糖+3-磷酸甘油醛	转酮醇酶

二、磷酸戊糖途径的生理意义

1. 磷酸戊糖途径的重要产物是 NADPH 和 5-磷酸核糖。NADPH 是细胞中易于利用的还原能力,它不被呼吸链氧化产生 ATP,而是在还原性的生物合成中作氢和电子的供体。脂肪酸的合成中乙酰 CoA 到脂肪酸的还原性生物合成需要大量的 NADPH。其它组织如骨骼肌中磷酸戊糖途径的活性很低,而脂肪组织中活性很高就是很好的证明。

5-磷酸核糖是生物体合成核苷酸和核酸(DNA 和 RNA)的重要成分。

2. 磷酸戊糖途径中分为氧化分枝和非氧化分枝途径。其中非氧化分枝途径使磷酸戊糖途径与糖酵解途径相互连接,而且转酮醇酶、转醛醇酶的催化反应是可逆的,这样使机体可以根据体内 NADPH、5-磷酸核糖和 ATP 之间的需要而进行调节:

(1) 当 NADPH 的需要比 5-磷酸核糖酸多得多时,非氧化分枝生成的 6-磷酸果糖和 3-磷酸甘油醛可经糖异生途径,再合成 6-磷酸葡萄糖。也就是磷酸戊糖途径中生成的 5-磷酸核糖通过转酮醇酶、转醛醇酶及葡糖异生途径而再循环至 6-磷酸葡萄糖。6-磷酸葡萄糖再进入磷酸戊糖途径反应如下:

$$6(6\text{-磷酸葡萄糖}) + 12NADP^+ + 6H_2O \xrightarrow{\text{氧化分枝}} 6(5\text{-磷酸核糖}) + 12NADPH + 12H^+ + 6CO_2$$

$$6(5\text{-磷酸核糖}) \xrightarrow{\text{非氧化分枝}} 4(6\text{-磷酸果糖}) + 2(3\text{-磷酸甘油醛})$$

$$4(6\text{-磷酸果糖}) + 2(3\text{-磷酸甘油醛}) + H_2O \xrightarrow{\text{葡萄糖异生途径}} 5(6\text{-磷酸葡萄糖})$$

这些反应的总和为:

6-磷酸葡萄糖＋12NADP$^+$＋7H$_2$O ⟶ 6CO$_2$＋12NADPH＋12H$^+$＋Pi

这相当于一个 6-磷酸葡萄糖完全氧化为 CO$_2$，同时产生 12 个 NADPH＋H$^+$。

当然产生的 5-磷酸核糖可以在另一条途径即生成 6-磷酸果糖和 3-磷酸甘油醛后不是异生成 6-磷酸葡萄糖而是顺酵解途径而下生成丙酮酸产生 ATP。丙酮酸被氧化后产生更多的 ATP。这样可同时产生 ATP 和 NADPH＋H$^+$。

（2）当需要 5-磷酸核糖比 NADPH 多得多时，6-磷酸葡萄糖不经磷酸戊糖途径的氧化分枝，而是先通过酵解途径转变成 6-磷酸果糖和 3-磷酸甘油醛。然后经转醛醇酶和转酮醇酶逆转将两分子 6-磷酸果糖和一分子 3-磷酸甘油醛变为 3 分子 3-磷酸核糖：

5(6-磷酸葡萄糖)＋5ATP ⟶ 6(3-磷酸核糖)＋ADP＋5H$^+$

（3）当需要的 NADPH 和 5-磷酸核糖平衡时，6-磷酸葡萄糖主要通过磷酸戊糖途径形成两个 NADPH 和一个 5-磷酸核糖：

6-磷酸葡萄糖＋2NADP$^+$＋H$_2$O ⟶ 5-磷酸核糖＋2NADPH＋2H$^+$＋CO$_2$

第四节 葡萄糖异生作用

一、葡萄糖异生作用的生物学意义

葡萄糖是生物体不可缺少的物质。它供给机体能量，特别是大脑组织几乎完全是以葡萄糖为主要的供能物质。一个成年人的脑，每天所需的葡萄糖约为 120 g，占了整个躯身每天所需要的 160 g 葡萄糖的大部分。所需的这些葡萄糖主要由血液中的葡萄糖及时补充，当血糖降低时，糖原（见第五节）将分解补充血糖，满足需要。但血糖和糖原都只是暂时性保证葡萄糖的需要，如果在饥饿时间较长，不能从食物中获得葡萄糖时，机体即将启动葡萄糖异生作用。所谓葡萄糖异生作用（gluconegenesis）即是由非糖前体物质合成葡萄糖的过程（以下简称为葡糖异生作用）。葡萄糖异生作用在剧烈运动时也是很重要的，可以保证糖酵解的进行。

草食动物，特别是反刍动物，葡糖异生作用不仅仅是在饥饿或剧烈运动时，能将非糖物质转变成葡萄糖保证葡萄糖的需要，而且是体内葡萄糖唯一的来源。因为反刍动物是将瘤胃中的淀粉、纤维素发酵产生的丙酸、丁酸、乙酸等低级脂肪酸经异生作用转变为葡萄糖的。

体内的非糖前体物质主要是乳酸、氨基酸和甘油。

葡糖异生的主要场所是肝脏。肾脏也能发生葡糖异生但形成的葡萄糖仅为肝脏产量的 1/10。脑、骨骼肌或心肌中极少发生异生作用。肝脏和肾脏异生的葡萄糖可以保证血糖的衡定，因此脑和肌肉可以从血液中汲取足够量的葡萄糖以满足饥饿状态下代谢的需要。

二、葡萄糖异生作用的反应途径

这里仅介绍体内乳酸等前体物的异生途径，有关反刍动物将低级脂肪酸异生为糖的途径将在脂肪代谢中介绍。

乳酸的异生反应途径，实际上是将丙酮酸转变为葡萄糖。糖酵解是将葡萄糖变为乳酸，在糖异生作用中则是将乳酸转变为葡萄糖，但葡糖异生反应的过程并非是糖酵解的逆转。因为糖酵解时释放了大量的能量,热力学平衡主要偏于乳酸的形成。其中己糖激酶、磷酸果糖激酶和丙酮酸激酶等所催化的三个反应,释放的自由能最大,形成不可逆反应:

$$葡萄糖 + ATP \xrightarrow{己糖激酶} 6\text{-}磷酸葡萄糖 + ADP$$

$$6\text{-}磷酸果糖 + ATP \xrightarrow{磷酸果糖激酶} 1,6\text{-}二磷酸果糖 + ADP$$

$$磷酸烯醇式丙酮酸 + ADP \xrightarrow{丙酮酸激酶} 丙酮酸 + ATP$$

在葡糖异生中,以上三个不可逆的反应是通过以下新的步骤而绕过来的:

1. 磷酸烯醇式丙酮酸是由丙酮酸经草酰乙酸而形成。首先,丙酮酸消耗一分子 ATP 被羧化为草酰乙酸。然后,草酰乙酸又消耗第二个高能磷酸键脱羧并磷酸化,生成磷酸烯醇式丙酮酸:

$$丙酮酸 + CO_2 + ATP + H_2O \rightleftharpoons 草酰乙酸 + ADP + Pi + 2H^+$$

$$草酰乙酸 + GTP \rightleftharpoons 磷酸烯醇式丙酮酸 + GDP + CO_2$$

催化第一个反应的是丙酮酸羧化酶;催化第二个反应的是磷酸烯醇式丙酮酸羧基激酶。以上两步反应总和是:

$$丙酮酸 + ATP + GTP + H_2O \rightleftharpoons 磷酸烯醇式丙酮酸 + ADP + GDP + Pi + 2H^+$$

丙酮酸羧化酶是在线粒体中发现的。它的辅基是生物素。生物素以它的羧基末端与酶蛋白赖氨酸残基 ε-氨基形成酰胺基,成为一条很灵活的链连接于酶上,它起着活化的 CO_2 载体的作用。

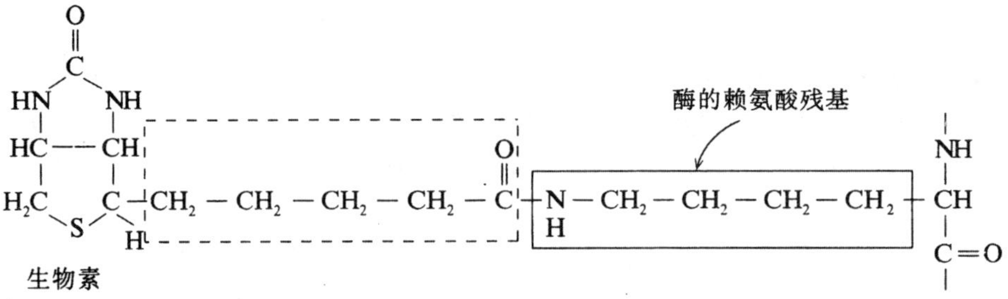

丙酮酸的羧化分两步进行:

$$生物素\text{-}酶 + ATP + HCO_3^- \xrightarrow{乙酰 CoA、Mg^{+2}} CO_2 \sim 生物素\text{-}酶 + ADP + Pi$$

$$CO_2 \sim 生物素\text{-}酶 + 丙酮酸 \xrightarrow{Mg^{+2}} 生物素\text{-}酶 + 草酰乙酸$$

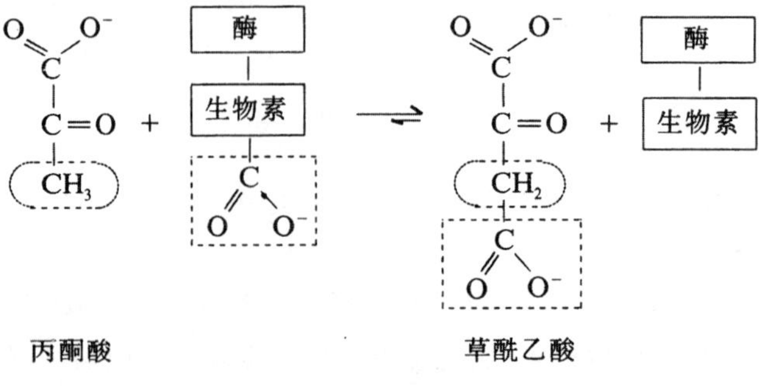

反应中需要乙酰 CoA 的存在。只有乙酰 CoA 结合于酶上，生物素才被羧化。产物草酰乙酸既是葡萄糖异生作用的中间产物，又是柠檬酸循环的催化性中间产物。乙酰 CoA 的量多表明会产生更多的草酰乙酸。此时如果 ATP 有富余，草酰乙酸就可进入葡糖异生作用生成糖。如果 ATP 不足，草酰乙酸就与乙酰 CoA 缩合进入柠檬酸循环。因此，丙酮酸羧化酶不仅在葡萄糖异生中是重要的，在维持柠檬酸循中间产物的水平方面也起着关键性的作用。

丙酮酸羧化酶存在于线粒体内，葡糖异生的其它酶则存在于胞质中。由于草酰乙酸不能透过线粒体膜，因此生成的草酰乙酸被 NADH-苹果酸脱氢酶还原为苹果酸。苹果酸被载体运过线粒体膜，在胞质中再被 NAD^+-苹果酸脱氢酶氧化为草酰乙酸。

草酸乙酸在细胞质中被磷酸烯醇式丙酮酸羧基激酶同时发生脱羧（CO_2）和磷酸化。这样原来被丙酮酸羧化酶加到丙酮酸上的 CO_2 在此步又脱下，有如一个催化剂。

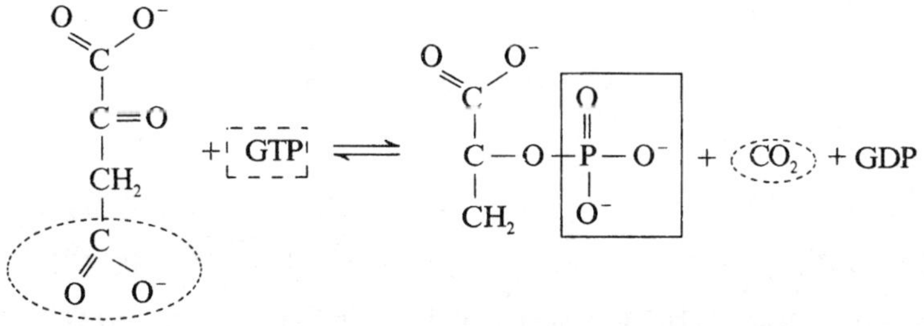

草酰乙酸　　　　　　　　　　磷酸烯醇式丙酮酸

2. 6-磷酸果糖是由 1,6-二磷酸果糖酶水解 1,6-二磷酸果糖而生成：

$$1,6\text{-二磷酸果糖} + H_2O \longrightarrow 6\text{-磷酸果糖} + Pi$$

3. 葡萄糖是由葡萄糖 6-磷酸酶催化葡萄糖 6-磷酸水解而成：

$$6\text{-磷酸葡萄糖} + H_2O \longrightarrow \text{葡萄糖} + Pi$$

葡糖异生的途径总结如图 4-7。糖酵解与葡糖异生在酶方面的差异如表 4-7。

表 4-7　糖酵解与葡糖异生在酶方面的差异

糖　酵　解	葡　糖　异　生
己糖激酶	葡萄糖 6-磷酸酶
磷酸果糖激酶	果糖 1,6-二磷酸酶
丙酮酸激酶	丙酮酸羧化酶
	磷酸烯醇式丙酮酸羧基激酶

三、底物循环

在葡糖异生反应中，象 6-磷酸果糖磷酸化为 1,6-二磷酸果糖和后者又被水解为 6-磷酸果糖这样一对由不同酶催化的正逆反应称为底物循环。在正常情况下，正逆反应不会同时活跃，如果正逆反应以同样速度进行，将会造成 ATP 的无效循环（futile cycle），使体温升高。现在认为，底物循环可能是放大代谢信号的一种调控手段。

四、乳酸异生为葡萄糖的意义

乳酸是葡糖异生的主要原料。在糖酵解中我们已知乳酸是在无氧条件下，糖分解供给能量的产物。由于糖酵解要继续不断进行就要依赖于 NAD$^+$ 的供应。NAD$^+$ 是氧化 3-磷酸甘油醛的重要物质，而被还原的 NADH 在无氧条件下不能进入呼吸链氧化，只能使丙酮酸还原为乳酸，NADH 才能氧化为 NAD$^+$，以保证 NAD$^+$ 的循环使用。这样就必然有大量的乳酸生成。特别是不断收缩的骨骼肌中乳酸的含量骤升。

乳酸是糖酵解代谢的盲端。乳酸只有再转变为丙酮酸，否则不能被代谢。但是乳酸的形成使机体赢得能量且将部分的代谢负担由肌肉转向肝脏。因为乳酸和丙酮酸都能透过细胞质膜，所以活跃的骨骼肌中产生的乳酸迅速扩散进入血液并被带入肝脏。乳酸在肝脏被氧化为丙酮酸并经葡糖异生途径转变为葡萄糖。生成的葡萄糖再进入血液并被骨骼肌吸收。这样肝脏给收缩的肌肉提供葡萄糖，肌肉则从葡萄糖的酵解中获得 ATP 和乳酸，肝脏再用乳酸异生成葡萄糖。这些转变组成一个循环，称为 Cori 循环。无论在肌肉和肝脏中乳酸⇌丙酮酸的转变，乳酸脱氢酶起了重要的作用。

第五节 糖 原

糖原（glycogen）是在机体的葡萄糖供应充足的情况下，一种极易被动员的贮存形式。糖原是由葡萄糖残基构成的含许多分枝的大分子高聚物。呈颗粒状直径在 100~400μm 之间。主要贮存在肝脏和骨骼肌的细胞质中。肝脏中糖原浓度最高，但骨骼肌因肌肉数量最大，因此糖原贮藏最多。

一、糖原的合成

由葡萄糖合成糖原的过程，称为糖原生成作用（glycogenesis），包括下列 4 个反应步骤：

1. 葡萄糖被 ATP 磷酸化为 6-磷酸葡萄糖。这个反应与葡萄糖分解时相同。在肌肉中此反应由己糖激酶催化，肝脏中由己糖激酶及葡萄糖激酶催化。肝脏为什么要设置两种酶来催化同一反应呢？原来己糖激酶的 Km 值为 0.1mmol/L，葡萄糖激酶的 Km 值为 10 mmol/L。当血液中葡萄糖浓度不低于 0.1 mmol/L 的情况下，葡萄糖即可被己糖激酶催化为 6-磷酸葡萄糖，以满足肌肉、肝脏组织能量的需要。而且己糖激酶除催化激活葡萄糖外还可以催化其它己糖。由于生成的 6-磷酸葡萄糖不能逸出细胞膜，所以过多的部分在细胞内形成糖原贮藏。但己糖激酶受产物 6-磷酸葡萄糖的反馈控制，即过多的 6-磷酸葡萄糖将降低己糖激酶的活性。所以依靠己糖激素不可能贮藏很多的糖原。肝脏中的情况则不同，当外源葡萄糖大量涌入，己糖激酶也被自身催化生成的 6-磷酸葡萄糖抑制时，高浓度的葡萄糖启动了葡萄糖激酶（10 mmol/L 以上），于是大量葡萄糖仍转化为 6-磷酸葡萄糖，而且葡萄糖激酶不受产物的反馈控制，这样就促进了糖原的大量合成。因此，肝脏贮藏的糖原浓度高于肌肉。

2. 6-磷酸葡萄糖在葡萄糖变位酶催化下生成 1-磷酸葡萄糖。

3. 1-磷酸葡萄糖在 UDP-葡萄糖焦磷酸化酶的催化下与尿苷三磷酸（UTP）合成 UDP-葡萄糖。

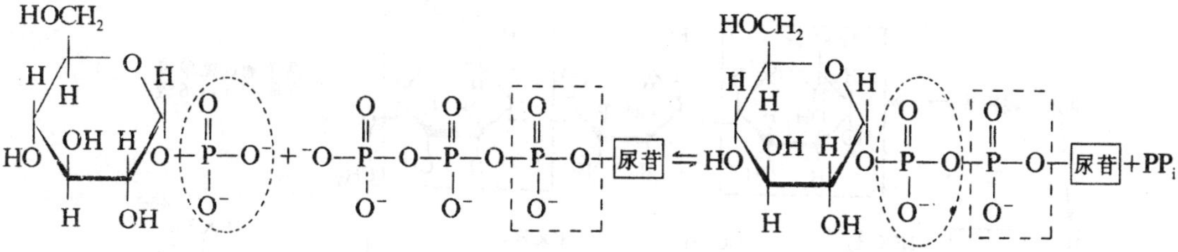

1-磷酸葡萄糖

UDP-葡萄糖

反应生成的焦磷酸（PPi），水解后成正磷酸，使整个反应不可逆。形成的UDP-葡萄糖是合成糖原的重要活性形式。

4. UDP-葡萄糖在糖原合成酶的催化下被转移到细胞内原有的糖原（引物）末端C-4的羟基上，形成α-1,4-糖苷键，使原有的糖原增加一个葡萄糖残基。所谓引物糖原是指至少含有4个以上葡糖残基的多糖链。存在有这种多糖锌糖原合成酶才能把葡萄糖基加上去。这段糖基是由不同的合成酶合成的。

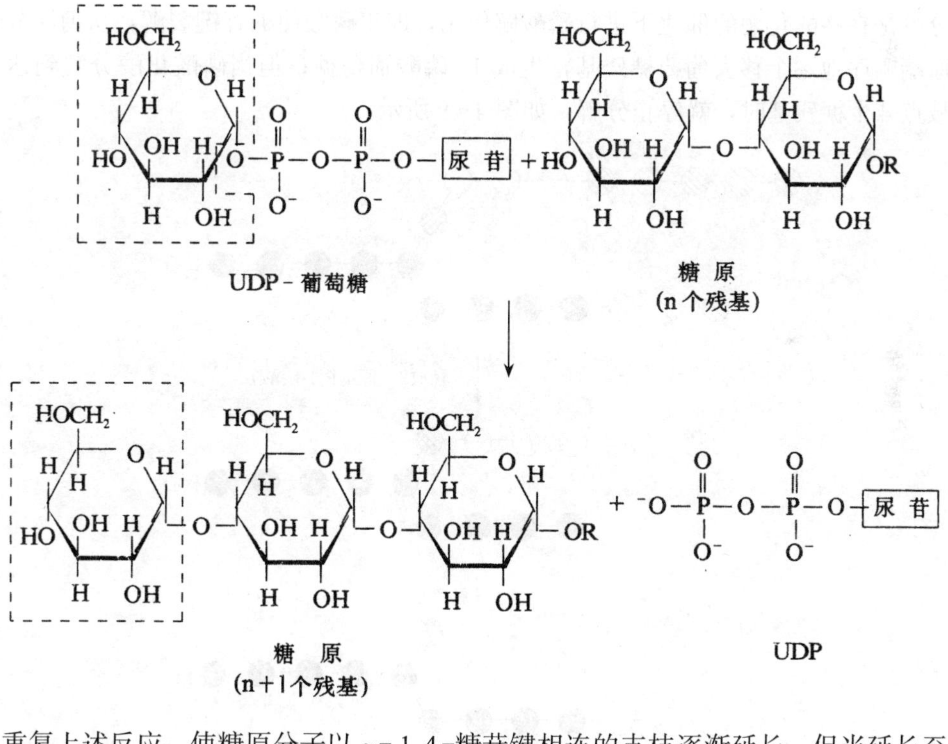

UDP-葡萄糖   糖　原
              (n个残基)

糖　原   UDP
(n+1个残基)

重复上述反应，使糖原分子以α-1,4-糖苷键相连的支枝逐渐延长。但当延长至6个葡萄糖残基以上时，在分枝酶的作用下，其所含部分葡萄糖（约7个）脱落，并以1,6-糖苷键与原分子的另一葡萄糖残基相连，形成新的分枝。以此形成多分枝的高聚体。新分枝的点距离已存在的分枝点必须至少有4个残基。

糖原增加分枝可以提高糖原的溶解度。同时分枝造成许多非还原性末端残基，它们是糖原磷酸化酶与合成酶的作用部位。所以，分枝增加了糖原合成与分解的速度。

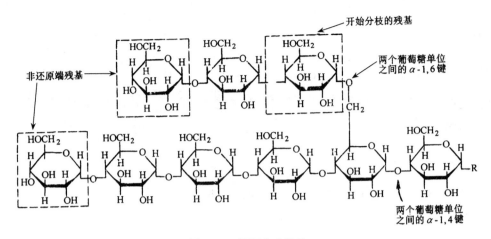

图 4-8 糖原分支结构

二、糖原的分解

生物体系中合成与分解的途径几乎总是不同的。糖原分解的途径也不同于合成途径。糖原分解是在磷酸化酶的催化下进行磷酸解作用，即正磷酸使糖苷键裂解，从糖原分子的非还原端顺序地逐个移去葡萄糖残基，生成 1-磷酸葡萄糖；但当磷酸化酶分解到达一个距分枝点 4 个糖残基时，就停止分解，如图 4-9 所示：

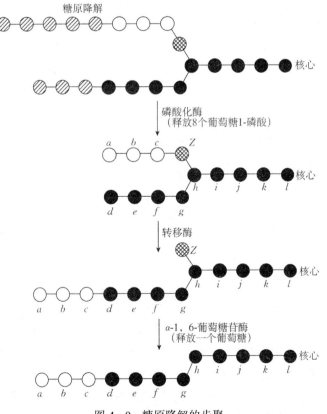

图 4-9 糖原降解的步聚

磷酸化酶裂解了一个分枝上的 5 个 α-1,4-糖苷键和另一分枝上的 3 个糖苷键，使余下的残基都距分枝点为 4 个残基。此时，由一种称为转移酶的以 3 个葡萄糖残基作为一组，从外面的分枝转移至靠近糖原核心的分枝上，余下的一个以 α-1,6-糖苷键连接的葡萄糖，由脱枝酶（α-1,6-葡萄糖苷酶）水解，生成游离的葡萄糖。于是原来的分枝结构转变成为线型结构。为磷酸化酶的进一步作用铺平了道路。

在磷酸化酶、转移酶和脱枝酶的配合作用下，糖原分子逐步缩小，分枝逐步减少。最后糖原分解为 1-磷酸葡萄糖和少量的游离葡萄糖。

糖原分解释放的游离葡萄糖主要被大脑和骨骼肌所吸收。1-磷酸葡萄糖则在磷酸变位酶的作用下转变为 6-磷酸葡萄糖。磷酸化的葡萄糖不能扩散到细胞外，因此生成的 6-磷酸葡萄糖在肌肉中主要是分解供能。

肝脏与骨骼肌不同，肝脏含有一种水解酶，葡萄糖 6-磷酸酶，它使 6-磷酸葡萄糖水解生成葡萄糖离开肝脏：

$$6\text{-磷酸葡萄糖} + H_2O \longrightarrow \text{葡萄糖} + Pi$$

葡萄糖 6-磷酸酶是肝脏保证血糖稳定的重要酶，也是葡糖异生途径所必不可少的酶。

三、糖原代谢调节

葡萄糖是机体主要的能量来源。糖原是两次进食期间葡萄糖暂时贮藏的形式，是保证血糖稳定及时供给葡萄糖，应激供能的重要物质。糖原的这种重要性使糖原的代谢受到了神经、体液及器官的调控。通过糖原代谢的调节可以看到机体一个整体调节的例子。

1. **磷酸化酶的特点**　磷酸化酶是糖原分解的第一个酶。这个酶在骨骼肌中以两种可以互变的形式存在：一种是有活性的磷酸化酶 a，另一种是无活性的磷酸化酶 b。这种酶是一个二聚体。在静止的肌肉中，几乎所有磷酸化酶都处于 b 型。但当肌肉运动，消耗 ATP，生成 AMP 时，高浓度的 AMP 可以使磷酸化酶 b 具有活性。相反 ATP 和 6-磷酸葡萄糖抑制磷酸酶 b 的活性（图 4-10）。

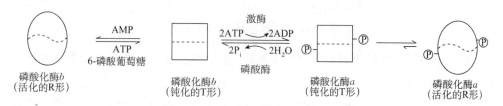

图 4-10　骨骼肌中糖原磷酸化酶的控制

磷酸化酶 b 变 a 型需要磷酸化酶激酶的催化，使磷酸化酶 b 每个亚基的一个丝氨酸残基发生磷酸化。生成的磷酸化酶 a 活性不受 AMP、ATP 及 6-磷酸葡萄糖水平的影响。

2. **级联方式控制磷酸化酶活性**　磷酸化酶激酶催化磷酸化酶 b 变为 a。然而，发现细胞内磷酸化酶激酶自身也是由一种蛋白激酶催化，磷酸化后才从无活性变为有活性。不仅如此，蛋白激酶又只有在环腺苷酸（cAMP）与之结合才会引起变构从无活性变为有活性。cAMP 则由与细胞质膜相结合的一种腺苷酸环化酶催化 ATP 生成：

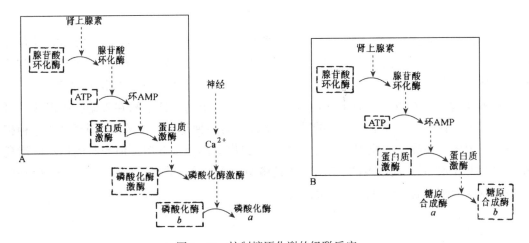

而腺苷酸环化酶只有在激素的作用下才能活化。已经证明有些激素并不进入它们的靶细胞，而是结合在质膜上并促进腺苷酸环化酶活性升高。由以上可见，在这里形成了一个酶促酶的级联式机制（图4-11）。

图4-11 控制糖原化谢的级联反应

这种连续用一个酶活化下一个酶的酶级联机制，是细胞调节中一种非常迅速地放大调节物浓度的效应机制。在这种情况下，只要cAMP的浓度发生很小的变化，即可使大量的磷酸化酶活化或灭活，在瞬间内使糖原分解或停止分解转向合成。以适应动物在应激状态下能量的需求。

3. 调节糖原代谢的激素 糖原的合成与分解有不同的途径。这表明它们必定受到严格的控制。体内调控这两条途径的激素主要有胰岛素。它是一种多肽激素，其功能是促进肝脏糖原的合成及细胞内葡萄糖的分解供能。另外是肾上腺素和胰高血糖素，它们的效应和胰岛素相反。它们都促进糖原分解。肾上腺素显著地促进肌肉中糖原分解；胰高血糖素则促进肝脏糖原的分解，从而提高血糖的水平。

肾上腺素和胰高血糖素并不进入靶细胞，而是与细胞质膜结合使腺苷酸环化酶活化，进而引起细胞内酶的级联反应，迅速动员糖原，保证机体及时得到能量。

4. 钙离子（Ca^{2+}）调节　已经证明：催化磷酸化酶 b 磷酸化为磷酸化酶 a 的磷酸化酶激酶，不仅受上述酶的级联机制调节，还可以被 10^{-6} mol/L 左右的 Ca^{2+} 活化，促进形成磷酸化酶 a，促进糖原分解。这种活化方式在生物学上具有重要的意义。因为 10^{-6} mol/L 的 Ca^{2+} 浓度不仅可激活磷酸化酶激酶，而且恰好是引起肌肉收缩的浓度，这样通过 Ca^{2+} 浓度就把肌肉收缩运动与糖原分解供能联系起来了，使得肌肉的收缩能及时得到能量的供应。而 Ca^{2+} 浓度的改变是由神经冲动引起的，这样 Ca^{2+} 就建立了磷酸化酶活性与神经调节的桥梁（见图 4-11）。

5. 糖原代谢的整体调节　由以上可以看出：主管分解糖原的磷酸化酶是受到多个因素的调节，而这些调节保证了机体在各种状态下能量的供应。

正常情况下，能量供应充足，ATP、6-磷酸葡萄糖浓度高抑制了磷酸化酶的活性，因此糖原不分解。但如果肌肉运动加强，消耗能量多，AMP 浓度升高，于是 AMP 促进磷酸化酶活性升高，糖原分解，促进能量产生。

但在动物遇到危险信号或激怒等应激条件时，要准备战斗或逃跑，此时不能因为能量供应缓慢而受到限制。要知道此时能够在 9 s 而不是 10 s 由 A 地跑到 B 地，可具有保存生命的价值。因此，此时既使细胞内的能量（ATP）和 6-磷酸葡萄糖的浓度处在已够高的情况下，仍需加快糖原的分解。动物此时处于应激状态，则通过大脑皮层促使肾上腺髓质分泌肾上腺素，肾上腺素如上所述即引起了细胞内酶的级联机制，以最快的速度使磷酸化酶 b 转化为活性的 a，促进糖原分解。当然如果应激状态消失，肾上腺素不分泌级联机制瞬间停止，糖原不分解转而合成。

但当动物真的要战斗和逃跑时还需要肌肉的运动，单是激素的调控仍不能满足要求，因为此时需要同时调控供能代谢及肌肉收缩，并使二者协调。在这种情况下，动物采取了神经调控的机制。神经冲动使肌浆中 Ca^{2+} 浓度迅速增至 10^{-6} mol/L，于是肌肉收缩与糖原分解同步进行。保证动物战胜敌人或逃离危险保存了生命。

从磷酸化酶的调节中可见体内所有代谢都受到机体多层次的严格调控，正是这种调控使动物体与环境得到了协调统一。

第六节　糖代谢各途径之间的联系

综上所述可见，糖在动物体内的主要代谢途径有：糖原的分解与合成；糖酵解作用；糖有氧氧化；磷酸戊糖途径和糖的异生作用等。其中有释放能量（产生 ATP）的分解代谢，也有消耗能量（ATP）的合成代谢。这些代谢途径的生理功用不同，但又通过共同的代谢中间产物互相联系和互相影响，构成一个整体。现将糖代谢各个途径总结如图 4-12。

从图中可见，糖代谢的第一个交汇点是 6-磷酸葡萄糖，它把所有糖代谢途径都沟通了。通过它葡萄糖可转变为糖原，糖原亦可转变为葡萄糖（肝、肾）。而且由各种非糖物质异生成糖时都要经过它再转变为葡萄糖或糖原。在糖的分解代谢中，葡萄糖或糖原也是先转变为 6-磷酸葡萄糖，然后或经酵解途径及有氧氧化途径进行分解，或经磷酸戊

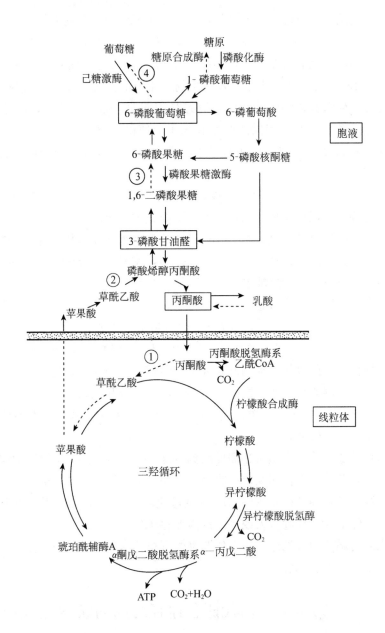

图 4-12 糖代谢途径
①②③④是糖异生作用的关键反应 ----▶ ①丙酮酸羧化酶 ②磷酸烯醇式丙酮酸羧激酶
③ 果糖二磷酸酶 ④葡萄糖-6-磷酸酶（肝，肾）

糖途径进行转化分解。

第二个交汇点是 3-磷酸甘油醛，它是酵解和有氧氧化的中间产物，也是磷酸戊糖途径的中间产物。

第三个并汇点是丙酮酸。当葡萄糖或糖原分解至丙酮酸时，在无氧的情况下，它接受由 3-磷酸甘油醛脱下的 2H 还原为乳酸（酵解过程）。在有氧的情况下，3-磷酸甘油醛脱下的氢经呼吸链与氧结合生成水，而丙酮酸经乙酰 CoA 最后通过三羧循环彻底氧化为 CO_2 和 H_2O。另外，丙酮酸还可经草酰乙酸生成糖（葡糖异生），它是许多非糖物质生成糖的必经途径。

此外，通过磷酸戊糖途径使戊糖与己糖的代谢联系起来，而各种己糖与葡萄糖的互变，又沟通了各种己糖的代谢。

总之，在研究代谢中，虽然是一个途径一个途径的叙述，但实际上是互相紧密地联系在一起的。而且不仅糖代谢本身的各个途径是相互联系的，通过柠檬循环还和蛋白质、脂肪等的代谢通过中间产物互相联系起来。

正是由于糖代谢各途径相互联系，乃至于与蛋白质，脂肪代谢的联系，所以前面讲述关于对磷酸化酶及糖原的调节，也就是对整体糖代谢各途径的调节，也至是对生物整体代谢的调节。

第五章 生物氧化

动物在其生长、发育、繁殖等生命活动中都需要消耗能量。酶的催化、体内物质的合成和分解、物质的转运、肌肉运动及神经传导等都伴随着能量的变化，这些能量变化都遵循着热力学的普遍规律。植物和一些微生物可以直接捕获光能而获得能量，称为光能营养生物（phototrophs）。动物和人主要依赖于摄取的糖、脂类和蛋白质的氧化分解获得能量，称为化能营养生物（chemotrophs）。通常把这些物质在体内的氧化称为生物氧化。因为是在体内组织细胞中进行的，所以又称为"组织氧化"或"细胞氧化"。

第一节 自 由 能

19世纪德国科学家Rubner等用热量计测定了动物和人全部能量的释放，包括全部氧的消耗，全部二氧化碳产量及全部氮的排出等的数据。证明：活的生命有机体与任何机械一样，都服从"能量守恒"定律，就是说必须从物质代谢中获得能量来偿还其生命活动所需的一切能量，即合成代谢所消耗的能，必须从物质分解代谢中获得，此外别无其他来源。能量守恒是热力学第一定律。

生物体也遵循热力学第二定律，即能量总是从能的强度较高的物体向能的强度较低的物体流动。如热自发地从较热的物体流向较冷的物体；水总是从高处向低处流；溶液中的溶质从高浓度的区域向低浓度的区域扩散等，这些都属于能量从高到低的转变，这个过程是自发的，无需加外力，称为自发过程。但反过来，要使低处的水流向高处流，从冷的物体变为热的物体则需要外界做功才能实现，这些都属于非自发过程。

但是可以把一个大的自发过程与一个小的非自发过程偶联起来。如用一根绳索的两端把两个物体联系起来，挂在滑轮上。若其中一个物体的重量比另一个物体重，则当重物体向下跌落时，必将把绳索另一端较轻的物体提升起来。这就是一个自发过程（重物下落）推动另一个非自发过程（轻物上升）的例子。在这个过程中我们看到：第一个重物的位能改变使第二个重物上升，表明第一个重物在位能改变的过程中做了功。这个"功"具备如下条件：第一，做功的那个物体的自发性必须比被提升的那个物体的自发性大；第二，用以做"功"的能量只是第一个物体位能改变中的一部分而不是全部，如果是全部，则应提取等重的物体。

我们把自发过程中能做功的这一小部分能量称为自由能（free energy）。

实际上凡自发进行的过程，都能做功，相反：要使这个过程逆向进行，就必须由外界做功。自发进行的体系，不论是机械体系或化学反应体系在能量关系上都必然符合于：

体系可做功的能量（自由能）＝体系总能量－不被利用做功的能量

以 H 来表示体系总能量；以 S·T 表示不能被利用做功的能量，那么体系可做功的能量等于 H－S·T 称为自由能，以 G 表示。即：

$$G = H - S \cdot T$$

自由能 G 是一种状态的函数。只有在等温等压的条件下，体系由（状态）$_1$ 转变成（状态）$_2$ 时（例如重物从高处落到低处），才能表现出体系自由能的变化：

$$（状态）_1 \xrightarrow{等温等压} （状态）_2$$
$$G_1 = H_1 - S_1 T \qquad G_2 = H_2 - S_2 \cdot T$$
$$\Delta G = (G_2 - G_1) = (H_2 - H_1) - (S_2 - S_1) \cdot T$$
$$\Delta G = \Delta H - \Delta S \cdot T$$

从式中可见：自由能的变化（ΔG）是体系从一种状态变为另一种状态时的结果。自发过程中的自由能是从大到小，自由能量改变为负（$-\Delta G$），表示释放自由能可以用来做功。非自发过程中的自由能是从小变大（$+\Delta G$），表示要输入自由能才能实现。所有的化能营养生物都是从食物氧化的自发过程中获取自由能来完成生命活动的过程。

第二节　ATP

一、ATP 是生物体中自由能的通用货币

动物体属化能营养生物，能量来自食物的氧化分解作用。例如，机体内的葡萄糖经氧化分解为二氧化碳和水，每摩尔总能量的改变为 $\Delta H = -2\,817.72$ kJ 即释放出能，其中直接以热散发的能为 $1\,205.80$ kJ（$\Delta S \cdot T$），其自由能的改变为：

$$\Delta G = \Delta H - \Delta S \cdot T = -2\,817.72 - (-1\,205.80) = -1\,611.92 \text{ kJ}$$

自由能减少为 $-1\,611.92$ kJ，被机体利用来作有用的功。如合成物质、肌肉收缩、主动运输等。

但在生物体内这些能量不是一次性释放出来，而是逐步的释放。

而且食物分解释放的自由能也不是直接去做功。而是转变为一种特殊的载体，这就是三磷酸腺苷（ATP）（有关 ATP 见第八章）。ATP 是机体内直接用以做功的形式。ATP 在生物体内能量交换中之所以起着核心的作用，是因为 ATP 在三个磷酸基团中含有两个磷酸酐键，成为高能分子。当 ATP 水解为二磷酸腺苷（ADP）和正磷酸（Pi）时，或水解为磷酸腺苷（AMP）和焦磷酸（PPi）时，能释放出大量能量来。

$$ATP + H_2O \rightleftharpoons ADP + Pi \qquad \Delta G = -30.57 \text{ kJ/mol}$$
$$ATP + H_2O \rightleftharpoons AMP + PPi \qquad \Delta G = -30.57 \text{ kJ/mol}$$

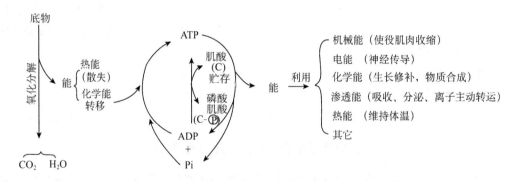

ATP 所释放的自由能可以直接用于推动体内任何一种需要输入自由能的反应（见图 5-1）。

图 5-1 体内能量产生、转移和利用

ATP、AMP 和 ADP 三者可以相互转变，由腺苷酸激酶（肌激酶）催化。如：

$$ATP + AMP \rightleftharpoons ADP + ADP$$

而 ATP 则由 ADP+Pi 形成，这个过程称为磷酸化。磷酸化需要食物分子分解释放的自由能来推动。磷酸化在体内分为底物磷酸化和氧化磷酸化两种。

ATP 在体内不断形成又不断消耗，ATP↔ADP 循环是生物体系中能量交换的基本方式。ATP 有如货币一样可以在体内往复使用。所以 ATP 是自由能的直接供应体而不是贮存形式。

在生物体内不仅使用 ATP，有的反应还使用三磷酸鸟苷（GTP）、三磷酸尿苷（UTP）和三磷酸胞苷（CTP），它们在转移一个 Pi 后分别形成 GDP、UDP 和 CDP。它们都可以从 ATP 转移末端磷酸基再生成：

$$ATP + GDP \rightleftharpoons ADP + GTP$$
$$ATP + GMP \rightleftharpoons ADP + GDP$$

二、ATP 具有较高的磷酸基团转移潜势

ATP 之所以可作为体内自由能转移的通用货币与其结构有密切关系。第一是在中性（pH 7）条件下，ATP 的三个磷酸部分带有 4 个负电荷，彼此很靠近，互相排斥很厉害，当水解时即易将末端磷酸基转移给水。第二是 ADP 和 Pi 比 ATP 具有较大的共振稳定化作用。一个正磷酸可有多种能量近似的共振形式（图 5-2）。而 ATP 末端的磷酸根共振形式很少，所以造成不稳定。因此，ATP 当水解时具有较强的趋势将末端磷酸基转移给水。即具有较高的磷酸基因转移的潜势。

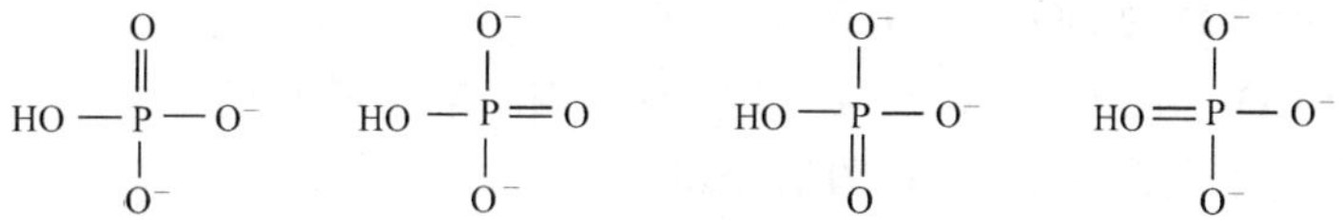

图 5-2 正磷酸根的主要共振形式

生物体内除 ATP 外还有一些化合物也有很高的转移磷酸基的潜势（表 5-1）。如磷酸烯醇式丙酮酸等的磷酸基转移潜势比 ATP 高，意味着它们能将磷酸基转移给 ADP 而生成 ATP。糖降解中许多产物都如此。表中所列这些化合物都具有转移磷酸酰基的潜势，通称为高能磷酸化合物，其磷酸酐键称为高能键，以～P 表示。

表 5-1 某些磷酸化化合物水解的自由能

化 合 物	$\Delta G(kJ/Mol)$
磷酸烯醇式丙酮酸	-61.96
氨甲酰磷酸	-50.50
乙酰基磷酸	-43.12
磷酸肌酸	-43.12
焦磷酸	-33.49
ATP（产生 ADP）	-30.56
1-磷酸葡萄糖	-20.93
6-磷酸葡萄糖	-13.82
3-磷酸甘油	-9.21

ATP 的基团转移潜势居于这些具有转移潜势化合物之间，因此使 ATP 能够有效地起着转移磷酸的功能。

三、ATP 以偶联方式推动体内非自发反应

ATP 是自由能的载体，它推动那些不输入自由能在热力学上就不能进行的反应。ATP 是用与需能反应发生偶联的方式进行。如细胞内脂肪酸合成中，由乙酰辅酶 A 羧化为丙二酸单酰辅酶 A 这一步（见脂肪代谢）：

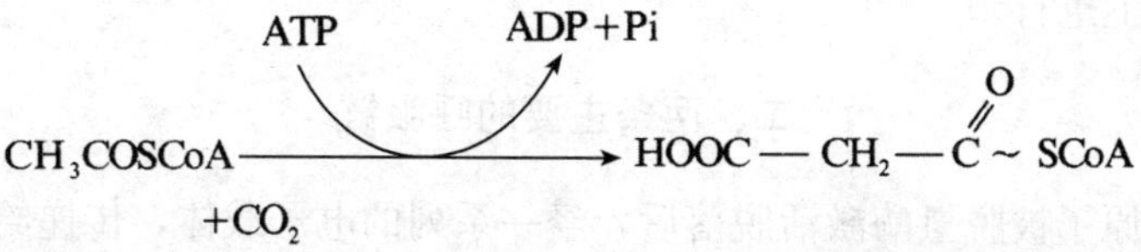

$$CH_3COSCoA + CO_2 \xrightarrow{ATP \rightarrow ADP+Pi} HOOC-CH_2-\overset{O}{\underset{\|}{C}} \sim SCoA$$

乙酰 CoA　　　　　　　　　　　丙二酸单酰 CoA

反应自由能的变化为 $\Delta G=+18.84\,kJ/mol$，属于非自发反应。但如果与自由能的供应体 ATP 的水解反应发生偶联：

乙酰 CoA+CO_2+ATP+H_2O ⟶ 丙二酸单酰 CoA+ADP+Pi

其整个反应自由能的变化为 $\Delta G=-18.59\,kJ/mol$ 于是由一个非自发反应变成一个自发反应。

整个反应里起偶联关键作用的是乙酰羧化酶，其中羧化酶的辅助因子生物素起到了重要的作用。以 E-生物素代表酶和生物素，反应细节如下：

E-生物素+CO_2+ATP+H_2O ⟶ E-生物素·CO_2+ADP+Pi

反应的自由能变化为 $\Delta G=-17.58\,kJ/mol$

E-生物素·CO_2+乙酰 CoA ⟶ E-生物素+丙二酸单酰 CoA

反应的自由能变化为 $\Delta G=-1.00\,kJ/mol$

整个反应的净结果：

乙酰 CoA+CO_2+ATP+H_2O ⟶ 丙二酸单酰 CoA+ADP+Pi

反应的自由能变化为 $\Delta G=-18.59\,kJ/mol$，可见每一步反应都由 E-生物素偶联，每一步都遵循热力学自由能释放（$-\Delta G$）的规律。

根据推算，一个 ATP 分子水解释放的能量，可使偶联反应的产物与反应的平衡比增大约 10^8 倍。如果是 n 个 ATP 分子的水解则会使一个偶联反应的平衡比增为 10^{8n}。因此，只要使一个热力学上非自发的反应与足够数目的 ATP 分子的水解反应相偶联，就可使之成为自发反应。

代谢反应中，这样的偶联反应很多，都由酶作偶联剂。这是酶重要的催化功能之一。

第三节　氧化磷酸化作用

一、生物氧化的特点

化能营养生物食入的糖、脂类等物质在体内氧化，虽然和在体外燃烧的产物一样，都是二氧化碳和水，释放的总能量也完全相同，但生物氧化和体外燃烧有根本不同，其特点是：

生物氧化是在细胞内进行，即在酶的催化下，在体温（37℃）和 pH 近于中性的有水环境中逐步缓慢地进行；物质（底物）的氧化方式是脱氢，脱下的氢经一系列传递才与氧结合生成水；在氢传递给氧的过程中逐步释放自由能，推动 ATP 合成以提供生命能量活动的需要；生物氧化过程中生成的二氧化碳是由于糖、脂类和蛋白质等物质转变成含羧基的化合物后发生直接脱羧或氧化脱羧产生的，而不是氧和碳直接结合生成。

在真核生物细胞内，生物氧化都在线粒体内进行。不含线粒体的原核生物如细菌，生物氧化在细胞膜上进行。

二、两条主要的呼吸链

底物上的氢原子被脱氢酶激活脱落后，经一系列的电子载体，传递给氧而生成水。氢传递与氧化合的连锁反应称为呼吸链或电子传递链。

1. 呼吸链中的成分　呼吸链位于线粒体内膜形成呼吸酶集合体。从线粒体呼吸酶集合体分离得到 4 个复合体和 2 个单独的成分。各复合体的组分及 2 个单独成分列表如下：

表 5-2　线粒体的电子传递链的组分

酶复合物 与单独成分	质量（kM）	辅　基	接合部位位置		
			M-侧	中部	C-侧
NADH-Q 还原酶	850	FMN FeS	NADH	Q	
琥珀酸-Q 还原酶	97	FAD FeS	琥珀酸	Q	
辅酶 Q(Q)				Q	
QH_2-细胞色素 c	280	血红素 b 血红素 c_1 FeS			Cytc
细胞色素 c	13	血红素 c			$Cytc_1$ Cyta
细胞色素 c 氧化酶	200	血红素 a 血红素 a_3 Cu	O_2		Cytc

注：细胞色素 c 和辅酶 Q 为单独成分，其余为复合体都是膜本体组成，M-侧、中部和 C-侧分别表示线粒体内膜的间质侧碳氢核心和细胞溶质侧

糖酵解、脂肪酸氧化和三羧循环中，底物被酶脱下的氢都分别还原 NAD^+ 和 FAD 形成 NADH 和 $FADH_2$，都是高能分子，它们都带有一对转移潜势很高的电子。这对高能电子对可以从 NADH 和 $FADH_2$ 上分别传递出去，构成两条电子传递链（呼吸链），最终都与氧结合生成水，释放能量。

（1）NADH 呼吸链　NAD^+（烟酰胺腺嘌呤二核苷酸）是呼吸链中底物脱氢氧化作用中主要的电子受体。在底物的脱氢氧化作用中，NAD^+ 的烟酰胺环接受一个氢离子和两个电子，另一个氢原子游离于溶液中，形成 $NADH+H^+$ 反应式（见第三章）。

生成的 $NADH+H^+$ 首先被 NADH-Q 还原酶（也称 NADH 脱氢酶复合体）所氧化。NADH-Q 包含两个辅基 FMN 和 FeS。电子由 $NADH+H^+$ 传递到黄核单核苷酸（FMN），使它变成还原型 $FMNH_2$。（反应式见第三章）

电子又从 $FMNH_2$ 传递到另一个辅基，即一系列的铁硫复合物（FeS）。由于 FeS 所含铁不是血红素基团的一部分，所以铁硫蛋白也称为非血红素铁蛋白。目前已知有三种类型的 FeS 中心（图 5-3）。它们都借 Fe^{+2} 与 Fe^{+3} 的互变而传递电子。NADH-Q 还原酶中含有 Fe_2S_2 和 Fe_4S_4 两种复合体。

$$\begin{Bmatrix} NADH \\ NAD^+ \end{Bmatrix} \begin{pmatrix} FMN \\ FMNH_2 \end{pmatrix} \begin{pmatrix} 还原型\ FeS \\ 氧化型\ FeS \end{pmatrix} \begin{pmatrix} 氧化型\ Q \\ 还原型\ Q \end{pmatrix}$$
$$\underbrace{\hspace{6cm}}_{NADH\ Q\ 还原酶}$$

近年的研究表明 FeS 复合物在生物体系的许多氧化还原反应中都起着关键性作用。

FeS 复合物获得的电子再传递给辅酶 Q（缩写为 Q）。辅酶 Q 是呼吸链中唯一不与蛋白质结合的电子载体。辅酶 Q 是醌的衍生物，有一个长的类异戊二烯的尾。它也称为泛醌。

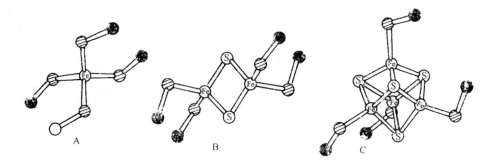

图 5-3 铁—硫复合物的分子模型
(A) FeS 中心，(B) Fe_2S_2 中心，(C) Fe_4S_4 中心

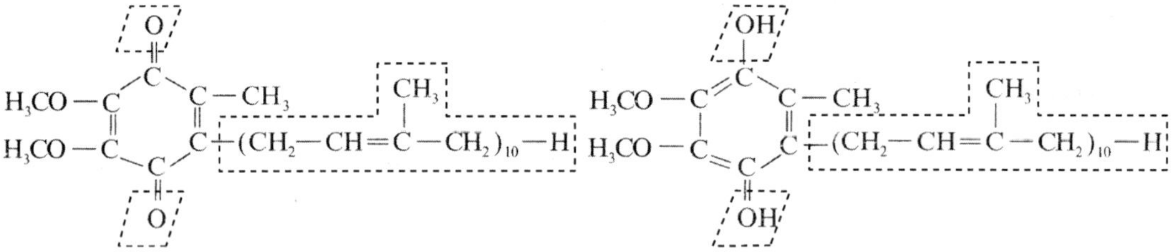

氧化型的辅酶 Q_{10}
（氧化型的 Q_{10}）

还原型的辅酶 Q_{10}
（还原型的 Q_{10}）

n 的数目因物种而异。哺乳动物 n 为 10，即有 10 个异戊二烯单位，其符号为 Q_{10}。由于含有长的脂肪族侧链，有利于在线粒体内膜扩散。Q 是很活跃的电子载体，它在电子传递链的黄素蛋白和细胞色素之间运动。接受电子后还原为 QH_2。

Q_{10} 作为电子接受体，不仅能从 NAD^+ 脱氢酶系，也能从琥珀酸脱氢酶的黄素化合物（FAD）接受电子。

辅酶 Q 获得的电子再传给 QH_2-细胞色素 C 还原酶复合体。复合体包括细胞色素 b 和 c_1，加上 FeS。细胞色素（Cytochrome，Cyt）是一类传递电子的蛋白质，它含有血红素辅基。细胞色素 b 中的血红素不与蛋白质共价结合。细胞色素 c 和 c_1 中血红素则通过硫醚键与蛋白质共价相连结。

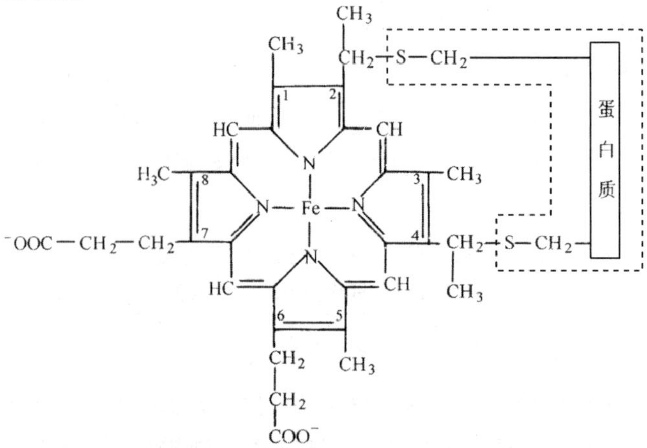

图 5-4 细胞色素 c 和 c_1 中血红素与两个半胱氨酸侧链以共价结合

在电子传递过程中细胞色素中的铁原子在还原的亚铁状态（Fe^{+2}）和氧化的高铁状态（Fe^{+3}）之间往复变动。

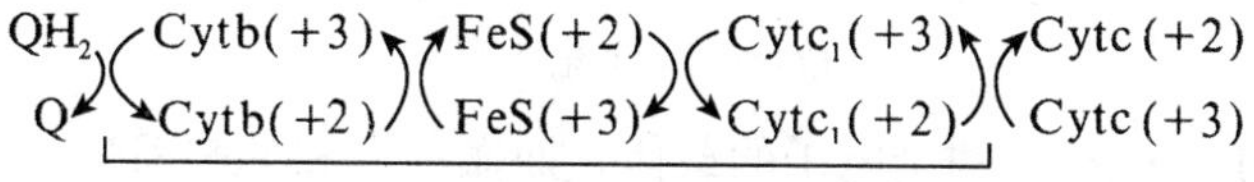

$$QH_2 \diagdown Cytb(+3) \diagdown FeS(+2) \diagdown Cytc_1(+3) \diagdown Cytc(+2)$$
$$Q \diagup Cytb(+2) \diagup FeS(+3) \diagup Cytc_1(+2) \diagup Cytc(+3)$$

QH_2－细胞色素 c 还原酶

电子从 QH_2-细胞色素 c 复合体，再传给细胞色素 c（Cytc）。Cytc 置于线粒体膜表面，是呼吸链中唯一溶于水，可被分离出来的独立蛋白质成分。其辅基为血红素与 c_1 相同。

还原型的 Cytc 将电子再传递给细胞色素 c 氧化酶复合体。这个复合体包括细胞色素 a、a_3 和 Cu。a 和 a_3 具有不同的铁卟啉辅基，称为血红素 a（图 5-5）。它与 c_1 和 c 的血红素不同之处在于一个甲酰基代替了一个甲基，一个碳氢链代替了乙烯基。见表 5-3。

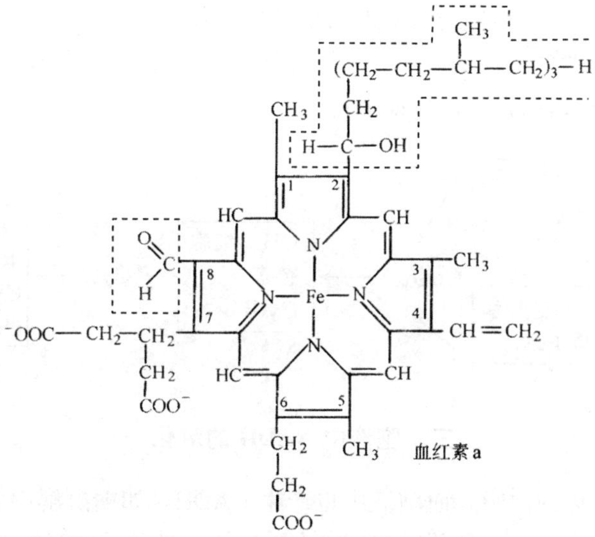

图 5-5 血红素 a

a 和 a_3 传递电子的方式与 c_1 和 c 相同。

表 5-3 细胞色素的辅基侧链基团

细胞色素	2 位	4 位	8 位
a、a_3	-C(H)(OH)-CH_2-(CH_2-CH=C(CH_3)-CH_2)_2-H	$-CH=CH_2$	-C(=O)H
b	$-CH=CH_2$	$-CH=CH_2$	$-CH_3$
c_1、c	$-CH_2-CH_2-S-$	$-CH_2-CH_2-S-$	$-CH_3$

细胞色素 a_3 含有铜。当它把电子从细胞色素 a_3 传递给分子态氧时，这个铜原子在 +2 的氧化型和 +1 的还型之间往复变化。

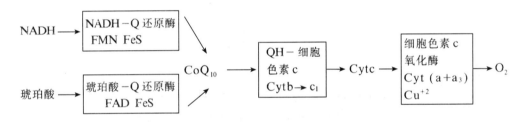

细胞色素 c 氧化酶

呼吸链中 NADH、Q 都是两个电子的载体,而血红素和 FeS 都是一个电子的载体,因此需两个细胞色素分子。而在 a_3 处水的形成需要 4 个电子,目前还不知道 4 个电子是怎样聚合到一起去还原分子态氧的

$$O_2 + 4H^+ + 4e \longrightarrow 2H_2O$$

(2) $FADH_2$ 呼吸链　$FADH_2$ 是在三羧循环中由琥珀酸氧化成延胡索酸时形成。琥珀酸脱氢酶的辅基是黄素腺嘌呤二核苷酸(FAD)。动物体内磷酸甘油脱氢酶和脂酰 CoA 脱氢酶的辅基也是 FAD。

琥珀酸脱氢酶是琥珀酸-Q 还原酶复合体的成分之一。复合体中另一成分是 FeS,也是整合在线粒体的内膜上。电子的传递是由 $FADH_2$ 传给铁硫中心,然后再传给辅酶 Q。由辅酶 Q 到 O_2 之间的电子传递与 NADH 呼吸链完全相同。

2. 呼吸链的排列顺序　根据以上各成份的分析,动物体内两条呼吸链中 4 个复合体,2 个独立成分,电子传递的排列次序如下:

```
NADH ──→ ┌NADH-Q 还原酶┐
         │  FMN  FeS    │╲
         └──────────────┘ ╲        ┌QH-细胞┐         ┌细胞色素 c┐
                           ─→ CoQ₁₀ ─→│ 色素 c │─→ Cytc ─→│ 氧化酶    │─→ O₂
         ┌琥珀酸-Q 还原酶┐╱         │ Cytb→c₁│         │Cyt (a+a₃)│
琥珀酸──→│  FAD  FeS    │          └────────┘         │ Cu⁺²     │
         └──────────────┘                             └──────────┘
```

三、胞液中 NADH 的氧化

呼吸链位于线粒体的内膜,而胞液中也产生 NADH,如糖酵解中 3-磷酸甘油醛脱氢酶和乳酸脱氢酶等均发生在胞液并以 NAD^+ 为受氢体,受氢后也产生 NADH。已知胞液中的 $NADH^+$ 不能通过正常线粒体内膜而进入线粒体,那么胞液中的 NADH 是怎样被氧化呢?

现在已知胞液中的 NADH 可将其所带之氢转给另外一物质,此物质可进入线粒体,在线粒体内将氢转给 NAD^+ 或 FAD,然后此物质再穿出线粒体被重新利用,这个过程称为穿梭作用。借此达到胞液中 NADH 被氧化的目的。目前已发现两种穿梭作用:

(一) 苹果酸穿梭作用　这类穿梭主要在肝脏和心肌等组织。胞液中的 NADH 在苹果酸脱氢酶的催化下使草酰乙酸还原成苹果酸,NADH 变为 NAD^+。苹果酸可进入线粒体,并受线粒体内苹果酸脱氢酶的作用使线粒体中的 NAD^+ 还原成 NADH,然后进入呼吸链。生成的草酰乙酸不能逸出线粒体进入胞液,只能在谷-草转氨酶(GOT)的作用下,生成天冬氨酸才能逸出线粒体。天冬氨酸进入胞液后再经 GOT 的作用,转变成草酰乙酸,再继续穿梭(图 5-6)。穿梭的总结果是使一分子胞液中的 NADH 变为 NAD^+ 的同时,线粒体内也是一分子 NAD^+ 变成 NADH,达到氧化胞液中 NADH 的目的。

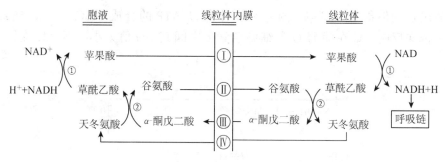

图 5-6 苹果酸-草酰乙酸穿梭作用

（二）磷酸甘油穿梭作用 在某些肌肉组织和大脑里，胞液中 NADH 是由 α-磷酸甘油脱氢酶催化还原磷酸二羟丙酮为 α-磷酸甘油。后者可扩散到线粒体内。线粒体内则有另一种 α-磷酸甘油脱氢酶，它催化进入的 α-磷酸甘油脱氢，使 FAD 还原为 $FADH_2$。这样使胞液的 NADH 间接地把线粒体内的 FAD 还原为 $FADH_2$，后者再通过呼吸链氧化产生 ATP（图 5-7）。这种穿梭的代价是每转运 2 个电子损失 1 分子 ATP。

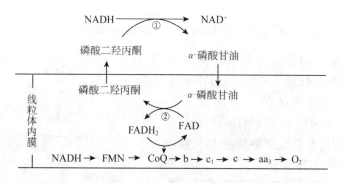

图 5-7 α-磷酸甘油穿梭作用

四、氧化磷酸化作用

NADH 和 $FADH_2$ 带着转移潜势很高的电子，在呼吸链传递给氧的过程中，同时逐步释放出自由能，使 ADP+Pi ⟶ ATP，这个过程称为氧化磷酸化作用（oxidative phosphorylation）。已经证明，过程中电子的氧化作用和 ATP 生成的磷化作用是偶联发生的。氧化磷酸化是需氧生物中 ATP 的主要来源。据计算，电子由 NADH 传递至氧所释放的自由能为 -220.23 kJ/mol。其中相当大的一部分用于使 ADP+Pi ⟶ ATP。如 NADH 氧化链的总反应：

$NADH + H^+ + 1/2 O_2 + 3Pi + 3ADP \longrightarrow NAD^+ + 3ATP + 4H_2O$

通常用 P∶O 比值来作为氧化磷酸化的指标。P∶O 比值的定义是每消耗一原子氧时，有多少摩尔原子的无机磷被酯化为有机磷，即产生多少摩尔的 ATP。从反应式中可见 NADH 氧化的 P/O=3，即产生 3 分子 ATP。

根据热力学测定（图 5-8），从 NADH 到低能量的 NADH-Q 还原酶的 FeS 中心时，电子传递产生自由能（ΔG）为 -50.24 kJ/mol；电子从细胞色素 b→C_1，ΔG 为 -41.87 kJ/mol；在细胞色素 C 氧化酶复合体中从细胞色素 a 到 O_2，ΔG 为 -100.48 kJ/mol。这些氧化还原反应都放出足的够能量，可以在标准状况下推动 ATP 的合成（$\Delta G = -30.56$ kJ/mol）。其它电子传递反应，即在辅酶 Q 和细胞色素 c 之间其 ΔG 值太小，不足以支持 ATP 的生成。

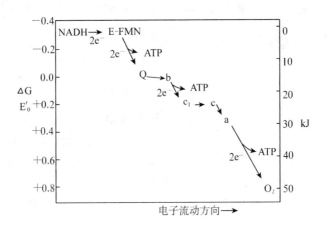

图 5-8　呼吸链中电子传递时自由能的下降

根据以上能量的测定及抑制阻断实验都证明，当电子从 NADH 或 $FADH_2$ 经过呼吸链而传递到氧时，在呼吸链的三个部位产生 ATP。部位 I 是 NADH-Q 还原酶复合体；部位 II 是 QH_2-细胞色素 C 还原酶复合体；部位 III 是细胞色素 C 氧化酶复合体。每一部位产生 1 分子 ATP，所以 NADH 呼吸链产生 3 分子 ATP，而 $FADH_2$ 只在部位 II III 产生 2 个 ATP。

抑制剂鱼滕酮等可以抑制 NADH 电子传递给辅酶 Q，因此部位 I 不生成 ATP，但不抑制 $FADH_2$ 的电子传递，因此 $FADH_2$ 呼吸链仍或获得 ATP。抗霉素 A 抑制细胞 b 电子传给 C_1，因此部位 II 形成不了 ATP。氰化物（CN）、叠氮（N_3）化物和一氧化碳抑制细胞色素氧化酶电子传递给氧，所以部位 III 不产生 ATP。

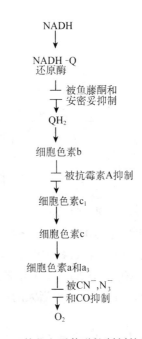

图 5-9　某些电子传递抑制剂的作用部位

五、化学渗透假说

前面我们讲到 NADH 氧化和 ADP 磷酸化为 ATP 是偶联发生的，但是怎样偶联起来呢？为此曾提出了不少假说，1961 年英国米切尔（Peter Mitchell）提出的化学渗透假说受到更多人的重视。此假说认为，电子沿呼吸链传递时（电子传递链存在线粒体内膜之中），

把 H^+ 由线粒体的间基（基质）穿过内膜泵到线粒体内膜和外膜之间的膜间腔中，因而使膜间腔中的 H^+ 浓度高于间基中的 H^+ 浓度，于是产生了——膜电势，线粒体的内膜外侧为正，内侧为负，就是说，质子（H^+）跨越线粒体内膜运动时，已经形成贮藏能量的质子梯度。于是此膜电势梯度推动 H^+ 由膜间又穿过内膜上的 ATP 酶复合体返回到间质（基质）中。此时发生 ATP 酶催化 ADP 磷酸化为 ATP 的反应。

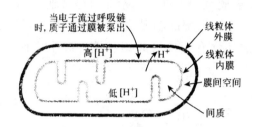

图 5-10　电子通过呼吸链的传递产生了跨越线粒体内膜的质子梯度和膜电位

1966 年拉克尔（E. Racker）在线粒体内膜间质一侧发现了球状的突起物，它们就是 ATP 酶复合体（图 5-11）。这个复合体有 F_1 和 F_0 两部分。F_1 单位的质量为 360，含有 5 条多肽链生理作用是催化 ATP 合成；F_0 是由 4 条多肽链构成的疏水片段，它镶嵌在线粒体内膜中，形成 ATP 酶复合体的质子通道。质子（H^+）就通过 F_0 通道从膜间腔返回到间质，并在 F_1 处合成 ATP。

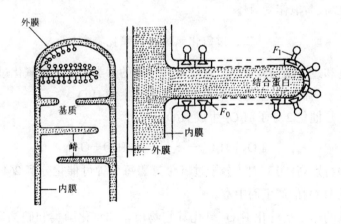

图 5-11　ATP 酶复合体（线粒体结构模式图）

化学渗透假说虽然占有许多有力的证据而为大家接受，但仍有许多重要的问题迄今未解决。其中主要是两个，一是关于在电子传递过程中以何种方式把 H^+ 由间基（基质）泵到膜内腔中去？一个是返回的质子流在 ATP 复合体 F_1 处是怎样与 ATP 的合成反应偶联的呢？对以上问题 Mitchell 及其他学者也提出了不少假设，但都还有待进一步的研究和认识。

第四节 其他生物氧化体系

一、需氧脱氢酶

前面讲述的呼吸链中的脱氢酶（以 NAD^+ 或 FAD 为辅酶）都属于不需氧脱氢酶，即可以在无氧状态下脱氢，然后氢经传递体，再传给氧。

生物体内还有一类需氧脱氢酶，即在有氧条件下才脱氢。脱下的氢立即交给分子氧，使其激活生成 H_2O_2。这一类酶的辅基也是黄素单核苷酸（FMN）或黄素腺嘌呤二核苷酸（FAD）。有些酶还含有金属（如钼和铁）离子，辅基起着传递 H_2 的作用。反应如下：

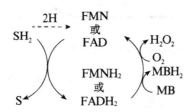

需氧脱氢酶的作用方式

属于此类的酶有黄嘌呤氧化酶、D-氨基酸氧化酶，L-氨基酸氧化酶、醛氧化酶等。需氧脱氢酶不被氰化物（CN）、一氧化碳所抑制。在无氧条件下，某些色素（如甲烯兰，MB）也可以代替氧作受氢体。

二、过氧化氢酶和过氧化物酶

过氧化氢酶和过氧化物酶都是以铁卟啉为辅基的酶类。在生物氧化过程中，它们并不参与传递氢和电子的作用，主要分解生物氧化中产生的 H_2O_2。

过氧化氢酶是催化 2 分子 H_2O_2 生成 H_2O 和 O_2：

$$H_2O_2 + H_2O_2 \xrightarrow{\text{过氧化氢酶}} 2H_2O + O_2 \uparrow$$

其催化效率特别高，0℃时 1 分子过氧化氢酶每分钟可催化分解 264 万个 H_2O_2 分子，因此动物不会因 H_2O_2 的产生而中毒。

过氧化物酶的作用是催化 H_2O_2 氧化其它物质，如氧化酚类和胺类等。同时生成水，其反应如下：

$$H_2O_2 + A（底物） \xrightarrow{\text{过氧化物酶}} H_2O + AO$$

$$H_2O_2 + AH_2 \xrightarrow{\text{过氧化物酶}} A + 2H_2O$$

动物体内的需氧脱氢酶、过氧化氢酶、过氧化物酶都主要在细胞的过氧化物酶体中。因为 H_2O_2 主要在这里生成，同时也在这里被分解。此外血液和乳中也含有以上三种酶类。

三、加 氧 酶

加氧酶包括加单氧酶和加氧酶。

1. **加单氧酶**　它能使多种脂溶性物质，诸如药物、毒物、类固醇等化合物氧化。它所催化的反应，都是在底物分子中加一个氧原子，因此称为加单氧酶。它氧化胆固醇类激素是通过NADPH、细胞色素P_{450}及氧而进行的，这个反应需要Mg^{++}，反应过程如下：

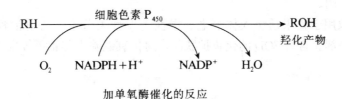

加单氧酶催化的反应

许多药物在体内经过氧化、还原、结合等各种方式，形成极性比药物本身更大的代谢物排出体外的过程中，加单氧酶起着重要的作用。

单加氧酶也称为羟化酶或混合功能酶，是由于所加氧起了混合的功能。一个氧原子还原为水，另一个氧原子进入底物分子。反应中除需要NADPH和细胞色素P_{450}外，还要FAD为辅基，其反应机制很复杂。

单加氧酶分布在细胞的内质网膜上。

2. **加氧酶（又名转氧酶）**　它们催化两个氧原子分别加到底物内构成双键的两个碳原子上

$$R + O_2 \longrightarrow RO_2$$

例如，β-胡萝卜素双氧酶催化β-胡萝卜素变成视黄醛的反应如下：

$$\text{C}_{10}\text{H}_{12}-\text{CH}=\text{CH}-\text{C}_{10}\text{H}_{12} \xrightarrow{\text{加双氧酶}} 2\ \text{C}_{10}\text{H}_{12}-\text{CHO}$$

又如色氨酸也是经加氧酶的作用，逐步生成尼克酸。

总之，真核生物除线粒体外，细胞的内质网膜（打碎后称微粒体）和过氧化物酶体中也进行生物氧化。但它们主要与杀灭细胞及消除代谢物或药物毒性的生化转变有关。其共同特点是在氧化过程中没有呼吸链不伴有偶联磷酸化，不生成ATP。

四、超氧化物歧化酶

超氧化物歧化酶，简称SOD（superoxide dismutase）是一类广泛存在于动、植物及微生物中的含金属酶类。真核细胞浆内的SOD含Cu、Zn。分子量32 000，由两个亚基组成，每个亚基含1个铜和1个锌。线粒体内的SOD含锰，由4个亚基组成。细胞中还有一类含铁的SOD呈黄色。牛肝中发现另一类SOD含有钴和锌。它们共同的功能是催化超氧离子（O_2^-）自由基的歧化反应：

$$O_2^- + O_2^- + H^+ \xrightarrow{\text{SOD}} H_2O_2 + O_2$$

体内常见的自由基除超氧离子自由基 O_2^- 外，还有羟基自由基（HO^-），氢过氧自由基（HO_2^-）等。它们是机体正常或异常生化反应的产物。自由基在体内非常活泼，参与一系列的反应，生成新的自由基。对机体产生严重毒害。主要是生成脂质过氧化物，它能交联蛋白质、脂类、核酸及糖类，使生物膜变性。致使组织破坏和老化。正常生理状态时，自由基不断产生，也不断被清除。老年时清除能力减弱，脂类过氧化物堆积，导致衰老。SOD 的歧化反应，使自由基生成 H_2O_2 和 O_2，被清除，从而阻止自由基的链锁反应，对机体起到保护作用。

SOD 已被提取用于临床延缓人体衰老、慢性多发性关节炎、放射治疗后的炎症等，是很好的治疗酶制剂。含有 SOD 的化妆护肤品，对抗衰老除面部雀斑等也有显著作用。

第六章 脂类代谢

脂类是脂肪和类脂的总称。脂肪由甘油的三个羟基与三个脂肪酸缩合而成，也称甘油三酯（triglyceride，TG）。类脂则包括磷脂（phospholipid）、糖脂、固醇及其酯和脂肪酸。这些物质广泛存在于动物体内。

根据脂类在畜禽体内的分布，又可将其分为贮脂和组织脂。贮脂主要为中性脂肪，分布在动物皮下结缔组织、大网膜、肠系膜、肾脏周围等组织中。这些贮存脂肪的组织叫做脂库。贮脂的含量随机体营养状况变动。而组织脂的成分主要由类脂组成，分布于动物体内所有的细胞中，是构成细胞的膜系统（质膜与细胞器膜）的成分，其含量一般不受营养等条件的影响，因此相当稳定。

第一节 脂类的生理功能

糖和脂肪都是能源物质，每克脂肪彻底氧化分解可以释放出 38 kJ 的能量，而氧化一克葡萄糖只释放出 17 kJ 的能量。同样重量的脂肪所能产生的能量是糖的 2 倍多。而且脂肪是疏水的，贮存脂肪并不伴有水的贮存，1 g 脂肪只占 1.2 ml 的体积，而糖是亲水的，贮存糖同时也贮存了水，贮存 1 g 糖原所占体积是贮存 1 g 脂肪的约 4 倍，即贮存脂肪的效率约为贮存糖原的 9 倍多。因此，脂肪是动物机体用以贮存能量的主要形式。当动物摄入的能源物质，包括糖和脂肪，超过了其所需要的消耗量时，就可以以脂肪的形式贮存起来。而当摄入的能源物质不能满足生理活动需要时，则动用体内贮存的脂肪氧化供能。由于这个原因，动物贮脂的数量会随营养状况的改变而增减。脂肪的另一个作用是为机体提供物理保护。例如，皮下脂肪有助于保持体温，在畜牧生产中，家畜要保膘过冬就是这个道理。此外，内脏周围的脂肪组织有固定内脏器官和缓冲外部冲击的作用。

类脂对于动物同样十分重要。磷脂、糖脂和胆固醇是构成组织细胞的膜系统的主要成分。类脂分子特殊的理化性质使它们可以形成双分子层的膜结构，成为半透性的屏障，同时为各种功能蛋白发挥作用提供了舞台。在本书第十章生物膜的结构与功能中将对此作进一步的叙述。类脂还能转变为多种生理活性分子。性激素、肾上腺皮质激素、维生素 D_3 和促进脂类消化吸收的胆汁酸，可以由胆固醇衍生而来。磷脂的代谢中间物，如甘油二酯、肌醇磷酸作为信号分子参与细胞代谢的调节过程。由此可见，脂类具有多方面的功能，是动物体内不可缺乏的物质。动物可以从糖和氨基酸合成绝大部分的脂类分子。因此，一般来说，饲料中缺乏脂类，在短期内不至于对动物健康造成损害。然而时间长了，就会发生营养缺乏症，甚至引起疾病。现在知道，由于动物机体缺乏 Δ^9 以上的脱饱和酶，不能合成对其生理活动十分重要的多不饱和脂肪酸，如亚油酸（18：2, $\Delta^{9,12}$）、亚麻油酸（18：3, $\Delta^{9,12,15}$）和花生四烯酸（20：4, $\Delta^{5,8,11,14}$），它们而必须从食物中获得（因为植物和微生物可以合成）。这类不饱和脂肪酸称为必需脂肪酸（essential fatty acid）。必需脂肪酸是组成细胞膜磷脂、胆固醇酯和血浆脂蛋白的重要成分。近年来发现，前列腺素、血栓素和白三烯等生物活性物质是由甘碳多烯酸，如花生四烯酸衍生而来的。这些物质几乎参与了所有的细胞代谢调节活动，与炎症、过敏反应、免疫、心血管疾病等病理过程有关。反刍动物，如牛、羊瘤胃中的微生物能合成这些必需脂肪酸，因此无须由饲料专门供给。

第二节　脂肪的分解代谢

一、脂肪的动员

脂肪是动物体内的重要贮能物质。当机体需要时，贮存在脂肪细胞中的脂肪，被脂肪酶逐步水解为游离脂肪酸（free fatty acid，FFA）和甘油并释放入血液，被其他组织氧化利用，这一过程称为脂肪的动员作用（adipokinetic action）。

$$R_2-\overset{O}{\underset{\|}{C}}-\overset{CH_2-O-\overset{O}{\underset{\|}{C}}-R_1}{\underset{CH_2-O-\overset{O}{\underset{\|}{C}}-R_3}{\mid}} + 3H_2O \xrightarrow{\text{激素敏感脂肪酶}} HO-\overset{CH_2OH}{\underset{CH_2OH}{\underset{\mid}{CH}}} + 3R-\overset{O}{\underset{\|}{C}}-OH$$

在脂肪动员中，激素敏感脂肪酶起了决定性的作用，它是脂肪分解的限速酶。其活性受到多种激素的调控。在禁食、饥饿或交感神经兴奋时，肾上腺素、去甲肾上腺素、胰高血糖素等分泌增加并使它激活，促进脂肪动员。相反，胰岛素等则使其活性抑制，具有对抗脂肪动员的作用。

二、甘油的代谢

脂肪动员的结果使贮存在脂肪细胞中的甘油三脂分解成游离脂肪酸和甘油，然后释放进入血液。脂肪组织中缺乏甘油激酶活性，不能使甘油分解，因此溶于水的甘油直接经血液运送至肝、肾、肠等组织，主要在肝中甘油激酶的催化下，转变为 α-磷酸甘油，然后脱氢生成磷酸二羟丙酮，后者循糖的分解途径进一步代谢或者进入糖的异生途径转变为葡萄糖或糖原。甘油的代谢途径如图 6-1 所示，从图中可见它与糖代谢关系十分密切。

三、脂肪酸的分解代谢

（一）脂肪酸的 β-氧化

1. Knoop 实验　脂肪酸的氧化分解可以在动物体内各种组织细胞中进行，这是细胞

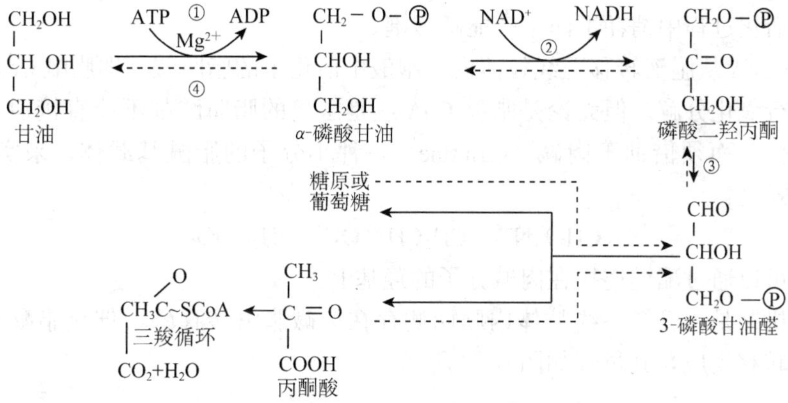

$$\begin{array}{c}CH_2OH\\|\\CHOH\\|\\CH_2OH\end{array}\xrightleftharpoons[④]{\underset{Mg^{2+}}{ATP\;①\;ADP}}\begin{array}{c}CH_2-O-\text{Ⓟ}\\|\\CHOH\\|\\CH_2OH\end{array}\xrightarrow{NAD^+\;②\;NADH}\begin{array}{c}CH_2O-\text{Ⓟ}\\|\\C=O\\|\\CH_2OH\end{array}$$

甘油　　　　　　　　　　α-磷酸甘油　　　　　　　　　　磷酸二羟丙酮

图 6-1　甘油的代谢
①甘油激酶　②磷酸甘油脱氢酶　③磷酸丙糖异构酶　④磷酸酶
上述反应过程中，实线为甘油的分解，虚线为甘油的合成

获得能量供应的重要来源之一。组织细胞既可以从血液中摄取脂肪酸，也可通过自身水解脂肪而得到。为了弄清脂肪酸在细胞中的分解过程，Knoop（1904年）利用在体内不易降解的苯基作为标记物连接在脂肪酸的甲基末端，然后喂狗或兔。结果发现，如喂苯环标记的偶数碳原子脂肪酸，动物尿中的代谢物为苯乙酸，如喂苯环标记的奇数碳原子脂肪酸，则尿中发现的代谢物是苯甲酸。

偶数碳原子：苯基—CH_2—$(CH_2)_{2n}$—$\overset{O}{\overset{\|}{C}}$—OH ⟶ 苯基—$CH_2$—$\overset{O}{\overset{\|}{C}}$—OH（苯乙酸）

奇数碳原子：苯基—CH_2—$(CH_2)_{2n+1}$—$\overset{O}{\overset{\|}{C}}$—OH ⟶ 苯基—$\overset{O}{\overset{\|}{C}}$—OH（苯甲酸）

R·CH_2 | CH_2·$\overset{\beta}{C}H_2$ | $\overset{\alpha}{C}H_2$·COOH $\xrightarrow{\beta\text{-氧化}}$ CH_3—$\overset{O}{\overset{\|}{C}}$—SCoA + R—$CH_2$·$CH_2$·COOH

据此，他提出脂肪酸在体内的氧化分解是从羧基端 β-碳原子开始的，碳链逐次断裂，每次产生一个二碳单位，即乙酰 CoA。这就是"β-氧化学说"。这是同位素示踪技术还未建立前最具有创造性的实验之一。后来的同位素示踪技术证明了其正确性。下面是饱和长链脂肪酸的 β-氧化过程。

2. β-氧化的过程

① 脂肪酸的活化　脂肪酸在氧化分解之前，首先须在胞液中活化为脂酰 CoA，这个反应过程由脂酰 CoA 合成酶（相当于硫激酶）催化，需要利用 ATP 和 CoA 的参与。其反应如下：

脂肪酸 + HS—CoA $\xrightarrow[\text{ATP}\;\;Mg^{2+}\;\;\text{AMP}]{\text{脂酰 CoA 合成酶}}$ 脂酰～SCoA + PPi

在体内焦磷酸（PPi）很快被焦磷酸酶水解成无机磷酸，以保证反应的进行。可见，在脂肪酸的活化过程中消耗了两个高能磷酸键。

② 脂酰 CoA 从胞液转移至线粒体内　胞液中活化了的脂肪酸（即脂酰 CoA），须进入线粒体内进行氧化分解。但无论是脂酰 CoA 或是游离的脂肪酸都不能直接通过线粒体内膜进入线粒体，而须借助于肉碱（carnitine）一种小分子的脂酰基载体，来实现其转移。肉碱的分子式是：

$$(CH_3)_3N^+—CH_2CH(OH)CH_2COO^-$$

脂酰基可以通过酯键连接在肉碱分子的羟基上。

其转运机制是：已知在线粒体内膜两侧存在肉碱脂酰转移酶，催化脂酰基在肉碱和 CoA 之间的转移反应，其过程如图 6-2 所示。

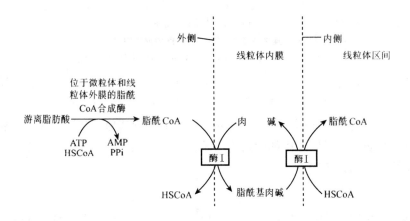

图 6-2　在肉碱参与下脂肪酸转入线粒体的简要过程
酶 I 位于外侧的肉碱脂酰转移酶　酶 II 位于内侧的肉碱脂酰转移酶

肉碱脂酰转移酶有 I、II 两种抗原性不同的同工酶，分别存在于线粒体内膜的外侧面与内侧面。位于线粒体内膜外侧面的酶 I 促进脂酰基转化为脂酰肉碱，后者通过线粒体内膜上的脂酰肉碱载体转运进入膜内侧，再在酶 II 的作用下转变为脂酰 CoA 并释出肉碱。

脂酰 CoA 转入线粒体是脂肪酸 β-氧化的主要限速步骤，肉碱脂酰转移酶 I 是其限速酶。当脂肪动员作用加强时，机体需要脂肪酸供能，此时肉碱脂酰转移酶 I 的活性增加，脂肪酸的氧化增强，而脂肪合成时，丙二酸单酰 CoA 的增加则抑制这个酶的活性。

③ 脱氢　转入线粒体的脂酰 CoA 在脂酰 CoA 脱氢酶的催化下，在其 α，β 碳原子上各脱下一个氢原子，生成 Δ^2-反烯脂酰 CoA。脱下的一对氢原子由该酶的辅基 FAD 接受生成 $FADH_2$。

$$\text{脂酰}\sim SCoA \xrightarrow[\text{脂酰 CoA 脱氢酶}]{FAD \quad FADH_2} R-\underset{\beta}{CH}=\underset{\alpha}{CH}-\overset{O}{\underset{\|}{C}}-SCoA$$

$$\Delta^2\text{-反烯脂酰 CoA}$$

④ 加水　上述 Δ^2-反烯脂酰 CoA 经 Δ^2-烯脂酰 CoA 水合酶催化，消耗 1 分子水，生成 β-羟脂酰 CoA，其构型为 L(+) 型。

$$R-CH=CH-\underset{\alpha}{\overset{O}{\underset{\|}{C}}}\sim SCoA + H_2O \xrightarrow{\text{水合酶}} R-\underset{\beta}{\overset{OH}{\underset{|}{CH}}}-CH_2-\overset{O}{\underset{\|}{C}}\sim SCoA$$

β-羟脂酰 CoA

⑤ 脱氢　L(+) 的 β-羟脂酰 CoA 再经 L(+)β-羟脂酰 CoA 脱氢酶催化下脱氢，生成 β-酮脂酰 CoA，此酶的辅酶是 NAD^+，接受脱下的 2 个氢原子成为 NADH。

$$R-\underset{\beta}{\overset{OH}{\underset{|}{CH}}}-\underset{\alpha}{CH_2}-\overset{O}{\underset{\|}{C}}\sim SCoA \xrightarrow[\beta\text{-羟脂酰 CoA 脱氢酶}]{NAD^+ \quad NADH} R-\underset{\beta}{\overset{O}{\underset{\|}{C}}}-CH_2-\overset{O}{\underset{\|}{C}}\sim SCoA$$

β-酮脂酰 CoA

⑥ 硫解　β-酮脂酰 CoA 经 β-酮脂酰 CoA 硫解酶催化，生成比原来少 2 个碳原子的脂酰 CoA 和 1 分子乙酰 CoA。此反应需有 CoA 参加。

$$R-\underset{\beta}{\overset{O}{\underset{\|}{C}}}-\underset{\alpha}{CH_2}-\overset{O}{\underset{\|}{C}}\sim SCoA + HSCoA \xrightarrow{\text{硫解酶}} R-\overset{O}{\underset{\|}{C}}\sim SCoA + CH_3-\overset{O}{\underset{\|}{C}}\sim SCoA$$

脂酰 CoA 经过脱氢、加水、脱氢、硫解四步反应，生成比原来少 2 个碳原子的脂酰 CoA 和 1 分子的乙酰 CoA 的过程，称为一次 β-氧化过程。很明显，在这个过程中，原来脂酰基中的 β 位碳原子被氧化成了羰基。以上生成的比原来少了 2 个碳原子的脂酰 CoA，可再重复脱氢，加水，再脱氢和硫解反应。如此反复进行。对一个偶数碳原子的饱和脂肪酸而言，经过 β-氧化，最终全部分解为乙酰 CoA，进入三羧酸循环进一步氧化分解。

脂肪酸 β-氧化途径见图 6-3。

由上述可见脂肪酸彻底分解的过程是先经 β-氧化作用生成若干个乙酰 CoA，生成的乙酰 CoA 再由三羧酸循环氧化生成 CO_2 和 H_2O。现以 1 分子棕榈酸为例来计算经过 β-氧化完全分解可产生多少分子 ATP。由于每进行一次 β-氧化可生成乙酰 CoA、$FADH_2$ 和 NADH 各 1 分子。棕榈酸是十六碳的饱和脂肪酸，共需经过 7 次 β-氧化过程，其总反应如下：

棕榈酰～SCoA + 7HSCoA + 7FAD + 7NAD^+ + 7H_2O
$\longrightarrow$ 8 乙酰 CoA + 7$FADH_2$ + 7NADH

每分子 NADH 经呼吸链氧化后可产生 3 分子 ATP，而每分子 $FADH_2$ 则产生 2 分子 ATP。故 7 分子 NADH 产生 21 分子 ATP，7 分子 $FADH_2$ 产生 14 分子 ATP。已知每分子乙酰 CoA 经三羧酸循环氧化成 CO_2 和 H_2O 时可产生 12 分子 ATP，故 8 分子乙酰 CoA 可产生 96 分子 ATP。以上总共产生 21+14+96=131 分子 ATP。但在脂肪酸活化时要消耗两个高能键，相当于在呼吸链中产生 2 分子 ATP 所需的能量，因此，彻底氧化 1 分子棕榈酸净

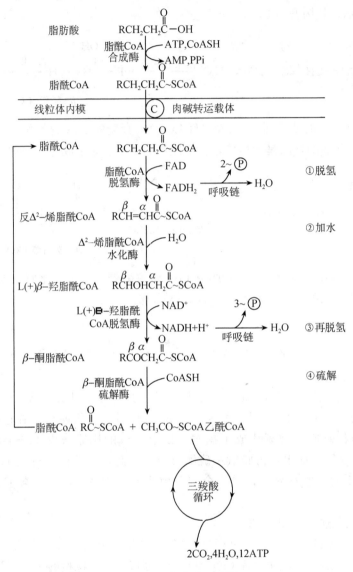

图 6-3 脂肪酸 β-氧化

生成 129 分子 ATP。

(二) 酮体的生成与利用 在正常情况下,脂肪酸在心肌,肾脏,骨骼肌等组织中能彻底氧化生成 CO_2 和 H_2O。但在肝细胞中的氧化则不很完全,经常出现一些脂肪酸氧化的中间产物,即乙酰乙酸、β-羟丁酸和丙酮,统称为酮体 (ketone body)。肝生成的酮体要运到肝外组织中去利用,所以在正常的血液中也含有少量的酮体。

1. 酮体的生成　酮体主要是在肝细胞线粒体中由乙酰 CoA 缩合而成,并以 β-羟-β-甲基戊二酸单酰 CoA (HMGCoA) 为重要的中间产物。酮体生成的全套酶系位于肝细胞线粒体的内膜或基质中,其中 HMGCoA 合成酶是此途径的限速酶。除肝脏外,肾脏也能生成少量酮体。

酮体合成过程如图6-4所示。二分子乙酰CoA在硫解酶的催化下，缩合成乙酰乙酰CoA，后者再与一分子乙酰CoA在β-羟-β-甲基戊二酸单酰CoA合成酶的催化下缩合成β-羟-β-甲基戊二酸单酰CoA，然后在β-羟-β-甲基戊二酸单酰CoA裂解酶的催化下裂解生成乙酰乙酸；乙酰乙酸在肝线粒体β-羟丁酸脱氢酶催化下又可还原生成β-羟丁酸；丙酮则由乙酰乙酸脱羧而生成。

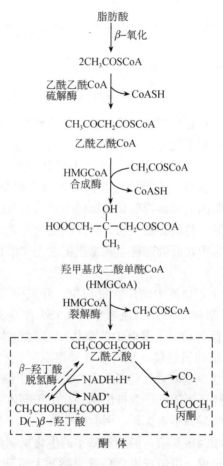

图6-4 酮体的生成

2. **酮体的利用** 当酮体随着血液流到肝外组织（包括心肌、骨骼肌及大脑等）时，这些组织中有活性很强的利用酮体的酶，能够氧化酮体供能。其中的β-羟丁酸由β-羟丁酸脱氢酶（其辅酶为NAD^+）催化，生成乙酰乙酸。乙酰乙酸再在乙酰乙酸-琥珀酰CoA转移酶的作用下生成乙酰乙酰CoA。乙酰乙酰CoA在硫解酶的作用下生成2分子乙酰CoA，然后进入三羧酸循环彻底氧化成二氧化碳和水，并释放出能量（图6-5）。由于肝中没有乙酰乙酸-琥珀酰CoA转移酶，所以肝只能产生酮体供组织利用，而自身不能利用酮体。肝外组织则相反，在脂肪酸氧化过程中不产生酮体，却能氧化由肝脏生成的酮体。少量丙酮可以转变为丙酮酸或乳酸后再进一步代谢。

3. **酮体的生理意义** 酮体是脂肪酸在肝脏中氧化分解时产生的正常中间代谢物，是

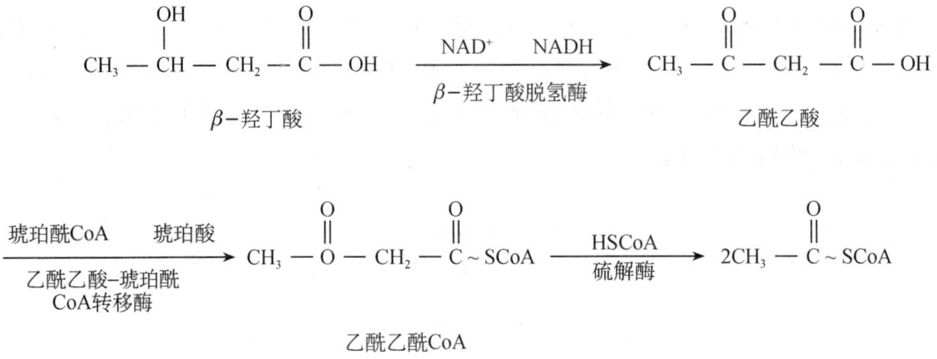

$$\text{CH}_3-\underset{\text{OH}}{\text{CH}}-\text{CH}_2-\underset{\text{O}}{\text{C}}-\text{OH} \xrightarrow[\beta\text{-羟丁酸脱氢酶}]{\text{NAD}^+ \quad \text{NADH}} \text{CH}_3-\underset{\text{O}}{\text{C}}-\text{CH}_2-\underset{\text{O}}{\text{C}}-\text{OH}$$

$$\beta\text{-羟丁酸} \qquad\qquad\qquad\qquad\qquad\qquad\qquad\qquad 乙酰乙酸$$

$$\xrightarrow[\text{乙酰乙酸-琥珀酰CoA转移酶}]{\text{琥珀酰CoA} \quad \text{琥珀酸}} \text{CH}_3-\text{O}-\text{CH}_2-\underset{\text{O}}{\text{C}}\sim\text{SCoA} \xrightarrow[\text{硫解酶}]{\text{HSCoA}} 2\text{CH}_3-\underset{\text{O}}{\text{C}}\sim\text{SCoA}$$

$$乙酰乙酰\text{CoA}$$

图 6-5 酮体的分解

肝脏输出能源的一种形式。首先是当动物机体缺少葡萄糖时，须动员脂肪供应能量，但肌肉组织对脂肪酸只有有限的利用能力，于是可以优先利用酮体以节约葡萄糖，从而满足如大脑等组织对葡萄糖的需要。其次是大脑，虽也不能利用脂肪酸，但能利用显著量的酮体。特别在饥饿时，人的大脑可利用酮体代替其所需葡萄糖量的约 25% 左右。酮体是小分子，且溶于水，能通过肌肉毛细血管壁和血脑屏障，因此可以成为适合于肌肉和脑组织利用的能源物质。由此可见，与脂肪酸相比，酮体能更为有效地代替葡萄糖。机体的这种安排只是把脂肪酸的氧化集中在肝脏进行，在那里把它先"消化"成为酮体，再输出，以利于其他组织利用。

4. 酮病　在正常情况下，血液中酮体含量很少。肝脏中产生酮体的速度和肝外组织分解酮体的速度处于动态平衡中。人的血浆中，100 ml 含 0.3~5 mg，其中乙酰乙酸占 30%，β-羟丁酸占 70%，反刍动物正常血中的酮体也在这个水平。但在有些情况下，肝中产生的酮体多于肝外组织的消耗量，超过了肝外组织所能利用的限度，因而在体内积存，引起酮病（ketosis）。患酮病时，反刍动物每 100 ml 血中酮体常超过 20 mg。此时，不仅血中酮体含量升高，酮体还可随乳、尿排出体外。由于酮体主要成分是酸性的物质，其大量积存的结果常导致动物酸碱平衡失调，引起酸中毒。

引起动物发生酮病的原因很复杂，但是其基本的生化机制可归结为糖与脂类代谢的紊乱所致。例如，持续的低血糖（饥饿或废食）导致脂肪大量动员，脂肪酸在肝中经过 β-氧化产生的乙酰 CoA 缩合形成过量的酮体，超过了机体所能利用酮体的能力，于是血中酮体增加。这种情况可以在高产乳牛在开始泌乳后，以及绵羊（尤其是双胎绵羊）在妊娠后期见到，由于泌乳和胎儿的需要，其体内葡萄糖的消耗量很大，无疑也容易造成缺糖，引起酮病。但是有时血糖水平可以很高（如人类的糖尿病），但由于葡萄糖的氧化分解受阻，脂肪仍然被大量动员，血液中脂肪酸和酮体浓度升高，也表现出明显的酮症。

（三）**丙酸的代谢**　在动物体内的脂肪酸，虽然绝大多数都是含有偶数碳原子的，但含有奇数碳原子的脂肪酸的代谢也很重要。例如纤维素在反刍动物瘤胃中发酵产生挥发性低级脂肪酸，主要是乙酸（70%），其次是丙酸（20%）和丁酸（10%）。其中丙酸是奇数碳原子的脂肪酸。此外，许多氨基酸脱氨后也生成奇数碳原子脂肪酸。长链奇数碳原子的脂肪酸在开始分解时也和偶数碳原子脂肪酸一样，每经过一次 β-氧化切下来 2 个碳原子。

但当分解进行到只剩下末端3个碳原子，即丙酰 CoA 时，就不再进行 β-氧化，而是被羧化生成甲基丙二酸单酰 CoA，继续进行代谢。丙酸的代谢过程如图6-6所示：

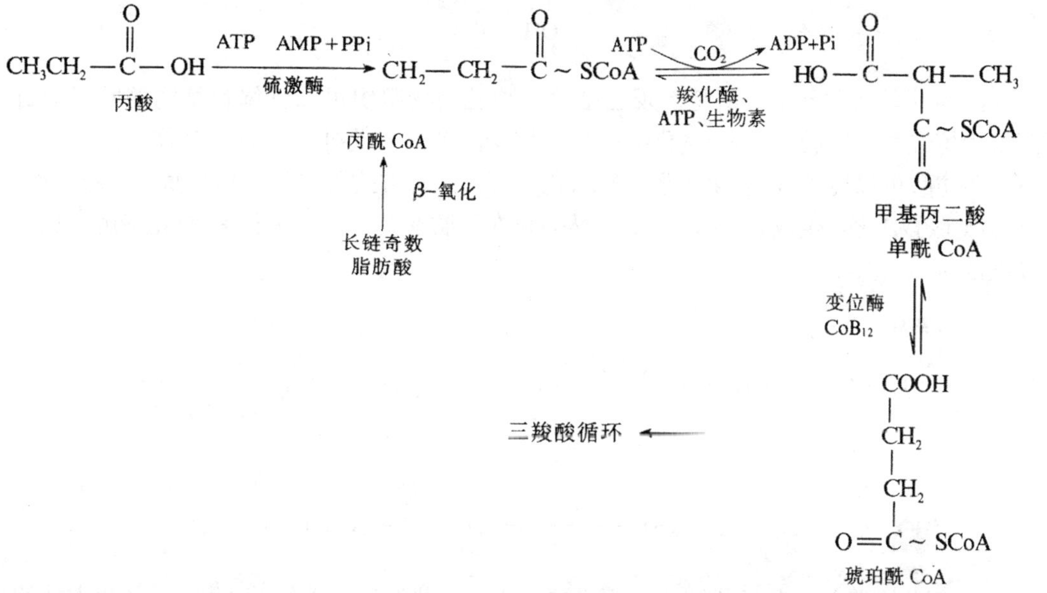

$$CH_3CH_2-\overset{O}{\underset{}{C}}-OH \xrightarrow[\text{硫激酶}]{ATP \quad AMP+PPi} CH_2-CH_2-\overset{O}{\underset{}{C}}\sim SCoA \xrightleftharpoons[\text{羧化酶}]{ATP \quad CO_2 \quad ADP+Pi}_{ATP、生物素} HO-\overset{O}{\underset{}{C}}-CH-CH_3$$

丙酸 ←β-氧化— 长链奇数脂肪酸 → 丙酰 CoA

甲基丙二酸单酰 CoA

变位酶 CoB$_{12}$ ⇅

琥珀酰 CoA（COOH-CH$_2$-CH$_2$-O=C~SCoA）→ 三羧酸循环

图6-6 丙酸的代谢

游离的丙酸首先在硫激酶的催化下，与 CoA 作用生成丙酰 CoA，此过程消耗 ATP 的两个高能键。然后丙酰 CoA 在丙酰 CoA 羧化酶的催化下，与 CO_2 作用生成甲基丙二酸单酰 CoA。此反应消耗 ATP，需要生物素。

生成的甲基丙二酸单酰 CoA，在甲基丙二酸单酰 CoA 变位酶的催化下，转变为琥珀酰 CoA，此酶需要辅酶 B_{12}。琥珀酰 CoA 是三羧酸循环中的成员。它可以通过草酰乙酸转变为磷酸烯醇式丙酮酸，进入糖异生途径合成葡萄糖或糖原，也可以彻底氧化成二氧化碳和水，提供能量。

反刍动物体内的葡萄糖，约有50%来自丙酸的异生作用，其余的大部分来自氨基酸。可见丙酸代谢对于反刍动物是非常重要的。丙酸代谢中还需要维生素 B_{12}，因此反刍动物对这种维生素的需要量比其他动物大，不过瘤胃中的微生物能够合成并提供足量的维生素 B_{12}。

（四）脂肪酸的其他氧化方式 含有双键的不饱和脂肪酸也可以在线粒体中进行 β-氧化。但是还需要有两个异构酶参与。一个是烯脂酰 CoA 异构酶，它的作用是把可能出现在 β 和 γ 位碳原子之间的双键转变成 α 和 β 位之间的双键（反式）。另一个是羟脂酰 CoA 变位酶，它的作用是把可能出现在 β 位碳原子上的 D 型羟基转变为 L 型。这两个酶保证了不饱和脂肪酸分解过程中的中间产物是 β-氧化的正常底物，按 β-氧化途径进行氧化。

除了 β-氧化以外，在动物体内还有其他的氧化方式，如 α-氧化和 ω-氧化。当脂肪酸进行 α-氧化时，每一次氧化从脂肪酸的羧基端只失去一个碳原子，产生出缩短一个碳原子的脂肪酸和 CO_2。

$$R-CH_2-\overset{O}{\underset{\|}{C}}-OH \longrightarrow R-\underset{\underset{OH}{|}}{CH}-\overset{O}{\underset{\|}{C}}-OH \longrightarrow R-\overset{O}{\underset{\|}{C}}-OH+CO_2$$

α-氧化的机制不十分清楚。现已证明，哺乳动物组织可以把绿色植物的叶绿醇首先降解为植烷酸，然后通过 α-氧化继续将植烷酸降解的。此外，动物对其体内的十二碳以下的脂肪酸可以通过 ω-氧化途径进行氧化分解。这种方式首先使远离羧基的末端碳原子，即 ω 碳原子氧化，生成 α，ω 二羧酸，然后再在脂肪酸两端同时进行 β-氧化降解。如十一碳酸的 ω-氧化：

$$CH_3(CH_2)_9\overset{O}{\underset{\|}{C}}-OH \xrightarrow{\omega-\text{氧化}} HO-\overset{O}{\underset{\|}{C}}-(CH_2)_9-\overset{O}{\underset{\|}{C}}-OH \xrightarrow[\text{乙酰CoA}]{\beta-\text{氧化}}$$

$$HO-\overset{O}{\underset{\|}{C}}-(CH_2)_7-\overset{O}{\underset{\|}{C}}-OH \xrightarrow{\beta-\text{氧化}} HO-\overset{O}{\underset{\|}{C}}-(CH_2)_5-\overset{O}{\underset{\|}{C}}-OH$$

ω-氧化在脂肪酸分解代谢中并不重要，不过一些海洋浮游细菌采用 ω-氧化方式快速分解溢出到海面上的石油，在防止海洋污染方面有应用价值。

第三节 脂肪的合成代谢

哺乳动物的肝脏和脂肪组织是合成脂肪，即甘油三酯的最活跃的组织。高等动物合成甘油三酯所需要的前体是 α-磷酸甘油和脂酰 CoA。α-磷酸甘油有两个来源（见图 6-1）：其一是由糖的分解途径的中间物磷酸二羟丙酮还原生成；其二是在甘油激酶（肝）的催化下由甘油和 ATP 生成。这些已在前面叙述过了。而长链的脂酰 CoA 则是以乙酰 CoA 为原料在体内合成的。脂肪酸在动物体内的合成途径是由线粒体外的不同于 β-氧化的脂肪酸合成酶复合体系催化完成的，此外动物机体还存在使脂肪酸碳链延长和去饱和的机制。

一、长链脂肪酸的合成

（一）合成场所　脂肪酸合成的酶系存在于肝、肾、脑、肺、乳腺和脂肪组织中，肝细胞，其次是脂肪细胞胞液中微粒体部位是动物合成脂肪酸的主要场所。脂肪组织除了自身能够以葡萄糖为原料合成脂肪酸和脂肪以外，还主要摄取来自小肠和肝合成的脂肪酸，然后再合成脂肪，成为贮存脂肪的仓库。

（二）乙酰CoA原料　虽然所有的高等动物都以乙酰 CoA 为原料合成长链脂肪酸，但乙酰 CoA 的来源并不相同。反刍动物从其瘤胃吸收一定量的乙酸和少量丁酸，而几乎没有葡萄糖的吸收。因此反刍动物主要利用乙酸，还有丁酸，使其分别转变为乙酰 CoA 及丁酰 CoA 再用于脂肪酸的合成。非反刍动物则不同，可从消化道吸收大量葡萄糖。葡萄糖分解代谢产生的丙酮酸在线粒体中经氧化脱羧生成乙酰CoA，而经消化道吸收的乙酸很少。因此对非反刍动物来说，乙酰CoA原料来自糖代谢。

脂肪酸的合成是在胞液中进行的，反刍动物吸收的乙酸可以直接进入胞液转变成乙酰CoA，而非反刍动物的乙酰CoA须通过线粒体膜从线粒体内转移到线粒体外的胞液中来才能利用。线粒体膜并不允许CoA的衍生物自由通过，因而乙酰CoA借助于一个称为柠檬酸-丙酮酸循环（图6-7）的转运途径实现上述转移。乙酰CoA首先在线粒体内与草酰乙酸缩合生成柠檬酸，然后柠檬酸穿过线粒体膜进入胞液，在柠檬酸裂解酶作用下，裂解成乙酰CoA和草酰乙酸。进入胞液的乙酰CoA即可用于脂肪酸的合成，而草酰乙酸则还原成苹果酸，后者可再分解脱氢转变为丙酮酸转入线粒体，在线粒体中再羧化成为草酰乙酸，参与乙酰CoA的转运。每次循环还伴有转氢作用把1分子的NADH转变为1分子的NADPH。

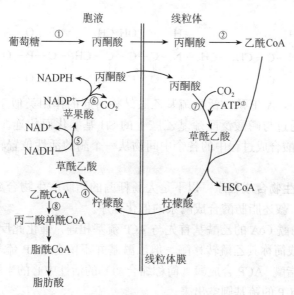

图6-7　乙酰CoA转运的机制
① 酵解　② 丙酮酸脱氢酶　③ 柠檬酸合成酶　④ 柠檬酸裂解酶　⑤ 苹果酸脱氢酶
⑥ 苹果酸酶（以$NADP^+$为辅酶的苹果酸脱氢酶）　⑦ 丙酮酸羧化酶　⑧ 乙酰CoA羧化酶

（三）丙二酸单酰CoA的生成　以乙酰CoA为原料合成脂肪酸，并不是这些二碳单位的简单缩合。除了起始的一分子乙酰CoA以外，所有的乙酰CoA原料分子首先要羧化成丙二酸单酰CoA。乙酰CoA的羧化反应是脂肪酸合成的第一步反应：

$$CH_3-\overset{O}{\underset{\|}{C}}-SCoA+CO_2 \xrightarrow[\text{乙酰CoA羧化酶，生物素}]{ATP \quad ADP+Pi} HO-\overset{O}{\underset{\|}{C}}-CH_2-\overset{O}{\underset{\|}{C}}\sim SCoA$$

乙酰CoA　　　　　　　　　　　　　　　　　丙二酸单酰CoA

这一不可逆反应由乙酰CoA羧化酶催化。该酶是脂肪酸合成的限速酶，存在于胞液中，以生物素为辅基，柠檬酸是其激活剂。乙酰CoA羧化酶为一种变构酶，有无活性的单体和有活性的聚合体两种形式。单体分子量约4万，分别具有HCO_3^-、乙酰CoA和柠檬酸的结合部位。柠檬酸在无活性单体和有活性聚合体之间起调节作用，有利于酶向有活性形式转变，从而加速脂肪酸的合成。棕榈酰 CoA 的作用相反，它使乙酰 CoA 羧化酶转变为无活性的单体，从而抑制脂肪酸的合成。动物组织的乙酰 CoA 羧化酶的聚合体是一个由许多酶单体连成的长丝，平均每个长丝有 20 个单体，长 400 nm 左右。

（四）脂酰基载体蛋白 参与脂肪酸生物合成的酶有七种，并以没有酶活性的脂酰基载体蛋白（acyl carrier protein，ACP）为中心，构成一个多酶复合体。在脂肪酸生物合成过程中，酶反应生成的各种中间物在大多数情况下保持与载体蛋白相连，以保证合成过程的定向进行。

各种来源的 ACP 的氨基酸组成十分相似。大肠杆菌的 ACP 是一个由 77 个氨基酸构成，分子量为 1 万的热稳定蛋白。其丝氨酸（Ser_{36}）羟基与 4'-磷酸泛酰巯基乙胺上的磷酸基团相连，如同连上个"长臂"。这个结构也是辅酶 A 的组成部分（辅酶 A 的结构参见第三章酶）。

$$HS-CH_2-CH_2-\underset{H}{N}-\underset{\underset{O}{\parallel}}{C}-CH_2-CH_2-\underset{H}{N}-\underset{\underset{O}{\parallel}}{C}-\underset{H}{\overset{OH}{C}}-\underset{CH_3}{\overset{CH_3}{C}}-CH_2-O-\underset{\underset{O^-}{|}}{\overset{\overset{O}{\parallel}}{P}}-O-CH_2-Ser-ACP$$

在脂肪酸合成中，ACP 磷酸泛酰巯基乙胺结构所起的作用类似于辅酶 A 上的同一结构的作用。脂酰基通过与磷酸泛酰巯基乙胺上的 SH 基酯化而相连。于是 ACP 上的这个"长臂"携带着脂肪酸合成过程中的各个中间物从一个酶的活性位置转向另一个酶的活性位置。

（五）脂肪酸的生物合成程序 以下是大肠杆菌的脂肪酸生物合成过程。这里以棕榈酸的生物合成为例，叙述脂肪酸合成酶系的催化程序。

1. **起始反应** 乙酰 CoA 的乙酰基首先与 ACP 巯基相连，催化此反应的酶称乙酰 CoA - ACP 酰基转移酶，或简称其乙酰转移酶。但乙酰基并不留在 ACP 巯基上，而是很快转移到另一个酶，β-酮脂酰- ACP 合成酶（简称缩合酶）的活性中心的半胱氨酸巯基上，成为乙酰- S-缩合酶，ACP 的巯基则空出来。

$$乙酰 CoA + ACP-SH \rightleftharpoons 乙酰-S-ACP + HSCoA$$

$$乙酰-S-ACP + 缩合酶-SH \rightleftharpoons 乙酰-S-缩合酶 + ACP-SH$$

2. **丙二酸单酰基转移反应** 在 ACP-丙二酸单酰 CoA 转移酶（简称丙二酸单酰基转移酶）的催化下，丙二酸单酰基脱离 CoA 转移到前面反应中已空出的 ACP 巯基上，形成丙二酸单酰- S - ACP。

$$丙二酸单酰 CoA + ACP-SH \rightleftharpoons 丙二酸单酰-S-ACP + HSCoA$$

3. **缩合反应** 这步反应由 β-酮脂酰- ACP 缩合酶催化。其酶分子的半胱氨酸上结合的乙酰基转移到与 ACP 巯基相连的丙二酸单酰基的第二个碳原子上，形成乙酰乙酰- S - ACP，同时使丙二酸单酰基上的自由羧基以 CO_2 的形式脱去：

$$乙酰\text{-}S\text{ 缩合酶} + HO-\overset{\overset{O}{\parallel}}{C}-CH_2-\overset{\overset{O}{\parallel}}{C}-S-ACP \xrightarrow{\nearrow CO_2 \quad \nearrow 缩合酶\text{-}SH} CH_3-\overset{\overset{O}{\parallel}}{C}-CH_2-\overset{\overset{O}{\parallel}}{C}-S-ACP$$

乙酰乙酰-S-ACP

实际上，反应中所释放出的 CO_2 来自乙酰 CoA 羧化形成丙二酸单酰 CoA 时所利用的 CO_2，其碳原子并未掺入到正在合成的脂肪酸中去。脂肪酸合成过程中之所以采用先羧化又脱羧的方式，是因为羧化反应利用了 ATP 供给的能量并贮存在丙二酸单酰 CoA 分子中，当缩合反应发生时，丙二酸单酰 CoA 的脱羧又可释放出能量来利用，使反应容易进行。

4. 还原反应 乙酰乙酰-S-ACP 由 β-酮脂酰-ACP 还原酶催化，由 NADPH 还原形成 β-羟丁酰-S-ACP。

$$CH_3-\overset{O}{\underset{\|}{C}}-CH_2-\overset{O}{\underset{\|}{C}}-S-ACP+NADPH \rightleftharpoons CH_3-\overset{OH}{\underset{|}{CH}}-CH_2-\overset{O}{\underset{\|}{C}}-S-ACP+NADP^+$$

$$\beta\text{-羟丁酰-S-ACP}$$

加氢后生成的 β-羟脂酰-S-ACP 是 D 型的，与脂肪酸氧化分解时生成的羟脂酰 CoA 不同，它是 L 型的。

5. 脱水反应 D 型的 β-羟丁酰-S-ACP 在其 α，β 碳原子之间脱水生成 α，β-反式烯丁酰-S-ACP，催化这反应的酶是羟脂酰-ACP 脱水酶。

$$CH_3-\overset{OH}{\underset{|}{CH}}-CH_2-\overset{O}{\underset{\|}{C}}-S-ACP \rightleftharpoons CH_3-\overset{H}{\underset{|}{C}}=\overset{}{\underset{\underset{H}{|}}{C}}-\overset{O}{\underset{\|}{C}}-S-ACP+H_2O$$

$$\beta\text{-烯丁酰-S-ACP}$$

6. 第二次还原反应 在烯脂酰-S-ACP 还原酶的催化下，烯丁酰-S-ACP 被 NADPH 再一次还原成为丁酰-S-ACP。

$$CH_3-\overset{H}{\underset{|}{C}}=\overset{}{\underset{\underset{H}{|}}{C}}-\overset{O}{\underset{\|}{C}}-S-ACP+NADPH \rightleftharpoons CH_3-CH_2-CH_2-\overset{O}{\underset{\|}{C}}-S-ACP+NADP^+$$

$$\text{丁酰-S-ACP}$$

至此，脂肪酸的合成在乙酰基的基础上实现了两个碳原子的延长。对于合成 16 个碳原子的棕榈酸来说，须经过上述 7 次循环反应。第二次循环从丁酰基由 ACP 的巯基上再转移到缩合酶的半胱氨酸巯基上开始。ACP 又可以再接受又一个丙二酸单酰基。连接在缩合酶上的丁酰基再与连接在 ACP 上的丙二酸单酰基缩合形成六个碳原子的脂酰-S-ACP 衍生物和释放出 CO_2，每次循环都要经过脂酰基的转移、缩合、还原、脱水和再还原。经七次循环以后，形成最终产物棕榈酰-S-ACP。

7. 水解或硫解反应 最后生成的棕榈酰-S-ACP 可以在硫酯酶作用下水解释放出棕榈酸

$$\text{棕榈酰-S-ACP}+H_2O \rightleftharpoons \text{棕榈酸}+\text{HS-ACP}$$

或者由硫解酶催化把棕榈酰基从 ACP 上转移到 CoA 上，

$$\text{棕榈酰-S-ACP}+\text{HSCoA} \rightleftharpoons \text{棕榈酰-SCoA}+\text{HS-ACP}$$

多数生物的脂肪酸合成步骤仅限于生成棕榈酸,这与 β-酮酯酰-ACP 合成酶对脂肪酸碳链长度的专一性有关。更长些的脂肪酸的生成通常由脂肪酸延长的酶系统催化。

综上所述,棕榈酸生物合成的总反应可归纳如下:

8乙酰 CoA+14NADPH+7ATP+H_2O ⟶ 棕榈酸+8HSCoA+14$NADP^+$+7ADP+7Pi

其反应途径和酶系见图 6-8。

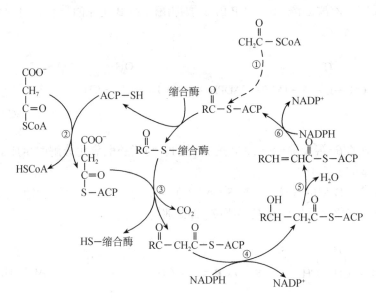

图 6-8 脂肪酸生物合成的反应程序
① 乙酰 CoA-ACP 酰基转移酶　② 丙二酸单酰 CoA-ACP 酰基转移酶　③ β-酮酯酰-ACP 合成酶(缩合酶)
④ β-酮酯酰-ACP 还原酶　⑤ β-羟脂酰-ACP 脱水酶　⑥ 烯脂酰-ACP 还原酶

需要特别指出的是,棕榈酸合成中所需的氢原子须由还原辅酶Ⅱ(NADPH)供给。从上述的总反应式可见,每生成 1 分子棕榈酸需要 14 分子的 NADPH。前已述及,在乙酰 CoA 从线粒体转运至胞液内的过程中,每转运 1 分子的乙酰 CoA,经过苹果酸脱氢酶和苹果酸酶两步反应,可实现把 1 分子 NADH 转变为 1 分子 NADPH。而生成 1 分子棕榈酸须转运 8 分子乙酰 CoA,从而伴有 8 分子可供脂肪酸合成利用的 NADPH 的生成。其余的 6 分子 NADPH 则由磷酸戊糖途径提供。由此可见,糖代谢为脂肪酸的合成提供了包括乙酰 CoA 和 NADPH 等的全部原料。

(三) 哺乳动物的脂肪酸合成酶系　在大肠杆菌中,催化上述脂肪酸合成的七个酶和 ACP 构成一个多酶复合体系。而进化到高等动物,成为了由一个基因编码的具有七种酶活性的多功能酶,即一条多肽链上表现出七种酶的活性。在哺乳动物中这个酶的肽链的分子量为 250,并且分为 3 个结构域。乙酰转移酶(AT)、丙二酸单酰转移酶(MT)和缩合酶(CE)这三个酶在一个结构域中,然后烯脂酰还原酶(ER)、脱水酶(DH)、β-酮脂酰还原酶(KR)和 ACP 处在另一个结构域内,第三个结构域具有硫酯酶(TE)的活性。结构域之间由较为伸展的肽链相连。具有活性的酶是两条这样的多肽链首尾相对组成的二聚体(图 6-9)。两条肽链上的不同结构域组合成对称的两个功能区,合成反应在二聚体的不同肽链头、尾相靠近的界面上进行,缩合酶的半胱氨酸巯基和 ACP 的巯基正处在这个界面上，参与脂酰基的传递。

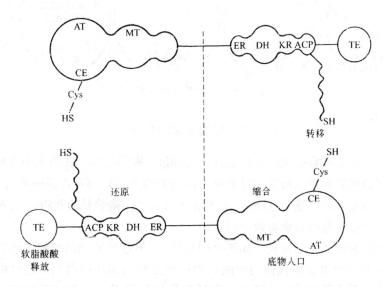

图 6-9 动物脂肪酸合成酶的模式图
AT＝乙酰转移酶，MT＝丙二酸单酰转移酶，CE＝缩合酶（β-酮脂酰 ACP 合成酶）
KR＝β-酮脂酰还原酶，DH＝脱水酶，ER＝烯脂酰还原酶，TE＝硫酯酶

二、脂肪酸碳链的延长和脱饱和

（一）脂肪酸碳链的延长 上述脂肪酸合成酶系的主要产物是 16 碳的饱和脂肪酸（棕榈酸）。由棕榈酸延长可以得到更长碳链的脂肪酸。碳链延长的酶系存在于肝细胞的微粒体系统（内质网系）和线粒体内。

微粒体系统的脂肪酸碳链延长过程类似于棕榈酸的合成，也是以丙二酸单酰 CoA 作为二碳单位的直接供体，由 NADPH 供氢，经过缩合、还原、脱水、再还原等反应，循环往复，每次循环延长二个碳原子，但脂酰基不是与 ACP 的巯基，而是与 CoA 的巯基相连。延长物以十八碳的硬脂酸为主，最多可至 24 碳。

线粒体系统的脂肪酸碳链延长过程与脂肪酸的 β-氧化的逆反应相似，棕榈酰 CoA 首先与乙酰 CoA 缩合成 β-酮硬脂酰 CoA，然后经还原、脱水、再还原，生成多两个碳原子的硬脂酰 CoA，但是还原氢是由 NADPH 供给的。通过这种方式，每一次循环延长两个碳原子，可以衍生出 24 至 26 个碳原子的脂肪酸，但以 18 碳的硬脂酸为多。

（二）脂肪酸的脱饱和 动物细胞的微粒体系统具有脂肪酸的 Δ^4、Δ^5、Δ^8 和 Δ^9 脱饱和酶，催化饱和脂肪酸脱氢产生不饱和脂肪酸，但缺乏 Δ^9 以上的脱饱和酶。所以动物体内要的不饱和脂肪酸有棕榈油酸（16∶1，Δ^9）和油酸（18∶1，Δ^9）不能合成亚油酸（18∶$2\Delta^9$，Δ^{12}）和亚麻酸（18∶$3\Delta^9$，Δ^{12}，Δ^{13}）。已知的脂肪酸脱饱和过程有线粒体外的电子传递系统参与。NADH 提供电子，细胞色素 b_5 作为电子传递体，脱饱和酶的还原铁（Fe^{2+}）最终激活分子氧，使饱和脂肪酸脱氢和伴有水的生成。硬脂酸脱饱和转变为油酸的过程如图 6-10：

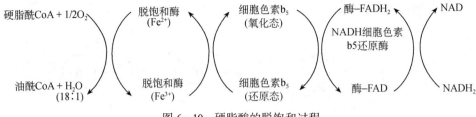

图 6-10 硬脂酸的脱饱和过程

三、甘油三酯的合成

哺乳动物的肝脏和脂肪组织是合成甘油三酯最活跃的组织。在胞液中合成的棕榈酸和主要在内质网形成的其他脂肪酸,以及摄入体内的脂肪酸,都可以进一步合成甘油三酯。合成甘油三酯所需的前体是 α-磷酸甘油和脂酰 CoA。α-磷酸甘油和脂酰 CoA 的来源前面已叙述过了。甘油三酯的合成有两个途径:

第一个为甘油磷酸二酯途径,如图 6-11 所示。肝细胞和脂肪细胞主要按此途径合成甘油三酯。α-磷酸甘油由糖代谢的中间产物磷酸二羟丙酮还原得到,还可由肝、肾等组织中的甘油激酶催化甘油磷酸化产生。在转酰基酶作用下,α-磷酸甘油加上 2 分子脂酰 CoA 转变成磷脂酸,即二脂酰甘油磷酸,后者再在磷脂酸磷酸酶作用下,水解脱去磷酸生成 1,2-甘油二酯,然后在转酰基酶催化下,再加 1 分子脂酰基即生成甘油三酯。家畜体内的转酰基酶对 16 和 18 碳的脂酰 CoA 的催化能力最强,所以其脂肪中 16 和 18 碳脂肪酸的含量最多。不饱和脂酰 CoA 通常倾向于转到甘油的第 2 位碳原子羟基上。

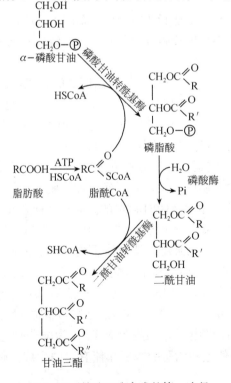

图 6-11 甘油三酯合成的第一途径

第二个途径是甘油一酯途径,如图6-12所示。在小肠粘膜上皮内,消化吸收的甘油一酯可作为合成甘油三酯的前体,再与2分子的脂酰CoA经转酰基酶催化反应生成甘油三酯。

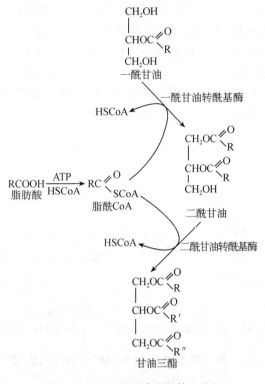

图6-12 甘油三酯合成的第二途径

第四节 脂肪代谢的调控

前已述及,在脂肪组织中,脂肪在不断的合成与分解。当合成多于分解时,则脂肪在体内沉积;分解多于合成时,则体内脂肪减少。动物体脂的增减受多种因素影响,除了遗传因素以外,最主要的是供能物质的摄入量和机体能量消耗之间的平衡。这些内外环境的变化都是通过脂肪合成与分解的调控实现的。脂肪代谢的调控不仅涉及激素影响下的脂肪和糖等物质代谢途径之间的相互关系,而且还涉及到脂肪组织、肝、肌肉等许多器官和组织的功能协调。

一、脂肪组织中脂肪的合成与分解的调节

哺乳动物以甘油三酯的形式把供能物质贮存于脂肪组织。当脂肪动员时,释放出甘油和长链脂肪酸,后者不溶于水,而与血浆中的清蛋白结合成复合体运送到各个组织中去利用。已知血浆中脂肪酸的唯一来源是脂肪组织,因此,一般用血浆中脂肪酸的含量来衡量脂肪动员的程度。由于脂肪酸穿过细胞膜进入血浆是一个简单的扩散过程,因而脂肪酸释入血浆的速度取决于脂肪组织的脂解作用,同时还受到脂肪酸与甘油再酯化为甘油三酯过程的影响。可见,脂肪酸的动员速度由脂解和酯化两个相反过程调控。由于脂肪组织中没有甘油激酶,它不能利用游离甘油与脂肪酸再进行酯化,而只能利用糖酵解作用产生的

α-磷酸甘油。因而脂解产生的甘油将全部释放进入血浆。进而可见，脂肪组织中同时进行的脂解和酯化并不是简单的可逆过程，而是用以调控脂肪酸动员或贮存的循环，称为甘油三酯/脂肪酸循环（图 6-13）。当葡萄糖供应不足而血糖降低时，葡萄糖进入脂肪细胞的速度降低，这将使酵解速度减慢，因而降低磷酸甘油的产量，于是脂肪酸的酯化作用也减弱。此时，脂肪动员释入血浆中的脂肪酸增加。反之，当血糖水平升高，摄入脂肪组织的葡萄糖增加时，葡萄糖降解后产生的磷酸甘油也较多，于是酯化作用增强，促进脂肪的沉积，降低了脂肪动员和游离脂肪酸释放进入血浆的速度。显然利用糖的供应本身来调控脂肪酸动员，是一个既简单又不易发生错误的调控机制。

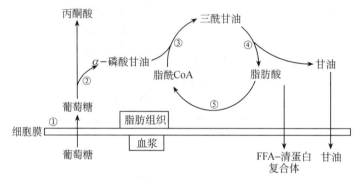

图 6-13　脂肪组织中甘油三酯/脂肪酸循环
① 葡萄糖转运过膜　② 酵解　③ 酯化作用　④ 酯解作用　⑤ 脂肪酸活化

二、肌肉中糖与脂肪分解代谢的相互调节

上述血浆中葡萄糖和脂肪酸含量变化的相互消长具有多种重要的生理意义，其中包括动员脂肪酸以节约糖的作用。已知在应激、饥饿或长时间运动等生理条件下，即当机体的能量消耗增强或糖的摄入不足时，脂肪组织中脂肪的动员都会加强，此时，血浆中游离脂肪酸的浓度升高约 5 倍，各组织首先是肌肉对它的利用加快。因为各个组织摄入游离脂肪酸的速度与其在胞浆中的浓度成正比，并且当组织摄入脂肪酸的速度加快时就自动促进了细胞对它的氧化，而减少对葡萄糖的利用，从而节约了糖。

肌肉组织利用动员的脂肪酸以节约糖的机制是，当肌肉以脂肪酸为燃料氧化供能时，抑制了葡萄糖进入肌细胞和酵解作用。脂肪酸氧化增加了细胞中柠檬酸的浓度，柠檬酸可以通过抑制磷酸果糖激酶以减慢酵解过程。联系上述的葡萄糖对脂肪酸动员的抑制，可以得到葡萄糖/脂肪酸循环（图 6-14）。通过这一循环可以达到两个目的：其一是在机体需

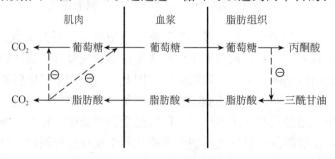

图 6-14　葡萄糖/脂肪酸循环

要时动员脂肪酸以节约糖;其二是利用血浆脂肪酸的含量变化保持血糖水平的恒定。这对于大脑、神经组织和红细胞等对葡萄糖有特殊需要的组织来说,具有重要的生理意义。正是由于动员了脂肪酸才节约了糖,并使血糖不致降低过多,以保证这些组织维持正常机能。

三、肝脏的调节作用

动物肝脏在脂肪代谢的调控中起着非常重要的作用,几乎所有关于脂肪代谢的反应都在肝中发生,下面只就与脂肪酸代谢有关的问题进行讨论。

已知血浆中的游离脂肪酸有一半左右被肝摄入。可见血浆中的游离脂肪酸浓度不仅取决于脂肪的动员速度,也取决于肝脏摄入脂肪酸的速度。脂肪酸进入肝脏后的去路,可简单表示如图 6-15。

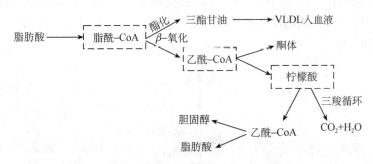

图 6-15 脂肪酸在肝中的主要代谢途径

由图可见,脂肪酸在肝脏中的代谢有三个重要的分支点。肝脏的调控机制在于不断地探测着门脉中血糖的含量,糖原的贮存量,以及酵解和糖异生之间的平衡,最终依据机体的需求决定脂肪酸代谢分支点上的中间产物的去向。其第一个分支点是脂酰 CoA。肝脏可以根据机体的能源供应状况,或者使脂酰 CoA 在胞液中再酯化生成甘油三酯,再以极低密度脂蛋白(VLDL)的形式释放入血液,送回到脂肪组织中去贮存,或者转入线粒体进行 β-氧化为机体供能。β-氧化的产物乙酰 CoA 处于第二个分支点上,它既可以直接进入三羧酸循环进一步分解,也可以转变成酮体以提高其在肝外组织中的利用率。柠檬酸是脂肪酸在肝中代谢的第三个分支点,也是三羧酸循环的第一个代谢中间物。它或者通过循环被进一步降解,或者经由柠檬酸/丙酮酸途径转入胞液再产生乙酰 CoA,用以脂肪酸和胆固醇的合成。肝脏可以决定脂肪酸分解代谢过程中的各级代谢中间物在何种生理状态下该往何处去,而不做无效和无用的工作。从这个意义上说,肝脏是调控脂肪酸代谢去向最理想的器官。

第五节 类脂的代谢

类脂的种类较多,其代谢情况也各不相同。这一节着重讨论有代表性的磷脂和胆固醇的代谢。

一、磷脂的代谢

含磷酸的类脂称为磷脂。动物体内有甘油磷脂和鞘磷脂两类,并以甘油磷脂为多,如卵磷脂、脑磷脂、丝氨酸磷脂和肌醇磷脂等，在这一节中主要讨论甘油磷脂的代谢。

（一）甘油磷脂的生物合成 甘油磷脂是细胞膜脂质双层结构的基本成分，也是血浆脂蛋白的重要组成部分。机体的各组织细胞的内质网都有合成磷脂的酶系。

甘油磷脂分子中的甘油二酯部分的合成，首先须把2分子的脂酰CoA转移到α-磷酸甘油分子上，生成磷脂酸，即二脂酰甘油磷酸，接着由磷脂酸磷酸酶水解脱去磷酸而生成甘油二酯。

合成脑磷脂和卵磷脂所必需的乙醇胺和胆碱原料可从食物中直接摄取，或者由丝氨酸及甲硫氨酸在体内合成。丝氨酸本身也是合成丝氨酸磷脂的原料。丝氨酸脱去羧基后即成为乙醇胺，乙醇胺再接受由S-腺苷甲硫氨酸（SAM）提供的三个甲基转变为胆碱。无论是乙醇胺或是胆碱在掺入到脑磷脂或卵磷脂分子中去之前，都须进一步活化。它们除了被ATP首先磷酸化以外，还需利用CTP，经过转胞苷反应分别转变为CDP-乙醇胺或CDP-胆碱。然后再释出CMP将磷酸乙醇胺或磷酸胆碱转到上述的甘油二酯分子上生成脑磷脂或卵磷脂（图6-16）。

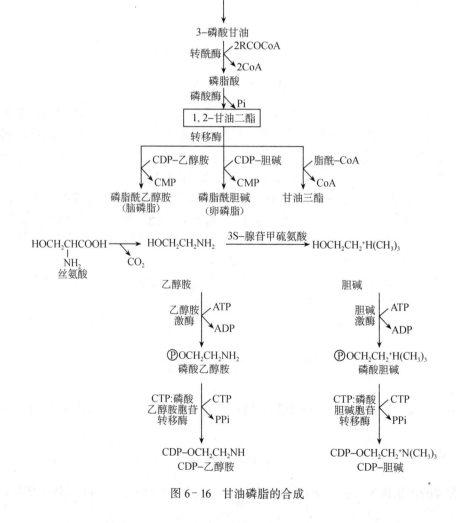

图6-16 甘油磷脂的合成

丝氨酸磷脂和肌醇磷脂等的合成方式与这一途径稍有不同。其差别在于磷脂酸不是被水解脱磷酸，而是利用 CTP 进行转胞苷反应，与 CDP－胆胺，CDP－胆碱的生成方式相仿，生成 CDP－甘油二酯，然后以它为前体，在相应的合成酶作用下，与丝氨酸、肌醇等缩合成丝氨酸磷脂、肌醇磷脂等。

（二）**甘油磷脂的分解**　水解甘油磷脂的酶类称为磷脂酶，它们作用于甘油磷脂分子中不同的酯键。磷脂酶 A_1，A_2 分别作用于甘油磷脂的 1，2 位酯键，产生溶血磷脂 2 和溶血磷脂 1。溶血磷脂是一类具有较强表面活性的物质，能使红细胞膜和其他细胞膜破坏引起溶血或细胞坏死。溶血磷脂 2 和 1 又可分别在磷脂酶 B_2（即溶血磷脂酶 2）和磷脂酶 B_1（即溶血磷脂酶 1）的作用下，水解脱去脂酰基生成不具有溶血性的甘油磷酸－X。磷脂酶 C 可以特异地水解甘油磷酸－X 中甘油的 3 位磷酸酯键，产物是甘油二酯，磷酸胆胺或磷酸胆碱。而磷酸与其取代基 X 之间的酯键可由磷脂酶 D 催化水解。甘油磷脂的分解，如图 6-17 所示。

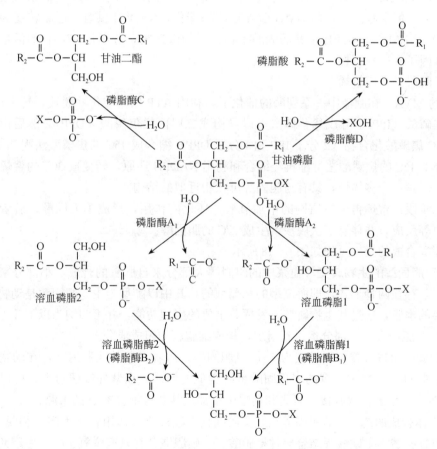

图 6-17　甘油磷脂的分解

二、胆固醇的合成代谢及转变

胆固醇（cholesterol）是动物机体中最重要的一种以环戊烷多氢菲为母核的固醇类化

合物，最早从动物胆石中分离得到，故得此名。它既是细胞膜的重要组分之一，又是动物合成胆汁酸、类固醇激素和维生素 D_3 等生理活性物质的前体。

（一）**胆固醇的合成** 动物机体的几乎所有组织都可以合成胆固醇，其中肝是合成胆固醇的主要场所，约占合成量的 70%～80%，其次是小肠，占 10% 左右。胆固醇合成酶系存在于胞液的内质网膜。其合成原料是乙酰 CoA。合成一个 27 个碳原子的胆固醇分子需利用 18 分子的乙酰 CoA，此外还需要 10 分子的 NADPH 为合成过程提供还原氢和消耗 36 分子 ATP。乙酰 CoA 和 ATP 主要来自线粒体中糖的有氧氧化，NADPH 由磷酸戊糖途径供给，还可以通过柠檬酸/丙酮酸循环转运乙酰 CoA 时获得。

胆固醇的生物合成途径比较复杂，可分为三个阶段。

第一阶段：甲羟戊酸的合成

2 分子乙酰 CoA，在胞液的硫解酶催化下，缩合成乙酰乙酰 CoA，然后在 β-羟-β-甲戊二酸单酰 CoA 合成酶催化下，再与 1 分子乙酰 CoA 缩合生成 β-羟-β-甲戊二酸单酰 CoA，即 HMG CoA。HMG CoA 是合成胆固醇和酮体共同的中间产物，它在肝线粒体中裂解生成酮体，但在胞液中，由 HMG CoA 还原酶催化，NADPH 供氢，还原转变为甲羟戊酸（MVA）。HMG CoA 还原酶是胆固醇生物合成的限速酶，分子量 97，它的活性和合成受到多种因子的严格调控。

第二阶段：合成鲨烯

6C 的 MVA，在胞液中一系列酶的催化下，利用 ATP 焦磷酸化并脱羧，转变成 5C 的异戊烯焦磷酸（IPP）。异戊烯焦磷酸可以异构成二甲丙烯焦磷酸（DPP）。然后由三分子上述的 5C 焦磷酸化合物（2 分子 IPP 和 1 分子 DPP）缩合成 15C 的焦磷酸法呢酯（FPP）。然后 2 分子 15C 的焦磷酸法尼酯再经缩合和利用 NADPH 还原，转变成 30C 的鲨烯（squalene）。鲨烯是一个多烯烃，具有与胆固醇母核相近似的结构。

第三阶段：鲨烯再由内质网的单加氧酶、环化酶作用，形成羊毛固醇，后者再经氧化、还原等反应，并伴有三次脱羧，生成 27C 的胆固醇。

胆固醇合成的反应过程如图 6-18 所示。

（二）**胆固醇的生物转变** 血浆中的胆固醇大部分来自肝脏的合成，小部分来自饲料与食物，并存在两种形式，即游离型的和酯型的，其中以酯型为主。胆固醇是动物体内的一种重要的类脂，通过其生物转变，发挥着重要的生理功能，并可归纳为以下几方面：

1. 血中胆固醇的一部分运送到组织，构成细胞膜的组成成分。

2. 胆固醇可以经修饰后转变为 7-脱氢胆固醇，后者在紫外线照射下，在动物皮下转变为维生素 D_3。植物中含有的麦角固醇也有类似的性质，在紫外线照射下，可以转变为维生素 D_2。所以家畜放牧接触日光和饲喂干草都是其获得维生素 D 的来源。

3. 机体合成的约 2/5 的胆固醇在肝实质细胞中经羟化酶作用转化为胆酸和脱氧胆酸，它们再与甘氨酸、牛磺酸等结合成甘氨胆酸、牛磺胆酸、甘氨鹅脱氧胆酸、牛磺鹅脱氧胆酸。它们以胆酸盐的形式，由胆道排入小肠。由于其分子结构上的双亲（亲水又疏水）特点，胆汁酸盐是一种强表面活性剂，可促进脂类在水相中乳化，既有利于肠道脂肪酶的作用，又有利于脂类在消化道中的吸收。大部分胆汁酸又可被肠壁细胞重吸收，经过门静脉返回肝，形成所谓的"肠肝循环"，以使胆汁酸再被利用。据测定，人体每天约进行 6～12 次

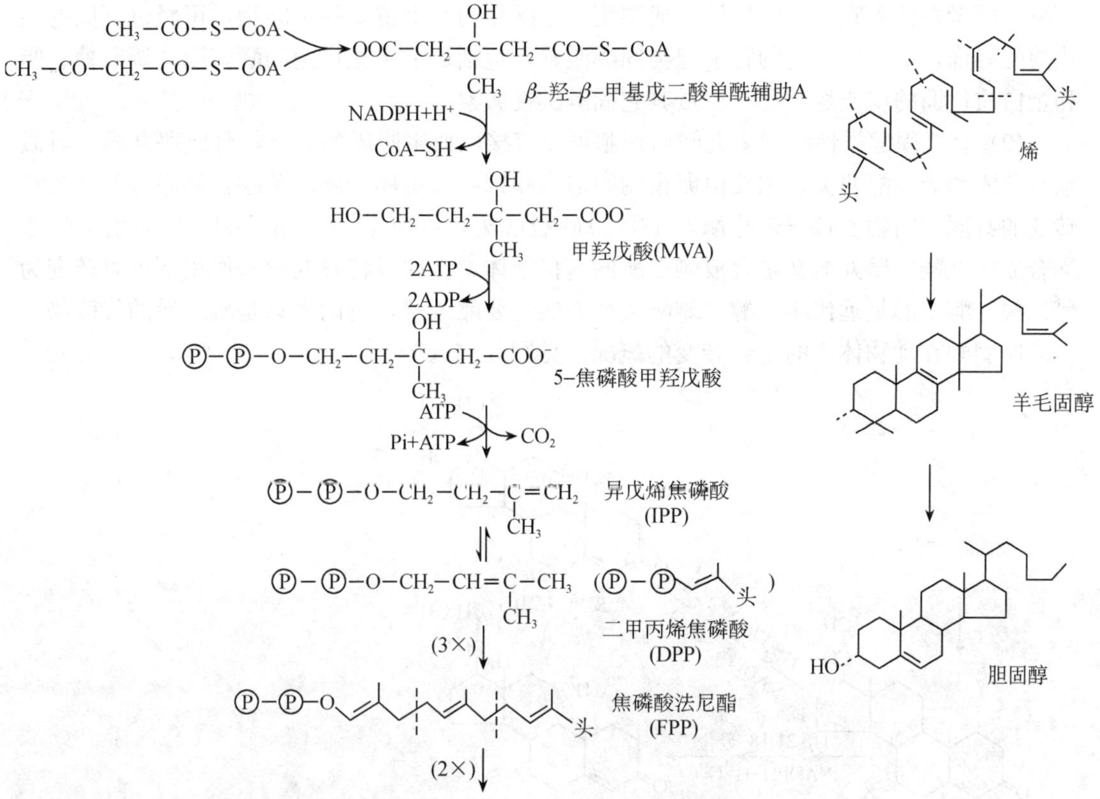

图 6-18 胆固醇的生物合成

肠肝循环。肝排入肠腔的胆汁酸的 95% 以上都被重吸收再利用，仅很少部分以粪固醇的形式排出体外。

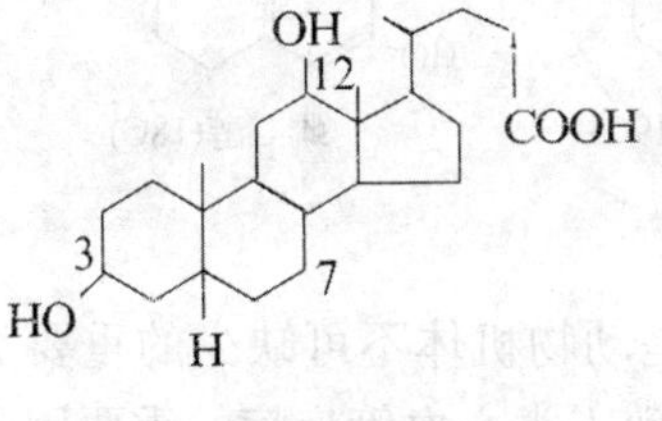

7-脱氧胆酸

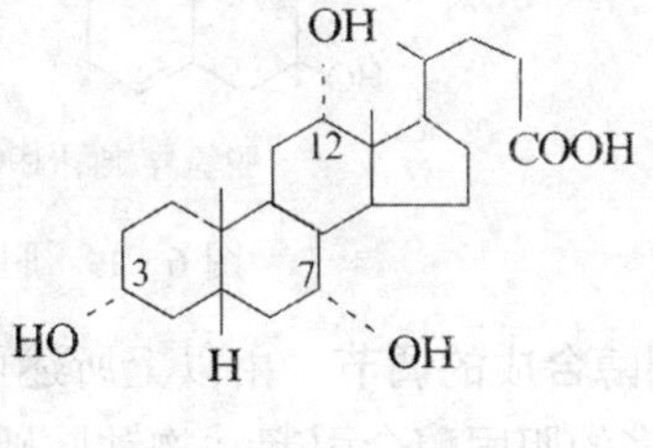

胆酸

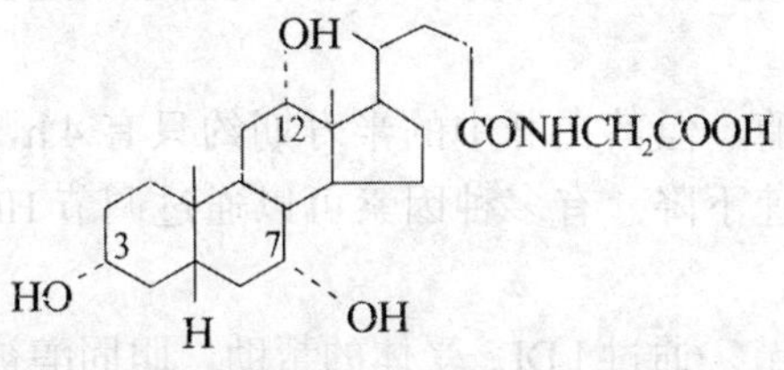

甘氨胆酸

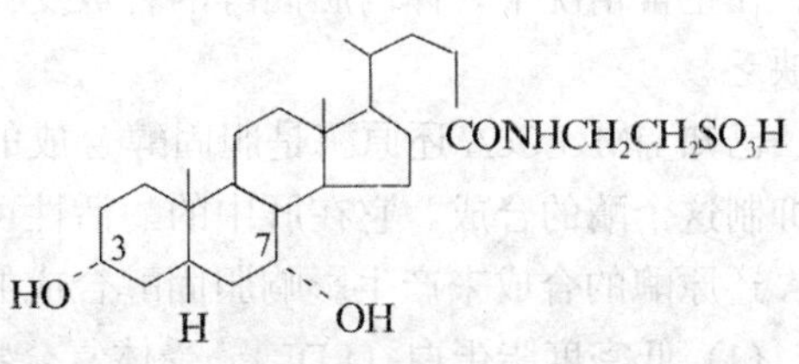

牛磺鹅脱氧胆酸

4. 胆固醇是肾上腺皮质、睾丸和卵巢等内分泌腺合成类固醇激素的原料。

（1）合成肾上腺皮质激素 在肾上腺皮质细胞线粒体中，胆固醇首先转变成21C的孕烯醇酮。后者再转入胞浆，脱氢转变成孕酮。孕酮作为一个重要的中间物，可经过不同的羟化酶的修饰，衍生出不同的肾上腺类固醇激素，包括调节水盐代谢的醛固酮，调节糖、脂和蛋白质代谢的皮质醇，还有少量其它固醇类性激素。

（2）合成固醇类性激素 睾丸间质细胞可以直接以血浆胆固醇为原料合成睾丸酮。雌激素有孕酮和雌二醇两类，主要由卵巢的卵泡内膜细胞及黄体分泌。孕酮也是固醇类性激素转变的共同中间物。17α-羟化酶及17，20碳裂解酶，可使17β-侧链断裂，然后由孕烯醇酮合成睾丸酮。睾丸酮又是合成雌二醇的直接前体，在卵巢特异的酶系作用下可以转变为雌二醇。雌二醇是远比雌三醇、雌酮活性强的主要雌激素，后两者只是雌二醇的代谢物。

胆固醇在动物体内的生物转变的概况，见图6-19。

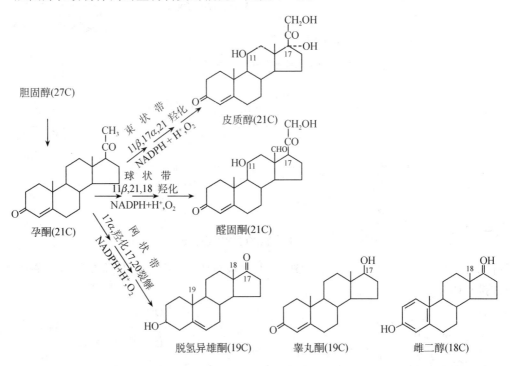

图6-19 胆固醇的生物转变

（三）胆固醇合成的调节 由以上所述可知，胆固醇是动物机体不可缺少的重要类脂分子。但是过多的胆固醇会引起动物动脉硬化，已成为导致人类心血管疾病的重要因子之一。在正常情况下，体内胆固醇的合成受到严格的调控，从而使胆固醇的含量不致过多或者缺乏。

已知HMG CoA还原酶是胆固醇合成的限速酶，但其在肝中的半寿期约只有4h，如果抑制这个酶的合成，它在肝中的酶活性可以迅速下降。有多种因素可以通过调节HMG CoA还原酶的合成来产生影响胆固醇合成的速度。

（1）低密度脂蛋白（LDL）-受体复合物的调节 通过LDL-受体的帮助，胆固醇被摄入细胞之后，可以进行生物转化。同时，过多的胆固醇既可以通过对HMG CoA还原酶合成的反馈抑制来减缓胆固醇合成的速度，也可以通过阻断LDL-受体蛋白的合成减少胆固醇的细胞内吞。LDL-受体复合物对组织中胆固醇的调节将在下一节中作介绍。

（2）激素的调节　胰岛素和甲状腺素能诱导肝中 HMG CoA 还原酶的合成，其中甲状腺素还有促进胆固醇在肝中转变为胆汁酸的作用，进而降低血清胆固醇含量。而胰高血糖素及皮质醇的作用是抑制和降低 HMG CoA 还原酶的活性。胰高血糖素还可能通过蛋白激酶的作用，使 HMG CoA 还原酶磷酸化而导致其失活。

（3）饥饿与禁食　动物试验表明，饥饿与禁食使肝脏中胆固醇的合成大幅度下降，但肝外组织中的合成减少不多。饥饿与禁食可以使 HMG CoA 还原酶的合成减少，活性下降，这显然与胆固醇合成的原料，如乙酰 CoA，ATP 和 NADPH 的供应不足有关。相反，大量摄取高能量的食物则增加胆固醇的合成。

（4）加速胆固醇转变为胆汁酸以降低血清胆固醇。某些药物，如消胆胺和纤维素多的食物，可有利于胆汁酸的排出，减少胆汁酸经肠肝循环的重吸收，结果加速胆固醇在肝中转化为胆汁酸，从而降低血清胆固醇的水平。当肝脏转化胆汁酸能力下降，或者经肠肝循环重吸收的胆汁酸减少，胆汁中胆汁酸和卵磷脂相对胆固醇的比值降低，就可能使难溶于水的胆固醇以胆结石的形式在胆囊中沉淀析出。

第六节　脂类在体内运转的概况

脂类在动物体内的运转是比较复杂的，无论是从肠道吸收的脂类，或是机体自身的组织，如肝或脂肪组织合成的脂类，都要通过血液在体内运转，被输送到适当的组织中去利用、贮存或者转变。由于脂类不溶于水，因此不能以游离的形式运输，而必须以某种方式与蛋白质结合起来才能在血浆中运转。现已证明，除了游离脂肪酸是和血浆清蛋白结合起来，形成可溶性复合体运输以外，其余的都是以血浆脂蛋白（lipoprotein）的形式运输的。由于人类医学的需要，对血浆脂蛋白的结构、性质及其代谢已有了比较深入的研究，这些知识对认识动物的脂类代谢也有借鉴作用，为改良畜禽品种，提高畜禽产品的质量提供了理论和实践依据。

一、血脂和血浆脂蛋白的结构与分类

（一）**血脂**　血脂是指血浆中所含的脂质，包括甘油三酯、磷脂、胆固醇及其酯和游离脂肪酸。磷脂中主要为卵磷脂，约占 70%；鞘磷脂和脑磷脂分别占 25% 和 10% 左右。血中醇型胆固醇约占总胆固醇的 1/3，而酯型占 2/3。血脂的来源有外源性的，即从饲料中摄取并经过消化道吸收进入血浆中的，还有内源性的，即由肝、脂肪组织和其他组织合成后释入血浆中的。血脂的含量随生理状态不同而改变，动物品种、饲养状况、年龄、性别等都可以影响血脂的组成和水平。

（二）**血浆脂蛋白的结构**

1. 脂蛋白结构　除了前已述及的血浆中的游离脂肪酸与清蛋白结合成复合物运输以外，其他的脂类都以脂蛋白的形式运输。因此，虽然不溶于水的脂类在水中时呈乳浊液状，但由于血中脂质与蛋白质结合，故血浆在正常情况下仍是清亮透明的。

血浆脂蛋白主要有载脂蛋白（apolipoprotein）、甘油三酯、磷脂、胆固醇及其酯等成

分。不同种类的血浆脂蛋白具有大致相似的球状结构（图6-20）。疏水的甘油三酯、胆固醇酯常处于球的内核中，而兼有极性与非极性基团的载脂蛋白、磷脂和胆固醇则以单分子层覆盖于脂蛋白的球表面，其非极性基团朝向疏水的内核，而极性的基团则朝向脂蛋白球的外侧。因而疏水的脂质可以在血浆的水相中运输。

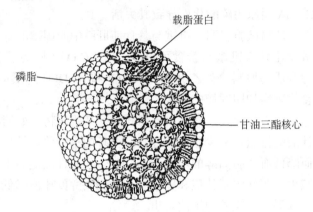

图6-20 低密度脂蛋白的结构模型

2. 脂蛋白的分类　因其所含脂类的种类、数量以及载脂蛋白的质量不同，不同的血浆脂蛋白表现出密度、颗粒大小、电荷、电泳行为和免疫原性不同，因此可利用电泳或超速离心的方法将其分开。

利用醋酸纤维素膜，琼脂糖或聚丙烯酰胺凝胶作为电泳支持物，血浆脂蛋白在电场中可按其表面所带电荷不同，以不同的速度泳动。图6-21为人血浆脂蛋白在琼脂糖凝胶上电泳的图谱。电泳结果分出四种脂蛋白，由乳糜微粒（CM）起，β，前β和α脂蛋白的泳动速度依次增加。乳糜在电泳结束时基本仍在原点不动。

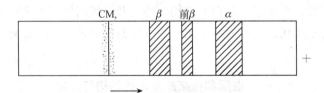

图6-21 血浆脂蛋白琼脂糖凝胶电泳图

另外，由于各种脂蛋白所含脂质与蛋白质量的差异，利用密度梯度超速离心技术，也可以把血浆脂蛋白根据其密度由小至大分为乳糜微粒（CM）、极低密度脂蛋白（VLDL）、低密度脂蛋白（LDL）和高密度脂蛋白（HDL）四类，分别相当于上述电泳分离到的CM、前β-、β-和α-脂蛋白。除此以外，还有中密度脂蛋白（IDL），它是VLDL在血浆中的代谢物。表6-1所列为四种脂蛋白的主要物理常数。由表可见，由乳糜微粒至高密度脂蛋白，其组成中的蛋白质含量升高，脂类下降，因此密度上升。

3. 载脂蛋白　已知参与脂蛋白形成的载脂蛋白有apo A、B、C、D和E等类型。每类中又有不同的种类，已知有近20种，其中部分见表6-2。它们大多具有双性的α-螺旋结构。其不带电荷的疏水氨基酸残基分布在螺旋的非极性一侧，带电荷的亲水氨基酸残基分布在螺旋的极性一侧。这种双性的α-螺旋结构有利于载脂蛋白与脂质的结合并稳定脂蛋白的结构。

表 6-1 血浆脂蛋白的分类、性质、组成及功能

分类	密度法 电泳法	乳糜微粒	极低密度脂蛋白 前 β-脂蛋白	低密度脂蛋白 β-脂蛋白	高密度脂蛋白 α-脂蛋白
性质	密度	<0.95	0.95~1.006	1.006~1.063	1.063~1.210
	S_f 值	<400	20~400	0~20	沉降
	电泳位置	原点	$α_2$-球蛋白	β-球蛋白	$α_1$-球蛋白
	颗粒直径 (nm)	80~500	25~80	20~25	7.5~10
组成 (%)	蛋白质	0.5~2	5~10	20~25	50
	脂类	98~99	90~95	75~80	50
	甘油三酯	80~95	50~70	10	5
	磷脂	5~7	15	20	25
	胆固醇	1~4	15	45~50	20
	游离	1~2	5~7	8	5
	酯化	3	10~12	40~42	15~17
载脂 蛋白 组成 (%)	apo AⅠ	7	<1	—	65~70
	apo AⅡ	5	—	—	20~25
	apo AⅣ	10	—	—	—
	apo B100	—	20~60	95	—
	apo B48	9	—	—	—
	apo CⅠ	11	3	—	6
	apo CⅡ	15	6	微量	1
	apo CⅢ	0~2	41	40	4
	apo E	微量	7~15	<5	2
	apo D				1
合成部位		小肠黏膜细胞	肝细胞	血浆	肝、肠、血浆
功能		转运外源性甘油 三酯及胆固醇	转运内源性甘油 三酯及胆固醇	转运内源性 胆固醇	逆向转运 胆固醇

表 6-2 人血浆载脂蛋白的结构、功能及含量

载脂蛋白	分子量	氨基酸数	分布	功能	血浆含量 (mg/dl)
AⅠ	28300	243	HDL	激活 LCAT,识别 HDL 受体	123.8±4.7
AⅡ	17500	77×2	HDL	稳定 HDL 结构,激活 HL	33±5
AⅣ	46000	371	HDL,CM	辅助激活 LPL	17±2△
B100	512723	4536	VLDL,LDL	识别 LDL 受体	87.3±14.3
B48	264000	2152	CM	促进 CM 合成	?
CⅠ	6500	57	CM,VLDL,HDL	激活 LCAT?	7.8±2.4
CⅡ	8800	79	CM,VLDL,HDL	激活 LPL	5.0±1.8
CⅢ	8900	79	CM,VLDL,HDL	抑制 LPL,抑制肝 apoE 受体	11.8±3.6
D	22000	169	HDL	转运胆固醇酯	10±4△
E	34000	299	CM,VLDL,NDL	识别 LDL 受体	3.5±1.2
J	70000	427	HDL	结合转运脂质,补体激活	10△
(a)	500000	4529	LP(a)	抑制纤溶酶活性	0~120△
CETP	64000	493	HDL,d>1.21	转运胆固醇酯	0.19±0.05△
PTP	69000	?	HDL,d>1.21	转运磷脂	?

* 华西医科大学生物化学教研室、载脂蛋白研究室对 625 例成都地区正常成人测定结果
△ 国外报道参考值
CETP=胆固醇酯转运蛋白　LPL=脂蛋白脂肪酶
PTP=磷脂转运蛋白　HL=肝脂肪酶

不同的脂蛋白含有不同的载脂蛋白，而不同的载脂蛋白又有不同的功能，但其主要功能是结合和转运脂质。近年来还发现载脂蛋白参与脂蛋白代谢关键酶活性的调节，参与脂蛋白受体的识别等。例如，apo CⅡ是脂蛋白脂肪酶的激活剂。这个酶催化 CM 和 VLDL 中的甘油三酯水解为甘油和脂肪酸，在 CM 和 VLDL 的代谢中起关键性作用。在脂蛋白代谢中促进卵磷脂和胆固醇之间转移脂酰基生成胆固醇酯的关键酶是卵磷脂：胆固醇脂酰基转移酶（LCAT），它需要 apo AⅠ激活。此酶催化的反应如下：

$$\text{卵磷脂} + \text{胆固醇} \xrightarrow[\text{脂酰基转移酶（LCAT）}]{\text{卵磷脂胆固醇}} \text{脂酰甘油磷脂胆碱} + \text{胆固醇酯}$$
$$\text{（溶血卵磷脂）}$$

此外，apo AⅡ还激活肝脂肪酶（HL），这个酶促进 HDL 的成熟和 IDL 转变为 LDL。

目前从不同的组织中至少发现有七种不同的脂蛋白受体，一些载脂蛋白参与了脂蛋白受体的识别。如 apo B100 和 apo E 可被 LDL 受体识别，因此 LDL 受体也被称为 apo B、E 受体。apo AⅠ参与了 HDL 受体的识别，其分子上的酪氨酸是与受体结合必需的基团。

除此以外，载脂蛋白还在脂蛋白代谢过程中进行的脂质和蛋白质的相互转移与交换中起作用。如胆固醇转运蛋白（CETP）促进胆固醇酯和甘油三酯在 HDL 与 VLDL、LDL 之间的交换，而磷脂转运蛋白（PTP）则促进磷脂在脂蛋白之间的交换。

二、血浆脂蛋白的主要功能

（一）乳糜微粒（CM） CM 是运输外源甘油三酯和胆固醇酯的脂蛋白形式。脂肪在消化道中被脂肪酶消化后，吸收进入小肠黏膜细胞再合成甘油三酯，并与吸收和合成的磷脂、胆固醇一起，由载脂蛋白 B48，A-Ⅰ，A-Ⅱ等包裹形成 CM。新生 CM 通过淋巴管道进入血液。摄入脂类食物后，CM 的增加使本来清亮的乳糜变成混浊。当 CM 到达肌肉、心和脂肪等组织时，粘附在微血管的内皮细胞表面，并由 apo CⅡ迅速激活该细胞表面的脂蛋白脂肪酶，在数分钟内就能使 CM 中的甘油三酯水解。水解释出的脂肪酸可被肌肉、心和脂肪组织摄取利用。随着绝大部分甘油三酯的水解和载脂蛋白的脱离，CM 不断变小，成为富含胆固醇酯的 CM 残余，并从微血管内皮脱落下来，进入循环系统，然后被肝吸收代谢。

（二）极低密度脂蛋白（VLDL） VLDL 的功能与 CM 相似，其不同之处是把内源的，即肝内合成的甘油三酯、磷脂、胆固醇与 apo B100、E 等载脂蛋白结合形成脂蛋白，运到肝外组织去贮存或利用。此外，小肠黏膜细胞也可以合成少量的 VLDL。VLDL 中甘油三酯在肝外组织中的释放机制与 CM 相同。随着 VLDL 中的甘油三酯不断被脂蛋白脂肪酶水解，其胆固醇则在 LCAT 催化下大部分被酯化成胆固醇酯。VLDL 的颗粒逐渐变小，密度增加，apo B100 和 E 的相对含量增加而转变为中等密度脂蛋白（IDL）。部分 IDL 被肝细胞摄取代谢，其余的 IDL 中的甘油三酯被脂蛋白脂肪酶进一步水解，最后绝大部分载脂蛋白都脱离，仅剩下分子最大且不溶于水，又难以进行交换的 apo B100 覆盖在脂蛋白的表面上，转变为 LDL。

（三）低密度脂蛋白（LDL） LDL 是由 VLDL 转变来的。由上述可知，LDL 富含胆固醇酯，因此它是向组织转运肝脏合成的内源胆固醇的主要形式。各种组织，如肾上腺皮质、睾丸、卵巢以及肝脏本身都能摄取和代谢 LDL。研究发现，这些组织细胞表面具有特异的 LDL 受体，它是一种糖蛋白，能特异地识别和结合 LDL 颗粒上的 apo B100、apo E 载脂蛋白。当血浆中的 LDL 与组织细胞表面的 LDL 受体结合后，形成 LDL-受体复合物。然后通过胞吞作用（endocytosis）将此复合体摄入胞内（图 6-22）。此时复合体被质膜包围起来形成内吞泡。内吞泡再与胞内溶酶体融合。由溶酶体中的水解酶将 LDL 降解。其中的蛋白质被水解成氨基酸，胆固醇酯则水解成胆固醇和脂肪酸。游离的胆固醇在细胞胆固醇代谢中有重要作用。它可以掺入到细胞的质膜中去，也可以再酯化以酯型胆固醇贮存于细胞中，或者进行生物转变，生成其他的固醇类活性物质，更重要的是可以对细胞中的胆固醇含量进行调节。其机制是，通过胆固醇反馈阻遏 HMG CoA 还原酶的合成，以降低细胞内胆固醇的合成，或是当细胞内胆固醇的含量高时，它可以阻止新的 LDL 受体的合成，从而阻止细胞从血浆中继续摄入胆固醇。人类遗传病研究发现，LDL 受体基因缺陷是引起家族性高胆固醇血症的重要原因。其纯合子患者血浆胆固醇酯高达 600～800 mg/dl，患者常在 20 岁前就有典型的冠心病症状。

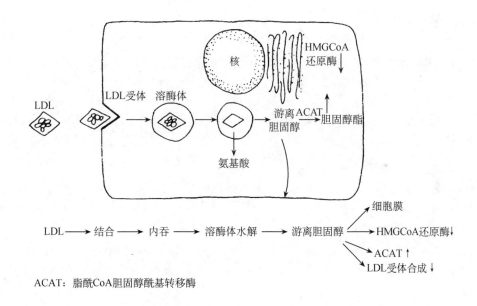

ACAT：脂酰CoA胆固醇酰基转移酶

图 6-22 低密度脂蛋白受体代谢途径

（四）高密度脂蛋白（HDL） HDL 的作用与 LDL 基本相反。它是机体胆固醇的"清扫机"，负责把胆固醇运回肝脏代谢转变。HDL 主要在肝脏，也可在小肠合成。CM 和 VLDL 中的甘油三酯水解时，其表面的 apo AⅠ，AⅡ，AⅣ，C 以及磷脂、胆固醇等脱离 CM 和 VLDL，也可形成 HDL。血浆中的 HDL 很可能从组织细胞膜上抽提胆固醇，并利用 LCAT 的作用使它酯化。LCAT 可被 HDL 中的 apo AⅠ激活。新生的 HDL 在 LCAT 的反复作用下转变为成熟的 HDL。

HDL 主要在肝中降解。成熟的 HDL 可能首先与肝细胞膜的 HDL 受体结合，然后被肝细胞摄取，其中的胆固醇可以用以合成胆汁酸或直接排出体外。HDL 通过胆固醇的逆向转运，把外周组织中衰老细胞膜上的以及血浆中的胆固醇运回肝脏代谢。人类医学研究指出，血浆的 HDL 水平与心血管病的发生呈反相关。妇女的血浆 HDL 水平通常高于男子，其患心血管病的机会也相对少。进一步的研究发现，一些用来降低患心血管病机率的措施，如体育锻炼、减少体脂、适量饮酒，都倾向于提高血浆中 HDL 的水平，而吸烟则使 HDL 减少。

第七章 含氮小分子的代谢

蛋白质和核酸是动物体内最重要的两类含氮生物大分子。而氨基酸和核苷酸分别是蛋白质和核酸的基本组成单位，因而是最重要的两类含氮小分子，别的含氮分子可以由它们衍生出来。本章将重点讨论氨基酸和核苷酸在动物细胞内的代谢。关于蛋白质在动物消化道中降解成氨基酸的消化过程在动物生理学课程中讲述。蛋白质的生物合成，即 RNA 的翻译，以及核酸的合成代谢（DNA 的复制和 RNA 的转录）等内容将在第九章核酸的功能中叙述。

第一节 蛋白质的营养作用

一、饲料蛋白质的生理功能

为了维持生存和正常生长，动物必须从食物中不断地摄入蛋白质。饲料蛋白质对于畜禽的必要性不能被其他营养物质，如糖类和脂类所代替。蛋白质在动物体内的生理功能主要有三方面：

（一）**组织细胞的生长、修补和更新** 蛋白质是参与构成畜禽组织细胞的最重要的成分，约占细胞干重的一半。饲料必须提供足够数量与一定质量的蛋白质，才能维持组织细胞生长和增殖的需要。例如幼畜为了正常生长，怀孕母畜为了胎儿发育等，都必须摄入蛋白质。又如畜禽由其产品，乳、蛋和毛等而丢失掉大量蛋白质；动物因受伤或手术，失血和毛发脱落等也造成机体蛋白的损失，都须通过摄入蛋白质加以补充。动物机体中的蛋白质在完成一定的生理功能之后便要分解，不同的蛋白质有不同的半寿期，长至几十天，短至几分钟。尽管原有蛋白质分解后生成的氨基酸还能用于新蛋白质的再合成，但由于部分氨基酸要损耗，还有部分氨基酸要转变成其他的含氮小分子，因此畜禽仍须从饲料中获得蛋白质。

（二）**转变为生理活性分子** 饲料蛋白质在畜禽消化道中被蛋白酶分解之后，主要以氨基酸的形式吸收进入体内。它们除了在维持组织细胞的生长，补充和更新中发挥作用以外，还用以合成多种激素、酶类、转运蛋白、凝血因子和抗体等具有各种生理功能的大分子。还有一些种类的氨基酸可以转变成多种具有生物活性的含氮小分子，如儿茶酚胺类激素、嘌呤、嘧啶、卟啉等，在畜禽机体的代谢活动中发挥重要作用。以上功能是其他营养物质不能替代的。

（三）氧化供能　畜禽从饲料中摄入的蛋白质在体内也可以氧化供能。每克蛋白质可氧化分解产生 17.2 kJ 的能量，与 1 g 葡萄糖相当。但在一般营养状况下，这不是蛋白质的主要生理功能，因为把价格较高的饲料蛋白仅用作畜禽的供能物质在生产中是不经济的，这种功能可由饲料中的糖和脂肪来承担。

二、氮平衡

为了了解畜禽由饲料摄入的蛋白质是否能满足机体生理活动的需要，须进行氮平衡（nitrogen balance）测定。氮平衡是反映动物摄入氮和排出氮之间的关系以衡量机体蛋白质代谢概况的指标。一般蛋白质的含氮量平均在 16% 左右，因此测得样品的含氮量乘以 6.25（或除以 16%），即可得出其粗蛋白的大致含量。测定氮平衡的方法是，测定畜禽在一定时间内由饲料摄入的氮量并与同期内排出的氮量加以比较。动物主要以尿和粪排出含氮物质。尿中的排氮量代表体内蛋白质的分解量，而粪中的排氮量代表未吸收的蛋白质量。对泌乳和产蛋的动物还须测定由乳、蛋排出的氮量。测定氮平衡的结果可有以下三种情况：

（一）氮的总平衡　即摄入的氮量与排出的氮量相等。这代表动物获得蛋白质的量与丢失的量相等，体内蛋白质的含量基本不变。正常成年畜禽（不包括孕畜）应处于这种状态。

（二）氮的正平衡　即摄入的氮量多于排出的氮量。这意味着动物体内蛋白质的含量增加，称为蛋白质（或氮）在体内沉积。正在生长的畜禽和妊娠母畜应处于这种状态。此外，动物病后的康复或组织损伤后的修复期也应如此。

（三）氮的负平衡　排出的氮量多于摄入的氮量。这表示动物体内蛋白质的消耗多于补充，见于疾病、饥饿和营养不良等情况，说明动物由饲料摄入的蛋白质不足。

在动物生产实践中，由于蛋白质饲料通常价格较高，从经济效益出发，人们要考虑至少要给畜禽饲给多少蛋白质，才能既使动物正常生长和生产，又不浪费饲料。对于成年动物来说，在糖和脂肪这类能源物质充分供应的条件下，为了维持其氮的总平衡，至少必须摄入的蛋白质的量，称为蛋白质的最低需要量。在实际饲养中，为了保证畜禽的健康，一般日粮中蛋白质的含量都应比最低需要量稍高一些。对于幼畜和怀孕母畜，则应在此基础上再加上其生长所需要的蛋白质的量，才能满足其实际需要。

三、蛋白质的生理价值与必需氨基酸

（一）蛋白质的生理价值　蛋白质的最低需要量常因畜禽的品种和生理状态等不同而有所不同，但更重要的是受饲料中蛋白质的种类的影响。同一动物在摄入不同饲料来源的蛋白质时，其最低需要量可有很大差异，这是因为不同的蛋白质有不同的生物值（biological value），也称生理价值。蛋白质的生理价值是指饲料蛋白质被动物机体合成组织蛋白质的利用率。即：

$$蛋白质的生理价值 = \frac{氮的保留量}{氮的吸收量} \times 100$$

例如，某一动物吸收了（不是摄入了）100 g 某种蛋白质，用以合成了 90 g 体内的蛋白质，此种蛋白对该动物的生理价值即为 90。显然，摄入较高生理价值的蛋白质时，其蛋白质最低需要量也小，对于生理价值较低蛋白质，其最低需要量则较大。

（二）**必需氨基酸** 不同的蛋白质可有不同的生理价值，这是因为不同蛋白质所含氨基酸的组成不同，并且主要是所含必需氨基酸（essential amino acid）的种类和比例不同之故。动物合成其组织蛋白质时，所有的 20 种氨基酸都是不可缺少的。但其中一部分氨基酸，只要有氮的来源，可在动物体内利用其它原料（如糖）合成。这些氨基酸称为非必需氨基酸（nonessential amino acid）。而另一部分氨基酸在动物体内不能合成，或合成太慢远不能满足动物需要，因而必须由饲料供给，被称为必需氨基酸。可见，这里所说的"必需"还是"非必需"是指其是否需要由饲料供给，并非指其对动物来说需要与否。现已证明，对正在生长的动物，有 10 种氨基酸是必需氨基酸，即：赖氨酸、甲硫氨酸、色氨酸、苯丙氨酸、亮氨酸、异亮氨酸、缬氨酸、苏氨酸、组氨酸和精氨酸。后面两种，组氨酸和精氨酸虽然在体内也能合成，但合成的量不足，长期缺乏也可使动物造成氮的负平衡，须从饲料中补充获得。此外，雏鸡还需要甘氨酸。对于成年反刍动物来说，由于瘤胃中的细菌能够利用饲料中的含氮物质合成各种必需氨基酸而被畜体吸收利用，所以提供必需氨基酸对于反刍动物不象其他动物那样重要。

由于饲料蛋白质的生理价值指的是机体吸收的蛋白质被利用于合成组织蛋白的百分数，因而很明显，饲料蛋白质的氨基酸组成与动物机体的蛋白质组成越相近，其生理价值则越高。与机体蛋白完全相同的饲料蛋白质，其生理价值便最高（为 100）。然而由于非必需氨基酸能在体内合成，所以这部分氨基酸在饲料蛋白中的含量，不影响该蛋白质的生理价值。而必需氨基酸则不同，由于它们在体内不能合成，所以它们在饲料蛋白中的含量真正决定着该蛋白质的生理价值。饲料蛋白中所含必需氨基酸的组成与体蛋白相同者，其生理价值应该接近 100；而完全缺乏某种必需氨基酸者，其生理价值为零。这样的蛋白质无论摄入多少，对机体也无用处。但由于饲料中所含的蛋白质种类很多，因此它们既不会完全缺乏某种必需氨基酸，也不会与动物体蛋白具有完全一致的必需氨基酸组成，所以它们的生理价值虽然有高有低，但都不是零或 100。

在畜禽饲养中，为了提高饲料蛋白的生理价值，常把原来生理价值较低的不同的蛋白质饲料混合使用，则其必需氨基酸可以互相补充，称为饲料蛋白质互补作用。例如，谷类蛋白质含赖氨酸较少，而含色氨酸较多，有些豆类蛋白质含赖氨酸较多，而含色氨酸较少。当把它们单独喂给动物时，生理价值都比较低，但如果把这两种饲料混和使用，即可取长补短，提高其生理价值。

第二节 氨基酸的一般分解代谢

一、动物体内氨基酸的代谢概况

畜禽体内的氨基酸有两个来源：其一是饲料蛋白质在消化道中被蛋白酶水解后吸收的，称外源氨基酸；其二是体蛋白被组织蛋白酶水解产生的和由其他物质合成的，称内源氨基酸。两者共同组成了动物机体的氨基酸代谢库（metabolic pool），参与代谢活动。它们只是来源不同，在代谢上没有区别。但由于氨基酸不能自由地通过细胞膜，所以它们在体内的分布也是不均匀的。例如，肌肉中的氨基酸占其总代谢库的约50%以上，肝占10%，肾占4%，血浆占1%至6%。由于肝、肾的体积较小，它们所含游离氨基酸的浓度较高，氨基酸的代谢也很旺盛。

氨基酸随血液运至全身各组织进行代谢。其主要去向是合成蛋白质和多肽。此外，也可以转变成多种含氮生理活性物质，如嘌呤、嘧啶、卟啉和儿茶酚胺类激素等。多余的氨基酸通常用于分解供能。虽然不同的氨基酸由于结构的不同，各有其自己的分解方式，但它们都有α-氨基和α-羧基，因此有共同的代谢途径。氨基酸的一般分解代谢就是指这种具有共同性的分解途径。氨基酸分解时，在大多数情况下是首先脱去氨基生成氨和α-酮酸。氨可转变成尿素、尿酸排出体外，而生成的α-酮酸则可以再转变为氨基酸，或是彻底分解为二氧化碳和水并释放出能量，或是转变为糖或脂肪作为能量的储备，这是氨基酸分解的主要途径。在少数情况下，氨基酸首先脱去羧基生成二氧化碳和胺，这是其分解的次要途径。氨基酸的代谢概况总结如图7-1所示。

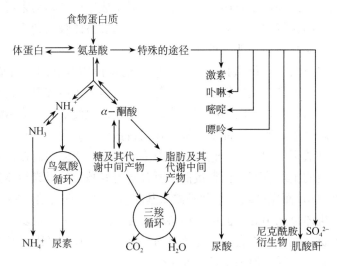

图7-1 氨基酸代谢概况

二、氨基酸的脱氨基作用

在酶的催化下，氨基酸脱掉氨基的作用称脱氨基作用（deamination）。动物的脱氨基作用主要在肝和肾中进行，其主要方式有氧化脱氨基作用，转氨基作用和联合脱氨基作用。多数氨基酸以联合脱氨基作用脱去氨基。

（一）**氧化脱氨基作用**　氨基酸在酶的作用下，先脱氢形成亚氨基酸，进而与水作用生成α-酮酸和氨的过程，称氨基酸的氧化脱氨基作用。

已知在动物体内有L-氨基酸氧化酶、D-氨基酸氧化酶和L-谷氨酸脱氢酶等催化氨基酸的氧化脱氨基反应。L-氨基酸氧化酶以FMN为辅基，催化L-氨基酸的氧化脱氨基作用，但在体内分布不广，活性不强；D-氨基酸氧化酶以FAD为辅基，在体内分布广，活性也强（机理见第五章）。其反应过程为：

$$\underset{\text{氨基酸}}{\overset{\text{COOH}}{\underset{R}{|}}\text{CHNH}_2} \xrightarrow{-2H} \underset{\text{亚氨基酸}}{\overset{\text{COOH}}{\underset{R}{|}}\text{C}=\text{NH}} \xrightarrow{H_2O} \underset{\alpha\text{-酮酸}}{\overset{\text{COOH}}{\underset{R}{|}}\text{C}=\text{O}} + NH_3$$

但由于动物体内的氨基酸绝大多数是 L-型的，故这两类氨基酸氧化酶在氨基酸代谢中的作用都不大。而广泛存在于肝、肾和脑等组织中的 L-谷氨酸脱氢酶，是一种不需氧脱氢酶，有较强的活性，催化 L-谷氨酸氧化脱氨生成 α-酮戊二酸，其辅酶是 NAD^+ 或 $NADP^+$，反应式为：

$$\underset{\text{L-谷氨酸}}{\overset{NH_2}{\underset{\underset{\text{COOH}}{|}}{|}}\underset{(CH_2)_2}{|}\text{CH}-\text{COOH}} \underset{NADP^+ \rightleftarrows NADPH}{\overset{\text{L-谷氨酸脱氢酶}}{\rightleftharpoons}} \underset{\text{亚谷氨酸}}{\overset{NH}{\underset{\underset{\text{COOH}}{|}}{\|}}\underset{(CH_2)_2}{|}\text{C}-\text{COOH}} \xrightarrow{H_2O} \underset{\alpha\text{-酮戊二酸}}{\overset{O}{\underset{\underset{\text{COOH}}{|}}{\|}}\underset{(CH_2)_2}{|}\text{C}-\text{COOH}} + NH_3$$

以上反应是可逆的。当谷氨酸浓度高而氨浓度低时，反应有利于 α-酮戊二酸的生成。谷氨酸脱氢酶是一个由六个亚基构成的变构酶，每个亚基的分子量为 56。GTP 和 ATP 是此酶的变构抑制剂，而 GDP 和 ADP 是其变构激活剂。当细胞处于低能量水平时，谷氨酸加速氧化脱氨，产生出更多的 NAD（P）H 和 α-酮戊二酸，参与氧化供能。但是，L-谷氨酸脱氢酶具有很高的专一性，只能催化 L-谷氨酸的氧化脱氨作用。所以单靠此酶是不能使体内大多数氨基酸发生脱氨基作用的。

（二）转氨基作用（transamination） 在氨基转移酶或称转氨酶的催化下，某一氨基酸的 α-氨基转移到另一种 α-酮酸的酮基上，生成相应的氨基酸，原来的氨基酸则转变成其相应的 α-酮酸，这种作用称为转氨基作用。

$$\overset{\text{COOH}}{\underset{R}{|}}\text{CHNH}_2 + \overset{\text{COOH}}{\underset{\underset{\text{COOH}}{|}}{|}}\underset{(CH_2)_2}{|}\text{C}=\text{O} \rightleftharpoons \overset{\text{COOH}}{\underset{R}{|}}\text{C}=\text{O} + \overset{\text{COOH}}{\underset{\underset{\text{COOH}}{|}}{|}}\underset{(CH_2)_2}{|}\text{CHNH}_2$$

上述转氨基反应是可逆的。动物体内的大多数氨基酸都参与转氨基过程，并存在多种转氨酶，但大多数转氨酶都需要以 α-酮戊二酸为特异的氨基受体，而对作为氨基供体的氨基酸要求并不严格。下面举两个重要的转氨酶，谷草转氨酶（GOT）和谷丙转氨酶（GPT）催化的氨基酸的转氨基反应：

$$\alpha\text{-酮戊二酸} + \text{天冬氨酸} \underset{}{\overset{GOT}{\rightleftharpoons}} \text{谷氨酸} + \text{草酰乙酸}$$

$$\alpha\text{-酮戊二酸} + \text{丙氨酸} \underset{}{\overset{GPT}{\rightleftharpoons}} \text{谷氨酸} + \text{丙酮酸}$$

习惯上依据其可逆反应称呼这两个酶。在正常情况下,上述转氨酶主要存在于细胞中,而血清中的活性很低,在各组织器官中,以心脏和肝脏中的活性为最高。当这些组织细胞受损时,可有大量的转氨酶逸入血液,于是血清中的转氨酶活性升高。因此可根据血清中转氨酶的活性变化判断这些组织器官的功能状况。这个方法在医学临床中已普遍用于一些疾病的诊断,如 GOT 和 GPT 在血清中的活性可分别作为心肌梗塞和急性肝炎诊断和预后的指标之一。

转氨酶的种类虽然很多,但辅酶只有一种,即磷酸吡哆醛。它是维生素 B_6 的磷酸酯,结合于转氨酶活性中心赖氨酸残基的 ε-氨基上,其功能是传递氨基。磷酸吡哆醛从氨基酸接受氨基之后转变成磷酸吡哆胺。而磷酸吡哆胺又将氨基转给 α-酮酸,其本身再变回为磷酸吡哆醛:

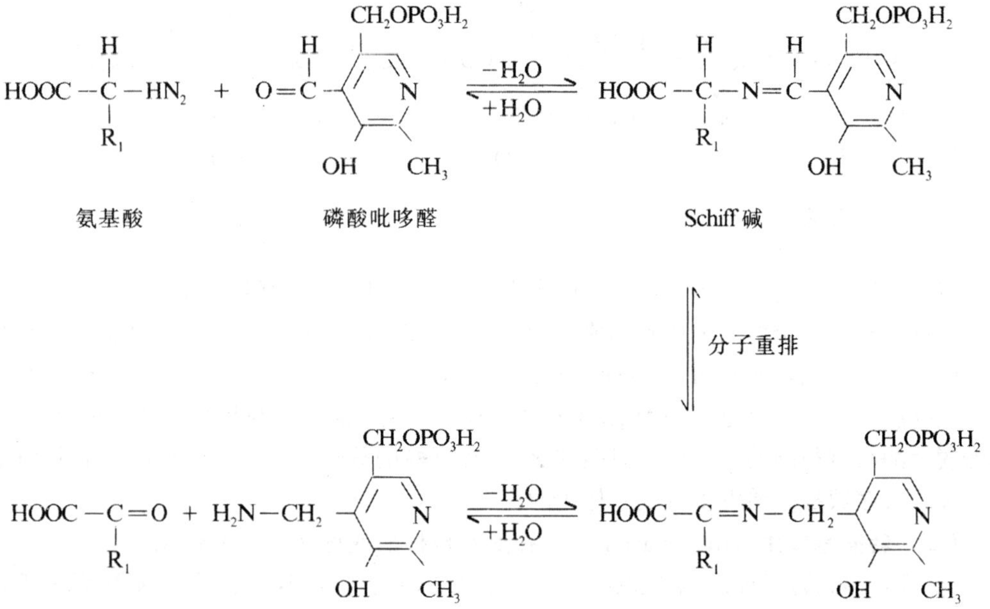

由以上反应可见,磷酸吡哆醛的作用机制是,它首先与供体氨基结合形成席夫碱(shiff base),接着席夫碱进行分子重排发生异构化,再水解实现氨基的最终转移,生成磷酸吡哆胺和相应的 α-酮酸。

(三) 联合脱氨基作用　转氨基作用虽然在体内普遍进行,但仅仅是氨基的转移,并未彻底脱去氨基。氧化脱氨基作用虽然能把氨基酸的氨基真正移去,但又只有谷氨酸脱氢酶活跃,即只能使谷氨酸氧化脱氨。因此认为,体内大多数的氨基酸脱去氨基,是通过转氨基作用和氧化脱氨基作用两种方式联合起来进行的,称为联合脱氨基作用。即各种氨基酸先与 α-酮戊二酸进行转氨基反应,将其氨基转给 α-酮戊二酸生成谷氨酸,而其本身转变为相应的 α-酮酸。然后谷氨酸再在 L-谷氨酸脱氢酶的催化下,进行氧化脱氨基作用,生成氨和 α-酮戊二酸。其总的结果是氨基酸脱去了氨基转变为相应的 α-酮酸和释放出氨。而 α-酮戊二酸在此过程中只是氨基的传递体,并不因为参加了联合脱氨基过程而被消耗。其反应过程如图 7-2 所示。

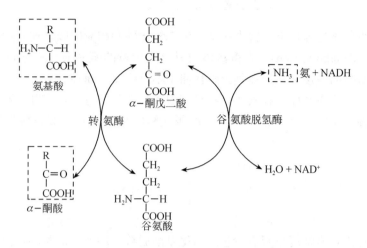

图7-2 联合脱氨基作用

联合脱氨基作用是通过分析体内有关酶活性得出的合乎逻辑的结论。因为体内有活泼的催化大多数氨基酸与α-酮戊二酸之间进行转氨基的酶类,也有活泼的L-谷氨酸脱氢酶的缘故。上述的联合脱氨基作用是可逆的过程,主要在肝、肾等组织中进行,它也是体内合成非必需氨基酸的重要途径。此外,在骨骼肌和心肌中,还存在另一种形式的联合脱氨基作用,称为嘌呤核苷酸循环。其大致途径如图7-3所示。

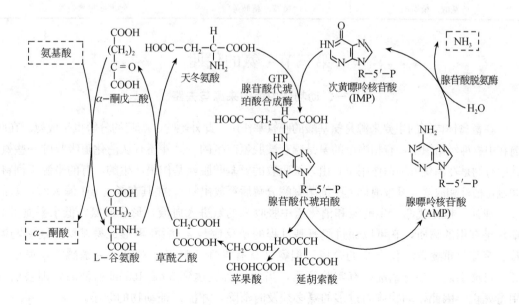

图7-3 嘌呤核苷酸循环

氨基酸可以通过转氨基作用把其氨基转移到草酰乙酸上形成天冬氨酸,然后天冬氨酸参与次黄嘌呤核苷酸转变成腺嘌呤核苷酸的氨基化过程。腺嘌呤核苷酸又可被脱氨酶水解再转变为次黄嘌呤核苷酸并脱去氨基。

三、氨基酸的脱羧基作用

氨基酸在脱羧酶的催化下，脱去羧基产生二氧化碳和相应的胺。这一过程称为氨基酸的脱羧基作用（decarboxylation）。在畜禽体内只有很少量的氨基酸首先通过脱羧作用进行代谢，因此氨基酸的脱羧基作用在其分解代谢中不是主要的途径。

各种氨基酸的脱羧基作用在其各自特异的脱羧酶催化下进行，在肝、肾、脑和肠的细胞中都有这类酶。磷酸吡哆醛是各种氨基酸脱羧酶的辅酶。氨基酸脱羧作用的一般反应如下：

$$\begin{array}{c}\text{COOH}\\|\\\text{H—C—NH}_2\\|\\\text{R}\end{array} \xrightarrow[\text{磷酸吡哆醛}]{\text{脱羧酶}} \text{RCH}_2\text{NH}_2 + \text{CO}_2$$

虽然畜禽体内正常情况下只有少量经由氨基酸脱羧作用产生的胺类，但其中大多数具有特殊的生理作用见表7-1。

表7-1 动物机体中一些胺类的来源及功能

来　源	胺　类	功　能
谷氨酸	γ-氨基丁酸（GABA）	抑制性神经递质
组氨酸	组胺	血管舒张剂，促胃液分泌
色氨酸	5-羟色胺	抑制性神经递质，缩血管
半胱氨酸	牛磺酸	形成牛磺胆汁酸，脂类消化
鸟氨酸、精氨酸	腐胺、精胺等	促进细胞增殖等

第三节　氨的代谢

一、动物体内氨的来源与去路

在畜禽体内氨的主要来源是氨基酸的脱氨基作用。此外嘌呤、嘧啶的分解也生成氨。在肌肉和中枢神经组织中，有相当量的氨是腺苷酸脱氨产生的。另外还有从消化道吸收的一些氨，其中有的是在消化道细菌作用下，由未被吸收的氨基酸脱氨基作用产生的，有的来源于饲料，如氨化秸秆和尿素（可被消化道中细菌脲酶分解后释放出氨）。尤其在肠道pH偏大时，氨的吸收加强。机体代谢产生的氨和消化道中吸收来的氨进入血液，形成血氨。低水平血氨对动物是有用的物质，它可以通过脱氨基过程的逆反应与α-酮酸再形成氨基酸，还参与嘌呤、嘧啶等重要含氮化合物的合成。但氨又具有毒性。脑组织对氨尤为敏感，血氨的升高，可能引起脑功能紊乱。有实验证明，当兔的血氨达到5 mg/100 ml血液时，即会引起中毒死亡。因此，动物体内过多的氨必须及时清除，才能保证动物的健康。

氨可以在动物体内形成无毒的谷氨酰胺，它既是合成蛋白质所需的氨基酸，又是体内运输氨和贮存氨的方式。氨也可以直接排出或通过转变成尿酸、尿素排出体外。比较发育生理学研究指出，动物以何种方式清除有毒性的氨与其系统发育过程中胚胎环境中水的丰富程度有关。例如，淡水鱼和海洋脊椎动物可直接把氨排入环境的水中，使之很快稀释；

而卵生爬行动物和禽类胚胎环境中的水受到严格限制，因此形成难溶于水的尿酸作为排氨的方式（从禽类排泄物中可见到白色粉状尿酸沉淀物）；哺乳动物胚胎与母体相连，于是把氨转变成可溶性的无毒的尿素作为排氨的主要方式。

二、谷氨酰胺的生成

在组织中谷氨酰胺合成酶的催化下，并有 ATP 和 Mg^{2+} 参与，氨和谷氨酸结合成谷氨酰胺。通过谷氨酰胺，可以从脑、肌肉等组织向肝或肾转运氨。谷氨酰胺没有毒性，是体内迅速解除氨毒的一种方式，也是氨的储藏及运输形式。例如运至肝中的谷氨酰胺将氨释出以合成尿素；运至肾中将氨释出，直接随尿排出，以及在各种组织中把氨用于合成氨基酸和嘌呤、嘧啶等含氮物质。谷氨酰胺由谷氨酰胺酶催化水解生成谷氨酸和氨。谷氨酰胺的合成与分解是分别由不同酶催化的不可逆反应：

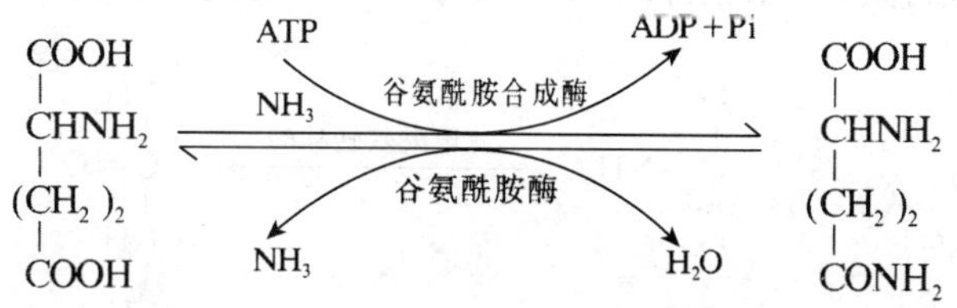

$$\begin{array}{c} COOH \\ | \\ CHNH_2 \\ | \\ (CH_2)_2 \\ | \\ COOH \end{array} \quad \underset{NH_3}{\overset{ATP \quad\quad ADP+Pi}{\underset{\text{谷氨酰胺酶}}{\overset{\text{谷氨酰胺合成酶}}{\rightleftharpoons}}}} \quad NH_3 \quad H_2O \quad \begin{array}{c} COOH \\ | \\ CHNH_2 \\ | \\ (CH_2)_2 \\ | \\ CONH_2 \end{array}$$

已知当体内酸过多时，肾小管上皮细胞中谷氨酰胺酶活性增高，谷氨酰胺分解加快，氨的生成与排出增多。排出的 NH_3 可与尿液中的 H^+ 中和生成 NH_4^+，以降低尿中的 H^+ 浓度，使 H^+ 不断从肾小管细胞排出，从而有利于维持动物机体的酸碱平衡。

三、尿素的生成

在哺乳动物体内氨的主要去路是合成尿素排出体外。实验证明，切除了肝脏的狗，其血液和尿中的尿素显著减少，而血氨增高；如果将狗的肾切除但保留肝脏，发现血液中的尿素浓度明显升高但不能排出；而如果将狗的肝和肾都切除，则其血液中只有低水平的尿素而血氨显著增加。可见，肝脏是哺乳动物合成尿素的主要器官。其他组织，如肾、脑等合成尿素的能力都很弱。氨转变为尿素是一个循环反应过程。早在 1932 年，H. Krebs 和 K. Henseleit 首次提出了鸟氨酸循环（ornithine cycle）学说。鸟氨酸循环又称尿素循环（urea cycle）。这是除了三羧酸循环以外，Krebs 等人对生物化学发展所做出的又一重大贡献。

现将尿素生成的循环反应过程叙述如下：

（一）氨甲酰磷酸的生成 氨、二氧化碳和 ATP 在氨甲酰磷酸合成酶 I（存在于肝细胞线粒体内）的催化下，合成氨甲酰磷酸。

$$CO_2 + NH_3 + H_2O + 2ATP \xrightarrow[Mg^{2+}, N-\text{乙酰谷氨酸}]{\text{氨甲酰磷酸合成酶 I}} H_2N-\overset{O}{\overset{\|}{C}}-O \sim \text{\textcircled{P}} + 2ADP + Pi$$

氨甲酰磷酸

$$\text{CH}_3-\overset{\overset{\text{O}}{\|}}{\text{C}}-\text{NH}-\underset{\underset{\underset{\text{COOH}}{|}}{\underset{(\text{CH}_2)_2}{|}}}{\overset{\overset{\text{COOH}}{|}}{\text{CH}}} \qquad \text{N-乙酰谷氨酸}$$

这个酶特异地利用主要来自于联合脱氨产生的游离氨。N-乙酰谷氨酸（N-AGA）是其变构激活剂，它可以由谷氨酸和乙酰 CoA 作原料合成。当氨基酸分解加强时，所产生的过多的氨必须排出体外，此时，由转氨基作用生成的谷氨酸在细胞中的浓度增加，它作为氨基酸分解代谢加强的化学信号，促进 N-乙酰谷氨酸的合成增加，进一步激活氨甲酰磷酸合成酶，推动尿素循环进行。

（二）瓜氨酸的生成 氨甲酰磷酸是高能磷酸化合物。在线粒体内氨甲酰基转移酶的催化下，氨甲酰磷酸将其氨甲酰基转移给鸟氨酸，释出磷酸，生成瓜氨酸：

$$\underset{\text{鸟氨酸}}{\begin{array}{c}\text{NH}_2\\|\\(\text{CH}_2)_3\\|\\\text{CHNH}_2\\|\\\text{COOH}\end{array}} + \underset{\text{氨甲酰磷酸}}{\begin{array}{c}\text{O}\\\|\\\text{C}-\text{NH}_2\\|\\\text{O}\\|\\\text{\textcircled{P}}\end{array}} \xrightarrow{\text{氨甲酰基转移酶}} \underset{\text{瓜氨酸}}{\begin{array}{c}\text{NH}_2\\|\\\text{C}=\text{O}\\|\\\text{NH}\\|\\(\text{CH}_2)_3\\|\\\text{CH}-\text{NH}_2\\|\\\text{COOH}\end{array}} + \text{Pi}$$

反应中的鸟氨酸是在胞液中生成并通过线粒体膜上特异的转运系统转移至线粒体内的。

（三）精氨酸的生成 瓜氨酸形成后即离开线粒体转入细胞液中，由精氨酸代琥珀酸合成酶催化与天冬氨酸形成精氨酸代琥珀酸。该酶需要 ATP 提供能量（消耗两个高能磷酸键）及 Mg^{2+} 的参与，反应如下：

$$\underset{\text{瓜氨酸}}{\begin{array}{c}\text{NH}_2\\|\\\text{C}=\text{O}\\|\\\text{NH}\\|\\(\text{CH}_2)_3\\|\\\text{CHNH}_2\\|\\\text{COOH}\end{array}} + \underset{\text{天冬氨酸}}{\begin{array}{c}\text{COOH}\\|\\\text{H}_2\text{N}-\text{C}-\text{H}\\|\\\text{CH}_2\\|\\\text{COOH}\end{array}} \xrightarrow[\text{Mg}^{2+}\,\text{ATP}\quad\text{AMP}+\text{PPi}]{\text{精氨酸代琥珀酸合成酶}} \underset{\text{精氨酸代琥珀酸}}{\begin{array}{c}\text{NH}_2\quad\text{COOH}\\|\qquad|\\\text{C}=\text{N}-\text{CH}\\|\qquad|\\\text{NH}\quad\text{CH}_2\\|\qquad|\\(\text{CH}_2)_3\;\text{COOH}\\|\\\text{CHNH}_2\\|\\\text{COOH}\end{array}} + \text{H}_2\text{O}$$

接着，精氨酸代琥珀酸在精氨酸代琥珀酸裂解酶的催化下分解为精氨酸及延胡索酸：

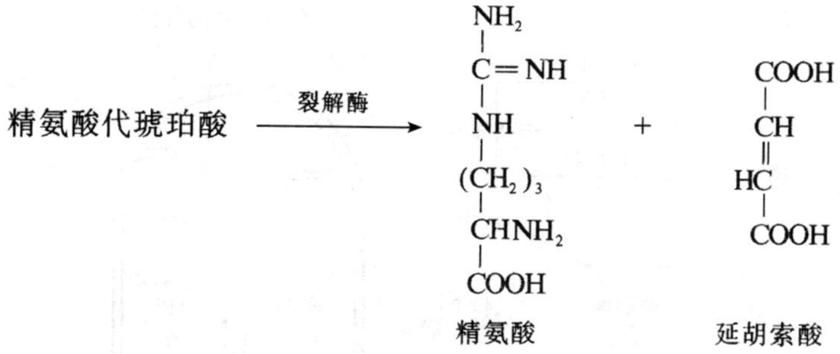

$$\text{精氨酸代琥珀酸} \xrightarrow{\text{裂解酶}} \text{精氨酸} + \text{延胡索酸}$$

从上面两步反应可见，天冬氨酸起了氨基供给体的作用。天冬氨酸可由草酰乙酸与谷氨酸经转氨基作用生成，而谷氨酸又可以通过其他的各种氨基酸把氨基转移给 α-酮戊二酸生成。因此其他各种氨基酸脱下的氨基可以通过天冬氨酸用于合成尿素。上述反应的另一个产物延胡索酸可以经过三羧酸循环的中间步骤转变成草酰乙酸，后者再可与谷氨酸进行转氨基反应，重新生成天冬氨酸。由此尿素循环和三羧酸循环的有关反应可以密切联系在一起。

（四）精氨酸的水解 精氨酸水解生成尿素和鸟氨酸。催化这个水解反应的精氨酸酶存在于哺乳动物体内，尤其在肝脏中有很高的活性。尿素是无毒的，可以经过血液送至肾脏，再随尿排出体外，鸟氨酸则可再进入线粒体与氨甲酰磷酸反应合成瓜氨酸，重复上述循环过程。精氨酸的水解反应如下：

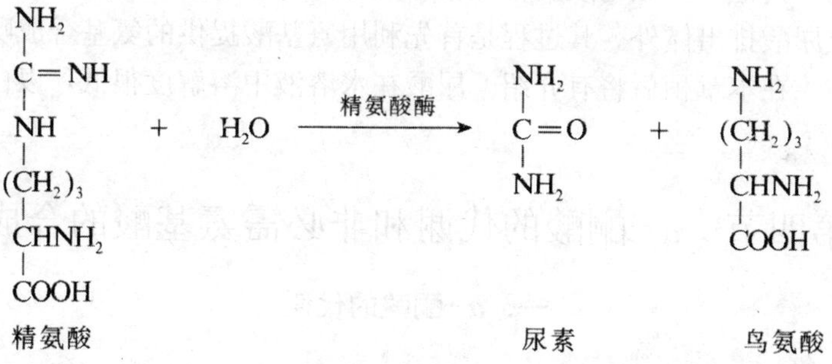

$$\text{精氨酸} + H_2O \xrightarrow{\text{精氨酸酶}} \text{尿素} + \text{鸟氨酸}$$

综合上述过程，可将尿素合成的总反应归结为：

$CO_2 + NH_3 + 3ATP + $ 天冬氨酸 $+ 2H_2O \rightleftharpoons$ 尿素 $+$ 延胡索酸 $+ 2ADP + AMP + PPi + 2Pi$

可见这是一个消耗能量的过程，每生成 1 分子尿素，需水解 3 分子 ATP 中的 4 个高能磷酸键，其中 2 分子 ATP 用于氨甲酰磷酸的生成；1 分子 ATP 用于精氨酸代琥珀酸的生成，反应中产生 AMP 和焦磷酸，后者可进一步水解成 2 分子磷酸，消耗 1 个高能磷酸键。形成 1 分子尿素，实际上可以清除 2 分子氨和 1 分子二氧化碳。这样不仅可以减除氨对动物机体的毒性，也可以减少体内二氧化碳溶于血液所产生的酸性。因此，尿素循环对于哺乳动物有十分重要的生理意义。尿素生成的总途径如图 7-4 所示。

四、尿酸的生成和排出

家禽体内氨的去路和哺乳动物有共同之处，也有不同之处。氨在家禽体内也可以合成

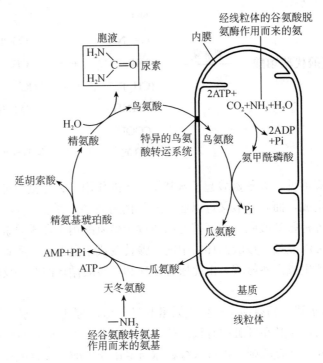

图 7-4 尿素生成过程

谷氨酰胺以及用于其他一些氨基酸和含氮物质的合成，但不能合成尿素，而是把体内大部分的氨通过合成尿酸排出体外。其过程是首先利用氨基酸提供的氨基合成嘌呤，再由嘌呤分解产生出尿酸。在本章稍后将有介绍。尿酸在水溶液中溶解度很低，以白色粉状的尿酸盐从尿中析出。

第四节 α-酮酸的代谢和非必需氨基酸的合成

一、α-酮酸的代谢

氨基酸经脱氨基作用之后，大部分生成相应的α-酮酸。这些α-酮酸的具体代谢途径虽然各不相同，但都有以下三种去路：

(一) **氨基化** 由于转氨基作用和联合脱氨基作用都是可逆的过程，因此所有的α-酮酸也都可以通过脱氨基作用的逆反应而氨基化，生成其相应的氨基酸。这也是动物体内非必需氨基酸的主要生成方式。

(二) **转变成糖和脂类** 在动物体内，α-酮酸可以转变成糖和脂类。这是通过利用不同的氨基酸饲养人工诱发糖尿病的动物所得出的结论。绝大多数氨基酸可以使受试实验动物尿中排出的葡萄糖增加，少数使尿中葡萄糖和酮体都增加，只有亮氨酸和赖氨酸仅使尿中的酮体排出量增加。由此，把在动物体内可以转变成葡萄糖的氨基酸称为生糖氨基酸，有丙氨酸、半胱氨酸、甘氨酸、丝氨酸、苏氨酸、天冬氨酸、天冬酰胺、蛋氨酸、缬氨酸、精氨酸、谷氨酸、谷氨酰胺、脯氨酸和组氨酸。能转变成酮体的称为生酮氨基酸，有亮氨酸和赖氨酸，二者都能生成的称为生糖兼生酮氨基酸，包括色氨酸、苯丙氨酸、酪氨酸等芳香族氨基酸和异亮氨酸。

在动物体内，糖是可以转变成脂肪的，因此生糖氨基酸也必然能转变为脂肪。生酮氨基酸转变为酮体之后，酮体可以再转变为乙酰CoA，然后可进一步用以合成脂酰CoA，再与磷酸甘油合成脂肪。所需的磷酸甘油则由生糖氨基酸或葡萄糖提供。由于乙酰CoA在动物机体内不能转变成糖，所以生酮氨基酸是不能异生成糖的。除了完全生酮的赖氨酸和亮氨酸以外，其余的氨基酸脱去氨之后的代谢物都有可能沿着糖异生途径转变或部分转变成糖。生糖兼生酮的氨基酸代谢后生成酮体和琥珀酰CoA，延胡索酸等。其中琥珀酰CoA，延胡索酸也可循三羧酸循环转变为草酰乙酸，再进一步生成糖。

（三）**氧化成二氧化碳和水** 氨基酸脱氨基后产生的α-酮酸是氨基酸分解供能的主要部分。其中有的直接可以生成乙酰CoA，有的经丙酮酸后再形成乙酰CoA，有的则是三羧酸循环的中间产物。因此都能通过循环最终彻底氧化分解成二氧化碳和水，并释放出能量。从图7-5可以清楚地看到氨基酸脱去氨基后形成的"碳骨架"如何与糖代谢联系在一起以及它们的代谢去向。

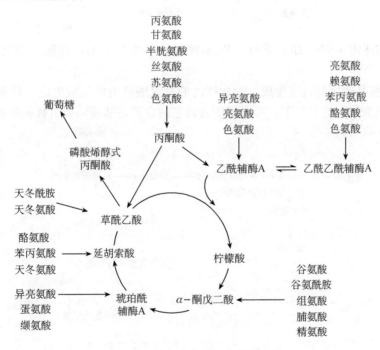

图7-5 氨基酸碳骨架的代谢去向

二、非必需氨基酸的生成

α-酮酸在动物体内可以经过氨基化生成相应的各种氨基酸。但有些α-酮酸不能由其他物质（如糖或脂肪）生成，只能由其相应的氨基酸生成。例如苯丙酮酸只能由苯丙氨酸生成。这样由苯丙氨酸脱氨产生的苯丙酮酸虽然可再氨基化转变为苯丙氨酸，但不能净增加体内苯丙氨酸的量。因此这样的氨基酸在体内是不能净合成的，只能从饲料中获得，因此是必需氨基酸。而另一些α-酮酸，如丙酮酸、草酰乙酸和α-酮戊二酸等是可以由其他物质（主要是糖）合成的，它们再氨基化生成相应的氨基酸，如丙氨酸、天冬氨酸和谷氨酸等，因此这样的氨基酸不一定从饲料中获得，因而是非必需的。

动物体内的非必需氨基酸可以通过如下方式合成：

（一）由 α-酮酸氨基化生成 糖代谢生成的 α-酮酸，可以经过转氨或联合脱氨基作用的逆过程合成氨基酸。通过这种方式合成的非必需氨基酸，除了前面已介绍过的丙氨酸、天冬氨酸和谷氨酸以外，丝氨酸的合成也与之相类似，其反应如下：

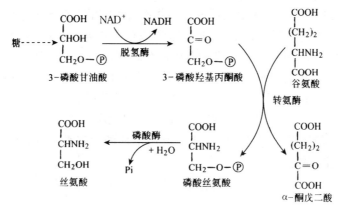

此外，在体内 3-P-甘油酸也可以先脱磷酸生成甘油酸，再脱氢和转氨基生成丝氨酸。

（二）由氨基酸之间转变生成 动物体内的甘氨酸可由丝氨酸生成。丝氨酸在有甲硫氨酸（必需氨基酸）的参与下，可以转变为其它的含硫氨基酸，如半胱氨酸和胱氨酸。谷

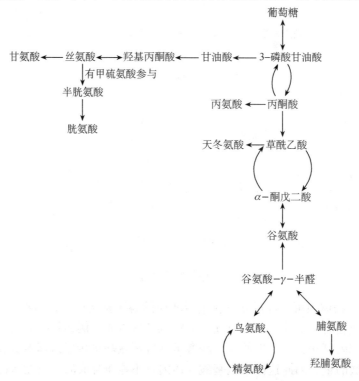

图 7-6 非必需氨基酸之间的相互转变

氨酸经过谷氨酸-γ-半醛等中间产物可以转变成脯氨酸和鸟氨酸，后者又可经尿素循环转变为精氨酸等，上述转变见图 7-6 所示。

第五节 个别氨基酸代谢

在本章前面的几节中，主要讨论了氨基酸在动物体内的一般代谢过程，实际上，许多氨基酸还有其各别的特殊的代谢途径，并且在途径之间以及与其他代谢物之间存在密切的联系。在这一节中，仅选择若干在动物体内有重要生理意义的氨基酸代谢为例作简要的介绍。

一、提供一碳基团的氨基酸

许多氨基酸，如甘氨酸、丝氨酸、组氨酸和蛋氨酸等，在其分解过程中产生含有一个碳原子的基团（不包括羧基），如甲基（$—CH_3$）、甲烯基（$—CH_2—$）、甲炔基（$—CH=$）、甲酰基（$—CHO$）和亚氨甲基（$—CH=NH$）等，它们并不游离存在，而常被一碳基团转移酶的辅酶四氢叶酸（FH_4）携带进行代谢和转运。一碳基团与四氢叶酸通常通过叶酸分子上的 N^5、N^{10} 连接（叶酸的结构参见本书的第三章酶），如：

N^5-甲基四氢叶酸
($N^5-CH_3-FH_4$)

N^5,N^{10}-甲烯四氢叶酸
($N^5,N^{10}-CH_2-FH_4$)

N^5,N^{10}-甲炔四氢叶酸
($N^5,N^{10}=CH-FH_4$)

N^{10}-甲酰四氢叶酸
($N^{10}-CHO-FH_4$)

N^5-亚氨甲基四氢叶酸
($N^5-CH=NH-FH_4$)

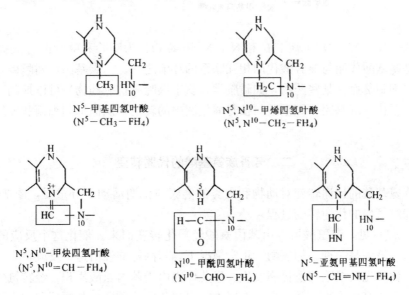

上式中代表 FH_4 的部分结构

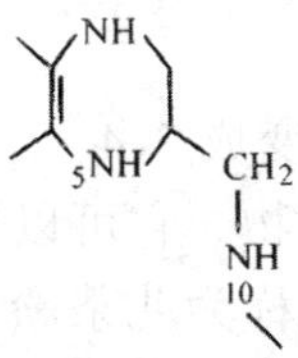

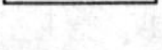

 代表一碳单位

与四氢叶酸相连的各类一碳基团可以通过氧化还原过程相互转变。例如：

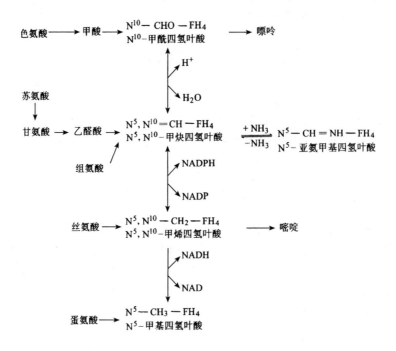

N^{10} 甲酰 FH_4，N^5, N^{10} 甲炔 FH_4 和 N_5, N^{10} 甲烯 FH_4 为嘌呤和嘧啶的合成提供甲基来源，这也是氨基酸代谢与核苷酸代谢相互联系的环节之一。一碳基团代谢障碍，在人类可引起巨幼红细胞贫血。某些药物，如磺胺类、氨甲喋呤（抗癌药物）可以抑制四氢叶酸的正常合成，干扰一碳基团在氨基酸与核苷酸代谢中的转运，从而抑制细菌和肿瘤细胞的代谢活动。

二、芳香族氨基酸的代谢转变

芳香族氨基酸的代谢转变对动物和人类的健康与代谢活动十分重要，图 7-7 所示是苯丙氨酸和酪氨酸的代谢转变过程。

由图 7-7 可见，酪氨酸可以由苯丙氨酸经羟化转变而来。催化这个反应的酶是苯丙氨酸羟化酶，该酶是一种单加氧酶。正常情况下，苯丙氨酸经由这个反应转变。在人类有苯丙氨酸羟化酶先天缺陷的遗传病发生。患儿体内由于苯丙氨酸累积，经转氨生成大量苯丙酮酸及苯乙酸等衍生物，并可出现在尿中，引起苯丙酮酸尿。苯丙酮酸的累积可严重损害神经系统，造成患儿智力发育障碍。在患者发病早期，如能控制其摄入的苯丙氨酸含量可有助于治疗。

酪氨酸可在酪氨酸羟化酶催化下，转变成 3,4-二羟苯丙氨酸，又称多巴（Dopa）。多巴是酪氨酸代谢的一个十分重要的中间物。它可以脱羧转变成多巴胺，进而转变为去甲肾上腺素和肾上腺素，这三种产物统称为儿茶酚，是重要的小分子含氮激素。多巴又可以在黑色素细胞中，经氧化、脱羧转变成吲哚醌。皮肤黑色素即是吲哚醌的聚合物。人类黑色素细胞中催化酪氨酸羟化生成多巴的酪氨酸酶的先天性遗传缺陷可引起"白化病"。酪氨酸还是体内合成甲状腺素的原料。此外，苯丙氨酸、酪氨酸都能经

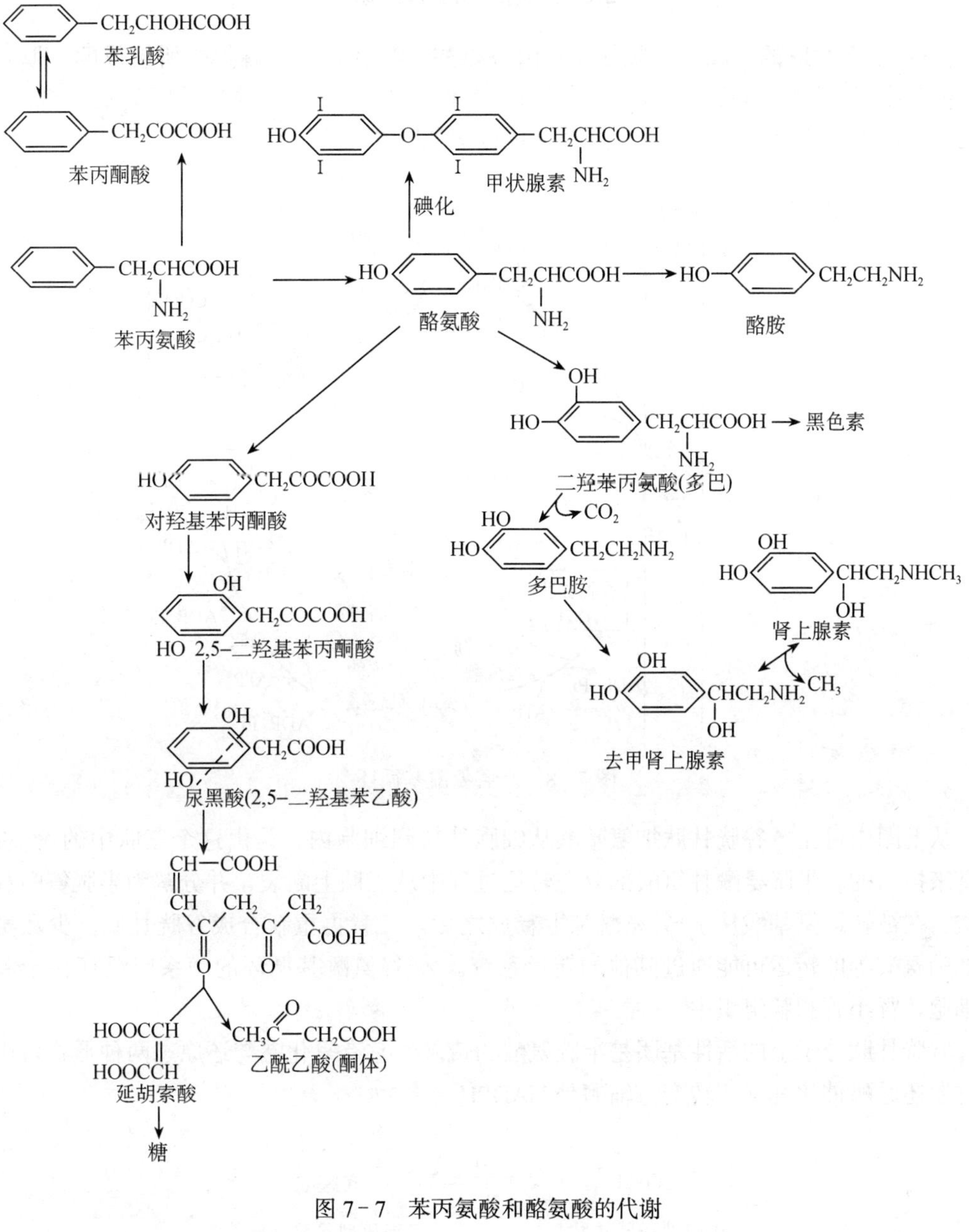

图 7-7 苯丙氨酸和酪氨酸的代谢

由对羟苯丙酮酸、尿黑酸最终分解成延胡索酸和乙酰乙酸。因此，这两种芳香族氨基酸是生糖兼生酮的氨基酸。当尿黑酸酶缺陷时，尿黑酸的进一步分解受阻，可出现尿黑酸症，也是一种人类遗传病。

关于色氨酸的代谢转变，除了它可以脱羧转变为 5-羟色胺之外，还可通过色氨酸加氧酶作用，生成甲酰犬尿氨酸原，以此为中间物，代谢转变为丙氨酸与乙酰乙酸，因此这个氨基酸也是生糖兼生酮的。色氨酸还能用于少量尼克酸（维生素 B_5）的合成，但远不能满足机体的需要。

三、含硫氨基酸的代谢

(一) 谷胱甘肽的合成 谷胱甘肽是由谷氨酸、半胱氨酸和甘氨酸所组成的三肽，它的生物合成不需要编码的 RNA，已证明与一个称之为"γ-谷氨酰基循环"（γ-Glutamyl cycle）的氨基酸转运系统相联系。这个循环过程如图 7-8 所示。

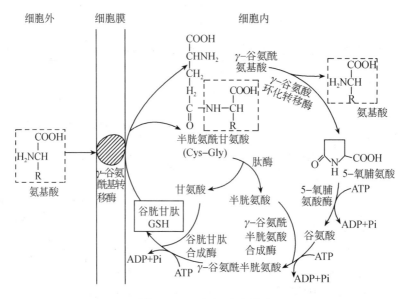

图 7-8 γ-谷氨酰基循环

从上图中可见，谷胱甘肽把氨基酸从细胞外转到细胞内，是由这个三肽中的 γ-谷氨酰基来担当的，半胱氨酰甘氨酸部分在转运过程中从三肽上断裂，并分解为半胱氨酸和甘氨酸。在被转运氨基酸从 γ-谷氨酰基上释放之后，三者再重新合成谷胱甘肽。少数氨基酸如脯氨酸等的转运可能通过其他的转运系统。γ-谷氨酰基循环的酶系广泛存在于肠粘膜细胞，肾小管和脑组织中。

谷胱甘肽分子上的活性基团是半胱氨酸的巯基。它有氧化态与还原态两种形式，由谷胱甘肽还原酶催化其互相转变，辅酶是 NADPH。

$$2GSH \underset{+2H}{\overset{-2H}{\rightleftharpoons}} GSSG$$

还原型谷胱甘肽　　　　　　氧化型谷胱甘肽

还原型的谷胱甘肽在细胞中的浓度远高于氧化型（约 100∶1）。其主要功能是保护含有功能巯基的酶和使蛋白质不易被氧化，保持红细胞膜的完整性，防止亚铁血红蛋白（可携带 O_2 的）氧化成高铁血红蛋白（不能携带 O_2 的），还可以结合药物、毒物，促进它们的生物转化，消除过氧化物和自由基对细胞的损害作用。

(二) 甲硫氨酸代谢 甲硫氨酸是一种含有 S-甲基的必需氨基酸。它是动物机体中最重要的甲基直接供给体，参与肾上腺素，肌酸、胆碱、肉碱的合成和核酸甲基化过程。但是在它转移甲基前，首先要腺苷化，转变成 S-腺苷甲硫氨酸（S-adenosyl methionine，SAM）：

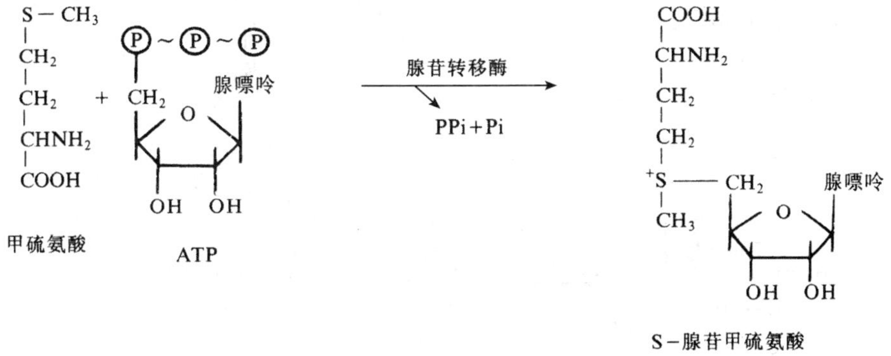

在甲基转移酶的作用下，SAM 分子中的甲基可以转移给某个甲基受体，而自身转变为 S-腺苷同型半胱氨酸：

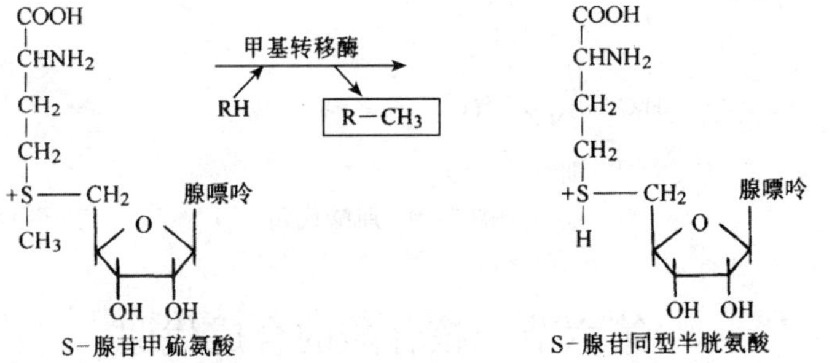

后者进一步脱去腺苷生成同型半胱氨酸（比半胱甘酸多一个—CH_2—）。同型半胱氨酸还可以在 N^5 甲基 FH_4 转甲基酶的作用下获得甲基再转变成甲硫氨酸。

（三）肌酸和肌酐的合成　肌酸，即甲基胍乙酸，由甘氨酸、精氨酸和甲硫氨酸在畜禽体内合成，特别在骨骼肌中含量高。肌酸生成的第一步反应是在肾脏中转脒基酶的催化下，由精氨酸将其脒基转给甘氨酸生成胍乙酸。第二步是胍乙酸再从 S-腺苷甲硫氨酸（SAM）得到甲基生成肌酸，此反应由肝中的胍乙酸甲基转移酶催化，见图 7-9。

肌酸可在肌酸激酶的催化下，与 ATP 反应，生成磷酸肌酸和 ADP。肌肉所含的肌酸，主要以磷酸肌酸的形式存在，含有高能磷酸键，是肌肉收缩的一种能量贮备形式。当肌肉收缩消耗 ATP 时，磷酸肌酸可将其磷酸基及时地转给 ADP，再生成 ATP。

从图 7-9 还可以看到，肌酸分子内缩水环化，生成肌酐，但肌酐不能再转变回肌酸。磷酸肌酸也可以脱磷酸转变为肌酐。肌酐随尿排出体外。肌酐的生成量与骨骼肌中肌酸、磷酸肌酸的储量成正比。而后者的贮存量又与骨骼肌的量成正比。对成年家畜而言，其骨骼肌是比较恒定的，因此尿中排出的肌酐量也比较恒定，不受饲料、运动和尿容积的影响。

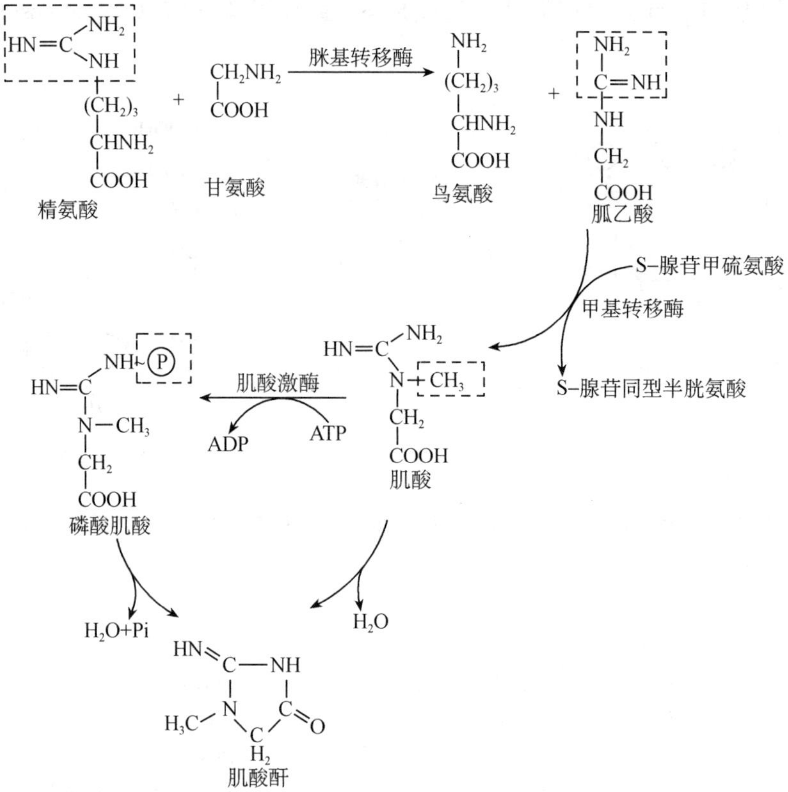

图 7-9　肌酸代谢

第六节　核苷酸的合成代谢

核苷酸是动物体内又一类重要的含氮小分子，是遗传大分子脱氧核糖核酸与核糖核酸的基本组成单位，并且在机体的能量转移和调节代谢中发挥重要作用。畜禽虽然可以通过消化饲料获得核苷酸，但这些核苷酸很少被机体直接利用，而主要是利用氨基酸等作为原料在体内从头合成各种核苷酸，其次是利用体内的游离碱基或核苷进行补救合成。

一、嘌呤核苷酸的合成

（一）嘌呤核苷酸的从头合成　在动物体内，嘌呤核苷酸主要是通过从头合成的途径由小分子化合物合成的。同位素示踪研究证明，嘌呤核苷酸中的嘌呤环由多种小分子化合物逐步组装而成。如图 7-10 所示，嘌呤环上的 C-4、C-5 和 N-7 来自甘氨酸；N-1 来自天冬氨酸；N-3 和 N-9 来自谷氨酰胺的酰胺基；C-2 和 C-8 由甲酰四氢叶酸提供；C-6 则来自二氧化碳。

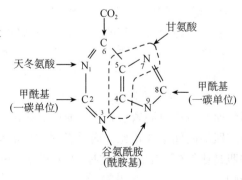

图 7-10　嘌呤环各原子的来源

嘌呤核苷酸的合成过程，不是先合成嘌呤环再与戊糖、磷酸结合，而是从 5'-磷酸核糖-1'-焦磷酸（PRPP）开始，先逐步合成出次黄嘌呤核苷酸（IMP），然后再由 IMP 合成腺嘌呤核苷酸和鸟嘌呤核苷酸。肝脏是机体从头合成嘌呤核苷酸的主要器官，其次是小肠黏膜及胸腺。催化这些反应的酶存在于细胞液中。在动物体内，5'-磷酸核糖-1'-焦磷酸是由 5'-磷酸核糖（可由磷酸戊糖途径提供）与 ATP 反应产生的。此反应由磷酸核糖焦磷酸合成酶催化，是嘌呤核苷酸从头合成途径的主要调控部位，其酶活性受途径产物嘌呤核苷酸的抑制。从 5'-磷酸核糖开始合成 IMP 共经过十一步反应（图 7-11）。

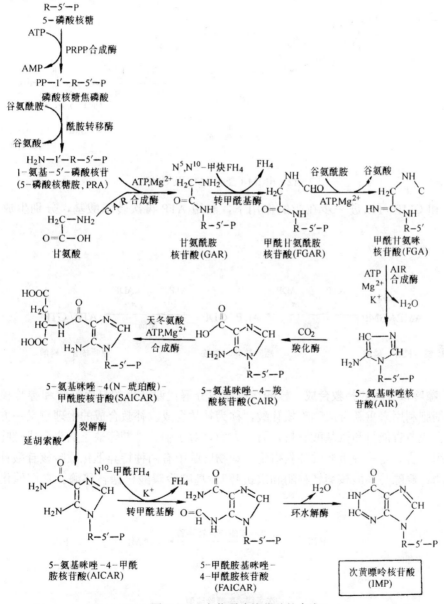

图 7-11　次黄嘌呤核苷酸的合成

由 IMP 转变为腺苷酸（AMP）和鸟苷酸（GMP）各经两步反应（图 7-12）。

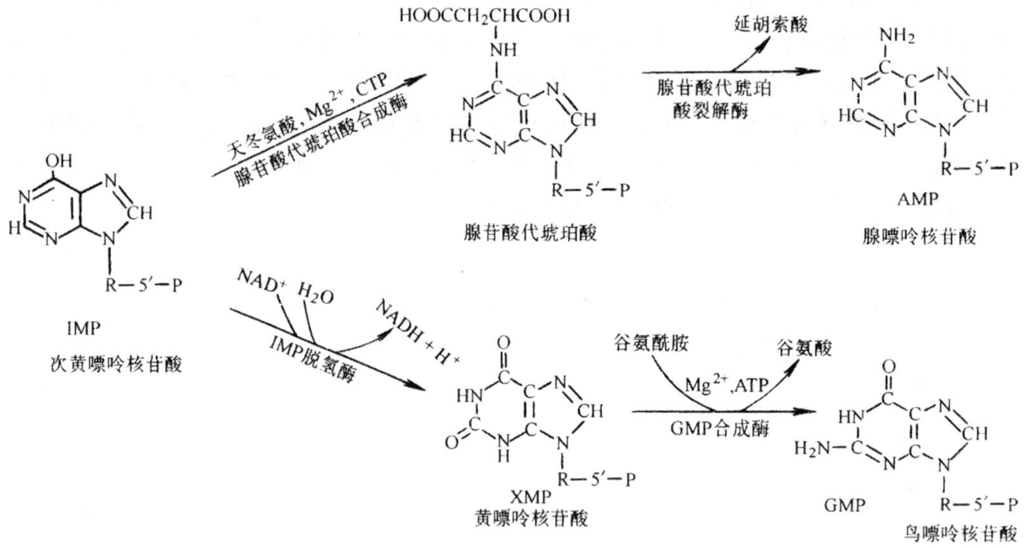

图 7-12 由 IMP 合成 AMP 及 GMP

AMP 和 GMP 可以进一步在激酶作用下，利用 ATP 再次转磷酸基，分别生成 ATP 和 GTP。

AMP/GMP →(激酶, ATP→ADP)→ ADP/GDP →(激酶, ATP→ADP)→ ATP/GTP

嘌呤核苷一磷酸　　　　嘌呤核苷二磷酸　　　　嘌呤核苷三磷酸

（二）嘌呤核苷酸的补救合成　核酸在机体内分解代谢产生的自由嘌呤和嘌呤核苷可以被动物细胞利用来重新合成嘌呤核苷酸，称为补救合成。补救合成的生理意义一方面在于比从头合成节省能量和氨基酸原料，另一方面，对于脑、骨髓等缺乏从头合成嘌呤核苷酸酶的组织而言，是一种重要的补救措施。动物肝脏中有两种特异催化嘌呤核苷酸补救合成反应的酶：腺嘌呤磷酸核糖转移酶和次黄嘌呤/鸟嘌呤磷酸核糖转移酶。它们催化的反应如下：

A（腺嘌呤） + PRPP —(腺嘌呤磷酸核糖转移酶)→ AMP + PPi

G/I（鸟嘌呤/次黄嘌呤） + PRPP —(次黄嘌呤/鸟嘌呤磷酸核糖转移酶)→ GMP/IMP + PPi

二、嘧啶核苷酸的合成

（一）嘧啶核苷酸的从头合成 同位素示踪实验证明，嘧啶核苷酸中嘧啶环的合成原料来自谷氨酰胺、二氧化碳和天冬氨酸，如图7-13所示：

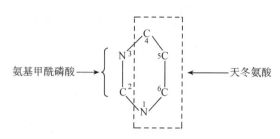

图7-13 嘧啶环各原子的来源

与嘌呤核苷酸的从头合成途径不同，嘧啶核苷酸的合成是首先形成嘧啶环，然后再与磷酸核糖相连成的。在动物细胞中，嘧啶环的合成开始于氨甲酰磷酸的生成。正如本章第三节中所讨论过的，氨甲酰磷酸也是尿素合成的重要中间产物，但它是由位于肝细胞线粒体中的氨甲酰磷酸合成酶Ⅰ催化生成的，而嘧啶环合成所用的氨甲酰磷酸是由胞液中的氨甲酰磷酸合成酶Ⅱ催化生成的，其氮源是谷氨酰胺，N-乙酰谷氨酸对酶Ⅱ的活性并不是必需的。在动物细胞中，氨甲酰磷酸合成酶Ⅱ所催化的反应是嘧啶核苷酸从头合成的主要控制点，它可被 ATP 和 PRPP 所活化，被高浓度的嘧啶核苷酸产物（UTP、CTP）所抑制。

由上述反应生成的氨甲酰磷酸可将其氨甲酰基转移给天冬氨酸形成氨甲酰天冬氨酸，后者经脱水、脱氢反应形成乳清酸。乳清酸并不是构成核苷酸的嘧啶碱，但它可与 PRPP 结合形成乳清酸核苷酸，再进一步脱去乳清酸嘧啶环上的羧基生成尿嘧啶核苷酸（UMP）。上述尿嘧啶核苷酸的从头合成主要在肝脏中进行，反应途径见图7-14。

UMP 可以在激酶作用下，以 ATP 为磷酸供体，经两步磷酸化，生成 UTP：

$$\text{UMP} \xrightarrow[\text{激酶}]{\text{ATP} \quad \text{ADP}} \text{UDP} \xrightarrow[\text{激酶}]{\text{ATP} \quad \text{ADP}} \text{UTP}$$

尿嘧啶核苷一磷酸　　　　　　　　　尿嘧啶核苷二磷酸　　　　　　　　　尿嘧啶核苷酸三磷酸

而 CTP 的生成则须在 CTP 合成酶催化下，消耗1分子 ATP，使 UTP 从谷氨酰胺接受氨基而形成：

$$\text{UTP} \xrightarrow[\text{CTP 合成酶}]{\text{谷氨酰胺} \quad \text{谷氨酸} \atop \text{ATP, Mg}^{2+}} \text{CTP}$$

尿嘧啶核苷三磷酸　　　　　　　　　　　　　　　　胞嘧啶核苷三磷酸

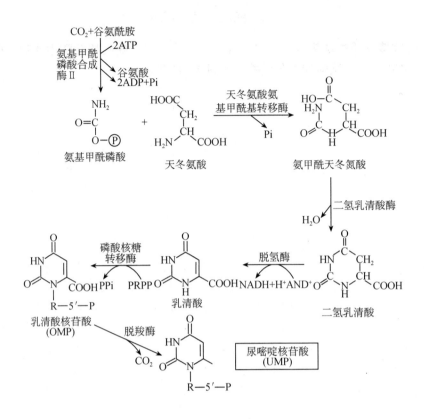

图 7-14 尿嘧啶核苷酸的合成

（二）嘧啶核苷酸的补救合成 嘧啶磷酸核糖转移酶是嘧啶核苷酸补救合成的主要酶，它催化如下反应：

$$嘧啶 + PRPP \xrightarrow{\text{嘧啶磷酸核糖转移酶}} 嘧啶核苷-磷酸 + PPi$$

但这个酶对胞嘧啶不起作用。尿苷激酶也是一种补救合成酶，它催化的反应是：

$$尿嘧啶核苷 + ATP \xrightarrow{\text{尿苷激酶}} UMP + ADP$$

三、脱氧核糖核苷酸的合成

（一）脱氧核糖核苷酸的合成 脱氧核糖核苷酸的合成，不是先将核糖直接还原生成脱氧核糖，而是由核糖核苷酸还原形成的，并且主要是由二磷酸核苷还原所生成，不过脱氧的胸腺嘧啶核苷酸的生成是个例外。催化核糖核苷酸还原的酶系包括：核糖核苷酸还原酶，硫氧化还原蛋白和硫氧化还原蛋白还原酶等。核糖核苷酸还原酶催化二磷酸核苷酸的直接还原，以氢取代其核糖分子中 C_2 上的羟基。氢来自于 NADPH，并通过一个类似于电子传递链的途径传递给核糖，这一反应过程比较复杂，其总反应和氢的传递过程如图 7-15 所示：

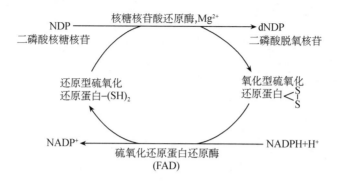

图 7-15 脱氧核苷酸的生成

核糖核苷酸还原酶从 NADPH 获得电子时，需要硫氧化还原蛋白作为电子载体，使其所含的巯基氧化为二硫键。氧化型的硫氧化还原蛋白再由硫氧化还原蛋白还原酶催化（以 FAD 为辅基），重新生成还原型的硫氧化还原蛋白，由此构成一个复杂的酶体系。

经过激酶的作用，上述 dNDP 再磷酸化生成三磷酸脱氧核苷：

$$dNDP + ATP \xrightarrow{激酶} dNTP + ADP$$

（二）胸腺嘧啶核苷酸的合成 胸腺嘧啶脱氧核苷酸不能由二磷酸胸腺嘧啶核糖核苷还原生成，它只能由尿嘧啶脱氧核糖核苷酸（dUMP）甲基化产生。dUMP 可来自 dUDP 的脱磷酸和 dCMP 的脱氨基。催化胸腺嘧啶核酸合成的酶是胸腺嘧啶核苷酸合成酶，它由 N^5, N^{10}-甲烯四氢叶酸提供甲基。反应如下：

$$\begin{array}{c} dUDP \xrightarrow{-Pi} \\ dCMP \xrightarrow{-NH_3} \end{array} dUMP \xrightarrow[\text{TMP 合成酶}]{N^5, N^{10} \text{甲烯 FH}_4} \text{TMP}$$

胸腺嘧啶脱氧核苷一磷酸

经过激酶的作用，利用 ATP，脱氧的 TMP（dTMP）可以两次磷酸化转变为脱氧的胸腺嘧啶核苷三磷酸 TTP（dTTP）。

$$TMP \xrightarrow[\text{激酶}]{ATP \quad ADP} TDP \xrightarrow[\text{激酶}]{ATP \quad ADP} TTP$$

胸腺嘧啶脱氧的核苷三磷酸

第七节 核苷酸的分解代谢

在动物体内有许多催化核酸水解的酶，称为核酸酶（nuclease）。核酸酶可按其底物不同分为核糖核酸酶（RNase）和脱氧核糖核酸酶（DNase）两类。它们分别将 RNA 和 DNA

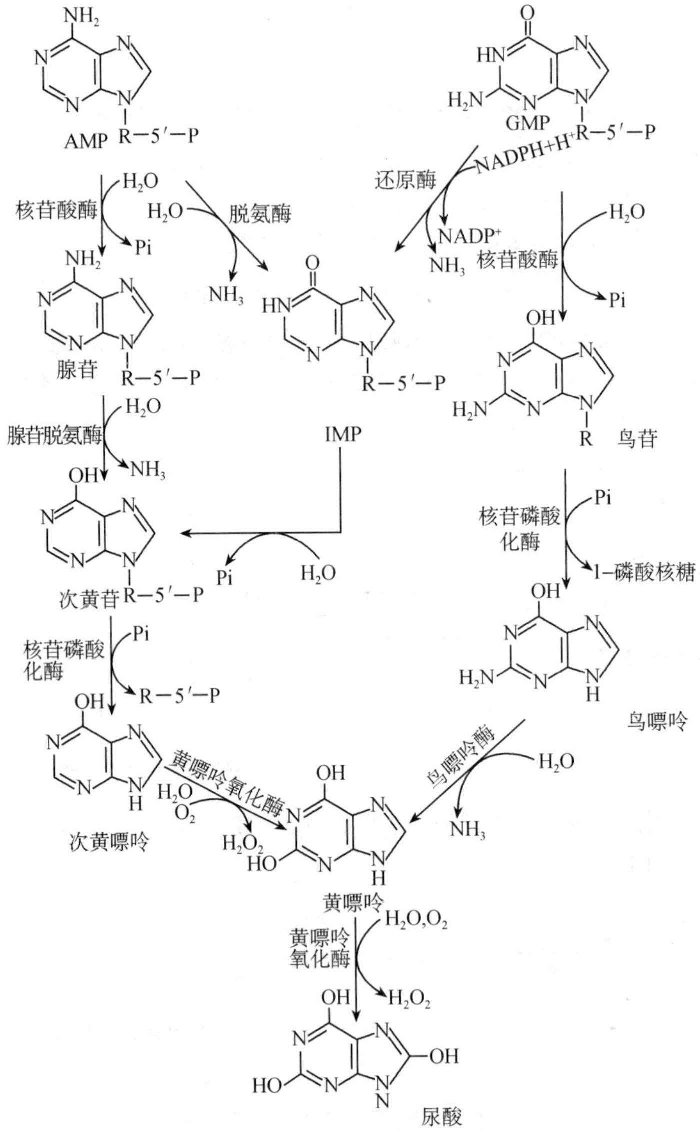

图 7-16 嘌呤核苷酸的分解代谢

水解为单核苷酸,另外依据其作用于核酸的位置不同又可分为内切核酸酶(切点在核酸分子内部)和外切核酸酶(切点在核酸分子的末端)。核酸经核酸酶水解产生的单核苷酸,受核苷酸酶(nucleotidase)的催化,水解生成核苷和磷酸。核苷在核苷酶的作用下进一步分解成戊糖和含氮碱。核苷酶的种类很多,其中有些是核苷磷酸化酶,可将核苷与磷酸作用生成嘌呤碱、嘧啶碱和 1-磷酸戊糖,然后这些物质再分别进行分解代谢。对于核苷酶研究得还不够清楚。以上关于核酸的降解可简单表示如下:

$$\text{核酸} \xrightarrow{\text{核酸酶}} \text{单核苷酸} \xrightarrow{\text{核苷酶}} \begin{cases} \text{磷酸} \\ \text{核苷} \xrightarrow{\text{核苷酶}} \begin{cases} \text{戊糖(核糖、脱氧核糖)} \\ \text{含氮碱(嘌呤、嘧啶)} \end{cases} \end{cases}$$

核酸分解产生的戊糖可经磷酸戊糖途径进一步代谢。碱基则可以经补救途径再利用或者进一步分解。

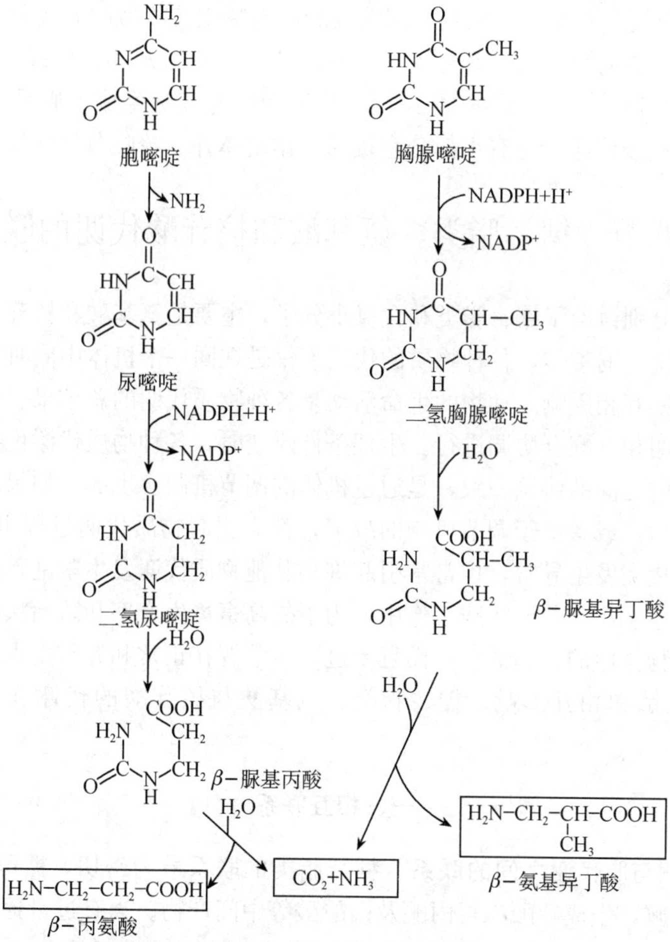

图 7-17　嘧啶核苷酸的分解代谢

一、嘌呤的分解

在许多动物体内含有腺嘌呤酶和鸟嘌呤酶，它们分别催化腺嘌呤和鸟嘌呤水解脱氨生成次黄嘌呤和黄嘌呤。但人和大鼠不含腺嘌呤酶，因此腺嘌呤的脱氨反应是在腺苷酸或腺苷的水平上进行的，其产物为次黄嘌呤核苷酸或次黄嘌呤核苷，它们再进一步分解成次黄嘌呤。

嘌呤在不同种类动物中分解的最终产物不同。在人、灵长类、鸟类、爬虫类及大部分昆虫中，嘌呤分解的最终产物是尿酸，尿酸也是鸟类和爬虫类排除多余氮的主要形式。在其他哺乳动物则是尿囊素；某些硬骨鱼类排出尿囊酸；两栖类和大多数鱼类可将尿囊酸再进一步分解成乙醛酸和尿素；最后在某些海生无脊椎动物中可把尿素再分解为氨和二氧化碳。嘌呤分解代谢的反应见图 7-16。

二、嘧啶的分解

胞嘧啶经水解脱氨转化为尿嘧啶。尿嘧啶和胸腺嘧啶按相似的方式分解。它们首先被还原成相应的二氢衍生物二氢尿嘧啶或二氢胸腺嘧啶，然后开环，生成 β-氨基酸、氨和二氧化碳。胞嘧啶和尿嘧啶生成的是 β-丙氨酸，而胸腺嘧啶生成的则是 β-氨基异丁酸。β-氨基酸可以进一步代谢，也有小部分直接随尿排出体外。嘧啶分解的反应见图 7-17。

第八节　糖、脂类、氨基酸和核苷酸代谢的联系

在前几章中分别讨论了糖、脂类和含氮小分子，主要是氨基酸和核苷酸的代谢。然而动物机体是一个统一的整体，各种物质的代谢不仅是在同一个机体中同时进行的，而且彼此之间密切联系，互相影响。动物的生命活动是各种物质代谢的总结果。正常的生理活动需要各种物质代谢相互配合协调进行。生理条件改变时，各种物质代谢也要发生相应的改变。这种物质代谢之间的协调一致，是通过机体的调节机制实现的。如果环境的改变超过了机体的调节能力，或者由于调节机制的故障，都会引起物质代谢过程出现异常和紊乱。即使一种物质的代谢发生异常，也常常引起许多其他物质代谢发生紊乱，最终导致动物患病。可见，畜牧业生产和兽医实践工作中，为了提高畜禽生产率和防治疾病，不仅必须了解各种物质在动物体内的代谢活动，而且要进一步掌握在正常和异常生理状况下，各种物质代谢之间的联系和相互影响。糖、脂类、氨基酸与核苷酸的代谢联系，如图 7-18 所示。

一、相互联系

（一）糖代谢与脂代谢之间的联系　糖与脂类的联系最为密切，糖可以转变成脂类。葡萄糖经氧化分解，生成磷酸二羟丙酮及丙酮酸等中间产物。当有过量葡萄糖摄入时，其中磷酸二羟丙酮还原成 α-磷酸甘油，而丙酮酸氧化脱羧转变为乙酰 CoA，由线粒体转入胞液，然后再由脂肪酸合成酶系催化合成脂酰 CoA。α-磷酸甘油与脂酰 CoA 再用来合成甘油三酯。此外，乙酰 CoA 也是合成胆固醇及其衍生物的原料。在上述糖转变成脂类的

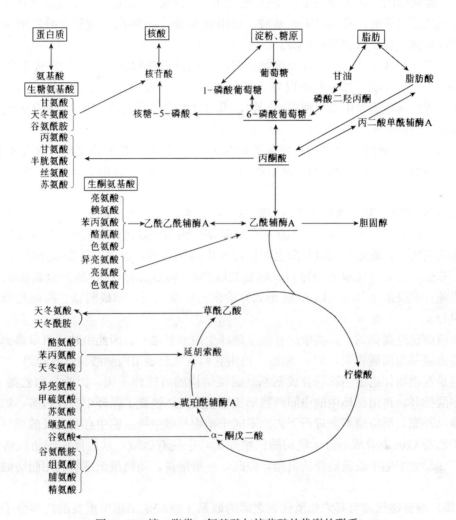

图 7-18 糖、脂类、氨基酸与核苷酸的代谢的联系

过程中，磷酸戊糖途径还为脂肪酸、胆固醇合成提供了所需的大量 NADPH。

那么，在动物体内，脂肪能否转变成葡萄糖呢？答案是，这种转变是有限度的。脂肪的分解产物包括甘油和脂肪酸。其中甘油可由肝中的甘油激酶催化转变为 α-磷酸甘油，再脱氢生成磷酸二羟丙酮，然后沿异生途径转变为葡萄糖或糖原。因此，甘油是一种生糖物质。奇数脂肪酸经 β-氧化之后，有丙酰 CoA 产生。丙酸也是反刍动物瘤胃微生物消化纤维素的产物。丙酸可以经甲基丙二酸单酰 CoA 途径转变成琥珀酸，然后进入异生过程生成葡萄糖。然而偶数脂肪酸 β-氧化产生的乙酰 CoA 在动物体内则不能净合成糖。其关键问题在于丙酮酸脱氢酶系催化产生乙酰 CoA 的反应是不可逆的。虽然有研究显示，同位素标记的乙酰 CoA 碳原子最终掺入到了葡萄糖分子中去，但其前提是必须向三羧酸循环中补充如草酰乙酸等有机酸，而动物体内草酰乙酸又只能从糖代谢的中产物丙酮酸羧化后或其他氨基酸脱氨后得到。

（二）糖代谢与氨基酸代谢之间的联系　糖不仅是动物机体中主要的燃料分子，而且其分解代谢的中间产物，特别是α-酮酸可以作为"碳架"，通过转氨基或氨基化作用进而转变成组成蛋白质的许多非必需氨基酸。如由丙酮酸，α-酮戊二酸和草酰乙酸可以生成相应的丙氨酸、谷氨酸和天冬氨酸。

但是当动物缺乏糖的摄入（如饥饿）时，则体蛋白分解加强。已知组成蛋白质的20种氨基酸中，除赖氨酸和亮氨酸以外，其余的都可以通过脱氨基作用直接或再进一步分解，转变成糖异生途径中的某种中间产物，再沿异生途径合成糖，以满足机体对葡萄糖的需要和维持血糖水平的稳定。

此外，缺乏糖的充分供应，使细胞的能量水平下降，对于需要消耗大量高能磷酸化合物（ATP和GTP）的蛋白质生物合成的过程也产生影响，合成速率明显受到抑制。

（三）脂代谢与氨基酸代谢之间的联系　所有氨基酸，无论是生糖的、生酮的，还是兼生的都可以在动物体内转变成脂肪。生酮氨基酸固然可以通过解酮作用转变成乙酰CoA之后合成脂肪酸，就是生糖氨基酸也能通过异生成糖之后，再由糖转变成脂肪的。此外，某些氨基酸，还是合成磷脂的原料。丝氨酸脱去羧基之后形成的胆胺是脑磷脂的组成成分，胆胺在接受由蛋氨酸（以SAM形式）给出的甲基之后，形成胆碱。胆碱是卵磷脂的组成成分。

如前面已经提到的，脂类中的甘油是糖异生的原料之一。因此由甘油可以得到用以合成非必需氨基酸的碳骨架，即α-酮酸，再由它们直接合成出丙酮酸、丝氨酸等。

但是在动物体内由脂肪酸合成氨基酸碳架结构的可能性不大。因为当由乙酰CoA进入三羧酸循环，再由循环中的中间产物形成氨基酸时，消耗了循环中的有机酸，如无其他来源得以补充，反应则不能进行下去。不同于植物与微生物细胞中存在乙醛酸循环，可使二分子乙酰CoA缩合成一分子琥珀酸以增加循环中的有机酸，从而促使脂肪酸转变成氨基酸。在动物细胞中缺乏这样的机制，因此，一般地说，动物组织不易利用脂肪酸合成氨基酸。

（四）核苷酸代谢与其它物质代谢之间的联系　核酸是细胞中重要的遗传分子。它通过控制细胞中蛋白质的合成，影响细胞的组成成分和代谢类型，但一般不把核酸作为细胞中的碳源、氮源和能源分子来看待。核苷酸是核酸的基本组成单位。许多核苷酸在调节代谢中也起着重要作用。例如，ATP是能量通用货币和转移磷酸基团的主要分子，UTP参与单糖的转变和多糖的合成。CTP参与磷脂的合成，而GTP为蛋白质多肽链的生物合成所必需。此外，许多重要的辅酶辅基，如CoA、尼克酰胺核苷酸和黄素核苷酸都是腺嘌呤核苷酸衍生物，参与酶的催化作用。环核苷酸，如cAMP，cGMP作为胞内信号分子（第二信使）参与细胞信号的传导，而核酸本身的合成也与糖、脂类和蛋白质的代谢密切相关，糖代谢为核酸合成提供了磷酸核糖（及脱氧核糖）和NADPH还原力。甘氨酸、天冬氨酸、谷氨酰胺所携带的一碳单位以及四氢叶酸等参加嘌呤和嘧啶环的合成，多种酶和蛋白因子参与了核酸的生物合成（复制和转录），糖、脂等燃料分子为核酸生物学功能的实现提供了能量保证。

二、营养物质之间的相互影响

糖、脂类和蛋白质代谢之间的相互影响是多方面的，而突出的表现在能量供应上。在家畜饲料中（除水分外）糖是数量最多的营养物质，它占饲料的 80% 左右，甚至更多。因此在一般情况下，动物各种生理活动所需要的能量主要是由糖供给。据估计能量中约 70% 以上是由糖供应的。当饲料中糖类供应充足时，机体以糖作为能量的主要来源，而脂肪和蛋白质的分解供能减少。若糖的供应量超过机体的需要，由于糖在体内以糖原贮存的量不多，一般不到体重的 1%，因而过量的糖则转变成脂肪作为储备物质，即在此种情况下，脂肪的合成代谢增强。例如在家畜、家禽的肥育期就是这种情况。反之当饲料中糖类供应不足或饥饿时，体内的糖源很快消耗减少。此时，一方面糖的异生作用加强，即主要动用体蛋白转变为糖，以维持体内糖的含量不至过少。另一方面则动用体内贮存的脂肪分解供能，以减少糖的分解。若长期饥饿，体内脂肪分解大大加快，甚至会出现酮血症。

在一般情况下，饲料蛋白质的主要营养作用是在体内合成蛋白质，以满足动物生长（包括畜产品）、修补组织及合成各种酶、蛋白类激素等更新的需要。合成蛋白质是需要能量的，此能量主要靠糖，其次是脂肪分解供给。故当蛋白质合成代谢增强时，糖和脂肪并且首先是糖的分解代谢必然增强。糖的分解增强除了提供蛋白质合成所需要的能量外，还可合成某些非必需氨基酸作为蛋白质合成的原料。由此可见，当饲料中供能物质不足时，必然会影响蛋白质的合成。这是在家畜饲养中必须注意的问题。

第八章 核酸的化学结构

核酸是生物体的基本组成物质，是重要的生物大分子，从高等的动、植物到简单的病毒都含有核酸。核酸最早是在 1868—1869 年间由 F. Miescher 发现的，他从附着在外科绷带上的脓细胞核中分离出一种含磷量极高的酸性物质，由于它来源于细胞核，当时就称为"核素"（nuclein）。核素即现今所指的脱氧核糖核蛋白。核素中脱氧核糖核酸的含量约为 30%。1889 年，Altmann 将其进行纯化，他把其中不含蛋白质的成分称为核酸（nulcleic acid）。以后证明所有的生物无例外地都含有核酸，核酸是一切生物必定含有的正常成分。

核酸可分为脱氧核糖核酸（deoxyribonucleic acid DNA）和核糖核酸（ribonucleic acid RNA）两大类。所有的细胞都同时含有这两类核酸，并且一般都和蛋白质相结合，以核蛋白的形式存在。在真核细胞中 DNA 主要存在于细胞核内，而细胞核内的 DNA 又几乎只分布于染色体中，并与组蛋白结合，是染色体的主要成分，只有少量的 DNA 存在于核外的线粒体中。RNA 主要存在于细胞质中，微粒体含量最多，线粒体含少量。在细胞核中也含有少量的 RNA，集中于核仁。而对于病毒来说，要么只含 DNA，要么只含 RNA，不可能即含 DNA 又含 RNA，所以有的是 DNA 病毒，有的是 RNA 病毒。

核酸的生物学功能是多种多样的。它在生物的生长、发育、繁殖、遗传和变异等生物活动过程中都占有极其重要的地位。但最为重要的是在生物遗传中的作用。已经阐明生物的遗传信息储存于 DNA 的核苷酸顺序之中。DNA 分子有两个突出的特点：第一个是 DNA 分子能够自我复制，即一个 DNA 分子复制成两个与原来完全相同的分子，通过 DNA 的复制，生物将全部遗传信息传递给子代。第二个是转录，即以 DNA 的某些片段为模板，合成与之相应的各种 RNA，通过转录把遗传信息转抄到某些 RNA 分子上。然后以这些 RNA 为模板，指导合成相应的各种蛋白质，这个过程称为翻译。这样就把 DNA 上的遗传信息经 RNA 传递到蛋白质结构上。指导合成一种肽链的 DNA 片段，即为一个基因。由此可见，生物有机体所具有的种类繁多、功能各异的蛋白质，其结构归根结底都是由 DNA 上所蕴藏的遗传信息控制的。由此可以看出核酸的重要生物学意义。

第一节 核酸的化学组成与结构

一、核酸的化学组成

若将核酸（DNA 或 RNA）逐步水解，则可生成多种中间产物。首先生成的是低聚（或称寡聚）核苷酸。低聚核苷酸为分子量较小的多核苷酸片段，一般由 20 个以下核苷酸组成，并可进一步水解生成核苷酸；核苷酸进一步水解生成核苷及磷酸；核苷水解后则生成戊糖和碱基。现将核酸水解过程用下式表示：

$$核酸 \longrightarrow 低聚核苷酸 \longrightarrow 核苷酸 \begin{cases} 磷酸 \\ 核苷 \begin{cases} 戊糖 \\ 碱基 \end{cases} \end{cases}$$

（一）碱基 主要是嘧啶碱和嘌呤碱

1. **嘧啶碱** 嘧啶是含有两个相间氮原子的六元杂环化合物。核酸中主要的嘧啶衍生物有三种：即胞嘧啶（Cytosine, Cyt）、尿嘧啶（Uridine, Uda）和胸腺嘧啶（thymine, Thy）。它们都是在嘧啶的第 2 位碳原子上由酮基取代氢。胞嘧啶在第 4 位上还有一个氨基；尿嘧啶在第 4 位上是一个酮基，胸腺嘧啶在第 5 位上还多一个甲基。

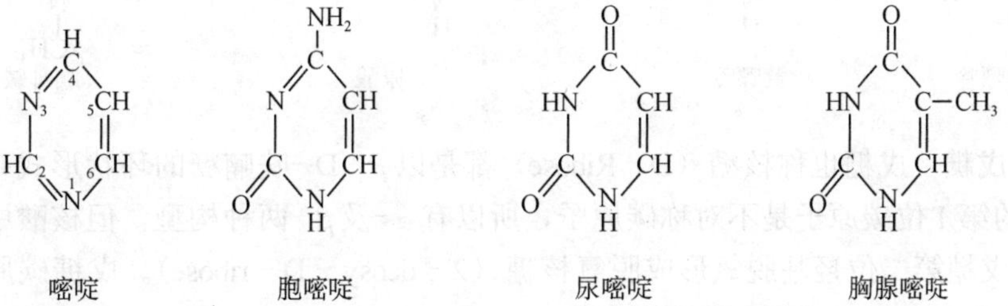

嘧啶　　　　胞嘧啶　　　　尿嘧啶　　　　胸腺嘧啶

此外，核酸中还有一些含量甚少的碱基，称稀有碱基（或修饰碱基）。常见的稀有嘧啶碱基有 5-甲基胞嘧啶以及 5,6-氢尿嘧啶等。

凡含有酮基的嘧啶或嘌呤碱，在溶液中可以发生酮式和烯醇式的互变异构现象。但在生物细胞内一般以酮式形式存在为主。

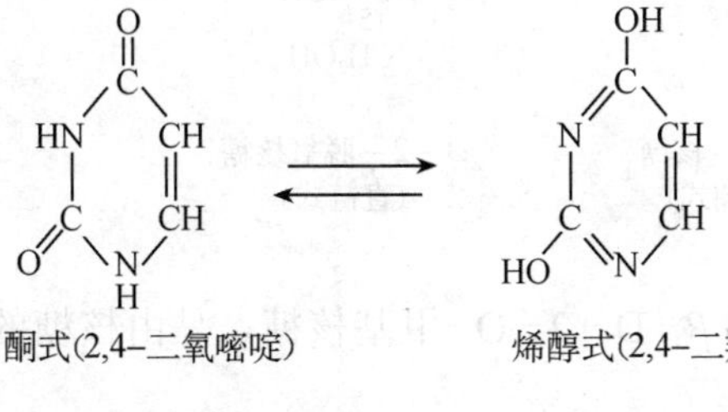

酮式(2,4-二氧嘧啶)　　　　烯醇式(2,4-二羟基嘧啶)

2. **嘌呤碱** 嘌呤是由嘧啶环与咪唑环并合而成的。核酸中的嘌呤衍生物主要有两种，即腺嘌呤（Adenine）和鸟嘌呤（Guanine）。由于腺嘌呤没有羟基或酮基，所以不存在酮-烯醇式互变异构现象，在它的第 6 位上有一个氨基。鸟嘌呤在第 6 位上有一个酮基，而在第 2 位上有一个氨基。

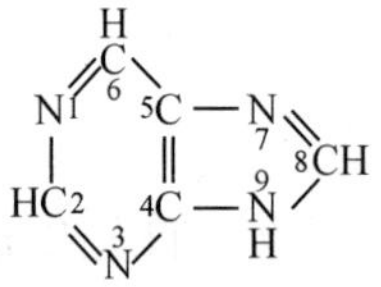

嘌呤 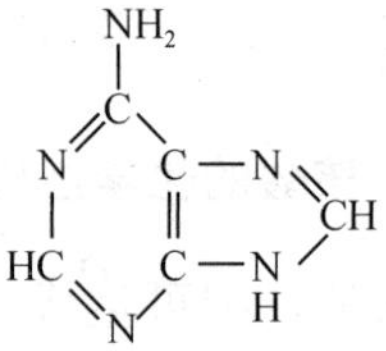　　　　　　　　　　腺嘌呤 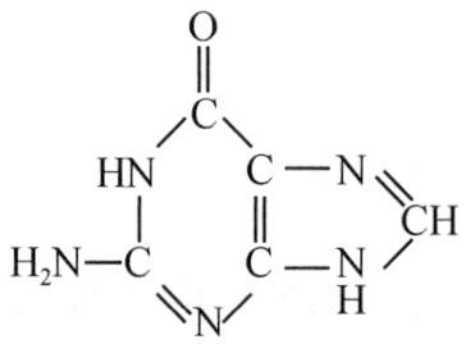　　　　　　　　　　鸟嘌呤

此外，核酸中还有一些修饰嘌呤碱基，如 7-甲基鸟嘌呤、N^6-甲基腺嘌呤等。

生物体内还有游离存在的嘌呤碱，如黄嘌呤、次黄嘌呤和尿酸等。前二者是核酸分解代谢的中间产物，后者是核酸分解代谢的最终产物之一。另外存在于茶叶、咖啡及可可中的茶碱（1,3-二甲基黄嘌呤）、咖啡碱（1,3,7-三甲基黄嘌呤）、可可碱（2,7-二甲基黄嘌呤）等都是黄嘌呤的衍生物。它们都有兴奋神经、增加心肌活动的功能。

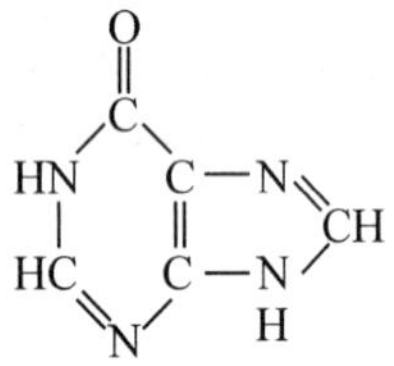

次黄嘌呤 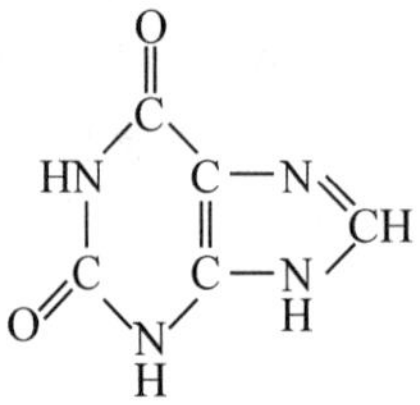　　　　　　　黄嘌呤 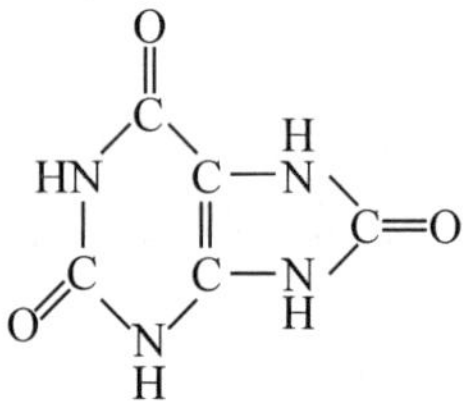　　　　　　　　尿酸 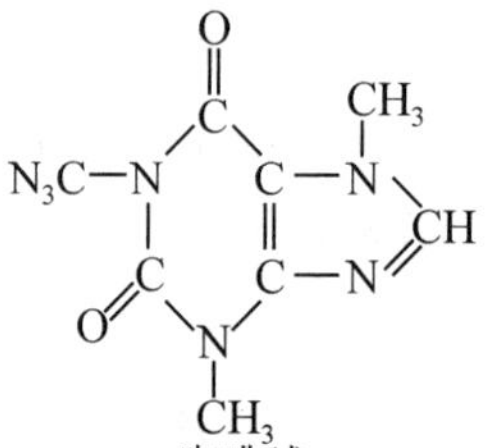　　　　　　　　咖啡碱

（二）戊糖　戊糖也称核糖（D-Ribose）都是以 β-D-呋喃糖的环状形式存在。由于环状糖中的第 1 位碳原子是不对称碳原子，所以有 α-及 β-两种构型，但核酸中的戊糖均为 β-型。戊糖第二位羟基脱氧形成脱氧核糖（$2'$-deoxy-D-ribose）。戊糖碳原子序号上加"'"，是为了区别于碱基上碳原子序号。

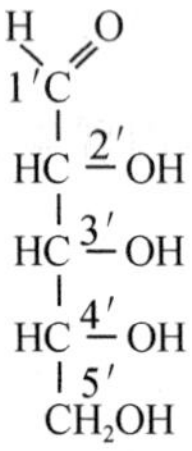

D-核糖　　　　　　β-D 核糖　　　　　D-2-脱氧核糖　　　　β-D-2-脱氧核糖
（直链式）　　　　（呋喃式）　　　　　（直链式）　　　　　　（呋喃式）

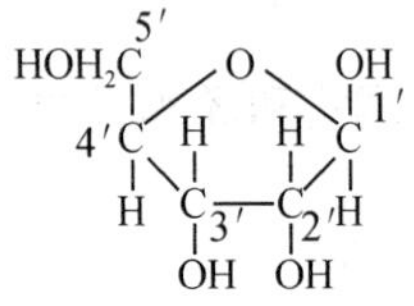

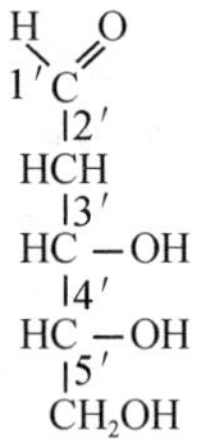

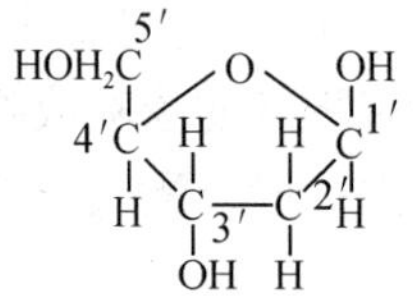

有些 RNA 中还含有少量的 β-D-2-O-甲基核糖，是由核糖的第 2 位羟基上的氢被甲基取代而成的。

（三）核苷　核苷是由一个戊糖（核糖或脱氧核糖）和一个碱基（嘌呤或嘧啶碱）缩合而成的。RNA 中的核苷称核糖核苷（或称核苷），包括由腺嘌呤、鸟嘌呤、胞嘧啶和尿嘧啶和核糖构成的腺苷、鸟苷、胞苷和尿苷，分别以 A、G、C、U 符号表示。

由脱氧核糖形成的核苷称脱氧核糖核苷。在 DNA 中主要有脱氧腺苷，脱氧鸟苷、脱氧胞苷和脱氧胸苷，分别以 dA、dG、dC、dT 符号表示，"d"表示脱氧。

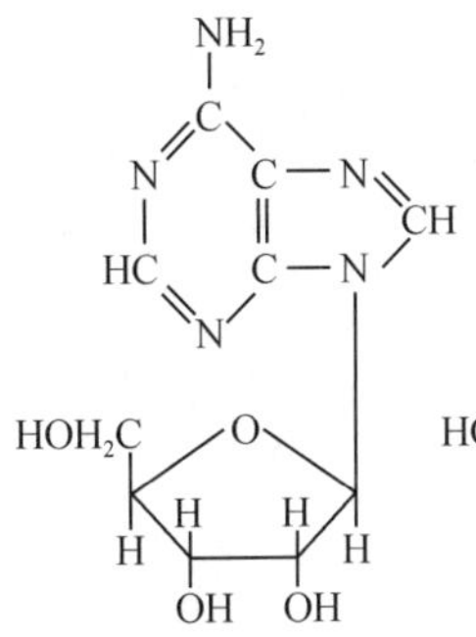

腺嘌呤核苷A 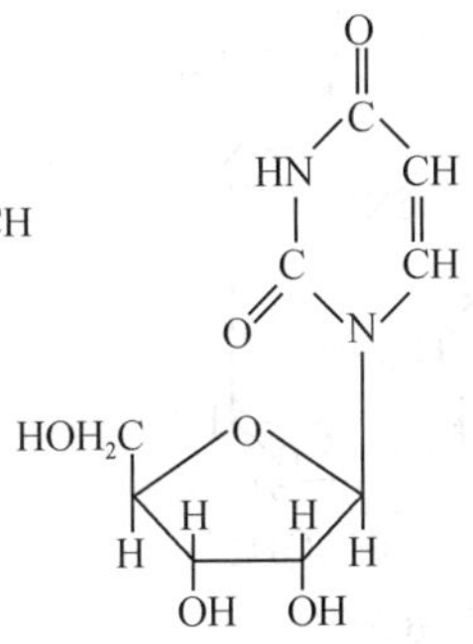　　　尿嘧啶核苷U 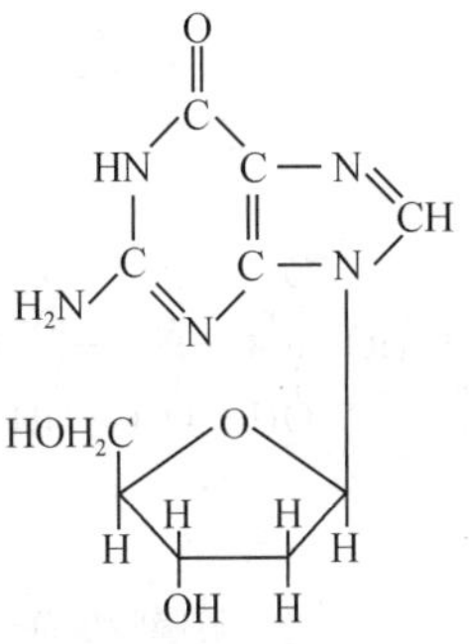　　　脱氧鸟嘌呤核苷dG 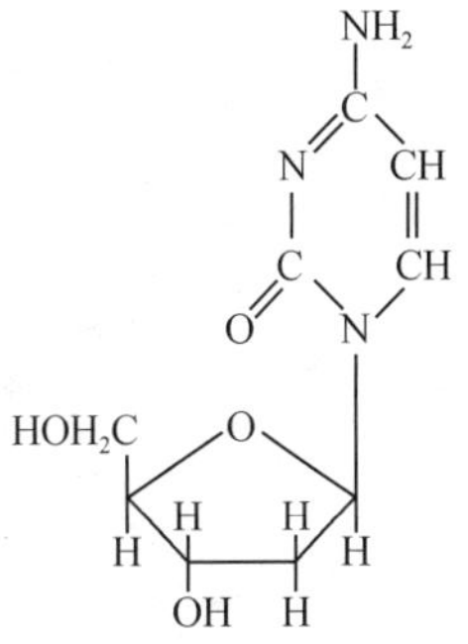　　　脱氧胞嘧啶核苷dC

从 RNA 的水解产物中除正常核苷外还可得到少量的假尿（嘧啶核）苷（ψ），ψ较多见于转移 RNA。RNA 中还有一些修饰核苷，如 2'-O-甲基核苷及甲基化腺苷等。

（四）核苷酸　核苷酸是由核苷中戊糖的羟基与磷酸缩合而成的磷酸酯，它们是构成核酸的基本单位。根据核苷酸中戊糖的不同将核苷酸分成两大类：含核糖的核苷酸称核糖核苷酸，是构成 RNA 的基本单位；含脱氧核糖的核苷酸称脱氧核苷酸，是构成 DNA 的基本单位。天然核酸中 DNA 主要是由脱氧腺苷酸，脱氧鸟苷酸，脱氧胞苷酸，脱氧胸苷酸四种脱氧核苷酸组成。

RNA 主要由腺苷酸、鸟苷核、尿苷酸、胞苷酸四种核糖核苷酸组成。

由于核糖核苷酸的糖环上有三个游离羟基（5'、3'、2'），故能形成三种核糖核苷酸。例如腺苷酸可以有：5'-腺苷酸、3'-腺苷酸和 2'-腺苷酸。而脱氧核苷酸的糖环上只有两个游离羟基（5'、3'），故只能生成两种脱氧核糖核苷酸，即 5'-脱氧核糖核苷酸及 3'脱氧核糖核苷酸。但天然核酸中只发现 5'连接磷酸的核苷酸。例如：

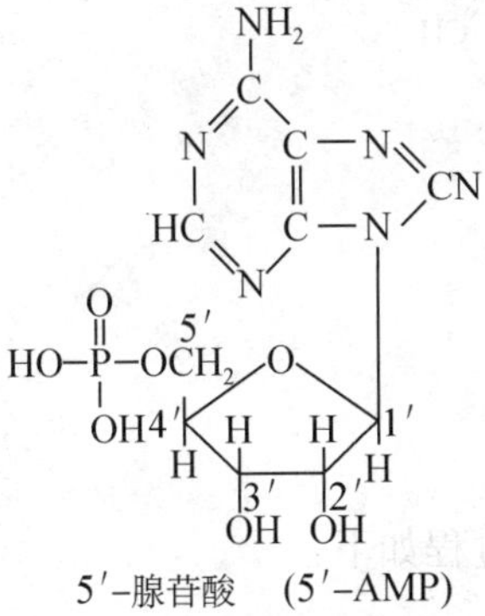

5'-腺苷酸（5'-AMP） 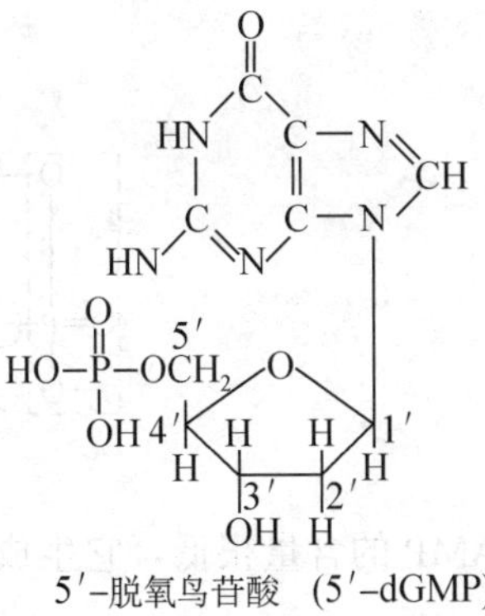　　　5'-脱氧鸟苷酸（5'-dGMP）

核苷酸分子都只含有一个磷酸基，故统称为核苷一磷酸（NMP）。但 5'核苷酸的磷酸基都可进一步磷酸化形成相应的核苷二磷酸（NDP）和核苷三磷酸（NTP）。例如 5'-腺苷酸，又称腺一磷（AMP），进一步磷酸化生成腺二磷（ADP）和腺三磷（ATP）。ADP 和 ATP 都是高能磷酸化合物。腺（苷）三磷（酸）（ATP）的结构式如下：

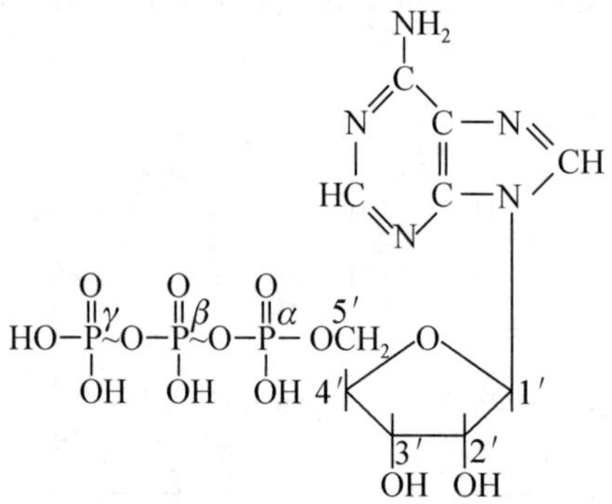

腺嘌呤核苷三磷酸(ATP)

ATP 上的磷酸残基用 α、β、γ 来编号。这类化合物中磷酸之间的焦磷酸键在水解时可释放很高的能量，称为高能磷酸键，用"~P"表示。高能磷酸键水解时放出的能量大于 33.49 kJ/mol，而一般磷酸键水解时约放出 8.37～12.56 kJ/mol。ATP 是生物体内的主要直接供能物质，在能量代谢中起着极其重要的作用。

值得注意的是体内还有一些参与代谢的辅基和辅酶与核苷酸密切相关。例如：辅酶 I（NAD^+）、辅酶 II（$NADP^+$）、辅酶 A（CoA）、黄素腺嘌呤二核苷酸（FAD）等的组成中都有含有腺苷腺。

同样其他 5′-核苷酸及 5′-脱氧核苷酸也可生成相应的核苷二磷酸和三磷酸。如 GDP、GTP 和 dCDP、dCTP 等。此外，某些细菌中还有鸟苷四磷酸（ppGpp）和鸟苷五磷酸（pppGpp）的存在，它们参与 rRNA 合成的调控作用。

在生物细胞中还普遍存在一类环状核苷酸。如 3′,5′-环状腺苷酸（cAMP）、3′,5′-环状鸟苷酸（cGMP）等，其中以 cAMP 研究的最多，其结构式如下：

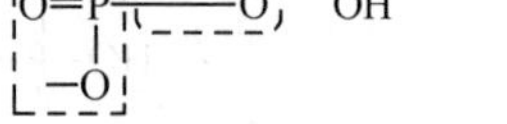

环 AMP

在细胞内 cAMP 的含量很低，它生成和分解的过程如下：

$$ATP \xrightarrow[PPi]{腺苷酸环化酶} cAMP \xrightarrow{磷酸二酯酶} 5'-AMP$$

所以细胞内 cAMP 的浓度取决于这两种酶活力的高低。目前已知，许多激素是通过 cAMP 而发挥其功能的，所以称之为激素（第一信使）作用中的第二信使。cGMP 大概也是第二信使。另外 cAMP 也参与大肠杆菌中 DNA 转录的调控。

二、DNA 分子的结构

（一）DNA 分子的大小 天然存在的 DNA 分子最显著的特点是很长，分子质量很大，一般在 $10^6 \sim 10^{10}$（表 8-1）。例如大肠杆菌染色体由 400 万碱基对（base pair，bp）组成的双螺旋 DNA 单分子。其分子质量为 2.6×10^9，它外形很不对称，长度为 14×10^6 nm，相当于 1.4 mm，而直径为 20 nm，相当原子的大小。黑腹果蝇最大染色体由 6.2×10^7 bp 组成，长 2.1 cm。多瘤病毒的 DNA 由 5 100 bp 组长，长 1.7 μm（17 000 nm），而最长的蛋白质之一胶原蛋白，长度只有 3 000 nm，足见 DNA 之长，

表 8-1 不同生物 DNA 分子的大小

生　　物	碱基对（kb*）	长度（μm）
病毒		
多瘤病毒或 SV40	5.1	1.7
λ 噬菌体	48.6	17
T20 噬菌体	166	56
牛痘	190	65
细菌		
支原体	760	260
大肠杆菌	4 000	1 360
真核生物		
酵母	13 500	4 600
果蝇	165 000	56 600
人类	2 900 000	990 000
南美肺鱼	102 000 000	

kb*：1000 个碱基对的长度，1kb 的双股 DNA 长 0.34μm，质量为 660。

所以 DNA 称为生物大分子。DNA 有的呈双股（double strand DNA，dsDNA）线型分子，有些为环状，也有少数呈单股（Single strand，ssDNA）环状。

（二）DNA 的碱基组成 DNA 分子中的碱基主要是由腺嘌呤（A）、鸟嘌呤（G）、胞嘧啶（C）和胸腺嘧啶（T）四种碱基组成。但在某些个别来源的 DNA 分子中也含有少量的稀有碱基，如 5-甲基胞嘧啶（m^5C）和 5-羟甲基胞嘧啶（hm^5C）等。

E. Chargaff 等人分析了多种生物 DNA 的碱基组成后，发现 DNA 的 A、T、G、C 四种碱基在 DNA 分子中的摩尔比例都接近为 1 的规律，此称为碱基当量定律。（见表 8-2）。从表中可以看出 DNA 的碱基组成有如下特点：

表 8-2 列出了不同来源 DNA 的碱基摩尔比例

DNA 来源	A	G	C	T	mC	(A+T)/(G+C+mC) 不对称比	A/T	G/(C+mC)	A+G / C+T+mC
人胸腺	30.9	19.9	19.8	29.4	—	60.3/39.7	1.05	1.01	1.03
人肝	30.3	19.5	19.9	30.3	—	60.6/43.5	1.00	0.98	0.99
牛胸腺	28.2	21.5	21.2	29.4	1.3	55/44	1.01	0.96	0.99
牛精子	28.7	22.2	27.2	30.3	1.3	56.9/44.2	1.06	1.01	1.03
大鼠骨髓	28.6	21.4	20.4	28.4	1.1	57/42.9	1.01	1.00	1.00
鲱睾丸	27.9	19.5	21.5	28.2	2.8	56.1/43.8	0.99	0.80	0.90
海胆	32.8	17.7	17.3	32.1	1.1	64.9/36.1	1.01	0.96	1.00
麦胚	27.3	22.7	16.8	27.1	6.0	54.4/45.5	1.01	1.00	0.99
酵母	31.3	18.7	17.1	32.9	—	64.2/35.8	0.95	1.00	1.00
大肠杆菌	26.0	24.9	25.2	23.9	—	49.9/49.2	1.09	0.99	1.04
结核杆菌	15.1	34.9	35.4	14.6	—	29.7/70.3	1.03	0.99	1.00
φχ174	24.3	24.5	18.2	32.3	—	56.6/42.7	0.75	1.35	0.97

1. **具有种的特异性** 来自不同种生物的 DNA 基碱基组成不同，而且种系发生愈接近

的生物,其碱基组成也愈接近。

2. 没有器官和组织的特异性　在同一生物体内的各种不同器官和组织的 DNA 碱基组成基本相似。

3. 在各种 DNA 中腺嘌呤与胸腺嘧啶的摩尔数相等,即 A＝T；鸟嘌呤与胞嘧啶(包括 5-甲基胞嘧啶)的摩尔数相等,即 $G=C+m^5C$；因此嘌呤碱基的总摩尔数等于嘧啶碱基的总数,即 $A+G=T+C+mC$。这个碱基摩尔比例规律称为 DNA 的碱基当量定律。

4. 此外,年龄、营养状况、环境的改变不影响 DNA 的碱基组成。

绝大多数生物中 DNA 的碱基组成符合碱基当量定律,这是 Watson 和 Crick 提出 DNA 双螺旋结构的依据之一。但也有些例外,如噬菌体 $\phi\chi 174$ 的 DNA 是单链的,其 A 和 T 不相等,G 和 C 也不相等。

(三) **DNA 的一级结构**　核酸的一级结构是指在其多核苷酸链中各个核苷酸之间的连接方式、核苷酸的种类数量以及核苷酸的排列顺序。DNA 的遗传信息是由碱基的精确排列顺序决定的。研究 DNA 分子的一级结构发现,它是由几千到几千万个脱氧核糖核苷酸(dAMP、dGMP、dCMP、dTMP)线型联贯而成的,没有分枝。联接的方式是在核苷酸之间形成 3′,5′-磷酸二酯键,即在核苷酸之间的磷酸基,一方面与前一个核苷的脱氧核糖的 C-3′-OH 以酯键联结,另方面与后一个核苷的脱氧核糖的 C-5′OH 以酯键联结,即形成 2 个酯键。这样鱼贯的联结下去,成为一个长的多核苷酸链。这种联结方式称为 3′,5′联结。形成的核苷酸链都具一个 5′端和一个 3′端,DNA 核苷酸延长的走向总是向 3′延伸,或 5′→3′。

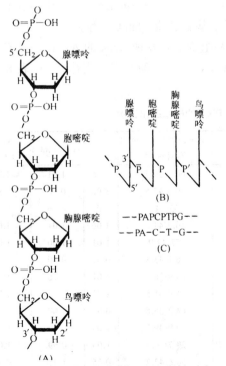

(A) 为 DNA 多核苷酸链的结构(一个小片段)。(B) 为线条式缩写：垂直竖线表示脱氧核糖,竖线的顶端为 C-1′与碱基相连, A、C、T、G 表示相应的碱基,故两条平行竖线中间的斜线及 P 表示磷酸二酯键。(C) 为文字式缩写, A、C、T、G 分别代表相应的核苷, P 代表磷酸残基, P 右连 C-5′,左连 C-3′。有时两个核苷间的 P 也可省略或用一短横线代替。通常缩写多核苷酸链时,一般是由左到右,从 C-5′开始,以 C-3′结尾,即 C-5′→C-3′的方向顺序。

图 8-1　DNA 多核苷酸链(一个小片段)的结构及其缩写式表示法

（四）DNA 的二级结构　根据 R. Franklin 和 M. Wilkins 对 DNA 纤维的 X 光衍射分析以及 Chargaff 的碱基当量定律的提示，Watson 和 Crick 于 1953 年提出了 DNA 的双螺旋结构模型，说明了 DNA 的二级结构。DNA 分子是一个右手双螺旋结构，其特征如下：

1. 由两条平行的多核苷酸链，以相反的方向（即一条由 $3'\rightarrow 5'$，另一条由 $5'\rightarrow 3'$），围绕着同一个（想像的）中心轴，以右手旋转方式构成一个双螺旋形状（图 8-2）。

2. 疏水的嘌呤和嘧啶碱基平面层叠于螺旋的内侧，亲水的磷酸基和脱氧核糖以磷酸二酯键相连形成的骨架位于外侧（图 8-3）。

3. 内侧碱基呈平面状，碱基平面与中心轴相垂直，糖的平面与碱基平面几乎成直角。每个平面上有两个碱基（每条各一个）形成碱基对。相邻碱基平面在螺旋轴之间的距离为 3.4 nm。旋转夹角为 36°，因此每 10 对核苷酸绕中心轴旋转一圈，故螺旋的螺距为 34 nm。

4. 双螺旋的直径为 20 nm，沿螺旋的中心轴形成大沟和小沟交替出现。

5. 两条链被碱基对之间形成的氢键而稳定的维系在一起。在 DNA 中碱基总是由腺嘌呤与胸腺嘧啶配对（用 A—T 表示），和由鸟嘌呤与胞嘧啶配对（用 G—C 表示），见（图 8-4）。

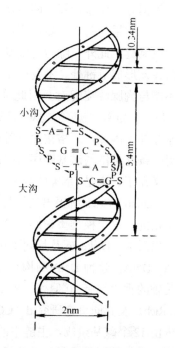

图 8-2　DNA 的双螺旋结构示意图
(两条带表示磷酸-糖链，横棍条表示连接两条链的碱基对)

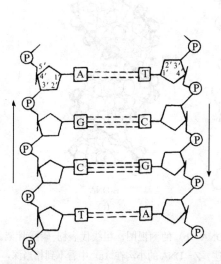

图 8-3　DNA 中多核苷酸链的一部分示意图

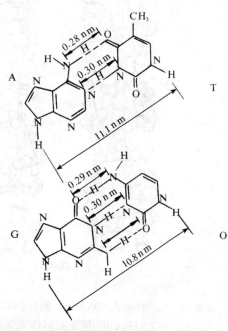

图 8-4　DNA 分子中的 A═T，G≡C 配对

根据分子模型计算，两条链之间的空间距离为 10.85 nm，它刚好容纳下一个嘌呤与一个嘧啶。如果是两个嘌呤，则所占空间太大，容纳不下，若是两个嘧啶，则距离太远，不能形成氢键。此外，嘌呤与嘧啶也不能任意配对。腺嘌呤不能与胞嘧啶配对，因为它们相遇时在该形成氢键处，不是两个氢相遇，就是没有氢，因此不能形成氢键。同理，鸟嘌呤也不能与胸腺嘧啶配对。因此确定只有腺嘌呤与胸腺嘧啶配对，其间形成两个氢键，即 A=T；鸟嘌呤与胞嘧啶配对可以形成三个氢键，即 G≡C（图 8-4）。这种碱基配对亦称碱基互补。因此，严格按照互补的原则，当一条多核苷酸链的碱基顺序确定以后，即可推知另一条互补链的碱基顺序。碱基互补原则是 DNA 双螺旋最重要的特性，其重要的生物学意义在于，它是 DNA 的复制、转录以及反转录的分子基础。

Watson-Crick 所提出的螺旋模型（称为 B-DNA）是以 DNA 纤维的 X-射线衍射图谱为根据的，这个模型里螺旋每圈含约 10 个碱基，在此右手螺旋中碱基对平面垂直于螺旋轴。以后 R，Dickerso 及其同事用脱水结晶的 DNA 的十二聚体所作的 X-射线分析得出一种 A-DNA。这种 DNA 结构是螺旋每圈含约 11 个碱基，呈右手螺旋，只是碱基对平面与螺旋轴的垂直线有 20°偏离。B-DNA 脱水即成 A-DNA。第三种类型的 DNA 螺旋是里奇（A. Rich）及其同事在研究 d（CG）n 的结构时发现的。这个双螺旋是左手的，螺旋是每圈内由 12 个碱基组成，主链中的各磷酸根呈锯齿状排列，因此称 Z-DNA（Z 为 Zigzag）。呈锯齿形的原因是重复的单位是二核苷酸而不是单核苷酸，Z-DNA 只有一个深的螺旋槽（见图 8-5）。三种 DNA 结构的比较见（表 8-3）。

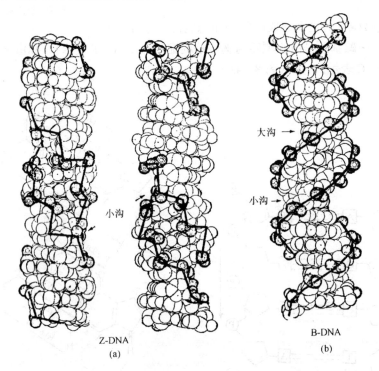

图 8-5 左手螺旋 Z-DNA（a）和右手螺旋 B-DNA（b）的侧视图。粗线代表糖-磷酸骨架。在 Z-DNA 中可清楚看出骨架的锯齿形轨迹。Z-DNA 的小沟在（a）中看不到相当深，穿过螺旋轴。反之，B-DNA 的糖-磷酸骨架，沟较浅。

表 8-3 A-、B-和 Z-的比较

	螺旋类型		
	A—	B—	Z—
形状	最宽	居中	最长
每对碱基升高	2.3A	3.4A	3.8A
螺旋直径	25.5A	23.7A	18.4A
扭曲方向	右手	右手	左手
糖苷键	反	反	C、T反 G 顺
螺旋每转一圈的碱基对	11	10.4	12
螺旋每转一圈的螺距	24.6A	33.2A	45.6A
碱基距螺旋轴线的倾斜度	19°	1°	9°
立槽(大沟)	窄而极深	宽而相当深	平
次槽(小沟)	极宽而浅	窄而相当深	极窄极深

至今尚未明确发现 Z-DNA 的生物学意义，有待研究。细菌和真核的基因组中的大部分 DNA 都存在经典的 Watso-Crick B-DNA。A 型和 Z 型的出现至少说明 DNA 的结构是可变的、动态的。但无论哪一型都是双螺旋的。DNA 双螺旋结构成功地说明了遗传信息是如何贮存和如何复制的，由此而展开的深入研究越来越深刻地影响了生物学的发展进程。Watson-Crick 的 DNA 双螺旋结构是 20 世纪生物学最辉煌的成就。

（五）超螺 DNA 环状 DNA 主要是在原核生物和病毒中发现的，有些病毒，如 λ 噬菌体的 DNA 分子都可在线型与环形间互变，在病毒内是线性，侵入宿主细胞后以环形存在。环状，就是 DNA 链首尾相连或称共价闭合。

在环状病毒 DNA 分子中发现了 DNA 双螺旋进一步扭曲，形成的超螺旋 DNA（Superhelix 或 supercoil DNA）结构。以后发现超螺旋是环状或线状 DNA 共有的特征，也是 DNA 三级结构的一种普遍形式。（图 8-6）。

Right-handed(negative) superhelix 　Normal circular helix　 Left-handed(positive) superhelix
负超螺旋　　　　　环状螺旋　　　　　正超螺旋

图 8-6 环状 DNA

为了说明超螺旋的形成，将 DNA 双螺旋中一条链沿右手方向缠绕另一条链的次数称为连锁数（Linking number L.）如图 8-7A，连锁数为 L=25。这样的 DNA 链连接起来形成闭合环（图 10-7B）。如果在形成闭合环前 DNA 的一条链对另一条作 360°旋转松开双螺旋，连锁数由＝25 变为 L＝24，当两端连接形成闭合环时，由于 DNA 双螺旋分子具有维持每圈 10 个碱基对右手（正）螺旋结构的倾向（张力），于是形成的闭合环就会向环的左手（负）方向扭曲形成扭曲环（负超螺旋）以解除张力。这种分子看上去象个 8 字（即有一个交叉点），如果在形成闭合环前旋转 720°，即连锁数 L＝25 变为 L＝23（图 8-7C），当形成闭合环时（图 8-7D），则闭合环就将会更扭曲，形成有两个交叉点的负超螺旋（图 8-7E），相反，形成闭合环前的旋转如果不是松开双螺旋而是进一步的缠绕、增加连锁数，如由 L＝25 变为 L＝27，那么连接后形成的环将会向右手（正）方向扭曲，这称为正超螺旋。这些仅仅因为连锁数不同的分子互为拓扑异构体（topoisomer）。拓扑学是数学的一个分支，它研究那些不因为变形（如拉长或弯曲）而改变的结构特性。自然界存在的所有超螺旋 DNA 分子都是最初缠绕不足形成的负超螺旋。

A

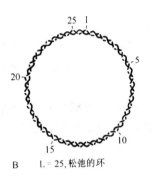

B　L＝25，松弛的环

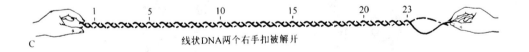

C　　　线状DNA两个右手扣被解开

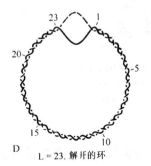

D　L＝23，解开的环

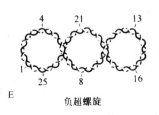

E　　负超螺旋

图 8-7　超螺旋的形成

真核细胞染色质 DNA，以染色质的形式存在于细胞核中。染色质的结构极为复杂。已知染色质的基本构成单位为核小体。核小体的主要成分为 DNA 和组蛋白，它是以组蛋白为核心颗粒，而双螺旋 DNA 则盘绕在此核心颗粒上形成核小体（核小体中的 DNA 为超螺旋）。许多核小体之间由高度折叠的 DNA 链相连在一起，构成念珠结构，念珠状结构进一步盘绕成更复杂更高层次的结构（见图 8-8）。

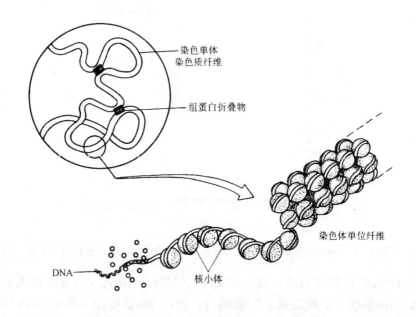

图 8-8 DNA 念珠状结构

三、DNA 的一些性质

（一）DNA 微溶于水，呈酸性，加碱促进溶解，但不溶于有机溶剂，因此常用有机溶剂（如乙醇）来沉淀 DNA。

（二）由于 DNA 分子很长，形成溶液后呈现黏稠状，DNA 愈长黏稠度愈大。在加入乙醇后可用玻璃棒将黏稠的 DNA 搅缠起来。

（三）DNA 的溶液是呈黏稠状，但 DNA 的双螺旋结构实际上显得僵直具有刚性，经不起剪切力的作用，易断裂成碎片。这也是目前难以获得完整大分子 DNA 的原因。

（四）溶液状态的 DNA 易受 DNA 酶作用而降解。抽干水分的 DNA 性质却十分稳定。

（五）变性　核酸和蛋白质一样具有变性现象。核酸的变性是指氢键的断裂，DNA 的双螺旋结构分开，成为两条单链的 DNA 分子，即改变了 DNA 的二级结构，但并不破坏一级结构。DNA 双螺旋的两条链可用物理的或化学的方法分开。如加热使 DNA 溶液温度升高、加酸或加碱改变溶液的 pH，加乙醇、丙酮或尿素等有机溶剂或试剂，都可引起变性，当 DNA 加热变性时，先是局部双螺旋松开称为双螺旋的单链，然后整个双螺旋的两条链分开成不规则的卷曲单链，在链内可形成局部的氢键结合区，其产物是无规则的线团，因此核酸变性可看作是一种螺旋向线团转变的过渡。若仅仅是 DNA 分子某些部分的两条链分开，则变性是部分的；而当两条链完全离开时，则是完全的变性。

DNA 加热变性过程是在一个狭窄的温度范围内迅速发生的，它有点像晶体的熔融。通常将 50% 的 DNA 分子发生变性时的温度称为解链温度，一般用 "Tm" 符号表示。DNA 的 Tm 值一般在 70~85 ℃ 之间（图 8-9）。影响 Tm 值的因素主要有二：

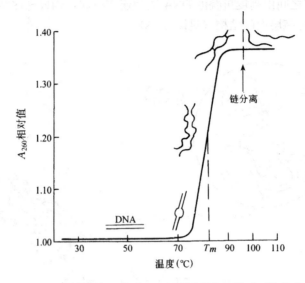

图 8-9　DNA 的解链曲线，表示 Tm 和不同程度解链时可能的分子构象

第一、DNA 的性质和组成：均一的 DNA（如病毒 DNA），Tm 值范围较小。非均一的 DNA，Tm 值在一个较宽的温度范围内，所以 Tm 值可作为衡量 DNA 样品均一性的指标。碱基组成中，由于 G-C 碱基对含有三个氢键，A-T 碱基对只有两个氢键，故 G-C 对比 A-T 对牢固，因此 G-C 对含量愈高的 DNA 分子则愈不易变性，Tm 值也大。

第二、溶液的性质：一般说离子强度低时，Tm 值较低，转变的温度范围也较宽。反之，离子强度高时，Tm 值较高，转变的温度范围也较窄（图 8-10）。所以 DNA 的制品不应保存在极稀的电解质溶液中，一般在 1 mol/L 溶液中保存较为稳定。

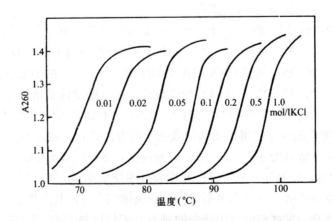

图 8-10　大肠杆菌 DNA 在不同浓度 KCl 溶液下的熔融温度曲线

（六）由于核酸组成中的嘌呤、嘧啶碱都具有共轭双键，因此对紫外光有强烈的吸收。核酸溶液在 260 nm 附近有一个最大吸收值。然而变性后的 DNA 由于碱基对失去重叠，所以在 260 nm 处的紫外光吸收有明显升高，这种现象称为增色效应。这是由于双螺旋分子里碱基相互堆积，使双键的吸引力处于双螺旋的内部，对光的吸收受到压抑，其值低于等摩尔的碱基在溶液中的光吸收；变性后，氢键断开，碱基堆积破坏，双键暴露，于是紫外光的吸收就明显升高，约可增加 30%～40% 或更高一些。

变性后的 DNA，其生物活性丧失（如细菌 DNA 的转化活性明显下降），同时发生一系列理化性质的改变。包括①黏度下降；②沉降系数增加；③比旋下降；④紫外光吸收值升高等特点。

（七）复性　DNA 的变性是可逆过程，在适当的条件下，变性 DNA 分开的两条链又重新缔合而恢复成双螺旋结构，这个过程称为复性。完全变性的 DNA 的复性过程需分两步进行，首先是分开的两条链相互碰撞，在互补顺序间先形成双链核心片段，然后以此核心片段为基础，迅速地找到配对，完成其复性过程。如当温度高于 Tm 约 5℃时，DNA 的两条链由于布朗运动而完全分开。如果将此热溶液迅速冷却，则两条链继续保持分开，称为淬火；若将此溶液缓慢冷却（称退火）到适当的低温，则两条链可发生特异性的重新组合而恢复到原来的双螺旋结构。DNA 的复性一般只适用于均一的病毒和细菌的 DNA，至于哺乳动物细胞中的非均一 DNA，很难恢复到原来的结构状态。这是因为各片段之间只要有一定数量的碱基彼此互补，就可以重新组合成双螺旋结构，碱基不互补的区域则形成突环。

复性速度受很多因素的影响：顺序简单的 DNA 分子比复杂的分子复性要快；DNA 浓度愈高，愈易复性；此外，DNA 片段大小、溶液的离子强度等对复性速度都有影响，复性后 DNA 的一系列物理化学性质能得到恢复，如紫外光吸收值下降，黏度增高，比旋增加，生物活性也得到部分恢复。

（八）核酸的分子杂交　DNA 的变性和复性都是以碱基互补为基础的，因此可以进行分子杂交。即不同来源的多核苷酸链间，经变性分离、退火处理后，若有互补的碱基顺序，就能发生杂交形成 DNA–DNA 杂合体，甚至可以在 DNA 和 RNA 间进行杂交，形成 DNA–RNA 杂合体。如果杂交的一条链是人工特定（已知核苷酸顺序）的 DNA 或 RNA 的序列，并经放射性同位素或其它方法标记，称为探针（probe）。利用杂交方法，使"探针"与特定未知的序列发生"退火"形成杂合体，即可达到寻找和鉴定特定序列的目的。用"探针"来寻找某些 DNA 或 RNA 片段，已成为目前基因克隆、鉴定分析中十分重要的手段。

第二节　RNA 分子的结构

（一）**RNA 的类型**　RNA 在各种生物的细胞中，依不同的功能和性质，都含有三类主要的 RNA：信使 RNA（messenger RNA mRNA），核糖体 RNA（ribosome RNA，rRNA）和转移 RNA（transfer RNA tRNA）。他们都参与蛋白质的生物合成。

1. mRNA　占细胞中 RNA 总量的 3%～5%，分子质量极不均一，一般在 0.5～2×

10^6。mRNA是合成蛋白质的模板。传递DNA的遗传信息,决定着每一种蛋白质肽链中氨基酸的排列顺序,所以细胞内mRNA的种类是很多的。mRNA是三类RNA中最不稳定的,它代谢活跃、更新迅速。原核生物(如大肠杆菌)mRNA的半衰期只有几分钟,真核细胞中的则寿命较长,可达几小时以上。

2. rRNA 是细胞中含量最多的一类RNA,占细胞中RNA总量的80%左右,是细胞中核糖体的组成成分。核糖体(ribosome)或称核蛋白体,是一种亚细胞结构,直径为10～20 nm的微小颗粒。rRNA约占核糖体的60%,其余40%为蛋白质,按其大小依次为23SrRNA、16SrRNA。

3. tRNA 约占RNA总量的15%,通常以游离的状态存在于细胞质中。tRNA约由75～90个核苷酸组成。分子质量在25 000左右,在三类RNA中它的分子质量最小。它的功能主要是携带活化了的氨基酸,并将其转运到与核糖体结合的mRNA上用以合成蛋白质。细胞内tRNA种类很多,每一种氨基酸都有特异转运它的一种或几种tRNA。

(二) **RNA的碱基组成** RNA中所含的四种基本碱基是:腺嘌呤、鸟嘌呤、胞嘧啶和尿嘧啶。但不同来源的RNA,其碱基组成变化颇大(表8-4)。

表8-4 不同来源的RNA的碱基摩尔比例

RNA的来源及类型	A	G	C	U	%	甲基化碱基
酵 母 tRNA	19.4	26.6	25.1	20.1	4.6	3.1
兔 肝 tRNA	16.6	31.1	27.8	15.9	4.3	3.5
大肠杆菌 tRNA	18.3	30.3	30.3	15.9	2.4	2.2
大肠杆菌 rRNA	25.2	31.5	21.6	21.7	—	—
大肠杆菌 mRNA	25.1	27.1	24.1	23.7	—	—

由表8-4可以看出酵母tRNA、兔肝tRNA和大肠杆菌tRNA的各种碱基含量都不同;而大肠杆菌本身的tRNA、mRNA和rRNA的各种碱基的含量也相差很大。此外在有些RNA,特别是在tRNA中,除四种基本碱基外,还有几十种稀有碱基,其中以各种甲基化的碱基和假尿嘧啶(Ψ)尤为丰富。这些稀有成分可能与tRNA的生物学功能有一定的关系。

(三) **RNA的一级结构** RNA的一级结构为直线形多核酸链。它的基本单位主要是AMP、GMP、CMP和UMP四种核苷酸。可由几十个至几千个核苷酸彼此连接起来,各个核苷酸之间的连键和DNA一样,也是$3',5'$-磷酸二酯键。尽管RNA的核糖C-$2'$上有一个游离羟基,但并不形成$2',5$-磷酸二酯键。图8-11为RNA分子中多核苷酸链的一小段结构。RNA的缩写式与DNA相同,通常从$5'$端向$3'$端延伸。

(四) **RNA的二级结构** 生物体内绝大多数天然RNA分子不象DNA那样都是双螺旋,而是呈线状的多核苷酸单链。然而某些RNA分子,它能自身回折,使一些碱基彼此靠近,于是在折迭区域中按碱基配对原则A与U、G与C之间通过氢键连接形成互补碱基对,从而使回折部位构成所谓"发夹"结构(图8-12),进而再扭曲形成局部性的双螺旋区,当然,这些双螺旋区可能并非完全互补,未能配对的碱基区可形成突环,被排斥在双螺旋区之外。根据X光衍射分析,现已证实,RNA分子内一般存在一些较短的不完全的双螺旋区,它们所含的碱基对约占RNA链中全部碱基的40%～70%,由于RNA分子内存在一些较短的双螺旋区，因此也具有一些与 DNA 同样的特性，例如变性作用、黏度的改变、增色效应等。

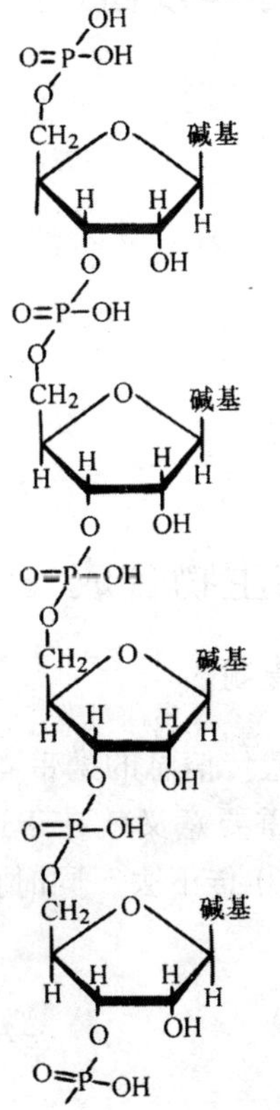

图 8-11 RNA 中部分核苷酸

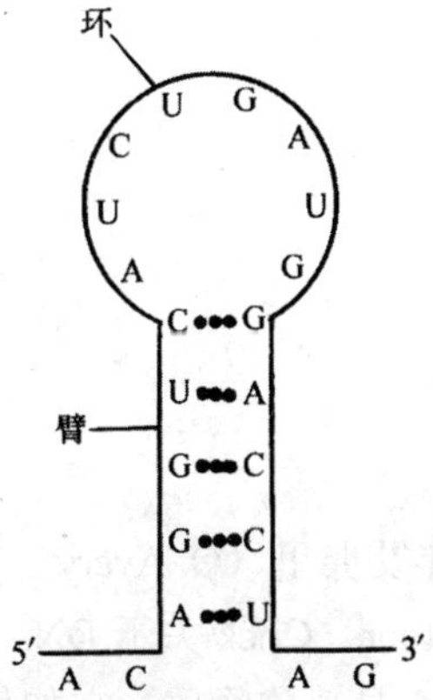

图 8-12 "发夹"结构

此外有少数病毒如呼肠孤病毒等的 RNA 分子，可全部形成完整的双螺旋结构，其二级结构类似于 DNA 的双螺旋结构。

第九章 核酸的生物学功能

第一节 DNA 的生物合成

一、DNA 的复制

1944年艾弗里（O. Avery）等证明了 DNA 是遗传信息的携带者，是生物的遗传物质。1950年 Watson-Crick 关于 DNA 是双螺旋结构的重要意义就在于这个模型能有力地说明 DNA 为什么是遗传物质，它如何把遗传信息世代相传下去。同时指出了从分子水平上去理解基因功能的道路。

Watson-Crick 提出双螺旋结构的同时就提出了 DNA 是以复制方式将遗传信息世代相传下去。他们写道："如若两条链中的一条上的碱基顺序是给定的，那么人们就可写出另一条链的准确顺序，因为它们之间有特异的配对关系。因此一条链就是另一条的互补链，也正是这一特点提示了脱氧核酸分子是怎样进行自我复制……"。

下面以原核生物大肠杆菌（E. coli）为主，介绍 DNA 复制的过程，因为大肠杆菌研究得最详细，代表着一般的原理。

（一）**DNA 复制是半保留复制** 所谓复制（replication）即在合成新的 DNA 分子时，亲代分子所含的遗传信息，以极高的准确性传递给子代分子。要做到这点，DNA 的复制方式必须是半保留（Semiconservative）的，即每个子代 DNA 分子中，一股链是新合成的，而另一股则是亲代的 DNA 分子（图 9-1）。1958年 M. Meselson 和 F. Stahl 用实验提供了复制

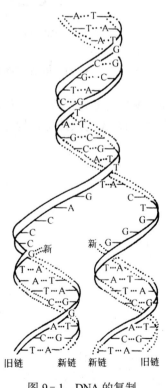

图 9-1 DNA 的复制

是以半保留机理进行的证据。由于 N^{15} 和 N^{14} 合成的 DNA 在密度上约差 1%，所以先使细菌在含 N^{15} 的培养基中生长，细菌合成含 N^{15} 的 DNA。然后，将这些细菌转移到只含 N^{14} 的培养基中，经过一个世代的生长。然后用密度梯度离心来分离含 N^{15} 和 N^{14} 的 DNA，结果子代 DNA 都是中间密度，即分不出 N^{15} DNA 和 N^{14} DNA。表明每一个 DNA 分子含有一条 N^{15} 和一条 N^{14} 链。证明了 DNA 是半保留复制。

DNA 呈双螺旋结构提供了半保留复制的基础。但有些病毒是单链的 DNA 或 RNA。它们是如何复制呢？最早发现的是一种能感染大肠杆菌的 ΦX174 病毒，其 DNA 是单链的。后来证明：这种病毒的复制，是当它感染大肠杆菌后在细胞中首先形成双链形式的 ΦX174DNA，后者成为下代病毒半保留复制的模板。以后又证明含单链 RNA 的病毒，同样也先形成双链后再复制。这些事实说明双螺旋 DNA（或 RNA）是所有已知基因半保留复制的分子基础。

（二）DNA 复制开始于特定的起点 DNA 复制并不像衣服拉链一样从一端开始。而是开始于一个特定的位点，称为原点（origin）。从原点开始同时向 DNA 链的两个方向进行，在复制的部分同时进行解链与合成，结果形成一个分叉，称为复制叉（replication fork）（图 9-2）。复制叉在电镜下观察犹如一只眼睛，所以又称复制眼（replication eye）。环形 DNA 复制时由于复制眼的形成，构成了一个有内圈的闭合环状体（图 9-3），这种形式称为 Q 结构。

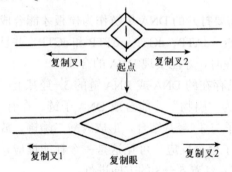

图 9-2 复制叉移动所形成的复制眼

图 9-3 环状 DNA 复制时形成的 Q 结构，实线代表亲代 DNA，虚线代表新合成的 DNA

已知大肠杆菌全部基因组（含 4×10^6 bp）只有一个复制原点。在 40 min 内被完全复制，速率达 1 700bp/s。而真核生物的基因长达 1 万亿 bp，按 1 700bp/s 的速率仅从一个原点复制则需 160h。但已知动物染色体中，每秒只能合成 50bp。所以在高等生物体中 DNA 具有多个复制原点，使整个 DNA 的分子形成多个同时复制的单位，这种能独立复制的单位称为复制子（replicon）。

（三）DNA 复制中一股链是不连续合成 从复制原点起复制叉向未复制的 DNA 部分前进。但发现催化合成子链的 DNA 聚合酶，在合成子链 DNA 时只能延着 $5'\to3'$ 的方向复制延伸，不能延 $3'\to5'$ 方向合成。而任何 DNA 双螺旋又都是由走向相反的两条链构成。因此亲代链中一条是 $5'\to3'$，另一条是 $3'\to5'$。这样 $5'\to3'$ 亲代链符合酶的要求可以连续合成子代链。而 $3'\to5'$ 链则如何合成呢？1968 年冈崎（R. OKazaki）发现 $3'\to5'$ 链是先合成一些约 1 000 个核苷酸的片段（称为冈崎片段）暂短地存在于复制叉周围（图 9-4）。随着复制的进行，这些片段再连成一条子代 DNA 链。

现在将以冈崎片段合成的子链称为随后链（lagging strand），连续合成的子链称为先导链（leading strand）。

（四）DNA 的复制相关的酶和蛋白质 DNA 的复制是一个复杂的过程。包括超螺旋和双螺旋的解旋，复制起始，链的延长和复制终止等，许多酶和蛋白质参与了这些过程。

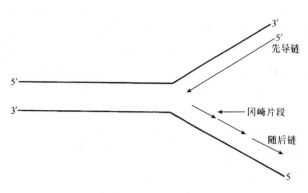

图 9-4 复制叉中冈崎片段合成

1. **DNA 聚合酶** 1955 年科恩伯格（A. Kornberg）在大肠杆菌中发现了第一个 DNA 聚合酶。1969 年 P. Delucia 和 J. Cairns 又发现 DNA 聚合酶 II 和 III。现在证明聚合酶 III 是大肠杆菌的复制酶。聚合酶 I 主要是 DNA 的修复，复制过程中也起一定作用。由于聚合酶 II、III 与 I 在功能的许多方面相似，聚合酶 I 研究得最详细，所以我们以聚合酶 I 为代表说明三个酶的共性。

（1）DNA 聚合酶 I 是一个模板指导酶。即需要打开的 DNA 单链作为模板才能合成子链。此酶催化的底物必须是脱氧的核苷 $5'$-三磷酸（dATP、dGTP、dTTP 和 dCTP）并且只有当所有 4 种脱氧核苷三磷酸以及 DNA 模板存在时，才能实现 DNA 的合成。

（2）DNA 聚合酶 I 只能将脱氧核苷酸加于已存在的 DNA 或 RNA 链的 $3'$-羟基上，缺少则不能合成。即需要一个有游离的 $3'$-羟基作为"引物"才能合成 DNA 子链。在有 $3'$-羟基引物存在时，脱氧核苷 $5'$-三磷酸中 α 磷原子与 $3'$-羟基结合，形成磷酸二酯键，放出一个焦磷酸（PPi）（图 9-5）。焦磷酸水解驱动了聚合反应。可见这是一个耗能反应，每连接一个核苷酸消耗 2 个高能磷酸键。聚合反应是延着 $5'\rightarrow 3'$ 的方向进行。

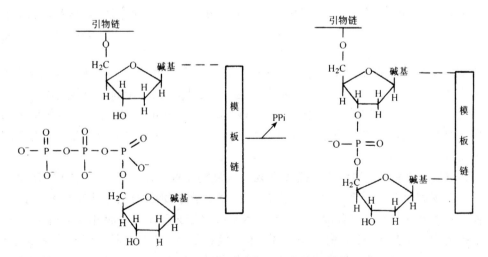

图 9-5 DNA 聚合酶催化的链延长反应

(3) DNA 聚合酶除聚合作用外，还具有将 DNA 链从 3′羟基端逐个水解成单核苷酸的作用。同时又具有从 5′端对 DNA 进行水解的作用（图 9-6）。所以 DNA 聚合聚 I 是一个 3′→5′核酸外切酶，又是 5′→3′的核酸外切酶。这两种酶活性对 DNA 的复制都是十分重要的。DNA 复制过程中如果掺入的是一个错误的核苷酸时，将抑制 DNA 聚合酶 I 的聚合作用而引发 3′→5′的外切活性，于是就从 3′端移除最后面错配的核苷酸，聚合酶再发挥聚合作用，用正确的互补核苷酸取代已被清除的核苷酸，这种修复称为"校对"。"校对"是 DNA 聚合酶保证遗传信息忠实传递的重要功能之一。在随后链复制中由于每一段冈崎片段都含有一段 RNA 的引物，只有将它除去，并代之以脱氧核苷酸才能将冈崎片段连接成为连续的 DNA 分子。聚合酶的 5′→3′的核酸外切酶活性就担负着从 5′端切去引物 RNA 的功能。三种聚合酶中只有聚合酶 II 不具有 5′→3′的活性。在体外三种聚合酶的聚合能力不同：酶 I 每秒能聚合 10 个核苷酸，酶 II 是 15 个，酶 III 则是 150 个。在体内聚合酶 III 是复制时的主要聚合酶，聚合酶 I 主要负责消除引物并用脱氧核苷酸填满内隙。聚合酶 II 的作用尚不清楚。

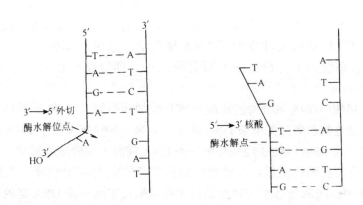

图 9-6　DNA 聚合酶 I 的 3′→5′外切核酸酶及 5′→3′外切核酸酶作用

聚合酶 III 在细胞内是以多亚基复合物的形态存在和发挥作用。这种复合体称为聚合酶 III 全酶（DNA polymerase III holoenzyme）。它至少由 8 种亚基组成（表 9-1）。这种组装体使酶的催化能力、准确性大为提高。它紧紧地结合于模板，每秒钟聚合 1 000 个核苷酸。许多亚基的功能目前还不清楚，已知催化活性位于 α 亚基，3′→5′核酸外切酶活性位于 ε 亚基。α、ε 和 θ 亚基形成核心，β 亚基大约把酶的核心夹于模板上，从而提高全酶的工作能力。聚合酶 III 全酶形成一个对称的二聚体（Asymmetric dimer）（图 9-7）。这种结构使复制的先导链及随后链在全酶上同时、同方向合成［见（六）］。

2. 引物酶　前面提到，所有的 DNA 聚合酶都要求一个有自由 3′-OH 的引物来起始 DNA 的合成。现已知复制合成先导链或随后链冈崎片段的引物是一段 RNA（5~10 个核苷酸）。这段 RNA 由一种特异的 RNA 聚合酶合成，此酶称为引物酶（Primerase）。它由大肠杆菌的 dnaG 基因编码。DNA 复制为什么要先合成一个 RNA 引物，而后又把这个引物消除呢？这与 DNA 聚合酶的高度忠实性复制分不开。已知 DNA 聚合酶具有 3′→5′的外切作用以校对复制中的错误核苷酸。也就是说聚合酶在开始形成一个新的磷酸二酯键前，总

表9-1　聚合酶Ⅲ亚基成分

亚基	分子量（×10³）
α	130
ε	27.5
θ	10
τ	71
γ	47.5
δ	35
δ	33
χ	15
φ	12
β	40.6

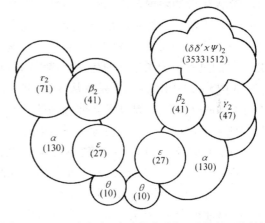

图9-7　DNA聚合酶Ⅲ全酶的非对称二聚体的可能结构

先要检查前一个碱基是否正确，这就决定了它不能从头开始合成。因此先合成一段低忠实性的多核苷酸来开始DNA的合成，并以核糖核苷酸来标记是"暂时"的。当DNA开始聚合以后再以 $5'→3'$ 核酸外切酶的功能切除，以高忠实性的脱氧核苷酸取而代之。这种高度精确的安排增加了DNA复制的复杂性，却保证了复制的忠实性。已知复制的误差率仅为十亿分之一至百亿分之一，即复制十亿到一百亿个碱基才可能出一个差错。

3. DNA连接酶　DNA聚合酶能将脱氧核苷酸加到引物RNA链上并延长，但不能催化两条DNA单链连接起来或把单条DNA链闭合起来。1967年发现了DNA连接酶（DNA ligase），它能使一条DNA链的3′羟基与另一条DNA链的5′端磷酸基形成磷酸二酯键（图9-8）。连接反应需要消耗能量，在动物细胞和噬菌体中由ATP供能。大肠杆菌等则以 NAD^+ 起能源作用。DNA连接酶的特点是只能将双螺旋中同一条DNA链的两段核苷酸链连接起来，即DNA连接酶只能使双螺旋骨架上的缺口闭合，却不能连接单股DNA的分子，这个特点对正常DNA合成，修补受损的DNA以及基因重组中DNA链的拼接，都是必不可少的。

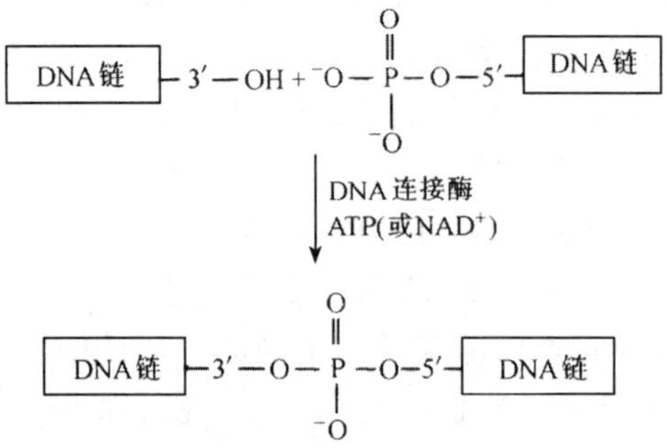

图9-8　DNA连接酶催化两条DNA链连接

（五）复制起始　前面提到DNA的复制是由复制原点开始的。现在已知复制原点有一些不寻常的特点，这些特点与细胞的分裂协调一致。如大肠杆菌的复制原点 Oric 是大肠杆菌染色体（$4×10^6$ bp）中长 245 bp 的顺序（图 9-9），它含有 3 个顺序（每个顺序几乎是完全相同的 13 个核苷酸的并列簇）。每一个顺序都由 GATC 开始。此 GATC 中腺嘌呤的甲基化在控制复制何时开始具有重要作用。Oric 上还有 4 个 dnaA 蛋白结合的部位。当大肠杆菌 dan 基因表达的 danA 蛋白结合于 Oric 的 4 个部位上时复制开始。dnaA 使 danB 和 danc 等蛋白复合物进入 DNA 的熔解区形成前引物化复合物。于是导致模板 DNA 双螺旋解链，被解螺旋的部分 DNA 被单链结合蛋白（single-strand binding proteinin，SSB）结合，保持伸展状态，形成单链模板。引物酶也结合于模板上开始合成。在这里 danB 蛋白是解螺旋酶（helicase）它催化由 ATP 推动的双螺旋 DNA 的解链。同时 dnaB 也可能是活化引物酶的一个识别信号。

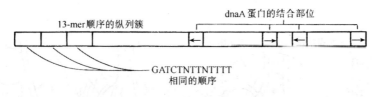

图 9-9 大肠杆菌中复制起点

　　dnaA 蛋白结合时要求双螺旋 DNA 必须是负超螺旋状态。但随着复制叉的前进，如在环状 DNA 复制中子链的不断合成，将引起整个分子非复制部分旋转得更紧（图 9-10）出现正超螺旋。显然，正超螺旋不能无限增加，不然非复制部分会卷得很紧，以至复制叉无法推进。虽然大多数天然的环状 DNA 分子是负超螺旋状态。但当复制达到环状 DNA 的 5% 以后，负超螺旋就使用完，拓扑学问题就发生了。

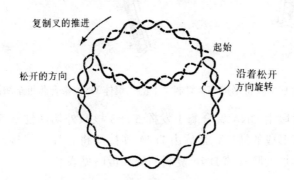

图 9-10 表示缺乏游离旋转部位的复制循环周期，其子链分枝的松开
（由曲箭头表示）引起非复制部分旋转得更紧

　　多数生物体含有一种或多种拓扑异构酶（topoisomerase），它能够使 DNA 产生拓扑学上的种种变化。最常见的是产生负超螺旋和消除超螺旋。在大肠杆菌中，是一种 DNA 促旋酶（gyrase）（EcoⅡ型拓扑异构酶），它切开正超螺旋双链 DNA 的一条链让另一条链通过这一切口消除螺旋，然后再将 DNA 切口封好。从而消除复制过程中所产生的正超螺旋转变为负超螺旋。此酶需水解 ATP 供能。

　　（六）复制的延伸　复制从原点起始，DNA 聚合Ⅲ全酶进入已形成的复制叉上，在此它利用引物酶已合成的 RNA 开始复制延伸。在聚合酶Ⅲ全酶的前头，还有一个 rep 蛋白，它像起始部位的 dnaB 蛋白一样是一个解螺旋酶使复制叉得以推进，SSB 再次保持解链的 DNA 单链处于伸展状态起模板作用，DNA 促旋酶则同时引入负超螺旋，以避开拓扑学上的危机。以利聚合酶Ⅲ全酶在两条模板不断延伸。

先导链和随后链是如何同时合成呢？现在认为随后链的模板是通过聚合酶Ⅲ全酶二聚体的一亚基，形成一个环，使随后链的方向与另一个亚基中的先导链模板的方向相同（图 9-11）。DNA 聚合酶Ⅲ全酶合成先导链的同时也合成随后链。当大约 1 000 个核苷酸加在随后链上之后，随后链的模板就离开，然后再形成一个新的环，引物酶再合成一段 RNA 引物，另一冈崎片段再开始合成，这样使两条链同时同方向合成。

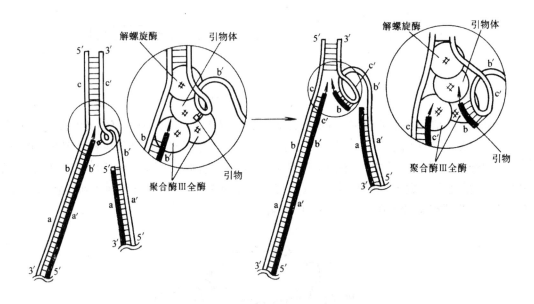

图 9-11 随后链合成的模板形成环，复制叉上的二聚体 DNA 聚合酶Ⅲ全酶同时合成两条子链

已合成的冈崎片段由 DNA 聚合酶Ⅰ发挥 $5'\rightarrow 3'$ 核酸外切活性从 $5'$ 端除去 RNA 引物，并用脱氧核苷酸填满形成的缺口，最后由 DNA 连接酶将各片段连接起来，形成完整的随后链（图 9-12）。参加大肠杆菌 DNA 复制的酶和蛋白见表 9-2。

表 9-2 大肠杆菌的复制蛋白质

蛋白质	作用	每个细胞中的分子数
dnaB	使引物酶开始反应	20
引物酶	合成 RNA 引物	100
rep 蛋白	解开双螺旋	50
SSB 单链结键合蛋白	稳定单链区	300
DNA 旋转酶	导入负超螺旋	—
DNA 聚合酶Ⅲ全酶	合成 DNA	20
DNA 聚合酶Ⅰ	消除引物，填满裂隙	300
DNA 连接酶	连接 DNA 末端	300

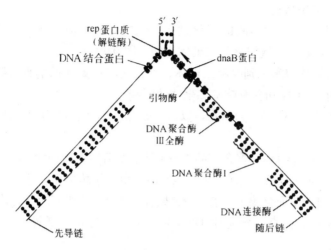

图 9-12 大肠杆菌复制叉上酶反应的示意图

（七）复制的终止 复制具有终止（termination）位置。在大肠杆菌里，由于基因组是一环型 DNA，其复制终止位点大约在起始原点，但详细机理尚不清楚。

二、DNA 的损伤和修复

保证 DNA 分子的完整性对于生物是至关重要的。因此，在几亿年进化的过程中产生了对复制过程中偶然发生的错误，进行校正的高效"校正"系统及由于客观因素造成的 DNA 损伤进行修复的系统。

某些化学、物理的因素可引起细胞 DNA 的损伤（化学结构发生改变）。化学因素种类繁多，机制也很复杂；物理因素中紫外线的作用机制研究得比较清楚。例如紫外线引起 DNA 分子中同一条链上相邻的两个嘧啶核苷酸以共价键连接生成环丁烷结构，即嘧啶二聚体。最易见的是胸腺嘧啶二聚体。此种二聚体不能容纳在双螺旋结构中，它不能与互补链上的腺嘌呤形成氢键配对，影响 DNA 的复制和基因表达。此外，DNA 的损伤还有碱基可能改变或丢失、骨架中的磷酸二酯键可能断裂、螺旋链可能形成交联等。

细胞内具有一系列担任修复的酶系，可以通过不同途径进行修复。这些途径可分成两大类：光诱导的修复（光修复）和不依赖光的修复（暗修复）。暗修复通过三种不同的机理来完成修复：（1）切除修复（excison repair）；（2）重组修复（recombinational repair）；（3）SOS修复（SOS repair）。

（一）光修复 光修复也称光复活，它是由可见光（300～400 nm）激活光复活酶，该酶能分解胸腺嘧啶二聚体。已从细菌和动物的细胞中分裂出一种光复活酶或 PR 酶（PRenzyme）。此酶与 DNA 形成的复合物以一种尚未了解的方式吸收光，并利用光能裂解二聚体中的环丁基的 C—C 键，以达到复活胸腺嘧啶。哺乳动物和人体内缺乏此酶。在高等动物体内暗修复代替了光修复。

（二）切除修复 是一种多酶的催化过程，包括4个步骤，可以概括为切-补-切-封（cut-patch-cut-seal）。以胸腺嘧啶二聚体为例（图9-13）。

(1) 由特异内切核酸酶识别嘧啶二聚体，并在嘧啶二聚体前的糖-磷酸骨架上切开一个裂口。裂口处有3′-OH和含有嘧啶二聚体的5′端。

(2) DNA聚合酶以3′-OH为引物，以另一条完好的互补链为模板进行复制，合成一段新片段。

(3) 嘧啶二聚体区被DNA聚合酶的5′→3′外切酶活性作用切除。

(4) 新合成的DNA片段和原存在的DNA部分由连接酶催化相连。

在大肠杆菌中DNA聚合酶Ⅰ兼有5′→3′聚合和5′→3′外切酶活性，修复时合成与切除均由同一个酶来完成。在真核细胞中DNA聚合酶没有外切酶活性，切除由另外的酶来完成。

（三）重组修复 切除修复是发生在DNA复制之前，故称为复制前修复。但切除修复也可以进行复制后修复。这种修复中含嘧啶二聚体的DNA片段仍可进行复制，但子链中在损伤的对应部位出现缺口。复制后通过分子内重组或称为姐妹链交换（sister-strand exchange），从完整的亲代链上把相应碱基顺序的片段移至子代链缺口处，使之成为完整的分子。亲链上的缺口由聚合酶Ⅰ和连接酶填补完整，这就称为重组修复（图9-14）。

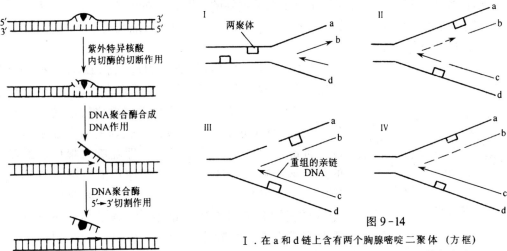

图9-13 DNA中含胸腺嘧啶二聚体区的修复。通过特异核酸内切酶，DNA聚合酶及DNA连接酶的顺序作用

胸腺嘧啶二聚体用黑色块表示，新DNA区用粗线表示

图9-14

Ⅰ．在a和d链上含有两个胸腺嘧啶二聚体（方框）的分子正在进行复制。Ⅱ．通过超越两聚体的合成，形成子链b和c有缺口的分子。如果不发生修复，在下一轮复制中，a和d链会产生有缺口的子链，b和c链又会被裂断成片。Ⅲ．通过姐妹链交换，切除了a链的连续片段，插入到c链上。(在第二次复制中，c链可以作为模板，以合成有功能的DNA.)Ⅳ．a链上的缺口被填补。在一DNA分子也许能够进行第二次姐妹链交换，其c链的片段可能会填补b链上的缺口。然后填补c链上的缺口。这样，c链也可以成为有功能的模型。照射后的DNA合成用虚线表示。粗细线只是为了易于辨别。(Ⅳ的a链上表示两聚体的方框，重组修复并不除去二聚体)

在重组修复过程中亲代链上的嘧啶二聚体并未消除,因此在进行第二次复制时子代链中仍会出现缺口,还需通过重组修复来弥补。但随着复制的不断进行,代数增多之后,虽然亲代链中的啶嘧二聚体仍然存在,而损伤的这一条 DNA 链却逐渐被稀释,最后对正常生理过程没有影响,损伤也就得到了修复。

(四) **SOS 修复** 这种修复是允许子链 DNA 复制合成时越过亲链上受损伤的片段而不形成缺口,称为旁路系统(bypass system)。这种修复以牺牲复制的忠实性为代价。例如修复嘧啶二聚体时,SOS 系统被激活后,就延复制叉前进合成子链,但在损伤对应部位随机放上两个腺嘌呤或其它错误核苷酸,子链虽合成但可能含有碱基错误。SOS 修复的详细机理还不十分清楚。

修复作用是一种普遍的功能。不论物理因素或化学因素所造成的损伤,只要 DNA 结构发生改变,就能被修复酶识别,而把不正常的部分切除。修复保护 DNA 的正常功能是非常重要的。失去这种修复功能的细菌将发生突变成突变株,易被紫外线杀死。人缺乏修复系统对日光和紫外光敏感,易患一种皮肤癌,称为着色性干皮病,是一种遗传性疾病。

三、RNA 指导下的 DNA 合成(反向转录)

20 世纪 70 年代从一些含 RNA 的肿瘤病毒如鸟类成髓细胞白血病病毒(avian myeloblastosis Virus)和劳氏肉瘤病毒(Rous sarcoma virus)中分离到一种独特的 RNA 指导的 DNA 聚合酶(RNA - directed DNA polymerase),由于它以 RNA 为模板合成 DNA,故此称为反转录酶(reverse transcriptase)。

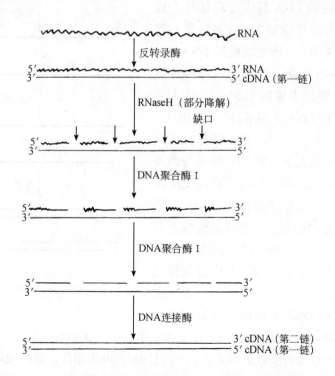

图 9-15 反转录酶合成 cDNA 及 RNaseH 参与 cDNA 第二链合成

反转录酶以病毒 RNA 为模板,在引物参与下以四种 dNTP 为底物像 DNA 聚合酶一样,按 $5'\to 3'$ 方向催化合成一条与模板 RNA 互补的 RNA-DNA 杂交链,其中的 DNA 链称为互补 DNA 链(Complementary DNA,cDNA)。然后再以新合成的 DNA 链为模板,合成另一条互补的 DNA 链,形成双链的 DNA 分子,并降解掉 RNA 链。新合成的双链 DNA 分子可以进入宿主细胞核,并整合到宿主的 DNA 中,随宿主 DNA 一起复制传递给子代细胞。在某些条件下此潜伏的 DNA 可以活跃起来转录出病毒 RNA 而使病毒繁殖。在另外一些条件下它也可以引起宿主细胞发生癌变。

反转录酶的发现在理论和应用上都具有重要的意义。反转录酶在体外也能以 RNA 为模板合成 cDNA。其中以 mRNA 为模板合成的双链 DNA 分子可视为人工基因。体外反转录时还需核糖核酸酶 H(RNase H)参加。它特异地降解 RNA-DNA 杂交链中的 RNA 链,使之形成许多 RNA 的片段,这些片段像冈崎片段中的引物一样作为大肠杆菌 DNA 聚合酶 I 的引物,以 dNTP 为原料合成一系列 DNA 片段,直至 mRNA 全部被 DNA 替代,最后由 DNA 连接酶封闭缺口形成第二条 DNA 链(图 9-15)。现在反转录已成为基因克隆的重要手段之一。

四、多聚酶链式反应(PCR)

多聚酶链式反应,英文缩写为 PCR(Polymerase chain Reaction),是 20 世纪 80 年代末发展起来的一种快速的 DNA 特定片段体外合成扩增的方法。PCR 的反应如下:在微量离心管中,加入适量的缓冲液,微量的模板 DNA,人工合成的两个 DNA 引物,四种脱氧单核苷酸(dNTP),一种耐热的多聚酶和 Mg^{+2}。将上述溶液加热,使模板 DNA 在高温下(如 95℃)变性,双链解开为两条单链;然后降低反应温度,使两条引物在低温下(37℃)分别与两条模板互补退火,形成局部双链;再升高反应温度至中温(72℃),此时多聚酶以 dNTP 为原料,以两引物为复制的起点,在两条模板上合成新的 DNA 子链(图 9-16)。如此重复改变反应温度,即高温变性、低温退火和中温延伸三个阶段。以三次改变温度为一个循环,每一次循环就使欲扩增的 DNA 区段的拷贝数放大一

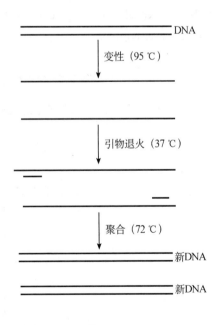

图 9-16 PCR 反应过程

倍,即第一次循环,每条模板双链 DNA 变为 2 条;第二次循环,则变为 4 条;第三次循环,变成 8 条……以几何级数扩增下去。一般样品经 30 次循环,最终使特定 DNA 片段放大了数百万倍。

PCR 的特点是:(1)对 DNA 模板要求不高,纯度要求不严,用量很低,DNA 分子量

的长度仅为几百个 bp，只要含有未损伤的需要扩增的片段即可（单拷贝基因扩增通常用量约 0.05~1.0 μg）。正因为如此，PCR 技术成为法医及考古学重要的鉴定手段。(2) 引物设计十分重要，它决定了 PCR 扩增片段的大小及特异性。引物的设计是按需要及引物设计原则进行的。现在已有 DNA 合成仪，设计好的引物能很快合成。(3) 需要一个耐热的 DNA 聚合酶。1983 年 Mullis 就建立了 PCR 技术，但当时用的是 DNA 聚合酶 I，此酶在高温下就变性，因此必须每一次热循环之后要加入新的聚合酶，这非但操作费时，也容易造成差错。1988 年 Saiki 开始用 Cetus 公司从水生栖热菌 YT‑1（Thermus aquaticus Strain YT‑1）中获得的耐热聚合酶（称为 TaqDNA Poly merase）进行 PCR 扩增，从此 PCR 才进入实用阶段。Taq 聚合酶在 DNA 变性温度（95 ℃）时不变性，聚合方向为 $5'\to 3'$，需要 Mg^{+2}，最适温度为 75~80 ℃。

PCR 技术现已成为分子生物学、医学、生物工程、法医学及考古学等领域不可缺少的工具。

五、DNA 核苷酸顺序测定

核酸的功能是储存和传递遗传信息。遗传信息编码在核酸的一级结构中，由所含的核苷酸顺序来代表。测定核酸的核苷酸顺序已成为了解核酸结构与功能的重要手段。

DNA 顺序测定技术有 A. Maxam 和 W. Gilbert 提出的化学裂解法和 1978 年 F. Sanger 提出的双脱氧核苷酸末端终止法。以 Sanger 法最适用。

Sanger 法最突出的特点是在反应中加入一种 $2',3'$-二脱氧核苷三磷酸（ddNTP）。整个测定的程序如下：将被测 DNA 制成单链模板。分别加入 4 个反应管中。并在每个管中加入引物、DNA 聚合酶和 4 种 dNTP（其中一种为 ^{32}P 标记）。然后在 4 个管中分别加入 ddTTP、ddCTP、ddGTP 和 ddATP。然后进行保温反应。由于双脱氧的 ddNTP 比正常的 dNTP 少了 $3'$-羟基，当它在 DNA 聚合酶作用下掺入到正在延伸的 DNA 链时，因 ddNTP 不含 $3'$-羟基，于是就阻止了其它 dNTP 的继续掺入，起了特异性终止剂的作用。反应结束后在 4 个管中分别形成一些全部具有相同 $5'$-引物端、和分别以 ddT、ddC、ddG、ddA 残基为 $3'$-端结尾的一系列长短不一的混合物。每种

$2',3'$-二脱氧核苷酸

混合物经变性聚丙烯酰胺电泳分离及放射自显影，可见 4 种混合物形成不同的电泳迁移条带（图 9-17）。每一条带都代表着一段以 ddNTP 终止的片段。只要按照电泳条带出现的先后次序即可读出被测 DNA 的顺序。如图中的顺序为 ATCGTTGA…。

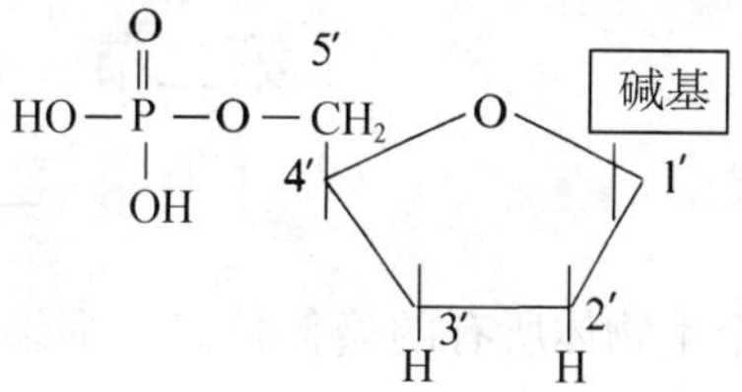

Sanger 法从引物的 $3'$-端开始能合成约 300 个核苷酸的排列顺序。是现今分子生物中最重要的手段之一。

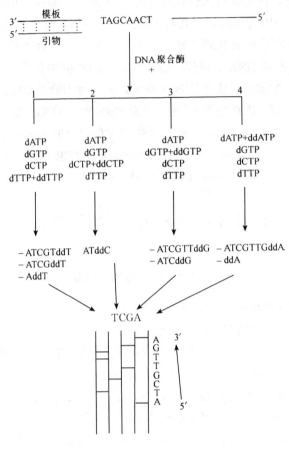

图 9-17 双脱氧法原理示意图

第二节 RNA 的生物合成

一、转　录

整个生物体所有的遗传信息，都编码在每个细胞的 DNA 分子中。DNA 是通过转录 (transcription)，将遗传信息转移到 RNA 分子上。所谓转录是以 DNA 为模板合成 RNA 的过程。

（一）DNA 的大小与基因　生物体的 DNA 分子是很长的，尤其是真核生物（见第八章）。在整个 DNA 的分子上分布着许多特殊的片段。在这些片段中有些是为一种或几种蛋白质（酶）的全部氨基酸编码的核苷酸顺序，称为基因 (gene) 和基因组，也称为顺反子 (cistron) 或多顺反子。通常也把这些编码蛋白质的基因片段称为结构基因。在 DNA 分子上还有些片段是为 rRNA 和 tRNA 编码的核苷酸，这些片段有时也称为基因。有些 DNA 片段，不编码基因而是一些不被转录的调控区，它们具有主宰基因转录和表达的功能，是基因不可缺少的部分。

DNA 分子上的基因很复杂，原核生物与真核生物差别很大。例如 DNA 中有些基因是重复的，称为重复基因。原核生物中的重复基因数较少，真核生物中重复基因则很丰富，如核蛋白体 RNA 的基因数，酵母细胞内为 140 个，而果蝇则达数千个。又如酵母的 tRNA 基因为每一种不同的 tRNA 编码的基因平均达 10 个重复基因。这种多重复基因的现象，是为适应细胞的分裂和增殖的需要。

DNA 分子中的基因的组合也很不相同，在一些病毒中存在基因重叠的现象，如大肠杆菌噬菌体 ΦX174DNA 序列中基因排列如下：

其中 A 基因里包含着全部 B 基因；D 基因里重叠着大部 E 基因；K 基因则同时与 A 基因和 C 基因重叠。其它病毒里还存在三个基因重叠的现象。至今还不能断言，重叠基因仅仅是病毒采取的一种特殊方式，以便把信息压缩到一个很小的 DNA 分子去呢，还是有更普遍的意义。

真核生物的基因则是另一种情况，1977 年发现许多基因是不连续的，即一个完整的基因被一个或更多个插入的片段所间隔。这些插入片段可有几百乃至上千上碱基对长，它们不编码任何蛋白质分子或成熟的 RNA。现在把这些插入而不编码的序列称为内含子 (intron)，把被间隔的编码蛋白质的基因部分称为外显子 (exno)。内含子有何生物学意义目前尚在研究之中。综上所述，可见生物体 DNA 分子的大小并不等于基因的总和，特别是高等真核生物，DNA 分子上非编码区（内含子）远比编码区（外显子）长得多。而真正为蛋白质（酶）编码的基因仅仅占 DNA 分子的一小部分。DNA 的转录只转录基因部分其中包括内含子和外显子部分，因而转录出来的所有 RNA 都必须经过加工，除去其中的内含子并经复杂的修饰才能成为成熟的各种 RNA，其中的 mRNA 才能成为合成蛋白质的模板。

（二）**双链DNA中仅有一股被转录** 基因是双螺旋的 DNA，转录时是两股链均被转录还是仅限其中一股？用噬菌体 ΦX174 的试验证明：ΦX174 虽仅含一条单链 DNA（称为正链），当感染大肠杆菌后即产生一条互补链成为双链 DNA 分子，称为复制双链。其中新合的链称为负链。然后放在加入 ^{32}P - 核苷酸的培养基中培养，获得带放射性的噬菌体 mRNA，并分离出来。同时把双链 DNA 的正、负二链分离。将 mRNA 与正、负链分别杂交，观察是与哪条链互补。其结果是：mRNA 仅与负链互补形成杂交体。证明在活体内，ΦX174 复制的双链 DNA 中仅一条链是转录的模板。以后许多实验都证明基因中仅一股链被转录。现在把被转录的一股链称为模板链（template strand），另一股链称为编码链（Coding strand）。表示如下：

```
DNA  A T G A A A C G A L A G T G A G T C A C   编码链
     T A C T T T G C T G T C A C T C A G T G   模板链
     : : : : : : : : : : : : : : : : : : : :
  pppA U G A A A C G A C A G U G A G U C A C   mRNA
```

可以看出 mRNA 与模板链是互补的。mRNA 的核苷酸顺序则与编码链完全相同，只是其中以 U 代替了 T。因此，mRNA 的遗传信息与编码链相同，代表了基因的编码顺序。

实验还证明:DNA 分子上编码链和模板链是相对的。在同一 DNA 分子的某些部分基因以这条链作为模板链,而在另一区域别的基因中则以另一条链为模板链,即存在着一组基因与另一组基因模板的改链现象。

(三) **RNA 聚合酶** 基因的转录是由 RNA 聚合酶(RNA polymerase)催化。它在 1960 年分别由 J. Hurwitz 和 S. weiss 发现。从大肠杆菌中获得的 RNA 聚合酶在转录时要求以下条件:

(1) 模板,双链 DNA 或单链 DNA 均可作模板。但 RNA 噬菌体 QB 的复制酶是一种以 RNA 为模板的 RNA 聚合酶。

(2) 活化的底物,需要 4 种三磷酸的核苷酸—ATP,GTP、UTP 及 CTP 为反应底物。

(3) 二价金属离子,主要是 Mg^{+2} 和 Mn^{+2}。

RNA 聚合酶催化底物合成时是形成磷酸二酯链(见图 9-18)。合成的方向是 $5'\rightarrow 3'$。即 RNA 聚合酶是沿着模板链的 $3'\rightarrow 5'$ 方向移动。

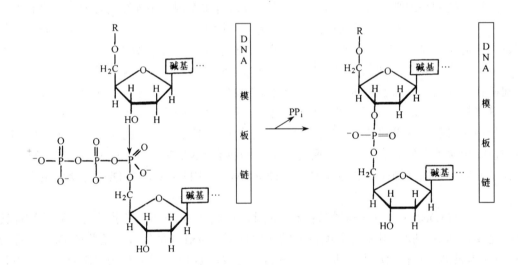

图 9-18 由 RNA 聚合酶催化的链延长反应的机制

RNA 聚合酶与 DNA 聚合酶不同,它不要求引物也没有核酸外切酶的活性。

表 9-3 大肠杆菌的 RNA 聚合酶的亚基

亚基	个数	质量	作用
α	2	37	未定
β	1	151	形成磷酸二酯键
β'	1	155	与 DNA 模板结合
σ	1	50	识别启动子,并引发合成

大肠杆菌的 RNA 聚合酶是一个非常大的(500)和极其复杂的酶分子。它由 4 种亚基组成(表 9-3)。整个酶的亚基组成是 $\alpha_2\beta\beta'\sigma$,称为全酶。没有 σ 亚基的 RNA 聚合酶称为核心酶($\alpha_2\beta\beta'$)。σ 亚基激活 RNA 聚合酶使之识别转录起始点的序列,并参与解开 DNA 双链,找到模板链。当转录开始合成 RNA 链后,σ 亚基就从全酶中解离下来。核心酶继

续对 DNA 模板转录。解离下来的 σ 亚基可与另一核心酶连接,开始另一轮的转录因此全酶的作用是识别起始,而核心酶的作用是延长及辨认转录终止。

(四) DNA 模板上的启动子 转录起始于 RNA 聚合酶结合在被转录的 DNA 区段上,结合的特定部位称为启动子 (promoter)。它是 20 至 200 个碱基的特定顺序。通常将 DNA (编码链) 上被转录的第一个碱基以 +1 代表;第二个为 +2,…。+1 之前的碱基为 -1,第二个为 -2,…。启动子的位置在被转录碱基之前所以顺序号均为负。习惯上也将 +1 以下的转录方向称"下游",-1 以上称"上游",启动子在上游区。现在发现原核生物的启动子顺序中存在两个共同的顺序,即 -10 顺序,也称为 Pribnow 顺序 (pribnow box) 和 -35 顺序 (图 9-19):

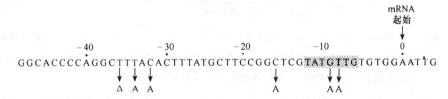

图 9-19 启动子的非编码链片段,其中有影响启动子活性的 6 个突变 (箭头)
△表示缺失一个碱基。Pribnow 顺序用框表示

-10 顺序的右末端离 RNA 转录的第一个碱基约 5 到 10 个碱基。-10 的基本顺序是 TATAATG。-10 顺序被看作是双螺旋打开形成开放启动复合物的区域。-35 顺序,典型的情况下含有 9 个碱基,被认为是酶结合的起始部位。启动子常以单位时间内合成 RNA 分子数的多少分为强启动子和弱启动子。据认为强弱之间的区别就存在于 -35 的结构中。

启动子处一旦形成开放启动复合物,RNA 聚合酶就起始转录。聚合酶含有两个核苷酸结合位点,称为起始部位 (initiation site) 和延伸部位 (elongation site)。起始部位结合三磷酸嘌呤核苷酸 ATP 或 GTP。所以被转录的 DNA 第一个碱基通常是胸腺嘧啶。转录与复制不同,不需要引物,因而合成的 RNA 第一个核苷酸常常是 pppA 或 pppG 带三磷酸根。起始时第一个核苷酸进入起始部位,延伸部位再填进另一个核苷酸,然后两个核苷酸结合。在第一个碱基从起始部位释放后,完成起始,并开始延长。

(五) 延长在转录鼓泡上进行 当转录起始步骤完成后,σ 亚基离开聚合酶,形成的核心酶更牢固地结合于模板上,开始转录的延长。延长是在含有核心酶、DNA 和新生 RNA 的一个区域里进行,由于在这个区域里含有一段解链的 DNA "泡",所以称为转录鼓泡 (transcription bubble) (图 9-20)。在"泡"里新合成的 RNA 与模板 DNA 链形成一杂交的双螺旋。此段双螺旋长约 12 bp,相当于 A 型 DNA 螺旋的一转。杂交链中的 RNA3'-羟基对进来的核糖核苷三磷酸能够进行连接反应,使链不断延长。在"泡"里核心酶始终与 DNA 的另一链 (编码链) 结合,使 DNA 中约有 17 个 bp 被解开。延长速率大约是每秒钟 50 个核苷酸,转录鼓泡移动 170 nm 的距离。在 RNA 聚合酶沿着 DNA 模板移动的整个过程中形成的 RNA-DNA 杂交链的长度及 DNA 未解开的区域长度均保持不变。这表明:在 RNA 聚合酶后面的 DNA 重新卷成螺旋的速率和前面被酶解开的速率是一样的。同时每加入一个核苷酸时 RNA-DNA 杂交双链就旋转一个角度,以便 RNA 的 3'-OH 始终停留在催化部位。而且杂交双链 12 bp 的长度恰好短于双螺旋完整的一转,当形成完整的一转前,RNA 因弯曲很厉害即离开了 DNA 模板,防止了 RNA 5′-末端与 DNA 相互缠绕打结。

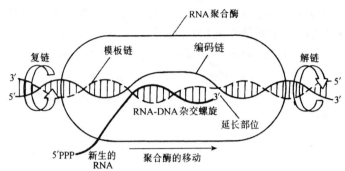

图 9-20 RNA 转录在延长过程中转录鼓泡的模型。模板 DNA 链为虚线,起编码作用的 DNA 链为细线,新生的 RNA 链为粗线。双链 DNA 在 RNA 聚合酶前进的方向被解开,而在其后端则重新卷起。RNA-DNA 杂交螺旋以同步旋转

RNA 聚合酶没有核酸外切酶活性,不能对进入 RNA 链的核苷酸进行校正,所以转录的错误频率是每 10^4 或 10^5 中有一个错误,是 DNA 复制中错误的 10^5 倍。这种准确性虽很低,但由于 RNA 的转录产物很多,极少数有缺陷的转录本大概不会产生有害的影响。

(六)**转录终止** 转录有终止点,转录终止出现在 DNA 分子内特定的碱基顺序上。细菌及病毒 DNA 的终止顺序分析证明,它们有两个明显的特点:其一是富含 GC,转录产物

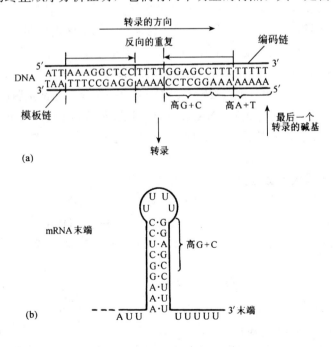

图 9-21
(a) 大肠杆菌 DNA 中转录终止的碱基顺序。
(b) mRNA 分子的 3′末端。反向重复顺序用相反的箭头表示。mRNA 分子可能折叠形成茎环结构

极易形成二重对称性（dyadsymmetry）结构；其二是紧接 GC 之后有一串 A（大约 6 个）。因此，按此模板转录出来的 RNA 极易自身互补，形成发夹状结构，并以几个连续 U 残基而结束（图 9-21）。当 RNA 聚合酶遇到这种结构特点时就会停止下来。

新生的 RNA 链在某些终止位点上，不需要其它蛋白因子的协助就自动从 DNA 上释放下来。但有些终止位点，RNA 链的终止释放还需要 rho 蛋白参与。rho 蛋白也称为 ρ 因子表示释放。详细机理有待研究。

二、RNA 转录后的加工成熟

转录合成的 RNA 不一定是成熟有功能的 RNA 分子。因此转录后常随之以成熟的过程，即进行加工与修饰，使之生成成熟的 RNA 分子。RNA 的分子类型不同，转录后的加工修饰作用也各不相同。原核生物的情况如下：

1. mRNA　原核生物的 mRNA 通常不用修饰。因生成的 mRNA 高度不稳定，当它们的 3′-末端合成尚未完成时，mRNA 的 5′-末端已经开始降解。就是说 mRNA 的转录和翻译是同步发生的，mRNA 仅仅合成一部分时，翻译就开始了，翻译结束，mRNA 就开始降解。一些半衰期稍长的（数秒钟）细菌 mRNA，也未发现需要任何的加工修饰。说明原核生物天然的 mRNA 在转录后已具有充分的功能不用加工修饰。

个别原核生物如噬菌体有些例外，T_7 的 DNA 就先转录出较大的前体 RNA，最后才被加工成为成熟的 mRNA 分子。

2. tRNA　tRNA 的成熟过程较为复杂包括切割与核苷酸的修饰。

多数 tRNA 的前体约比成熟分子大 20%，在 5′ 和 3′ 端都含有多余的顺序。这些多余的顺序由特异的核酸酶 RNase P 及 RNaseQ（或 RNase Ⅲ）分别在 5′ 和 3′ 端进行切割（图 9-22）。

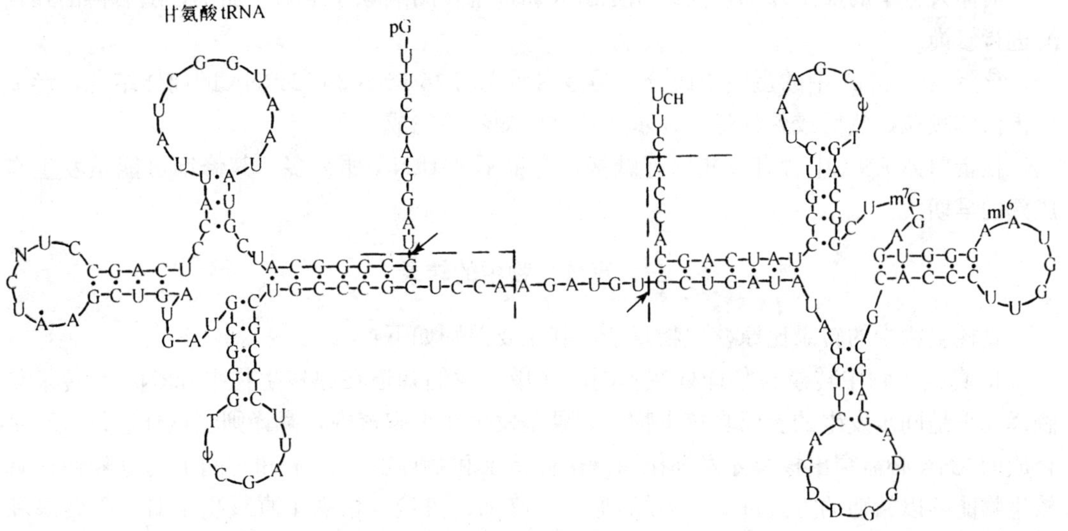

图 9-22　tRNA 前体的核苷酸顺序
点线圈出的是成熟 tRNA，箭头表示切割部位

有些 tRNA 前体，在 3′端没有 CCA 基，在成熟过程中需要加一个 CCA（结合氨基酸部位）。

有些 tRNA 基因的转录前体很大，它包含两个或更多的由内含子分隔的 tRNA 顺序。同样也由核酸酶加工切割，除去内含子部分修饰至一定大小。

所有 tRNA 分子中都含有百分率很高的所谓"稀有碱基"，这些稀有碱基的形成是在转录后与切割同时完成的。碱基的修饰是由酶催化的如甲基化酶，该酶能将甲基引入 tRNA 核苷酸的不同位置。其它更复杂的修饰机理及酶正待研究。

3. rRNA 大肠杆菌的核蛋白体 RNA（rRNA）是由三种核蛋白体 RNA 丛集在一起形成一个转录单位（transcription unit），彼此由间隙区（内含子）分隔开来。现在证明，在间隙区中还存在着 tRNA，如图 9-23 所示的核蛋白体 RNA 的转录单位结构，它由 16sRNA、tRNA^{谷}、23sRNA、5sRNA 和 tRNA^{色} 以及在远端的另一个 tRNA^{天冬} 等组成。而且核蛋白体 RNA 的基因还往往是重复的：已经在大肠杆菌中检测到 7 个转录单位，其中 4 个在 16sRNA 和 23sRNA 基因之间的间隙区含有 tRNA^{谷}，另外 3 个在间隙区含有 tRNA^{丙} 和 tRNA^{异亮}。

这些 rRNA 和 tRNA 基因同时转录，形成一个长的 RNA 分子。在原核生物中，加工修饰与转录是同时进行的，因此在细胞内从来不存在完整的前体分子。

图 9-23 大肠杆菌一个核蛋白体转录单位的结构

前体大分子的加工修饰，大约先是由 RNase Ⅲ 在间隔顺序中切割加工，随后再由几种酶进行修饰。

核蛋白体 RNA 中的蛋白质成分，是蛋白质先与 16sRNA 和 23sRNA 的前体结合，形成核蛋白体颗粒。然后成熟的最后几步就在这些颗粒中完成。

核蛋白体 RNA 中含有一些稀有碱基，含量不像 tRNA 那么多。其修饰可能是发生在成熟的早期。

三、真核生物中的转录

真核生物中的转录比原核生物复杂，其主要差别如下：

1. 真核生物中转录与翻译处在不同的区域 我们知道在原核生物中 mRNA 的转录与翻译几乎是同步发生的。而真核生物，转录是发生在细胞核内，翻译则在核外进行。转录合成的 RNA 必需穿出核膜才发挥作用。这种转录和翻译在空间上和时间上的分隔使得真核生物能够以精巧的方式进行 RNA 的加工、修饰、拼接，增强了真核生物对基因转录和翻译的调控（图 9-24）。

2. RNA 聚合酶不相同 原核生物中 RNA 由一种聚合酶合成。在真核生物中则有三种类型的 RNA 聚合酶。三种聚合酶在细胞的定位及功能如表 9-4。

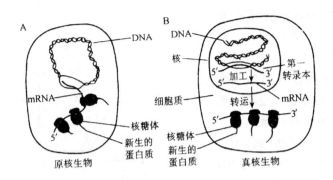

图 9-24 在原核生物中转录和翻译是密切相连的,而在真核生物中它们在空间上和时间上都是分开的。(A) 在原核生物中,原初的转录本就起着 mRNA 的作用,而且立即被用作合成蛋白质的模板。(B) 在真核生物中,在核中 mRNA 的前体被加工和剪接,然后再被运至胞浆中。

表 9-4 真核的 RNA 聚合酶

类 型	定 位	细胞的转录本	鹅膏蕈碱的影响
Ⅰ	核仁	18S、5.8s 和 28s rRNA	不敏感
Ⅱ	核原生质	MRNA 前体和 hnRNA	强烈地被抑制
Ⅲ	核原生质	tRNA 和 5s rRNA	被高浓度抑制

真核的 RNA 聚合酶和原核的聚合酶一样,按 DNA 模板链的指令进行转录;不需要引物;沿 $5'\rightarrow 3'$ 的方向合成;无核酸外切酶的校正作用;催化的底物是三磷酸核糖核苷酸,在合成的 RNA 中形成磷酸二酯键等。

3. 启动子不同　已知真核生物的启动子与原核生物的很相似,也位于转录起始部位的 $5'$ 端,但存在着几个重要的区域。如距起始部位最近的一个是在 -25 处,称为 TATA 匣子 (Hogness 匣子),与原核的 -10 顺序 (TATAAT) 极为相似。它是启动子活性所必需的。此外在 -40 和 -110 之间还有更多的影响启动的碱基。具体的生物学功能尚在研究中。

4. 转录后 RNA 加工修饰不同　这其中 mRNA 最为突出。真核生物 mRNA 分子的寿命较长,有的可达几小时,不像原核生物的只有几秒钟。而且不用加工修饰。但是真核生物的 mRNA 在 $5'$ 和 $3'$ 两个末端都要受到修饰。$5'$ 末端要形成一种称作帽子 (cap) 的复杂结构。它是在 mRNA $5'$ 末端的核苷酸上通过焦磷酸键连接一个 7-甲基的鸟苷。此外,连接帽子的头两个核苷酸的核糖也被不同程度的甲基化,一种是连接 7-甲基鸟苷的核糖没有被甲基化。第二种是第一个核糖被甲基化;第三种是第二个核糖被甲基化 (图 9-25)。

在 mRNA $3'$ 末端则要加上一段多聚腺嘌呤核苷酸 [poly(A)] 的顺序,长度可达 20 至 200 个核苷酸。

真核生物中 mRNA 的加"帽子"和"尾巴"的生物学意义尚不清楚。戴帽子发生在 mRNA 合成起始不久,其功能也许是保护 mRNA 免受核酸酶降解,以及为蛋白质合成机器(核糖体)提供识别特征。加"尾巴"可能增加 mRNA 的稳定性,并对 mRNA 附着于细胞的内膜上也可能有作用。

真核生物转后的 mRNA 不仅受到加"帽子"和"尾巴"的修饰，而且受到深刻的剪切加工。已知真核生物每种 mRNA 分子内部含有数目变化很大的内含子。最少的是 2 个，最多的例如 α-胶原蛋白在转录单位中含 52 个内含子之多。这些内含子广泛地分布于 mRNA 的前体分子中，长短各不相同，但都比外显子长。

真核生物 mRNA 前体物的剪切加工，包括内含子的剪除及留下的片段拼接成成熟 mRNA 等过程，称为 RNA 剪接（RNA Splicing）。剪接是在核内进行，而且是在加上"帽子"和接上"尾巴"之后。整个剪接过程完成之后，5′端的"帽子"和 3′端的"尾巴"并不丢失。

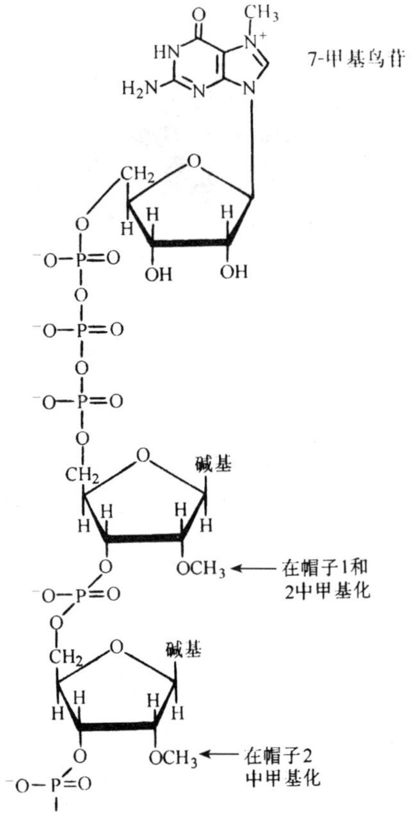

剪接是一个很复杂的过程。整个剪接过程中切除和拼接而丢弃的 RNA 数量范围是很大的。并且内含子是一个一个地被切除，而拼接则发生在下一个内含子被切除之前。所以在细胞内任何时候都存在着大量正在加工似乎无用的 RNA 分子。这些分子总称为不均一核 RNA（hetergeneous nuclear RNA，HnRNA）。只有加工以后，成熟的 mRNA 才被送到细胞质去进行翻译。已知成熟的 mRNA 分子的长

图 9-25 真核生物 mRNA 分子 5′末端的帽子结构。有三类帽子（0、1 和 2）。所有帽子都含有 7-甲基鸟苷，通过焦磷酸键与 mRNA 分子 5′端相连。在帽子 0 中，没有核糖被甲基化。在帽子 1 中，有 1 个核糖被甲基化，在帽子 2 中，有 2 个核糖被甲基化

度仅仅占原始转录物的十分之一，可见加工的复杂性，而且成熟的真核生物 mRNA 分子都是单顺反子。

真核生物的 rRNA 含有 4 种分子，分别称为 5s、5.8s、18s 和 28srRNA。在典型动物细胞的核仁中有一段几百个拷贝的 DNA 顺序（核糖体 DNA 或 rDNA）由它编码 18s，5.8s 和 28srRNA 分子。5srRNA 基因位于核仁之外，处在另一个转录单位中，基因长 24 000 个拷贝。所有的 rRNA 转录物都需要加工，过程与原核相似，即剪切 5′和 3′末端和切除转录物中不需要的区域。

真核生物的 tRNA 也是一个大转录物（tRNA 前体转录物），这些转录物可能含有一个或多个 tRNA 的顺序。成熟的 tRNA 也是在转录后经剪切加工而成。

第三节　催化活性 RNA 的发现

1982 年塞克（T. Cech）及其同事在用四膜虫（Tetrahymena，一种有纤毛的原生动物）研究 rRNA 剪接的过程中引出了一个非常出人意料的发现。四膜虫核糖体 RNA 的前体长 4.6 kb，必须除去一段 414 bp 的内含子，才能产生成熟的 26srRNA。当他们把一些细胞提取物加到前体 RNA 中，以确定剪接对蛋白因子的需要时，发现未加的对照中也发生了剪接，对照中仅有前体物和作为能量物质的 ATP 或 GTP。他们怀疑可能有一种必需的蛋白质没有被除去，于是采用 DNA 重组技术，合成新的前体 RNA。但用这种体外合成的 RNA 前体物所做的实验结果仍然与前面的相同：只需核苷酸存在下，RNA 就能剪接自身或自我剪切（self‑splicing）。即 RNA 分子本身具有高度的专一性和催化活性。后来证明加入的 GTP 或 ATP 其中鸟核苷酸单位（GMP、GDP 或 GTP，以 G 为代表）仅是反应所必需的辅助因子，起攻击作用的基团。整个 RNA 自我剪接的反应如图 9‑26。

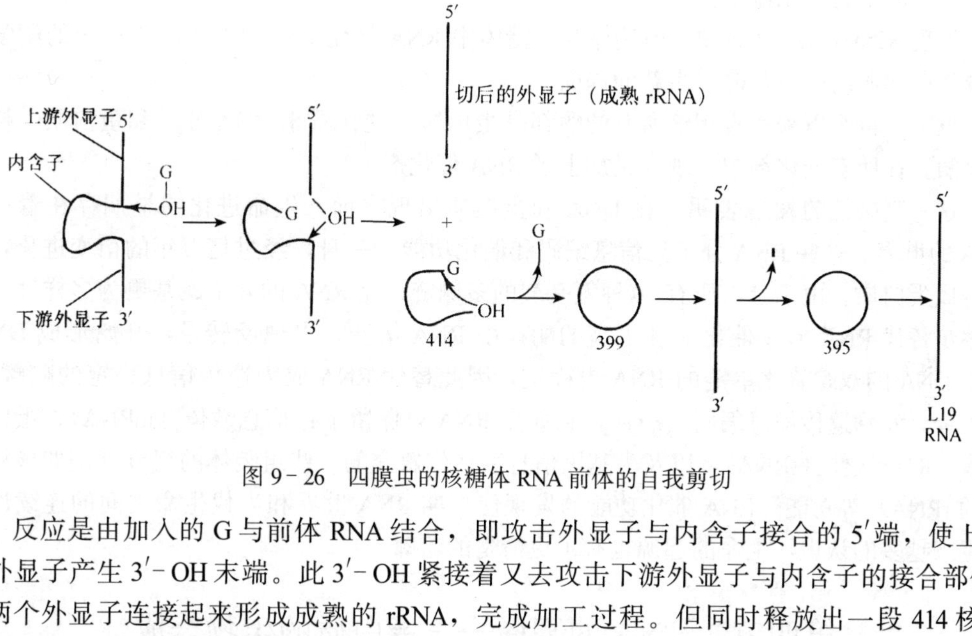

图 9‑26　四膜虫的核糖体 RNA 前体的自我剪切

反应是由加入的 G 与前体 RNA 结合，即攻击外显子与内含子接合的 5′端，使上游的外显子产生 3′‑OH 末端。此 3′‑OH 紧接着又去攻击下游外显子与内含子的接合部位，使两个外显子连接起来形成成熟的 rRNA，完成加工过程。但同时释放出一段 414 核苷酸的内含子。这段核苷酸的 3′‑OH 又攻击邻近的 5′端形成 399 核苷酸的环，并释放 15 核苷酸的片段。此片段含有反应初期掺入的 G。399 核苷酸环自行打开成线状分子，其 3′‑OH 再攻击自身 5′端，释放出 4 核苷酸的片段，成为 395 核苷酸的环。最后，这个环自行打开成为线状 RNA，名为 L‑19RNA（linear minus 19 intervening seguence）称为 L19RNA。它是稳定的，但只要有适合的底物即可表现出活性。如 L19RNA 能催化 5 个胞嘧啶的核苷酸（C_5）转变为一长一短的寡聚体。因此 L19RNA 是一个真正的酶，称为 Ribozyme（核酸性酶）。

但应该看到，自我剪接主要决定于 rRNA 前体结构上的完整性。其内含子中有许多自我剪接所必需的顺序。其它的 rRNA 不具备这些顺序，所以不会发生自我剪接。然而，四膜虫中 rRNA 自我剪接现象的确定是不寻常的发现。

1986 年 S. Altman 及其同事在研究大肠杆菌核糖核酸酶 P（RNaseP）时又发现起催化作用的部分是 RNA 而不是蛋白质部分。RNase P 由 377 个核苷酸的 M1RNA 分子和 20kd 的 C_5 蛋白质组成。发现 C_5 蛋白没有核酸酶的活性，而 M1RNA 具有催化活性。Altman 等为排除蛋白质可能的污染，通过体外转录制备得 M1RNA 前体。结果发现它仍具有催化活性。

真核的酵母和真菌的线粒体中 mRNA 的成熟过程中也发现 RNA 具有剪接作用，称为剪接体（Spliceosome）。它是由细胞核的小分子 RNA 与特异的蛋白质结合形成的小核糖核蛋白复合体颗粒 SnRNPs（Small nuclear ribonucleoprotein particles）发挥剪接作用。首先 mRNA 前体与 SnRNPs 形成剪接体。其中的 SnRNA 发挥剪接作用，而不是蛋白质部分。

近年来又发现蛋白质合成体系中（见第四节），核糖体大亚基的转肽酶活性能明显地抵抗 SDS 等蛋白变性剂，但被核糖核酸酶（RNase）所破坏。表明大亚基的 23sRNA 可能在肽键合成中起催化作用。

发现 Ribozyme、RnaseP、剪接体及核糖体中 RNA 催化活性的事实，给传统的酶学概念及生命起源的研究开辟了崭新的局面。

近一个世纪以来一直相信所有的酶都是蛋白质。现在看来 RNA 分子和蛋白质一样可能是酶。在所有催化剂中，现在又加上了 RNA 催化剂。

这一突破性的发现表明，在 DNA 和蛋白质出现之前，生命进化的早期存在着一个 RNA 的世界。这些 RNA 分子集信息编码和催化功能于一身，经过亿万年的衍变进化，开始合成蛋白质，由于蛋白质有 20 种氨基酸的多侧链，比 RNA 的 4 个碱基更为多样性，于是逐步替代 RNA 形成催化活性更高的酶；由 RNA 衍变，出现反转录，开始形成 DNA。由于 DNA 的双螺旋比单链的 RNA 更稳定，因此替代 RNA 成为遗传信息稳定的贮藏所，成为今天专管遗传信息编码的载体。到如今 RNA 只保留下：信息载体（mRNA）、蛋白质合成中的连接体（tRNA），以及为基因信息表达作媒介的一些组装体的组分（例如核糖体中的 rRNA）等功能。RNA 催化功能的发现使早期 RNA 世界和当代生命之间的连续性有了越来越多的认识，生命的起源也有了更清楚的轮廓。

第四节　RNA 的翻译——蛋白质的生物合成

生物体每个蛋白质的生物合成都受 DNA 的指导，但贮存遗传信息的 DNA 并非蛋白质合成的直接模板，而是转录了遗传信息的 mRNA。以 mRNA 为模板合成蛋白的过程称为翻译（translation）或称为表达（expression）。

一、遗传密码

那么 mRNA 与蛋白质之间是什么关系？蛋白质含有 20 种氨基酸，DNA 的核苷酸只有 4 种，若以一个碱基作为编码单元，则只能为 4 种氨基酸编码。若以两个碱基作为编码单元，也仅编码 16 种氨基酸（4×4=16），而以三个碱基为编码单元，则能编码 64 种氨基酸（4×4×4=64）。说明这两者关系的方法称为遗传密码（genetic code）。所以遗传密码是指 DNA（或其转录物 mRNA）中碱基序列与蛋白质氨基酸顺序之间的关系。1961 年 F. Crick 和 S. Brenner 用实验证明是三个碱基编码一个氨基酸。此三联碱基组称为一个密码子（codon）。

（一）**遗传密码的破译** 那么 64 种密码子与 20 种氨基酸之间又是什么关系呢？是恰好一种三联体对应一种氨基酸，还是几种三联体对一种氨基酸？1961 年尼伦伯格（M. Nirenberg）应用一个由大肠杆菌制成的，能对加入的模板 RNA 起应答的无细胞蛋白质合成体系，来研究这个问题。他将^{14}C-标记的不同氨基酸及合成的-碱基的多聚尿苷酸（polyU）作为模板，加入这个体系中，结果合成出了多聚苯丙氨酸。第一个密码就这样被破译出来，即 UUU 编码苯丙氨酸。接着又分别用 poly A 和 poly C 合成出多聚赖氨酸（AAA）和多聚脯氨酸（CCC）。但此法改用两碱基和三碱基的多聚体做模板时却遇到了问题。由于加入的多聚体是单个随机排列的，尽管可以合成出氨基酸，但是知道对应碱基的组成，却不知道碱基的顺序，如已知含 2 个 U 和 1 个 G 的三联体编码缬氨酸，但它是 UUG、UGU 还是 GUU 仍不清楚。

尼伦伯格还发现，三个核苷酸能促进特异的 tRNA 分子与合成蛋白质的核糖体结合。如 pUpUpU 能促进苯丙氨酸的 tRNA 与核糖体结合。他合成了 64 种三核苷酸，结果大约 50 种密码被译出来，但有些密码不能促使任何 tRNA 被结合。

科拉纳（H. G. Khorana），改用一些各含二、三、四个碱基的长链共聚体来作为模板，结果揭示了密码的顺序。如用共聚体（CU）n，即 CUCUCUCU……做模板，结果生成了亮氨酸和丝氨酸交替排列的多肽。从而知道亮氨酸的密码是 CUC，丝氨酸的密码是 UCU。当他用三个碱基的重复顺序作模板时，又推出了不少氨基酸的密码。同时发现，一个重复顺序在合成蛋白质时可有三种阅读框架，即有三个阅读起点如（AAG）n：

起始阅读
↓ ↓ ↓
AAGAAGAAGAAGAAG…
赖（AAG）— 赖 — 赖 — 赖 — 赖
精（AGA）— 精 — 精 — 精 —
谷（GAA）— 谷 — 谷 — 谷 —

因此，同一模板合成出三条多聚肽链。当他用四核苷酸重复顺序作模板时，如（UAUC）n，此模板无论读框如何，都只合成具有酪-亮-丝-异亮氨酸重复的多肽链。从而推断这几种氨基酸由 4 种密码子合成。同时还发现当（GUA）n 和（GUAA）n 作模板时，产物只有二肽和三肽，无长肽链，从而发现了终止密码。

科拉纳合成一定顺序的多核苷酸是一个杰出的成就。加上尼伦伯格用三核苷酸促进 tRNA 和核糖体结合的研究，终于在 1966 年完全破译了全部遗传密码。这是 20 世纪生物学上一个最杰出的成就。尼伦伯格和科拉纳二人共获 1968 年诺贝尔奖。

（二）**遗传密码的主要特征** 全部密码子与氨基酸的关系如表 9-5。

表 9-5 遗传密码

第一位（5'—端）	第 二 位				第三位（3'—端）
	U	C	A	G	
U	Phe苯丙 Phe苯丙 Leu亮 Leu亮	Ser丝 Ser丝 Ser丝 Ser丝	Thr酪 Thr酪 终止 终止	Cys半胱 Cys半胱 终止 Trp色	U C A G
C	Leu亮 Leu亮 Leu亮 Leu亮	Pro脯 Pro脯 Pro脯 Pro脯	His组 His组 谷氨酰胺 谷氨酰胺	Arg精 Arg精 Arg精 Arg精	U C A G
A	Ile异亮 Ile异亮 Ile异亮 [Met] 甲硫	Thr苏 Thr苏 Thr苏 Thr苏	天冬酰胺 天冬酰胺 Lys赖 Lys赖	Ser丝 Ser丝 Arg精 Arg精	U C A G
G	Val缬 Val缬 Val缬 [Val] 缬	Ala丙 Ala丙 Ala丙 Ala丙	Asp天冬 Asp天冬 Glu谷 Glu谷	Gly甘 Gly甘 Gly甘 Gly甘	U C A G

注：框住的密码子用于起始。GUG 非常罕见。

1. **密码的高度简并性** 已知 64 种密码子中 61 种与特定的氨基酸相对应，而另 3 种是终止合成的密码子。61 种密码子对应 20 种氨基酸表明密码是高度简并的，即一个氨基酸是由不止一种密码子编码。从表 9-5 中可见，仅有色氨酸和甲硫氨酸是由一种三联体编码，而其余 18 种氨基酸均由 2 种或多种三联体编码，亮氨酸、精氨酸和丝氨酸多达 6 种三联体编码。代表同一种氨基酸的不同密码子，称为同义密码子或"同义词"，均属简并密码（degenerate code）。但每一种密码只代表一种氨基酸，没有双关密码。

分析"同义词"会发现，它们之间仅在三联体的最后一个碱基有差异。并且 XYC 和 XYU 总是编码同一氨基酸；XYG 和 XYA 也总是编码同一种氨基酸。这种结构上的意义在后面讨论 tRNA 的反密码子性质时将会看到。

2. **密码的通用性** 实验证明，从病毒、细菌到高等动植物一般都共同使用表中所列的一套密码子，这种现象称为密码的通用性。它说明生物界是起源于共同的祖先。也是当代基因工程中一种生物的基因能在另一种生物中表达的基础。

3. **密码的变异性** 1979 年发现，在绝大多数情况下各种生物都是使用通用的标准密码，但许多生物的线粒体及一些原核生物的遗传系统中，遗传密码有改变，终止密码子 UGA、UAA 和 UAG 改变为编码氨基酸的密码子。如 UGA 改变为编码色氨酸。而有义密码则改变了编码意义，如牛、鼠等动物线粒体中的 AGA 和 AGG 改变为终止密码子。一些动物和酵母中 AUA 由编码异亮氨酸变为编码甲硫氨酸等。

另外在原核生物中发现，有些是习惯使用的密码，只有满足这些密码才能更好的表达。

4. **密码的重叠性** DNA（或 mRNA）的密码子是连续的，密码子之间没有间断。多数生物在阅读密码时，都只用一个阅读框架，编码出一条多肽链。但在一些病毒中基因是重叠的（见 RNA 生物合成）。因此，同一 DNA 碱基顺序可以编码出两或三条不同的多肽链。在这里密码子是重叠使用的。

二、解码系统

遗传密码表明了 mRNA 碱基顺序及由这个 mRNA 分子翻译成蛋白质的氨基酸顺序之间的关系。但氨基酸并不会自己沿着 mRNA 分子排列起来，而是需要一种接合体分子参加。这种分子要具有能通过互补碱基的方式识别密码子的特异部位，又要有能结合相应氨基酸的特异部位，并把氨基酸携带至蛋白质合成的部位。这种接合体就是转移 RNA（transfer RNA，tRNA）。另外还需一种酶来催化，这种酶称氨基酰合成酶（aminoacyl Synthetase）。

（一）tRNA 的结构

所有的 tRNA 分子都是小的、单股链的核糖核酸。大小范围为 73 至 93 个核苷酸。自 1965 年 R. Holley 及同事测定酵母 tRNA 碱基顺序以来，约 200 种来自细菌、酵母、植物和动物的不同 tRNA 的顺序已被测定。比较这些顺序发现，某些特性对于几乎所有分子都共同的，每个 tRNA 的碱基顺序都能排列、折叠成一个三叶草的构象。这种构象若以 76 个核苷酸组成的 tRNA 为"标准"分子（如图 9-27），从 5'-磷酸核苷酸末端开始由 1 到 76 编号。以这个"标准"分子作为基础，多于 76 个碱基的 tRNA 中，多出来的碱基通常认为是附加在标准顺序上的碱基，最常见的附加在 17、20 和 47 位。

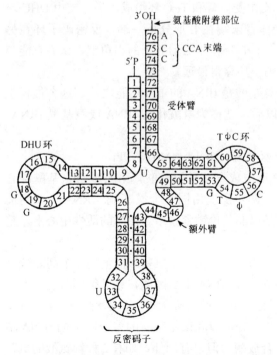

图 9-27 "标准" tRNA 三叶草型结构及其碱基数。目示出了几乎所有 tRNA 分子都有的几个碱基

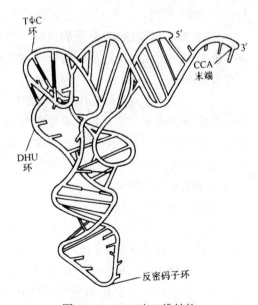

图 9-28 tRNA^{phe} 三维结构

标准 tRNA 有如下特点：

1. 第 8、11、14、15、18、19、21、24、32、33、37、48、53、54、55、57、58、60、61、74、75、80、76 位上的碱基是所有 tRNA 具有的。

2. 5′-磷酸基末端总是呈碱基配对的。认为与 tRNA 的稳定性有关。

3. 3′-OH 末端永远是 4 个碱基的单链区 XCCA-3′-OH，X 可以是任何碱基，称为 CCA 臂或受体臂（acceptor stem）。这是氨基酸的结合部位。

4. tRNA 中有很多碱基被修饰，如二氢尿嘧啶（DHU），核糖胸腺嘧啶（rT），假尿嘧啶（φ）和次黄嘌呤核苷酸（I）等。还有一些被"修饰过度"的碱基。对这些异常碱基的意义还了解甚少。

5. 有三个大的单链环：第 14 到 21 位碱基形成的二氢尿嘧啶环（DHU loop）。此环在不同 tRNA 中大小并不恒定，有一些额外碱基。由 54 到 60 位碱基形成的环几乎永远有 TφC 顺序，称为 TφC 环。由 32 至 38 位 7 个碱基组成的环，因含有 34 到 36 三个反密码子，称为反密码子环（anticodon loop）。通常总有两个嘧啶位于反密码子的前面，反密码子之后则跟着一个经修饰的嘌呤。反密码环是 tRNA 辨认 mRNA 上密码子的区域。

6. 有 4 个称为干（或臂）的双链区。

7. 还有由 44 位到 48 位碱基组成的额外环。因为它可小至含 4 个碱基，大至含 21 个碱基，极易变动，故称为额外臂（extra arm），其功能不明。

tRNA 分子的三叶草模型中有碱基配对，形成三维空间结构（图 9-28）。结构中有两支双股螺旋，每支长约 6 nm 并相互垂直。一支由受体臂和 TφC 环组成；另一支由 DHU 环和反密码子环组成，故分子呈 L 形。CCA 受体臂末端在 L 形分子一端，反密码子环在另一端。氨基酸臂和反密码子间离开大约 8 nm。TφC 环位于 L 形分子的拐角上，认为它能与核糖体 RNA 作用，它与 CCA 受体臂及反密码子环离得最远。

（二）**氨基酸与 tRNA 分子的连接** 结合氨基酸是 tRNA 的重要功能之一。这个过程也称为氨基酸的活化。当氨基酸结合于 tRNA 以后，就称为氨酰化的 tRNA 或氨酰基 tRNA。整个反应为：

$$\text{氨基酸} + \text{tRNA} + \text{ATP} \longrightarrow \text{氨基酰-tRNA} + \text{AMP} + \text{PPi}$$

反应分为两步。第一步是氨基酸与 ATP 反应成氨基酰腺苷酸，第二步是氨基酰腺苷酸将氨基酰基转给 tRNA 形成氨基酰-tRNA。两步反应由同一个氨基酰-tRNA 合成酶催化。反应中酶并未与氨基酰腺苷酸分开，而是以非共价键紧紧结合在酶的活性中心上。整个反应如图 9-29 所示。

从反应中可以看到氨基酸活化的部分是羧基。每活化一个氨基酸需消耗 2 个高能键。

氨基酰-tRNA 合成酶的特点是将氨基酸接合于 tRNA 上。因此，它必须同时能够专一地识别氨基酸和 tRNA。这种高度的特异性保证了翻译的准确无误。但这种专一性也有差异，原核生物中每一种合成酶只选一种氨基酸，却可以和该氨基酸的多个同工的 tRNA 结合。即原核生物中至少有 20 种氨基酰 tRNA 合成酶。但也有例外，如有 2 种赖氨酸的氨基酰-tRNA 合成酶。另外，有些酶能与结构相似的氨基酸结合。真核生物中，细胞质、叶绿体和线粒体内的合成酶也各不相同，结构上也有差异。有的只含一条多肽链；有的含两条多肽链；有的含两种多肽链的 4 聚体（每种有两条）。

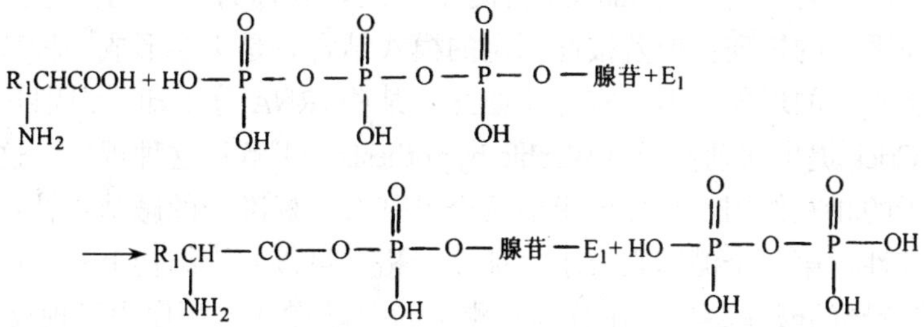

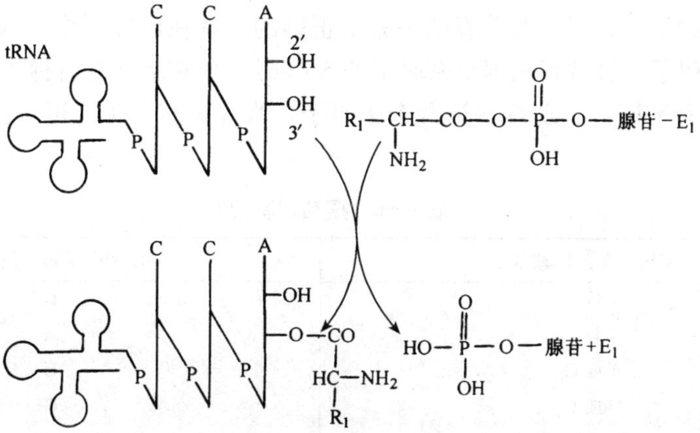

图 9-29 氨基酸的活化作用

实验证明，氨基酰-tRNA 合成酶还表现另一种酶活性，即催化氨基酰-tRNA 的脱酰基作用：

$$aa \cdot tRNA \longrightarrow aa + tRNA$$

现在已知这种水解活性，是合成酶用以"校正"氨基酸活化过程中，可能发生错误的控制功能。能极为显著地减少将"错误"的氨基酸安插到肽链中去的机会。

氨基酰-tRNA 合成酶也能识别相应的 tRNA 分子。被识别的区域是 tRNA 分子的整体结构，还是 tRNA 分子上的某些核苷酸？目前，还在深入研究。有些实验证明，tRNA 上有些识别碱基，但为数不多。为此有人称为"第二遗传密码（Secondarg Cod）"，但具体内容尚在研究中。

（三）密码子—反密码子的相互作用 实验证明，蛋白质合成过程中，每个氨基酸在肽链中的位置与 tRNA 所带的氨基酸无直接关系，只取决于密码子与 tRNA 反密码子的相互作用。

当 tRNA 携带着氨基酸去识别 mRNA 上的密码子并结合时，实际上是两条走向相反的 RNA 分子的结合。习惯上命名密码子和反密码子顺序时，总是将 $5'$ 端放在左边，于是密码子是 $5'-X-Y-Z-3'$，反密码子就是 $5'-Z'-Y'-X'-3'$。这样 mRNA 上密码子的每个碱基与 tRNA 反密码环上的密码子碱基即互补形成碱基对：

反密码
$$3'-X'-Y'-Z'-5'$$
$$5'-X-Y-Z-3'$$
密码子

由于反密码环上的密码子走向与 mRNA 密码子相反,故称为反密码。这样,密码子与反密码子形成反向平行的排列。但若按此固定的模式结合,是必会形成一种特定的反密码子只能识别一种密码子的现象。但事实并非如此,某些 tRNA 分子却能识别几种密码子。为此,1965 年 F. Crick 提出摆动假说(Wobble hypothesis)来解释这种现象。这个假说认为密码子—反密码子的相互作用,首先要求前两个碱基对是标准型的碱基互补,以保证结合有最大限度的稳定性,第三个碱基则要求不那么严格,可以允许结构上有小小的波动(即摆动)。并有某些特异的碱基参与。在 Holley 测定的酵母 tRNA^{ala} 顺序中发现反密码子是 IGC,它可以识别丙氨酸的同义密码子 GCU、GCC、GCA。

经过反复的研究证明,摆动假说是完全正确的。现在已知每个 tRNA 分子能解读一、两种或三种密码子。其数目根据反密码子的 5′ 端第一个碱基(有时称为摆动碱基)而定:是 C 可解读一种密码;U 或 G 解读两个密码子;修饰碱基(I)可解读三个密码子,如表 9-6 所示。

表 9-6 摆动碱基配对

密码子第三位碱基	反密码子第一位碱基
G	C
U	A
A 或 G	U
U 或 C	G
U,C,A	I

从表中可见反密码子中的 U 可识别密码子中第三位碱基的 A、G,而 G 能识别密码子第三位的 U、C。反密码子中的 I 则可识别 A、U、C,而 C 仅认别密码子中的 G。

在讨论密码子的结构时,已知遗传密码是简并的。现在看来,遗传密码的简并性部分是由于密码子第三位碱基配对不严格(摆动)所致。在这里,我们也看到 tRNA 上修饰碱基的重要作用,由于次黄嘌呤(I)的出现最大限度地增加了由一种 tRNA 解读密码子的数目。

三、核 糖 体

核糖体(ribosome)是蛋白质合成的主要场所。它含有蛋白质合成中所需要的多种酶活性,能按适当的位置和方向把 mRNA 分子和带有氨基酸的 tRNA 分子结合在一起,最终将 mRNA 分子的碱基顺序翻译成氨基酸顺序。因此,核糖体是一种多组分的亚细胞结构。

(一)核糖体的化学组成 核糖体及其亚基都用它们的沉降系数(s)命名。原核生物完整的核糖体为 70s(70s ribosome)由一个 30s(30s Particle)和一个 50s(50s particle)亚基组成。它是蛋白质合成时的活化形式。Mg^{2+} 的浓度影响它的稳定性,在 0.0005 mol/L Mg^{2+} 浓度下,70s 完全解离成两个亚基,0.005 mol/L Mg^{2+} 浓度内(细菌内的大致浓度)则几乎不解离。在生理状态的 Mg^{2+} 浓度中完整的 70s 占优势。

核糖体每个亚基由蛋白质和 RNA 组成,30s 由一个 16s rRNA 分子及 21 种不同的蛋白质组成,50s 由一个 5s rRNA、一个 23s rRNA 及 32 种不同的蛋白质组成。30s 亚基的蛋白质称为 S_1,S_2,……S_{21}(S 代表"小颗粒");50 s 亚基的蛋白质用大写字母 L 标记(L 代表

"大颗粒")。30s 亚基中每种蛋白质只有一个拷贝。50s 中除 L7 和 L12 是 2 个拷贝外，其它都是一个拷贝。所以，70s 核糖体蛋白质分子总数目是 21+32+2（额外的 L7 和 L12）=55个。这些蛋白质含 34% 的碱性氨基酸（精氨酸+赖氨酸），可能有利于与酸性的 RNA 相结合。

核糖体中的 RNA 各分子的顺序已经测定，5s rRNA 为 120 个核苷酸，16s rRNA 为 1541 个核苷酸，23s rRNA 为 2904 个核苷酸。各个 RNA 分子中大约有 70% 的碱基在内部配对形成一种带有多臂和环的高度复杂的结构（图 9-30）。这些分子的三维结构尚未完全阐明。

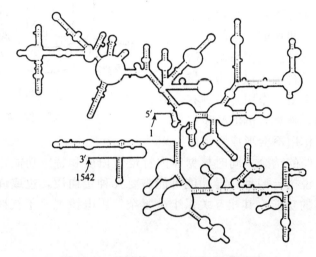

图 9-30 核糖体 RNA 分子的折叠情况

大肠杆菌 70s 核糖体的结构如图 9-31。

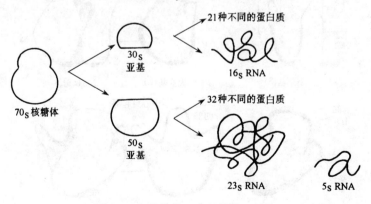

图 9-31 核糖体（大肠杆菌）结构

真核生物的核糖体值大约是 80s，由一个 40s 和一个 60s 两个亚基组成。40s 亚基含有一个 18s rRNA 和约 30 蛋白质，60s 亚基含一个 5s，一个 5.8s 和一个 28s rRNA 分子及约 50 种蛋白质。核糖体内精确的蛋白质数目目前还未完全确定。rRNA 顺序也有待测定。

（二）核糖体的结构与功能　核糖体是蛋白质装配的重要场所，参与的成分很多，功能复杂。核糖体的结构至少要满足如下的部位：

（1）容纳 mRNA 的部位

（2）结合氨基酰-tRNA 的部位（称 A-位点）

（3）结合肽基-tRNA 的部位（称 P-位点）

（4）形成肽键的部位（转肽酶中心）

除这些功能部位外，核糖体还要求有具识别并结合 mRNA 上特异的起始部位，能沿 mRNA 移动以"解读"全部信息，并在翻译结束后肽链脱落掉下等功能（图 9-32）。足见需要具有高超的结构才能精巧地完成这些功能。目前整个结构的精巧搭配及与功能的关系尚在研究之中。从已知的材料中可以知道，核糖体中 RNA-蛋白质相互作用是一种有高度特异性的作用。例如，mRNA 和核糖体蛋白质的相互作用不会形成紧密的

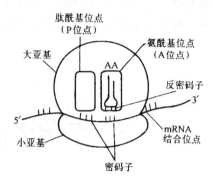

图 9-32 大肠杆菌 70s 核糖体

结构，只是一种微弱的结合。同时核糖体内特定蛋白质和特定功能之间常常没有一一对应的关系，就是说执行一种特异功能可能需要几种蛋白质，也或许一种蛋白质可能参与两种以上不同的功能。其相互关系十分复杂。用电镜观察了核糖体的外形，示意图如下（图 9-33）：

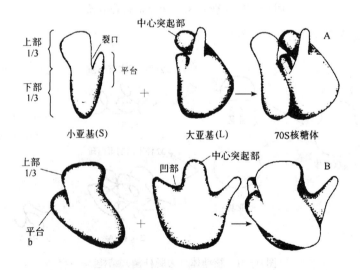

图 9-33 用电子显微镜得到的核糖体形状的直接显影

从外形看 70s 核糖体大约是一个半径为 11 nm 的球体，其体积约为 5600 nm³。根据核糖体的分子量计算，实际体积只有 2600 nm³，仅占测定结构体积的 45%，其余的 55% 是由溶剂所组成，可见整个核糖体是具有许多空间部分，包括亚基间的间隙、洞穴及通道等。所

以,核糖体实际上是一个具有凹陷、穴洞、裂隙和坑道的结构。是它们容纳了核糖体完成功能所必需的部件及功能部位。

（三）多核糖体 无论是原核还是真核生物,从细胞中都可以分离出：核糖体、核糖体亚基和多核糖体。蛋白质合成过程中一个 mRNA 的分子上不止结合一个核糖体而是一群核糖体,称为多核糖体（polysome）。多个核糖体同时翻译一个 mRNA 分子,这显著提高了 mRNA 的利用率。一条 mRNA 的最大利用率可达每 80 个核苷酸结合一个核糖体。当合成多肽的释放后,核糖体即解离成 30s 和 50s 亚基（图 9 - 34）。

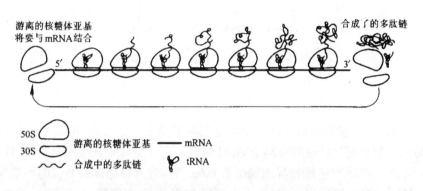

图 9 - 34 蛋白质合成时多核糖体的图示 mRNA 分子由右向左移动

四、蛋白质合成的过程

细胞内蛋白质的合成过程包括：翻译起始,肽链延长和肽链合成终止三个阶段。

（一）翻译起始 大肠杆菌内蛋白质合成的起始,是从核糖体小亚基 30s 与 fMet - tRNA^{fMet} 及一个 mRNA 分子在起始因子参与下形成起始复合物开始。最终形成 70s 的起始复合物,完成翻译起始阶段。

1. mRNA 原核生物参与翻译蛋白质的 mRNA 分子很多是多顺反子,它们含有能合成数种蛋白质的特定顺序。所以,在 mRNA 分子上拥有一系列起始和终止密码子。其结构是在第一个顺反子起始信号之前,常有 20～200 个核苷酸的前导顺序。在第一个终止密码子之后和第二个起始密码之间具有 5～20 核苷酸（也有的长达 400 个核苷酸）的间隙顺序。在最后一个顺反子终止密码之后具有一个 3′-非翻译区域（图 9 - 35）。

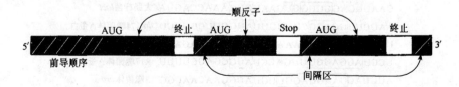

图 9 - 35 典型多顺反子 mRNA 分子的顺反子和非翻译区的排布

在多顺反子的翻译中,当翻译到达第一个顺反子的终止密码子之后即开始下一个顺反子的翻译。但有些实验证明,多顺反子 mRNA 中不同顺反子之间起始速度有所不同。

2. fMet-tRNA^{fMet}　大肠杆菌蛋白质合成的第一个氨基酸都是甲酰化的甲硫氨酸，即 N-甲酰甲硫氨酸（fMet）。甲酰化是在 Met-tRNA^{fMet} 合成后，由转甲酰基酶催化，从 N-9-甲酰四氢叶酸（fTHF）上将甲酰基转移到甲硫氨酸的 NH_3^+ 基上形成。（f 表示甲酰化）：

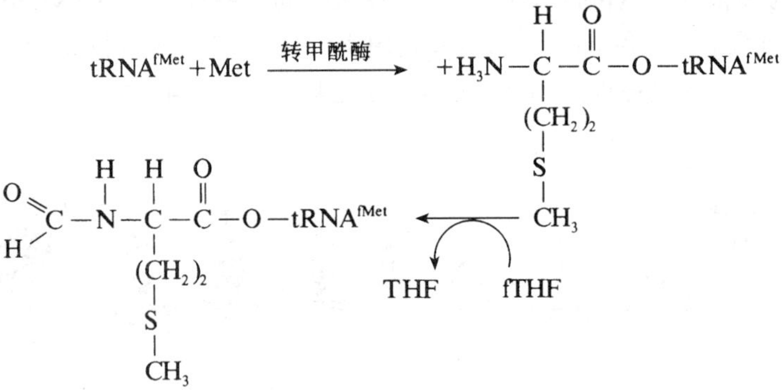

$$tRNA^{fMet} + Met \xrightarrow{转甲酰酶} {}^+H_3N-\underset{\underset{\underset{\underset{CH_3}{|}}{S}}{\underset{|}{(CH_2)_2}}}{\overset{H}{\underset{|}{C}}}-\overset{O}{\underset{|}{C}}-O-tRNA^{fMet}$$

$$\underset{H}{\overset{O}{C}}-N-\underset{\underset{\underset{\underset{CH_3}{|}}{S}}{\underset{|}{(CH_2)_2}}}{\overset{H}{\underset{|}{C}}}-\overset{O}{\underset{|}{C}}-O-tRNA^{fMet} \xleftarrow{} \underset{THF\quad fTHF}{}$$

但转甲酰酶不会催化组成肽链中的甲硫氨酸甲酰化。起始的 tRNA^{fMet} 能特异地识别起始密码 AUG，但也能与缬氨酸密码子 GUG 结合，还可能与亮氨酸密码子 UUG 和 CUG 进行微弱的结合。tRNA^{fMet} 还能特异地携带着 fMet 直接进入核糖体的 P 位而不是先占 A 位点（通常氨基酰-tRNA 都先进入 A 位点，当肽链形成后才移到 P 位点）。这些特点表明 tRNA^{fMet} 一定具有其它 tRNA 分子所没有的某些结构特点。现在已知 tRNA^{fMet} 的氨基臂第 5 个碱基是 A 而不是通常的 C，于是不能与 5′端的 G 形成氢键，其 5′-端是游离的。反密码环上 3′-端邻位碱基在其它 tRNA 是烷基化的 A，而 tRNA^{fMet} 是 A 等。

3. 翻译起始信号　实验证明，AUG 是蛋白质合成的起始密码子，但又可作为蛋白质肽链中甲硫氨酸的密码子。如何来辨认 mRNA 碱基顺序中作为起始密码子的 AUG 呢？现在发现，作为起始密码子的 AUG 通常离 mRNA 5′-末端约 20~30 个碱基，在这段前导顺序中，具有一段特殊顺序 AGGAGGU，位于起始 AUG 之前的固定的位置上（图 9-36）。

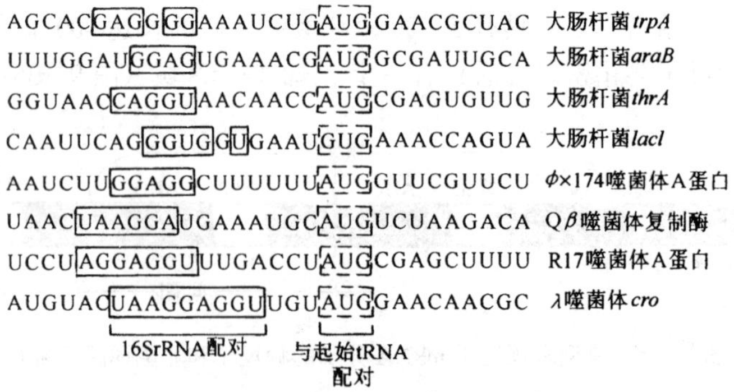

```
AGCAC GAGG GG AAAUCUG AUG GAACGCUAC    大肠杆菌 trpA
UUUGGAU GGAG UGAAACG AUG GCGAUUGCA     大肠杆菌 araB
GGUAAC CAGGU AACAAC AUG CGAGUGUUG      大肠杆菌 thrA
CAAUUCA GGUG GU GAAU GUG AAACCAGUA     大肠杆菌 lacl
AAUCUU GGAGG CUUUUU AUG GUUCGUUCG      φ×174噬菌体 A 蛋白
UAAC UAAGGA UGAAAUG AUG UCUAAGACA      Qβ 噬菌体复制酶
UCCU AGGAGGU UUGACCA AUG CGAGCUUUU     R17 噬菌体 A 蛋白
AUGUAC UAAGGAGGU UGU AUG GAACAACGC     λ 噬菌体 cro
        └───────┘        └──┘
       16SrRNA配对      与起始tRNA
                           配对
```

图 9-36　一些细菌和病毒 RNA 分子的蛋白质合成起始部位的序列

1975 年，J. Shine 和 L. Dalgarno 提出一种假设来说明这段固定序列对起始密码子的识别。认为核糖体小亚基 30s 内的 16srRNA 与此有关。因为在 16srRNA 的 3′-末端有顺序 5′-PyACCUCCUUA-3′，Py 可以是任何嘧啶核苷酸。于是这段顺序即与 mRNA 前导顺序中的 AGGAGGA 能形成稳定的碱基对（图 9-37）。

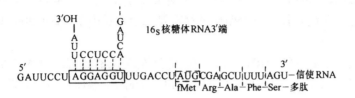

图 9-37　mRNA 起始区的富含嘌呤区段（实线框）和 16S rRAN 3′端的碱基配对
AUG 密码子（虚线框）决定多肽链的起始

后来的实验证明，假设是正确的，这就是 mRNA 上的起始识别信号。现将 mRNA 上的 AGGAGGU 区域称为 shine-Dalgarno 顺序或 S.D 序列。

4. 70s 起始复合物的形成　首先在辨认 mRNA 的 S.D 序列后，30s 核糖体亚基和甲酰甲硫氨酰-tRNA^{fMet} 结合，形成 30s 起始复合物。生成此复合物时需要 GTP 和三种蛋白因子即起始因子 I（initiation factor，IF）或 IF-1，IF-2 及 IF-3。这 3 种起始因子都连接于 30s 上，GTP 稳定这种结合。IF-1 是一个小的碱性蛋白，具有增加另外两个起始因子活性的作用。IF-2 的功能是通过生成 IF-2·GTP·fMet-tRNA^{fMet} 三元复合物，在 IF-3 存在下与 30s 亚基相结合。并促使 S.D 序列与 30s 亚基 16srRNA 的 3′-端碱基配对，使 30s 亚基找到 mRNA 上的启动信号，fMet-tRNA^{fMet} 结合在 AUG 上，最终形成 30S 起始复合物。当 30s 起始复合物形成后，IF-3 即释放。大亚基 50s 参加进来。并引起 GTP 水解释放能量，IF-1 和 IF-2 也释放，最后形成 70s 起始复合物（图 9-38）。

形成 70s 复合物后即可进入蛋白质合成的肽链延长阶段。此时，fMet-tRNA^{fMet} 占据了核糖体的 P 位点（肽酰位），A 位点（氨基酰位）还空着，并正对着 mRNA 上的下一个密码子，为下一个氨基酰-tRNA 的进入作好了准备。

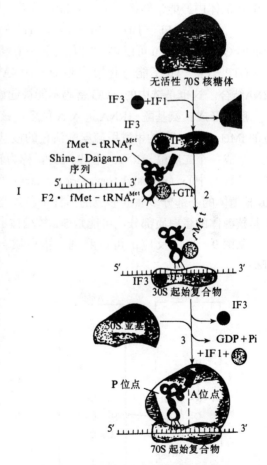

图 9-38　大肠杆菌蛋白质合成的起始过程

5. mRNA 翻译的方向 70s 翻译起始完成后翻译顺着什么方向进行呢？实验证明，翻译的方向是沿 mRNA 的 $5'\to 3'$ 方向进行。所以，在大肠杆菌中，当 mRNA 的 $5'$ 端刚转录合成后不久就与核糖体结合开始翻译。使翻译和转录紧密地相连在一起。

（二）肽链延长 蛋白质合成的肽链延长阶段包括：进位、肽键形成和移位三步，这三步反复循环完成肽链延长。整个循环过程需要三个延长因子（elongation factor EF）：EF-Tu，EF-Ts 和 EF-G。

进位：是指一个氨基酰-tRNA 进入 70s 复合体 A 位的过程。进入的是哪一种氨基酸取决于 A 位对着的 mRNA 的密码子。进位需 EF-Tu 因子参加，形成 GTP-EF-Tu-氨基酰-tRNA 三元复合物，此复合物结合于 A 位上。当复合物结合 A 位后，一种有 GTPase 活力的核糖体蛋白质就促使 GTP 水解成为 GDP+P。于是 GDP-EF-Tu 离开氨基酰-tRNA，留下氨基酰-tRNA 在 A 位，完成进位过程。

离去的 GDP-EF-Tu 经以下循环可不断使用：

$$GDP-(EF-Tu)+EF-Ts \longleftrightarrow (EF-Tu)-(EF-Ts)+GDP$$

GDP 在机体内经能量转换再生成 GTP，然后：

$$(EF-Tu)-(EF-Ts)+GTP \longleftrightarrow GTP-EF-Tu+EF-Ts$$

形成的 GTP-EF-Tu 可以再一次完成下一个氨基酰-tRNA 的进位。

GTP-EF-Tu 不能与起始的 fMet-tRNA^{fMet} 相结合并送入 A 位。只能与其他 Met-tRNA 结合。这也是链中的 AUG 密码不能被起始 tRNA^{fMet} 所识别的原因之一。

肽链形成：氨基酰-tRNA 进入 A 位后，核糖体的 P 部位和 A 部位都被占满。于是 P 位的 fMet-tRNA^{fMet} 的甲酰甲硫氨酸活化的羧基被转到 A 位的氨基酰-tRNA 氨基酸的氨基上，生成一个二肽酰-tRNA（图 9-39），称为转肽作用。此过程由 50 s 核糖体亚基上称为肽酰转移酶中心（peptidyl transferase center）的肽酰转移酶催化。此酶活性过去认为是 50s 核糖体的一部分多肽链形成的活性部位所催化。1992 年 Noller 等发现催化肽链形成的不是核糖体的蛋白质部分，可能是 50s 核糖体的 23srRNA 及其临界的 ribozyme 所催化。

从图 9-39 的反应中可以看到，蛋白质合成时肽链的延长方向是从氨基向羧基端延伸。

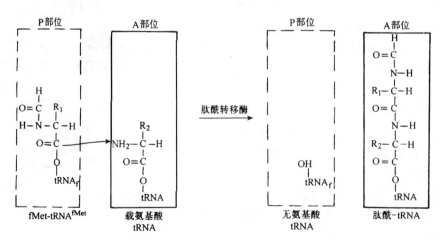

图 9-39 肽链形成

移位： 当肽链形成后，出现无负载的 tRNA 占据着 P 位，二肽酰-tRNA 占据 A 位。接着立即发生三个动作：无负载的 tRNA 自动脱落；二肽酰-tRNA 从 A 位移到 P 位；mRNA 移动三个核苷酸的位置，一个新的密码子正好落入 A 位。这三个动作总称为移位（translocation）。实际上是 70s 复合体移动一个密码子的位置。移位后 A 位出现的新密码，又准备好再"进位"一个氨基酰-tRNA，开始另一周期肽链延伸的循环过程。移位需要结合在核糖体上的 EF-G 因子参加。GTP 水解后 EF-G 即从 GTP-EF-G-核糖体上释放出来，发挥催化作用（图 9-40）。

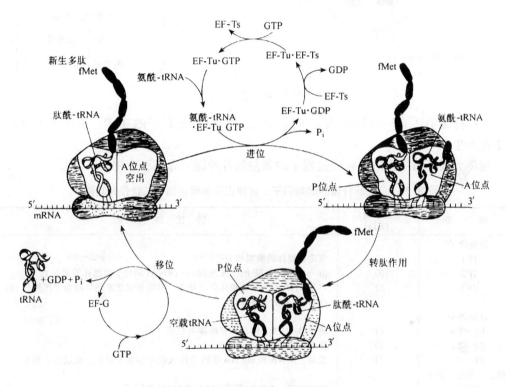

图 9-40 大肠杆菌蛋白质合成的延伸过程

（三）多肽链合成的终止 当 70s 移位至 A 位出现终止密码子时，就没有氨基酰-tRNA 再进入 A 位点，肽链延长停止。但合成的多肽仍然接在占据 P 部位的 tRNA 上。终止过程是由释放因子（release factor，RF）参与下完成的。释放因子 RF-1 能识别终止密码子 UAG 和 UAA，而 RF-2 能识别 UGA 和 UAA。每种 RF 都结合 GTP 并结合于终止密码子形成三元复合物。这种复合物改变了肽酰转移酶的特异性，使肽酰转移酶不是催化与氨基酰-tRNA 结合延长肽链，而是使形成的肽链与水结合。于是 P 位上的肽链转移至水中，形成游离肽链，同时 70s 释放出 50s 核糖体亚基。此时，另一个被称为核糖体释放因子（ribosome releasing factor，RR）的成分参与，使 30s 与 mRNA 分开。脱去肽链的 tRNA 与终止因子也离开。分离后的 50s、30s 又可为合成另一条肽链所用（图 9-41）。

已知所有 RF 因子都依赖于核糖体的 GTP 酶活性，GTP 水解时可使 RF 与核糖体解

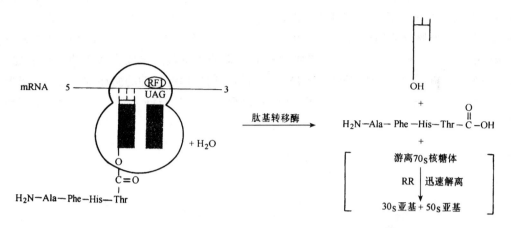

图 9-41 终止过程

离。大肠杆菌中还有一种释放因子 RF，它无识别终止密码子的功能，但能增加 RF1 和 RF2 的活性。

现将大肠杆菌中蛋白质合成过程中的参与的各种因子总结于表中。

表 9-7　大肠杆菌的起始因子、延伸因子和终止因子的特性和功能

因　　子	分子量 (KD)	特　性　和　功　能
起始因子		
IF1	9	促进核糖体的解离和 IF2 活性
IF2	100	由一个要求 GTP 的反应使 Met-tRNAf 结合于核糖体的 P 位点
IF3	22	将 mRNA 结合于核糖体的小亚基，可能是促进非翻译的前导序列与 16s rRNA 3' 端的碱基配对
延伸因子		
EF-Tu	43	将氨酰-tRNA 结合于核糖体 A 位点
EF-Ts	30	重新生成 EF-Tu-GTP
EF-G	77	肽基-tRNA 和 mRNA 密码子从 A 位点移至 P 位点，此过程依赖 GTP
终止（释放）因子		
RF1	36	水解肽基-tRNA，要求 UAA 或 UAG 密码子
RF2	38	水解肽基-tRNA，要求 UAA 或 UGA 密码子
RF3	46	促进 RF1, RF2 活性

从以上各种因子发挥作用的过程中会发现，GTP 发挥着重要的作用。GTP 和 ATP 一样是高能分子，水解释放的自由能可以用来推动需要能量的反应。在蛋白质合成过程中 GTP 还是一个变构因子，核糖体与 GTP 结合时呈活性构象；当 GTP 水解或被除去时，核糖体呈无活性形式，并将相应的因子从核糖体上释放下来，去推动反应。

（四）真核生物的蛋白质合成　现在认为真核生物中蛋白质合成的基本过程与原核生物中类似。只是真核生物蛋白质合成时参与的蛋白组分较多，有些步骤更为复杂。现将某些异同点比较如下：

1. 核糖体　真核生物的核糖体较大，是由 60s 和 40s 小亚基组成 80s 的核糖体。40s 中含有的 18srRNA 与原核的 16srRNA 同源。60s 中含有的 5s 和 28srRNA 相应于原核的 5s 和 23srRNA。只有 5.8srRNA 是真核生物所特有的，功能尚不清楚。

2. 起始 tRNA 在真核生物中，起始的氨基酸也是甲硫氨酸但不是甲酰化的 N-甲酰甲硫氨酸。是由一种特殊的 tRNA 携带成为起始的氨基酰-tRNA，命名为 Met-tRNAf 或 Met-tRNAi（i 表示起始）。

3. 开始信号 真核生物中起始密码子只有 AUG，而且不像原核生物是利用 mRNA 5′端的 S.D 序列将起始 AUG 与内部 AUG 区别开。而是在起始时由 40s 亚基、Met-tRNAi 和一些起始因子组成的起始复合物在 mRNA 的 5′-帽子处或其附近与之结合，然后沿着 mRNA 滑动，直至遇上第一个 AUG 密码子。真核生物含有的起始因子比原核生物多得多，相互关系也很复杂。以 eIF 表示真核的起始因子。现已知有 eIF-1 至 eIF-6，其中有些还含有多个亚基。它们的功能大约是以 eIF-2 与 GTP 结合的形式把 Met-tRNAi^{met}；带到 40s 亚基上，eIF-4E 又称"帽子结合蛋白 1"（Cap binding protein. CBPl）使 40s 结合到 mRNA 的帽子上，又连接 eIF-3，去寻找离 mRNA5′端最近的 AUG，此过程 eIF4 也参与。当 Met-tRNAi^{met}；与起始信号 AUG 配对后，eIF5 诱导 eIF2 上的 GTP 水解，使 eIF2 和 eIF3 释放。最后，60s 亚基与起始 Met tRNAi^{met}、mRNA 和 40s 亚基结合在一起，形成 80s 的起始复合物。

4. 延长和终止因子 真核生物肽链延长的过程与原核相似。有多种因子参与，eEF 表示真核的延长因子。共有 eEF1、eEF2 和 eEF3。eEF1 是一个多聚体蛋白质，大多数由 α、β、γ、δ4 个亚基组成，功能相当于原核中的 EF-Tu 和 EF-Ts。eEF2 是个单体蛋白，分子重约 100。相当于原核生物中的 EF-G。eEF-3 是在真菌中发现的，是一条 120～125 的肽链，它能结合 GTP，也能水解 GTP 与 ATP，认为对翻译的校正起重要作用。

eRF 表示真核生物的释放因子，分子量 115。真核生物仅此一个释放因子辨认终止信号，它可以识别 3 种终止密码子 UAA、UAG、UGA。当它促使肽酰转移酶释放新生的肽链后，即从核糖体上解离。解离是依靠 GTP 水解。

（五）蛋白质的加工 从 mRNA 翻译得到的蛋白质多数是没有生物活性的初级产物。只有经翻译后的加工过程才能成为有活性的终产物。加工包括修饰和折叠两部分。折叠是指多肽氨基酸序列（一级结构）形成具有正确三维空间结构（三级结构）的过程。肽链的折叠可以发生在肽链刚由核糖体合成时，修饰可以发生在肽链折叠之前、或折叠期间、或折叠之后。蛋白质成熟过程中修饰与折叠是相辅相成的。

1. 蛋白质的折叠 20 世纪 60 年代初，Anfinsen 发现失去活性的胰核糖核酸酶 A，在体外适当条件下能够再折叠成有活性的酶。继后的研究都证明，在体外只要具有完整的一级结构，即能形成天然的高级结构。氨基酸的一级结构序列是决定蛋白质空间构象的最基本因素。其内在的规律尚在研究之中。

体内折叠的环境比较复杂，参与的蛋白质成分及因子比较多。其折叠效率比体外高。目前证明，至少有两类蛋白质参与体内的折叠过程，统称为助折叠蛋白（folding helpe）。一类是酶，如蛋白质二硫键异构酶（protein disnlfide isomerase，PDI）及肽酰脯酰顺反异构酶（peptidyl prolyl cis/trans isomerase. PPI）。前者通过加速蛋白质中形成正确的二硫链，后者催化肽脯氨酰之间肽键的旋转反应，从而加速蛋白质的折叠过程。另一类是分子伴侣（chaperonin）。这是细胞内一类能帮助新生肽链正确组装，成熟，自身却不是终产物分子成分的蛋白质，类似酶的特征，所以称为分子伴侣。分子伴侣家族，主要有两大类型。大的分子伴侣-60（cpn-60）是一个寡聚体由 14 个相同亚基形成双层饼状，每个亚基，具有多个结合多肽链的位点。小的分子伴侣-10（cpn-10）是由 7 个相同亚基组成单层环状的多聚体。分子伴侣所识别的靶蛋白部位是它们部分折叠的非天然状态。促进折叠的机理尚在研究之中。在真核和原核生物中研究得比较多的分子伴侣有：(a) 胁迫-70 家族，整个家庭成员的分子质量约为 $70×10^3$，由两个结构域组成。不同来源的胁迫-70 蛋白的 N-端的结构域高度保守，具有 ATP 酶活性。(b) 热休克蛋白 70（heat shock protein 70，Hsp70）是研究得最多的家庭成员之一。现在已知，Hsp70 除参与蛋白质的折叠外，还参与蛋白质的组装（assembly）、跨膜、分泌与降解。

2. 蛋白质的修饰　新生蛋白质与最终蛋白质产物在结构上差异是相当大的，原因就在于翻译后进行了广泛的修饰。如何修饰完全取决于每种蛋白质的个别性质，所以修饰包括多种方式。

（1）N-端修饰　新生蛋白质的 N-末端都带有一个甲硫氨酸残基，原核中还是甲酰化的。原核生物修饰时是由肽甲酰基酶（peptide deformylase）除去甲酰基，多数情况甲硫氨酸也被氨肽酶除去，如大肠杆菌中约只有 30% 的蛋白质还保留。真核生物中甲硫氨酸则全部被切除。

（2）多肽链的水解切除　许多新合成的酶和蛋白质是以酶原或其它无活性的"前体"形式存在。修饰时是水解切除其中多余的肽段，使之折叠成为有活性的酶或蛋白质。酶原激活即是例子。

（3）氨基酸侧链的修饰　氨基酸侧链的修饰包括羟化、羧化、甲基化及二硫链的形成等。如胶原蛋白合成后某些脯氨酸和赖氨酸需要羟化。凝血酶原（prothrombin）的谷氨酸羧化为 r-羧基谷氨酸。钙调蛋白中的赖氨酸被甲基化成为三甲基赖氨酸。肽链中的半胱氨酸在二硫键（disnlfide isornerase）异构酶催化下形成二硫键等。

（4）糖基化修饰　糖蛋白是细胞蛋白质组成的重要成分。它是在翻译后的肽链上以共价键与单糖或寡聚糖连接而成。糖基化是多种多样的，可以在同一肽链上的同一位点连接上不同的寡糖，也可以在不同位点上连接寡糖。糖基化是在酶催化下进行的。

第五节　蛋白质的到位

由核糖体合成的数以百计的蛋白质必须要运送到细胞的各个部分去发挥作用。大肠杆菌中新合成的蛋白质可以停留在胞液中，也可能送到质膜、外膜、膜之间的空间或分泌到细胞外。真核细胞中有些蛋白可能通过内质网膜进入内质网，经高尔基体等加工最终分泌到细胞外；有些蛋白则进入线粒体、叶绿体、细胞核、溶酶体或成为膜蛋白。新生的蛋白质含有决定自身最终去向的信号。这些蛋白质在转运中都需要穿过由脂质双层形成的质膜。蛋白质如何穿膜转运、膜上的膜蛋白如何组装，这些都是当前十分有吸引力的研究热点，这里仅就蛋白质信号肽转运作一简要介绍。

1972 年 Milstein 等发现免疫球蛋白（IgG）轻链在合成时是以"前体"形式存在，其N-末端比"成熟"形式多一段肽。他们认为，这段肽具有信号作用，它使 IgG 得以通过粗面内质网并继而分泌至细胞外。后经 Blobel 等的研究在 1975 年得到证实：除了少数外，几乎所有分泌蛋白都在 N-末端含有一段信号序列（Signal sequences）或称为信号肽（Signal peptide），其长度一般为 15～35 个氨基酸残基。信号肽的中部多含有疏水氨基酸组成的片段（约 14～20 个氨基酸残基）。然而，信号肽似乎没有严格的专一性。例如，大鼠胰岛素原如果接上真核或原核细胞的信号肽就能通过大肠杆菌（E. coli）的质膜而分泌至胞外。

细胞内还存在一种信号识别蛋白（Signal recognition particle，SRP）是一种核糖核酸蛋白复合体，沉降系数为 11s，含有分子量为 72×10^3、68×10^3、54×10^3、19×10^3、14×10^3 及 9×10^3 的 6 种多肽和一个 300 核苷酸的 7sRNA。SRP 能识别正在合成多肽并将要通过内质网膜的核糖体。但对正在合成其它蛋白质不通过内质网膜的核糖体没有影响。SRP 与这类核糖体合成的信号肽相结合，形成 SRP-信号肽-核糖体复合物，并暂停止多肽链的合成。随即 SRP 将复合体从细胞质引向内质网膜。膜上有 SRP 的受体，也称为停靠蛋白（docking protein，DP）。DP 与复合体相结合，SRP 释放出来，SRP 可再用于另一个核糖体的转运。此时，通过一个依赖 GTP 的过程，内质网膜被打开一个通道，信号肽穿过膜与膜内另一受体 SSR（Signal Sequence receptor，SSR）相结合，核糖体上暂时停止的多肽链又恢复合成延长。这样新生的肽链就尾随信号肽穿过膜延伸进入内质网。现在发现 Ribophorin Ⅰ 和 Ⅱ 也参加了此过程。进入内质网的信号肽在蛋白质肽链合成完成之前，即由内质网内的信号肽酶切除（图 9-42）。

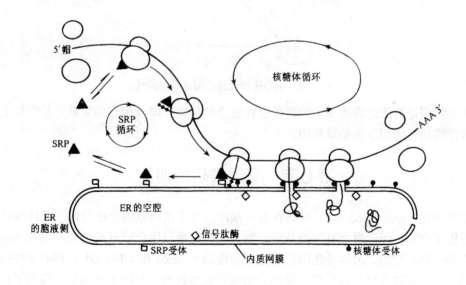

图 9-42　信号肽跨膜运输

第六节　中心法则

在前面各章节中介绍了 DNA 的复制、转录及蛋白质的生物合成，看到了遗传信息的传递过程。为了把遗传信息从一种分子传向另一种分子的各种资料，安排在一个一目了然的图解中，1958 年 F. Crick 提出了中心法则。中心法则表示了遗传信息传递的方向：

$$DNA \xrightarrow{转录} RNA \xrightarrow{翻译} 蛋白质$$

正如前面各节中所介绍的，信息可以通过复制一直世代传递下去；信息也可以从 DNA 传递到 RNA，又从 RNA 传递到蛋白质。但信息不能离开蛋白质再传递到其它分子。转录能产生编码一个或几个遗传信息的 RNA（包括 mRNA）分子。翻译则将编码在 mRNA 核苷酸顺序中的信息转变为蛋白质中的氨基酸顺序。RNA 沟通了遗传物质和蛋白质之间的联系。遗传信息的这种传递顺序在生物中是千真万确的。

70 年代以后随着对病毒的认识，中心法则得到进一步的完善。如 RNA 病毒，遗传信息本来就编码在 RNA 中而不是在 DNA 里。所以能通过自身复制其 RNA 分子，并产生 mRNA。另外，如 RNA 肿瘤病毒，它含有一种逆转录酶，能将病毒 RNA 复制成 DNA 分子，它产生了与中心法则规定的方向相反的信息流向。结合这些病毒的特殊过程，1971 年 F. Crick 提出了完整的中心法则路线，（图 9－43）。图中包括了通常（实线）和特殊（虚线）路线。环形箭头表明，DNA 可作为自身复制的模板；病毒中 RNA 也有类似的复制过程。

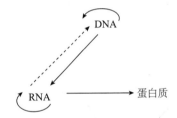

图 9-43　中心法则允许的信息传递路线

中心法则最简明地表述了生物世界遗传信息的传递方向及相互的关系。从宏观上更深刻了解遗传信息的相互关系及作用。

第七节　基因表达的调控

基因表达（gene expression）是指在某一基因指导下蛋白质的合成过程。其详细过程在前面已作了介绍。蛋白质是基因表达的产物。在研究蛋白质合成过程的同时发现基因的表达过程是受到调控的。最早是法国巴斯德研究院的 F. Jacob 和 J. Monod 于 1960 年在研究大肠杆菌乳糖代谢时发现参加分解乳糖的酶的基因表达被另一些因子所调节。提出了操纵子学说（theory of operon）。这是一个划时代的发现，说明基因的表达是受机体调控的。开创了从分子水平认识基因表达调控的时代。由于这项重大贡献他们获得了 1965 年的诺贝尔奖。

事实也说明，一种生物含有大量的基因，这些基因在生命活动过程中并不都是一齐开放表达，而是有些基因进行表达，另一些基因则被关闭。例如：母牛只有在分娩小牛后才开始泌乳，乳腺中的各种蛋白质基因也只有在这时才开始表达，产生各种乳蛋白。生长发育过程中更为明显，许多基因只有在特定的时间或空间才进行表达，其余时间或空间这些基因则关闭。例如，昆虫在发育的各阶段（如幼虫、蛹、成虫）基因表达是各不相同的。不同的阶段表达不同的基因。

基因的表达，虽然过程长，环节比较多，但最为有效的调控表现在两个层次上。第一是控制从 DNA 模板上转录 mRNA 的速度，从而免去从 mRNA 合成蛋白所需的各种材料，是十分经济的。这种调控通常称为转录水平（transcription level）的调控。第二是控制从 mRNA 翻译成多肽链的速度，称为翻译水平（translational level）的调控。大多数生物多采用转录水平的调控，翻译水平调控较少。

基因表达调控十分复杂，尤其是真核生物的基因表达调控，至今尚有许多问题不清楚。因此成为当今生物学中最为活跃的研究领域。这里仅就原核生物和真核生物的基因表达调控作一简要的介绍。

一、原核生物的基因表达调控

1. 操纵子模式　操纵子模式（operon structural model）是原核生物基因表达调控的重要方式。所谓操纵子（operon）是指原核生物基因组的一个表达调控序列，它包括参与同一代谢途径的几个酶的基因，编码在一起形成一个特殊转录单位（统称为结构基因）及在结构基因前面的调节基因（regulatory gene）、启动子（promoter, P）、操纵基因（operator, O）及其它一些调控序列。当代谢需要结构基因表达酶时，操纵子即开放，结构基因转录生成 mRNA 并表达为酶参加代谢。如果不需要时，结构基因不被转录，或以很低的速度进行。这是一个典型的转录水平的调控模式。

（1）乳糖操纵子（lac operon）　是研究得最清楚的一种。人们很早就发现，当大肠杆菌在葡萄糖培养基中生长时，它不能代谢乳糖。因为缺少所必需的酶。当生长在没有葡萄糖而只有乳糖的培养基中时，代谢乳糖的酶量增加近 1 000 倍，可代谢乳糖。乳糖促进大肠杆菌合成代谢自身的酶，乳糖成为一种诱导剂。如果此时在培养基中又加入一些葡萄糖，培养基中既有乳糖又有葡萄糖，则乳糖的代谢又停止，大肠杆菌又转向利用葡萄糖而不利用乳糖。可见葡萄糖阻遏了乳糖代谢。只有葡萄糖消耗殆尽，阻遏作用解除，大肠杆菌才能又利用乳糖。哪么乳糖操纵子是如何调控的呢？乳糖操纵子的结构如图 9-44 所示。

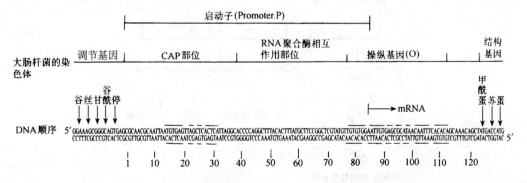

图 9-44　乳糖操纵子控制区的一级结构
划线处系操纵基因和启动子区的对称顺序

乳糖操纵子的结构基因包括三个基因，分别为 β-半乳糖苷酶（水解乳糖，称 Z 基因）、半乳糖苷透酶（促进乳糖透过细胞膜以便代谢，Y 基因）和乳糖苷转乙酰基酶（功能尚不清楚，a 基因），三个基因组成一个转录单位，由它转录出一条 mRNA，断裂为三条，分别指导三种酶的合成。

操纵基因（O 基因）也称控制部位，位于结构基因之前在结构基因。mRNA 转录启动子（Promoter, P 表示）之后。调节基因位于启动子之前，在葡萄糖培养基中由它转录、翻译而生成的蛋白质是个阻遏蛋白（repressor）。目前鉴定出的阻遏蛋白，含四个相同的 37 亚基，每个亚基具有一个诱导剂结合位点及一个辨认操纵基因并结合的位点。当它与操纵基因 DNA 结合后就封阻了结构基因的转录（这种方式称阴性调控）。阻遏蛋白只与带 lac 操纵子的 DNA 结合，不与其它的 DNA 结合。

阻遏蛋白是以 α-螺旋-转折-α-螺旋超二级结构（motif）的方式与 DNA 的结合。结合以后封阻了结构基因的转录（图 9-45-A）。因此大肠杆菌不能代谢乳糖。当在培养基中只有乳糖时，由于乳糖是 lac 操纵子的诱导物（inducer），它可以结合在阻遏蛋白的变构位点上，使构象发生改变，破坏了阻遏蛋白与操纵基因的亲和力，不能与操纵基因结合，于是 RNA 聚合酶结合于启动子，并顺利地通过操纵基因，进行结构基因的转录（图 9-45-B）。产生大量分解乳糖的酶，这就是当大肠杆菌的培养基中只有乳糖时利用乳糖的原因。由于利用乳糖的酶是由于乳糖的存在而被诱导产生，所以这种酶称为诱导酶。人工合成的异丙基硫代半乳糖苷（isopropyl-β-D-thiogalactoside, IPTG）也可以作为诱导物，使基因开放。

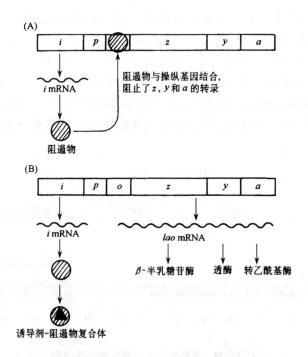

图 9-45 乳糖操纵子（A），（B）被诱导状态图

以上说明，为什么在含葡萄糖的培养基中大肠杆菌不能利用乳糖。只有改用乳糖时才能利用乳糖的调控机理。

那么在含乳糖的培养基中加入葡萄糖时，为什么又不能利用乳糖了呢？原来在 lac 操纵子的调控中，还有另一个蛋白质在起作用，这个蛋白质叫做降解物基因活化蛋白（catabolite gene activator protein，CAP），是一分子量 45×10^3 的二聚体。当它特异地结合在启动子上时，能促进 RNA 聚合酶与启动子结合，促进转录（由于 CAP 的结合能促进转录，称为阳性调控方式）。但游离的 CAP 是不能与启动子结合，必须在细胞内有足够的 cAMP 时，CAP 首先与 cAMP 形成复合物，此复合物才能与启动子相结合。因此 CAP 也称做 cAMP 受体蛋白。葡萄糖的降解产物能降低细胞内 cAMP 的含量（机理尚不清楚）。因而当向乳糖培养基中加入葡萄糖时，造成 cAMP 浓度降低，CAP 便不能结合在启动子上。此时即使有乳糖存在，已解除了对操纵基因的阻遏，也不能进行转录，所以仍不能利用乳糖。

可见，大肠杆菌 lac 操纵子受到两方面的调控：一是对 RNA 聚合酶结合到启动子上去的调控（阳性）；二是对操纵基因的调控（阴性）。这个调控学说很完满的解释了有关大肠杆菌利用乳糖的现象。也表明了操纵子的一种调控方式。

（2）阿拉伯糖操纵子（arabinose operon） 这是一个利用同一调节蛋白的不同结构形式活化和抑制操纵子的调控方式。阿拉伯糖可被细菌利用。结构基因包括 araA、araB、araD 分别编码阿拉伯糖异构酶、核酮糖激酶及核酮糖 5-磷酸差向异构酶。它们依次使阿拉伯糖转变为磷酸戊糖途径的中间产物（木酮糖-5-磷酸）。除结构基因外阿拉伯糖操纵子也包括调节基因（arac）、操纵基因（arao）、启动子（araI）（图 9-46）。操纵基因被 araC 的产物所调节。它是一个具有二种不同功能构象（P1 和 P2）的蛋白质。无阿拉伯糖存在时，它以 P1 型存在，P1 型为阻遏物，P1 与操纵基因结合而阻止操纵子的转录（阴性调控）。在有阿拉伯糖存在时，阿拉伯糖可将 P1 从操纵基因上移开，并使构象间（$P_1 \Leftrightarrow P_2$）的平衡移向 P2。P2 是激活物形成，能与 CAP－cAMP 复合体一起结合在启动子上，促使 RNA 聚合酶开始转录（阳性调控）。在这里是同一调节蛋白既起正向又起反向的调节作用。

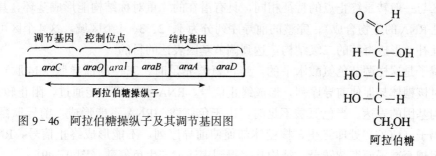

图 9-46 阿拉伯糖操纵子及其调节基因图

（3）色氨酸操纵子（tryptophane operon，trp） 细菌的氨基酸合成也由操纵子调节，需要某种氨基酸时其基因开放，不需时基因即关闭。色氨酸、苏氨酸、组氨酸、苯丙氨酸、亮氨酸、异亮氨酸等的操纵子结构都已研究清楚。这些氨基酸的操纵子在调控上与 lac 操纵子相比又有许多新的特点，现以色氨酸操纵子（trp）为例作一简要介绍。

色氨酸操纵子是由操纵基因及为合成色氨酸的 5 个酶 E、D、C、B、A 编码的结构基因组成。trp 操纵子的阻遏物是由距 trp 操纵子较远的 trp R 基因,合成的一个 58 KDa 的蛋白质。但这个阻遏物的游离形式,不能结合操纵基因,所以结构基因得以转录和表达,生成色氨酸。但生成的色氨酸过量时能与阻遏物形成复合物,此复活物具有结合操纵基因,阻止结构基因转录的活性。这种以终产物阻止基因转录的机理称为反馈阻遏。此终产物(色氨酸)称为辅阻遏物(Corepressor)。

这种调控方式,会造成在色氨酸充足时,色氨酸-阻遏物复合体结合操纵基因完全阻断转录,在色氨酸水平下降很低时,阻遏消除,转录开放,合成色氨酸。这样不易保持细菌色氨酸水平的衡定。后来发现色氨酸操纵子中存在一个辅助调控结构,可用以终止和减弱转录,这个调控结构称为衰减子(attenuator, a)。它位于结构基因 trp E 起始密码子前,称为前导序列(leader Sequence, L)。(图 9-47)前导序列全长 162 个核苷酸,其中编码一小段 14 肽(前导肽)。

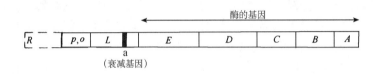

图 9-47 trp 操纵子图,示启动基因 (p),操纵基因 (o) 和衰减基因 (a) 控制位点,并示领先段 (L) 和色氨酸代谢途径中五种酶 (E、D、C、B 和 A) 的基因

Met – Lys – Ala – Ile – Phe – Val – leu – Lys – Gly – Trp – Trp – Agr – Thr – Ser – 终止 ~ ~
AUG AAA GCA AUU UUC GUA CUG AAA GGU UGG UGG CGC ACU UCC UGA ~ ~

图 9-48 trp 领先多肽的氨基酸顺序及相应的领先 mRNA 的碱基顺序

在 14 肽里有两个色氨酸(UGG)密码子,它们在调节中起着重要的作用。前导序列的终止区与一般转录终止点的特征相同,具有潜在的二重对称结构能形成茎环,具有成串的 U(见 RNA 的生物合成)。完整的前导序列分为 1、2、3、4 个区域,这 4 个区可根据需要彼此互补,形成奇特的二级结构,达到调节基因表达的目的。

衰减子是这样调节色氨酸水平的,当色氨酸充足时,完整的前导肽(14 肽)可被合成,这时核糖体却促使前导序列,形成终止信号,RNA 聚合酶不能通过,阻止转录进行,减少结构基因的表达。当色氨酸不足时,由于色氨酸-tRNA 不能形成,前导肽翻译至色氨酸密码子(UGG)处即终止,核糖体却促使前导序列,不能形成终止信号,RNA 聚合酶可以超越衰减子而继续转录,结构基因得到表达,产生色氨酸(图 9-49)。

衰减子调控,是一种翻译与转录相偶联的调控机制。在这里可以看到核酸分子和蛋白质分子一样,能以构象的改变起到调节的作用。这个发现具有深远的生物学意义。

衰减子调节在大肠杆菌的其它氨基酸合成操纵子中也普遍存在。每个操纵子的前导肽中都含有操纵子所调控氨基酸的重复密码子。苯丙氨酸和组氨酸前导肽中最为突出,含有 7 个苯丙氨酸和组氨酸的重复密码子(表 9-8)。

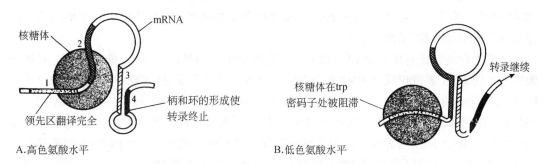

图 9-49　大肠杆菌 trp 操纵子衰减作用模式图

当色氨酸丰富时（A）trp mRNA 的先导区（第 1 段）被完全翻译。第 2 段与核糖体作用，使 3、4 段碱基配对。此碱基配对区以某种方式指令 RNA 聚合酶终止转录。相反，当色氨酸不足时（B）由于核糖体被阻滞于第 1 段的 trp 密码子处，第 3 和第 4 段不能相互作用。第 2 段不被拉入核糖体、却与第 3 段作用、使 3 和 4 段不能配对。结果是转录继续

表 9-8　氨基酸合成操纵子的前导肽序列和调节的氨基酸

操纵子	前 导 肽 序 列	调节的氨基酸
Trp	Met - Lys - Ala - Ile - Phe - Val - Leu - Lys - Gly - Trp - Trp - Arg - Thr - Ser	Trp
His	Met - The - Arg - Val - Gln - Phe - Lys - His - His - His - His - His - His - Pro - Asp	His
Phe	Met - Lys - His - Ile - Pro - Phe - Phe - Phe - Ala - Phe - Phe - Phe - Thr - Phe - Pro	Phe
Leu	Met - Ser - His - Ile - Val - Arg - Phe - Thr - Gly - Leu - Leu - Leu - Leu - Asn - Ala - Phe - Ile - Val - Arg - Gly - Arg - Gly - Arg - Pro - Val - Gly - Gly - Ile - Gln - His	Leu
Thr	Met - Lys - Arg - Ile - Ser - Thr - Thr - Ile - Thr - Thr - Thr - Ile - Thr - Ile - Thr - Thr - Gly - Asn - Gly - Ala - Gly	Thr, Ile

2. 反义 RNA 及翻译水平调节　所谓反义的 RNA（antisense RNA）就是一种与 mRNA 互补的 RNA 分子，它是反义基因（antisense gene）和/或基因的反义链（antisense strand）转录的产物。它与 mRNA 结合后即阻断 mRNA 的翻译，从而调节基因的表达。是一种翻译水平的调控。

反义 RNA 的调节方式是 20 世纪 80 年代初由 T. Mizuno 等人发现的。他们在研究大肠杆菌的主要外膜蛋白（Major outer membrane protein，Omp）基因表达时发现，两种外膜蛋白 ompF 和 ompC 的数量是由培养液的渗透压决定的。在渗透压升高时，OmpF 的合成下降，而 OmpC 上升，从而保持 OmpF 和 OmpC 的总量不变。这种差异是由 OmpB 位点（locus）调节，此位点包括 OmpR 和 envz 两个基因。其中 envz 基因的产物是一个跨膜蛋白，它能接受环境渗透压变化的信号，并将信号传给 OmpR。OmpR 再调节 OmpF 和 OmpC。渗透压升高时，OmpR 促进 OmpC 转录，一方面转录出 OmpC 的 mRNA，另一方面转录 OmpC 上游紧邻的一个独立转录单位，产生一个 174 核苷酸的小分子 RNA。它能与 OmpF 的 mRNA 相互补，形成互补链抑制了 OmpF RNA 的翻译。Mizuno 等人将这种 RNA 称之为

micRNA，即干扰 mRNA 的互补 RNA（mRNA－interfering complementary RNA）。产生 micRNA 的基因称为反义基因，现在证明它天然存在于细菌的 DNA 结构中。原核生物普遍存在反义 RNA 的调控系统。

真核生物是否也有反义 RNA，目前尚无直接证据。但从反义 RNA 的定义看，真核细胞中不少的 RNA 表现出反义 RNA 的功能。如 DNA 复制需要 RNA 作引物；单链 DNA 或 RNA 与互补链的杂交；mRNA 5′端 S、D 序列与 30s 中 16srRNA 3′端的互补；tRNA 的反密码与 mRNA 密码的互补等。根据这些核酸间相互识别与作用的事实，有人提出在生物体内存在反义 RNA 网络的假说。认为"反义"仅仅是对靶序列而言，体内 RNA 似乎都可以看成反义 RNA。它们不是这条 DNA 链的反义 RNA，就是那条 DNA 链的反义 RNA，从整体上构成一种反义 RNA 的网络。发挥着不同的功能。当然这仅仅是一种假说，但可以促进我们对 RNA 功能的认识。

反义 RNA 调控的特点是高度的特异性，一种反义 RNA 抑制一种 mRNA。现在根据原理设计人工反义 RNA，抑制靶基因的表达，达到医疗疾病的目的，称为基因治疗。如乙肝病毒、口蹄疫病毒（foot and mouth Virus）、脊髓灰质炎病毒（poliovirus）及人的爱滋病毒（HIV）等都是单链 RNA 病毒，可利用反义 RNA 抑制其在体内的复制。再如可用反义 RNA 抑制癌蛋白的表达等。

二、真核生物的基因表达调控

真核基因表达的调控是当今分子生物学中最为活跃的研究领域之一。早在 60 年代操纵子模式发现后，人们就企图用类似的方法来研究真核基因表达的调控机制。然而直到 70 年代 DNA 重组技术出现之前没有取得任何实质性的进展。其主要原因是原核生物与真核生物差别太大，尤其在基因结构及表达之间远比原核复杂。用原核的研究方法是难以揭示出来。随着生物技术的进展，现在真核生物基因表达调控的研究成为热点，资料不断涌现。这里仅与原核相比，简要介绍一些真核基因表达调控的特点。

从已知的材料中可以看出，真核基因的表达调控与原核一样，也有转录水平调控和翻译水平的调控，以转录水平调控为最重要。另外，在真核结构基因的上游和下游（甚至内部）也存在着许多特异的调控成分，也依靠一些特异蛋白因子的结合与否调控基因是否转录。但已经发现真核基因表达的调控至少在如下方面与原核存在不同的调控机理。

1. 基因结构　真核生物的 DNA 远比原核长得多。人细胞含 DNA 比大肠杆菌细胞长一千倍，比 λ 噬菌体长十万倍。由于富含 DNA，真核生物比原核生物含有更多的遗传信息，存在更大的潜能。真核生物的 DNA 尽管很长，但真核的 DNA 并不是全部为蛋白质编码。哺乳类 DNA 中大约只有 2% 是真正为蛋白质编码。人基因组中 30 亿以上碱基对的功能也不是用来编码蛋白质和 RNA。现今最大的挑战就是要揭示绝大部分非编码 DNA 的功能，包括对表达基因起调控的区段。另一特点是，真核的 DNA 不像原核一样是裸露的，而是与一类小的碱性组蛋白紧密结合形成染色体。染色体质量中约一半是组蛋白，另一半是 DNA。染色体的核蛋白物质即称为染色质。组蛋白的突出特点是含有许多带正电荷侧链的氨基酸,其中每 4 个氨基酸残基中大约就有一个赖氨酸或精氨酸。组蛋白的许多侧链可以被乙酰化、甲基化、ADP-核糖化及磷酸化所修饰。这种修饰可以改变组蛋白的电荷性质,从而会影响 DNA 的复制和转录的机会。

2. 转录 有关真核生物转录与原核的不同在前面已作了介绍(见第二节)。关于转录的调控,真核生物像原核操纵子调控一样,也有正调控成分和负调控成分,但已知的主要是正调控。之所以采用正调控的原因,主要是真核基因组比原核的大很多,如人的基因组中大约含有 100 000 个基因,但在不同细胞内只表达其中的一部分,如果用负调控,则每个细胞都需要合成 100 000 种不同的阻遏蛋白,以封阻每个基因的表达。这是不经济的。正调控则每个细胞只合成它需要激活物的蛋白就可以了。

调控蛋白与基因调控成分特异性结合,是基因表达调控的基本方式,真核与原核生物中都是一样的。现在发现,调控蛋白通常有独立的结合 DNA 的结构域,范围比较小(60~90 个氨基酸残基)。而且,这种结构域中与 DNA 接触的亚结构的结构基元(structural motif)仅有几种。主要有锌指(zinc finger)基元和螺旋—转角—螺旋(helix-turn-helix)基元。锌指基元是在保守的半胱氨酸和组氨酸残基形成的四面体结构中镶着一个锌原子。本身由约 23 个氨基酸组成。在含锌指的蛋白中锌指通常是成串的重复排列。锌指间的联接物(linker)通常是 7~8 氨基酸(图 9-50)不同蛋白质的锌指数目不同。含有锌指的调控蛋白在与 DNA 结合时,是锌指的尖端进入到 DNA 的大沟或小沟,以识别它特异结合的 DNA 序列并与之结合(图 9-51)。迄今仅在真核生物中发现有锌指蛋白,在原核中尚未发现。

图 9-50 锌指,用半胱氨酸和组氨酸残基构成结合锌的位点

螺旋—转角—螺旋基元的基本组成是:两个 α-螺旋之间被 β-转角隔开。本身通常不稳定,但它是较大的结合 DNA 的结构域的活性部分。其中的一个 α-螺旋起识别的作用,因为它通常含有多个与 DNA 相互作用的氨基酸残基,并且被安置在大沟中。含有螺旋—转角—螺旋基元的结合蛋白最先在原核中发现,目前许多真核调控蛋白也含有非常相似的基元。

调控蛋白除了与 DNA 结合的结构域外,通常还有与蛋白质结合的结构域,用以和 RNA 聚合酶及其它调控蛋白相互作用,也用于相同调控蛋白分子之间的作用。这种与蛋白质结合的结构域也含有几种结构基元。比较清楚的有螺旋—环—螺旋和亮氨酸拉链两种。

螺旋—环—螺旋（helix-loop-helix，HLH）的结构是：在一个 40～50 个氨基残基的片段中有两个双亲（amphipathic）α-螺旋，每个螺旋区为 15～16 个氨基酸长，其中含有几个保守残基。两个螺旋间用长短不等的联结区（环）联起来。含有 HLH 基元的蛋白质用两个螺旋相应面上的疏水基团相互作用的方式形成二聚体发挥作用。

亮氨酸拉链（leucine zipper）基元是在蛋白质的 α-螺旋一侧集中了许多疏水氨基酸，一般趋于每 7 个氨基酸残基出现一个亮氨酸。即亮氨酸都出现在 α-螺旋的疏水一侧，呈直线排列。当蛋白质—蛋白质相互作用时亮氨酸残基是肩并肩地排列起来有如拉链，因而称为亮氨酸拉链。两个相互作用的两个 α-螺旋还彼此缠绕在一起，形成螺旋的再螺旋（coiled coil）。

亮氨酸拉链区的氨基端还有约 30 个残基的碱性区（富含赖氨酸和精氨酸）作用是与 DNA 结合。两个亮氨酸拉链蛋白形成二聚体时构成 Y 字型，螺旋的再螺旋是 Y 字的干，碱性区成为臂。每个碱性区形成 α-螺旋，并发生弯曲，以便缠绕在 DNA 的大沟中（图 9-52）。亮氨酸拉链蛋白质在真核中广泛存在。原核中也有发现。

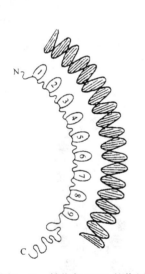 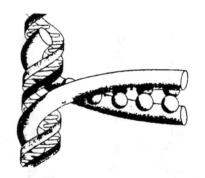

图 9-51　锌指与 DNA 的作用　　图 9-52　亮氨酸拉链蛋白结合在一个回文的靶 DNA 序列上的模式图

真核转录中除调控蛋白外，在 DNA 上还有一些序列对转录有显著的影响。最突出的是增强子（emhancer）。最早发现于 DNA 肿瘤病毒 SV_{40}，在 SV_{40} 转录单位起点上游 200 bp 处存在有两个相同成串的 72 bp 序列。它的特点是：与启动子的相对位置无关，无论在启动子的上游或下游，以至相隔上千个碱基对，只要存在于同一 DNA 分子上都能发挥作用。但删除这段序列会显著降低转录活性。增强子还发现有组织特异性，它优先或只在某种细胞中表现功能。这可以部分说明动物病毒具有一定宿主范围的原因。增强子的作用详细机理还有待研究。

基因中还发现另外一类有特定结构的 DNA 顺序，这些顺序不断地改变它们在细胞基因组内的位置，或从一个基因组移动到另一个基因组上，起着多方面基因表达调控的作用，称为可转座的遗传因子（transposable genetic elements）或简称转座子。它是 1940 年美国女科学家 B. Meclintock 根据在玉米粒上有红色与斑点的变化而提出来的。她认为色素与斑点的转变是由于色素基因旁有控制基因发生位移的因子所造成。但由于当时对基因的分子生物学还根本不了解，这一观点未能被接受。40 年后，实验证明 Meclintock 的观点是完全正确，1983 年诺贝尔（Nobel）委员会决定给予她生物学与医学奖。

3. 核膜分隔　真核与原核生物的分界线是真核染色体由一层核膜所包围，因此真核生物中，转录和翻译在时间和空间上是分隔的（图 9-36）。而在原核生物中是紧密偶联的，即在转录尚未完成之前翻译便已经开始。真核转录的产物要在核内经广泛的修饰，裂解及拼接，最后合成的 RNA 中仅一小部分作为 mRNA 进入胞液去表达。表明真核生物的基因表达比原核生物要丰富及复杂得多。

4. 细胞分化　真核生物大都为多细胞生物，在个体发育过程中细胞要发生细胞分化，分化的细胞担负的功能不同，基因表达的情况就很不一样，某些基因仅特异地在某种细胞中表达，称为细胞特异性或组织特异性表达。因而具有调控这些特异性表达的机制。

第八节　分子生物学技术

生物化学是一门实验性的学科。生物化学是在理论与实验相辅相成的过程中发展起来的，理论发展的同时也创造出了不少的实验方法与技术。分子生物学技术是在发现 DNA 和 RNA 具有遗传功能后，以 DNA 和 RNA 的体外操作为核心逐步建立起来的一系列实验技术，包括 DNA 和 RNA 的分离制备、基因的分离、核苷酸的顺序分析、分子杂交等，但最突出的是 70 年代 DNA 重组技术的创立。这项技术不仅有利于人们进一步去揭示生命的本质，也成为人们主动改变生物遗传性状的工具；不但促进了生命科学理论的发展，也对改善人类生活有贡献。在 DNA 重组技术基础之上，又出现了以定点突变技术为基础的"蛋白质工程"、转基因技术、克隆技术、DNA 指纹技术等。DNA 人工合成及 PCR 方法更有力地促进了生物技术的进展。当今分子生物学技术还在不断发展，正向各个生物学科渗透，在医学、农业中发挥愈来愈大的作用。分子生物学技术也成为当今生物科学工作者必备的知识与技能。DNA 序列分析、PCR 等技术已在前面作了介绍，本节主要介绍另一些技术的基本原理。

一、DNA 重组技术

DNA 重组技术是运用多种限制性内切酶和 DNA 连接酶等，把 DNA 作为组件，在细胞外将一种外源基因 DNA（来自原核或真核生物）和载体 DNA 重新组合连接（重组），形成杂交 DNA。最后将杂交 DNA 转入宿主生物（如大肠杆菌）。使外源基因 DNA 在宿主生物细胞中，随着生物细胞的繁殖而增殖，或最后得到表达。最终获得基因表达产物或改变生物原有的遗传性状。

由于这项技术是按生物科学规律及人为设计，实现体外基因改造，最后使生物的遗传性状获得改变，故称为"遗传工程"（genetic engineering）。其本质是基因的体外重组，所以又称"基因工程"（gene engineering）或"DNA重组技术"（recombinant DNA techniques）、分子克隆（molecular cloning）等。

（一）DNA重组技术的基础　DNA重组技术的出现不是偶然的，它是许多技术方法发展的结果。

1. 核酸的制备　20世纪60年代以来生物化学实验技术如电泳、层析、电镜、同位素和超离心等及仪器设备的不断发展与创新，为DNA重组技术的产生提供了重要的手段。DNA和RNA的分离制备就是例子。40年代以前要从生活的细胞中制备出比较完整的DNA和RNA，供体外研究是很困难的。因为缺乏必要的手段来防止DNA制备过程中脱氧核糖核酸酶（DNase）的降解作用及操作中剪切力的破坏。是在找到柠檬酸、EDTA等金属络合剂和十二烷基硫酸钠（SDS）、酚、脲素、焦碳酸二乙酯等蛋白变性剂之后，这些试剂才有力地抑制了DNase的活力，尤其是低温高速离心机、新的层析方法的运用，使制备比较完整分子的DNA产品才成为可能。现在已经能从动、植物组织、细菌及病毒中制得比较完整的DNA分子了。然而，在制备时由于操作、振荡等产生的剪切力对DNA仍有破坏作用，尤其是高等生物的染色体DNA分子很大，总会要遭到剪切。所以还有待方法的改进，才能获得更完整的DNA分子。

RNA的分子比DNA小，极易遭到核糖核酸酶（RNase）的降解。RNase很稳定，具有惊人的活力，加热到蛋白质变性的温度（90℃）其活力也不完全丧失。RNase分布极广，不但存在于细胞内也分布在环境中，包括实验器皿上，如不小心制得的RNA也易被降解。近年来经过技术改进，已经能制得各种RNA，尤其是mRNA。

一般讲，从细胞中获得的DNA、RNA纯品，化学性质是稳定的，不易起变化，只要贮存条件得当，可以保存一定时间。这为DNA、RNA在体外进行各种研究提供了可能性。

此外，有关核酸含量测定，同位素标记、分子杂交、DNA、RNA核苷酸顺序测定等技术的产生与发展，为在体外分析、鉴定核酸提供了重要的检测手段。

2. 限制性内切酶　所谓DNA重组即是在实验室将两种DNA分子经过切割，选择适合的片段，连接起来的过程。实现这一步，是在限制性内切酶发现以后才实现的。50年代有人在实验中曾经发现同一种噬菌体分别与两种细菌培养，噬菌体只在一种细菌中成活，而在另一种中绝大多数不能成活，表明这个菌株对入侵的噬菌体具有限制性作用。1962年Arber等人经过多次实验终于证明：细菌中存在有两种酶，一种是限制性内切酶，可以将外源DNA切割降解；另一种是修饰酶也称甲基化酶，能使DNA中的核苷酸甲基化，使之不受限制性酶的降解。两种酶可对同一DNA序列作用。细菌借助这两种酶，将自身的DNA进行甲基化修饰使之不受限制性酶的降解，而对外来的、未甲基化的DNA则进行降解，以保证细菌自身的DNA不受外来DNA的干扰，保持其遗传性状的稳定性。这两种酶称限制/修饰系统（restriction-modification system）。

以后从细菌中分别分离出了Ⅰ型和Ⅱ型两类限制性内切酶。Ⅰ型能识别DNA分子内非甲基化的特定序列，但切割是随机的，且切割位点远离识别位点，不能生成特定片段。Ⅱ型是1970年Smith第一次从流感嗜血杆菌中分离到的。它能识别双链DNA分子中特定的序列，大部分具有双重交替式的对称点，即从$5'$到$3'$方向读这段DNA的单链碱基，会

发现两条互补链的碱基是相同的。例如 EcoRI 的识别序列：对称轴位于中间 AT 碱基对之

$$
\begin{array}{c}
\downarrow \quad * \\
5'\ G\ A\ A\ T\ T\ C\ 3' \\
3'\ C\ T\ T\ A\ A\ G\ 5' \\
* \quad \uparrow
\end{array}
$$

间，箭头和星号分别表示酶切位置及甲基化位置。Ⅱ型酶限制性内切酶识别的 DNA 序列一般长度是 4、5 和 6 个碱基对。限制性内切酶切割 DNA 的方式有：(a) 从识别序列的中间切开，产生平齐末端 (blunt ends)，如 HaeⅢ；(b) 在识别序列对称轴的左右两方进行切割，即分别在 5'-3'链和 3'-5'链对称轴的左右方切开，形成带有凸出的 5'磷酸基因的粘性末端 (Cohesiv ends)，如 EvoRⅠ；(c) 在识别序列对称轴的右边 (5'-3'链) 和对称轴左边 (3'-5'链) 切开，形成带有凸出的 3'羟基的粘性末端，如 pstⅠ。黏性末端可与用同一

$$
\begin{array}{ccc}
\downarrow & \downarrow & \downarrow \\
5'\text{-GG-}3'\ 5'\text{-CC-} & \text{-G-}3'\ 5'\text{-AATTC-} & \text{-CTGCA-}3'\ 5'\text{-G-} \\
3'\text{-CC-}5'\ 3'\text{-GG-} & \text{-CTTAA-}5'\ 3'\text{-G-} & \text{-G-}5'\ 3'\text{-ACGTC-} \\
& \uparrow & \uparrow \\
(a) & (b) & (c)
\end{array}
$$

个酶切割的 DNA 片段退火连接，因为黏性末端是互补的（图 9-53），平齐末端需要另一 DNA 片段也修饰成平齐末端方可连接。

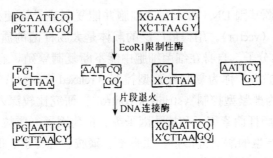

图 9-53 黏性末端法连接 DNA 分子。一个亲代 DNA 分子带有由限制性位点分开的 p 及 Q 基因，另一个带有 X 及 Y 基因。一个重组分子含有 p 及 Y，而另一个含有 Q 及 X

现在限制性内切酶已达 500 余种，在了解各种限制性内切酶"切割"特点的基础上，巧妙利用相互的关系，即可将 DNA 分子按人的愿望切割成大小不同的片段，供 DNA 重组运用。限制性内切酶有如一把"生物手术刀"为 DNA 重组技术提供了有力的手段。

限制性内切酶都来自各种细菌，它们的命名是用细菌属名的第一个字母（大写）和种名的前两个字母（小写）构成酶的基本名称。若酶是从其中一种特殊菌株来，还在基本名称后加上菌株名称符号。名称后的罗马数字，表示在该特殊菌株中发现此酶的先后次序。如 HaeⅡ 是从（Haemophilus aegypticus）中提取的，并且是从中发现的第二个酶。

限制性内切酶切割成的 DNA 片段，重组连接时是由 DNA 连接酶催化进行。

3. 分子杂交　经限制性内切酶切割的 DNA 片段可以通过凝胶电泳分开并显示，很容易检测出 DNA 片段的存在和大小。用聚丙烯酰胺凝胶可分离 1000 碱基对（bp）以下的片段。用多孔的琼脂糖凝胶可分离 20kb 的片段。这些凝胶的分辨率很高，某些胶可从长为几百个核苷酸的片段中分辨出一个核苷酸的差异。若胶上的 DNA 标有放射性同位素，可用放射自显影（即有 X-感光片压在带放射性的凝胶上使 X-感光片感光）显示；也可用溴化乙锭染色。溴化乙锭与核酸结合后在紫外灯照射下可发出很强的橙色荧光（50ngDNA 即可）。

含有特定碱基顺序的 DNA 的限制性酶切割片段，可以进行分子杂交鉴定。即用另一标记的与之互补的 DNA 链作探针进行杂交鉴定。如 Southern 杂交（Southern 印迹法）它是由 E. M. Southern 发明的。它是将混合在一起的限制性酶切 DNA 片段，用琼脂糖电泳分开，并变性为单链 DNA，再转移到一张硝酸纤维素膜上。在膜上的这些 DNA 片段可以用 P^{32} 标记的单链 DNA 探针杂交。再用放射自显影方法显示出与探针顺序互补的限制性酶切 DNA 片段的位置。用这个方法能很容易地将上百万片段中间的一个特殊片段鉴定出来，就像从一堆干草中寻找出一颗针一样，十分灵敏有效。同样，也可以用凝胶电泳分离 RNA，将特殊片段转移到硝酸纤维素膜上，之后用杂交法来鉴定它，此法称为 Northern 杂交或称 Northern 印迹法。western blot（western 印踪法）是用化学免疫法鉴定蛋白质的技术。它是用特殊的抗体与对应的蛋白质（抗原）结合染色。这项技术是鉴定基因表达产物所不可缺少的。此外还有原位杂交，即将长在培养皿上含有特定 DNA 片段的菌落或噬菌斑转移到硝酸纤维素膜上用标记探针进行分子杂交。这些检测手段都是 DNA 重组技术所不可缺乏的。

4. 载体　能将外源基因 DNA 带入宿主细胞并能复制或最终使外源基因 DNA 表达的自主 DNA，称为载体（vector）。用得最广泛的载体是大肠杆菌的质粒（plasmid）。质粒是一种环状双链的 DNA 分子。自身在细菌细胞中能不断复制繁殖，有些质粒当细菌停止繁殖时，自身还能复制扩增，称为复制松弛型控制（relaxed control）；有的随着细菌停止繁殖，复制也停止，称为严紧型控制（stringent control）。研究比较深入的质粒有大肠杆菌的性因子（F 因子）、大肠杆菌素因子和抗药因子等。抗药因子（质粒）在其 DNA 上编码有某些酶的基因，表达产生的酶对链霉素、氯霉素、磺胺、青霉素、四环素、卡那霉素等药物能产生生物化学修饰，使之钝化而失效。

质粒 DNA 能从细菌中提出来，又能再转入细菌。这个过程称转化。转入的质粒 DNA 仍能进行复制，这种性能为 DNA 重组技术提供了重要的条件，即将一种外源基因与质粒重组后，再转入细菌中去复制繁殖，使外源基因得以增殖。质粒成为携带外源基因进入细菌的工具。质粒自身的某些抗药基因成为从转化的细菌中筛选它们的一种标记。

除质粒外，噬菌体、病毒也能通过"感染"将外源基因带入细菌并进行复制。

目前实验中所使用的质粒、噬菌体和病毒载体种类很多。但都是经过了人工改造，更适宜运用于 DNA 重组技术。它们既保留了转化和感染活细胞的能力，又具有多处携带外源 DNA 的酶切位点，并含有特殊的筛选标记。这些载体中有些只能复制扩增带入的外源基因；有些可以使外源基因复制、转录和翻译出基因的蛋白质产物，这种载体称为表达载体。

(5) 宿主细胞　DNA 重组技术最终的目的是要使外源基因得以增殖和表达，而增殖和表达必须借助于活细胞内的酶，底物及各种因子才能实现。宿主细胞是重组技术不可缺少的条件。

质粒是运用最早的载体，转化的宿主细胞是细菌，因此细菌（大肠杆菌 E. Coli）是实现 DNA 重组技术的第一个宿主生物体。

大肠杆菌由于存在于人体及其环境之中，无所不在。DNA 重组技术发展之初，人们害怕在无意间会将癌基因等有害基因重组于载体。重组体转入大肠杆菌后，癌基因会随着大肠杆菌的四处传染，导致其严重后果。鉴于这种潜在性危险，世界各国曾制定了各种准则和严格规定，以防范危害人类事件的发生。以后，由于科学工作者的努力，对所使用的大肠杆菌作了改造，使之缺陷某些必需因子，这样细菌只有在实验条件下满足缺陷因子才会生长繁殖，其它环境难以存活。目前所使用的大肠杆菌宿主细胞都是缺陷性的。

现在除大肠杆菌外，酵母、真菌及各种真核细胞、受精卵细胞都成为重组 DNA 的宿主细胞。

（二）DNA 重组技术的基本过程　DNA 重组技术的过程包括：(1) 选择人们所期望的外源基因（称为目的基因）；(2) 将目的基因与适合的载体 DNA（如质粒）在体外进行重组、获得重组体（杂交 DNA）；(3) 将重组体转入合适的生物活细胞，使目的基因复制扩增或转录、翻译表达出目的基因编码的蛋白质；(4) 从细胞中分离出基因表达产物或获得一个具有新遗传性状的个体（图 9-54）。

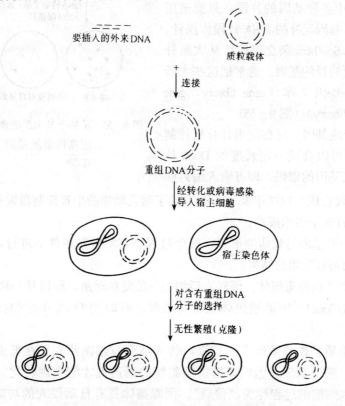

图 9-54　重组 DNA 分子合成和克隆过程

1. 目的基因的获得　目前普遍采取三种方法。

(1) 以 mRNA 为模板，用反转录酶合成 cDNA（见第三节）。关键是要预先获得目的基因的 mRNA。

(2) 构建基因文库　生物（包括动物）细胞染色体 DNA 分子上编码了生物的全部基因，但每个基因在 DNA 上的确切位置是不知道的。要想从中找到所需要的目的基因，是先将 DNA 从细胞中尽量完整地提取出来（由于操作中剪切力的作用，获得的 DNA 只是一些大片段）。再用某些限制性内切酶处理，使 DNA 成为一定长度的片段并与载体结合。通常选用 λ 噬菌体 DNA 作载体，它自身长 50kb，其中 25kb 可以删去，代之以 20kb 左右的外源 DNA 插入。重组的噬菌体完全具备对大肠杆菌的侵染和在细胞中进行复制的能力。每个侵染的大肠杆菌中都含有一定片段的 DNA，而且是彼此不同的基因片段。这样，大肠杆菌细胞有如图书馆内珍藏着许多书刊一样，这些细胞里也珍藏着总 NDA 中各种基因的片段，只要选用与所需（目的）基因互补的 DNA 片段作探针，通过原位杂交、Southern 杂交等即可从大肠杆菌中筛出所需要的目的基因。通常把这些大肠杆菌细胞称为基因文库（gene library，gene bank 或 genomic library）（图 9-55）。

(3) 人工合成基因　现在使用计算机控制的 DNA 合成仪可以合成一定长度的 DNA 片段。只要已知某基因的密码，即可输入编码顺序由 DNA 合成仪合成。1977 年 K. ltakura 合成了哺乳动物的生长抑制激素基因（14 个氨基酸），并在大肠杆菌中表达成功。

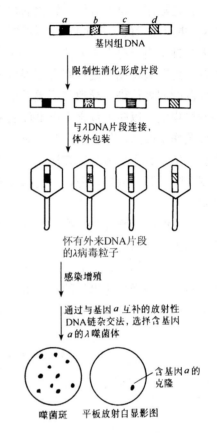

图 9-55　从整个基因组的消化液着手，对特定真核细胞基因进行克隆的战略步骤

2. 重组　目的基因与载体的重组，整个过程是在实验室条件下进行，是各种限制性内切酶、连接酶巧妙运用的结果。

DNA 重组的产物称重组体。因转入活细胞后能复制增殖，所以是一种无性繁殖体系，英文称为克隆（Clone）。因而重组体也称为克隆。有时把 DNA 重组的操作过程也称为"克隆"。

3. 转化　由质粒作载体形成的克隆，转入细菌时细菌预先要在低温条件下用氯化钙处理，形成"感受态"细胞。即增加细胞膜的通透性才能实现转化。由噬菌体作载体的克隆，转入细胞的过程称为"侵染"。因噬菌体具有自动侵入的功能。细菌不用预先处理。

要实现转入宿主细胞的目的基因表达时,克隆的载体上要装有启动子及其它必需的调控 DNA 序列,目的基因也要进行适当改造,使其与载体组合后有正确的编码阅读框和某些细菌习惯使用的密码子等使宿主细胞与表达载体具有调控关系,只有在结构上十分精细才能实现基因的表达。

人类第一例 DNA 重组是 S. N. Cohen 将一种细菌抗四环素的质粒 DNA 与另一种细菌抗卡那霉素的质粒 DNA 进行体外重组,杂交 DNA 再转入大肠杆菌,结果细菌表达出了双亲 DNA 的遗传信息,即同时抗四环素和抗卡那霉素,说明外源基因得到了表达。70 年代初,除 Cohen 的工作外,P. Berg 和 H. Boyer 都分别做了同类的 DNA 重组实验。自那以后 DNA 重组技术在应用上得到了很大的发展。现在人、猪、牛的生长激素、胰岛素、干扰素等许多具生物学功能的蛋白质,已经通过 DNA 重组技术由细菌等生物来生产,满足人类的需要。

DNA 重组技术的成功说明:
(1) 不同来源的、无关的基因在实验室中可以按人的愿望进行重组构建。
(2) 重组的外源基因引入另一种生物细胞后,可以被增殖并保持原有遗传性状,在新的环境中转录和翻译。使宿主的遗传性状按照设计的路线发生永久性的改变。

多少年来,人类在认识和改变生物的遗传特性方面做了大量的研究工作,期待有一天能按人的意愿主动改变生物的遗传性能,获得预想的结果。用 DNA 重组技术终于实现了。这是生物科学上的重大进展,开辟了人类主动改造生物的途径。

二、转基因技术

1982 年 Palmiter 等人首次将大白鼠的生长激素基因放在质粒中小白鼠金属硫基蛋白启动子之后(图 9-56)。

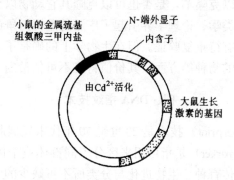

图 9-56 大白鼠生长激素基因插入到一个质粒中去,在金属硫基蛋白启动子旁边,这个启动子被重金属(如镉)所活化

这个启动子通常在染色体上,控制金属硫基蛋白的转录。金属硫基蛋白富含半胱氨酸、对重金属有很高的亲合力。肝脏在合成这种保护性蛋白时要靠重金属,如镉的诱导。

将重组好的这种质粒(几百个拷贝)用特制的微量注射器注入小鼠受精卵的雄性原细胞核(pronucleus)中,再将这个受精卵植入小鼠子宫中。结果发育生成的小鼠中经 Southen 杂交证明许多小鼠中都含有大白鼠的生长激素基因。而且成熟的小鼠体重比对照大两倍,成为"硕鼠"或"超级鼠"。这些小鼠中的生长激素水平相当于对照的 500 倍。这个实验首次证明,外源基因在新的启动子控制下可以整合到哺乳类细胞核内,并在其中实现有效地表达。这是一项重大的突破。随后转基因动物在各国兴起。1986 年美国的 Wagner 等首先制备出转生长激素基因的猪,这种猪生长快,饲料转换率和瘦肉率显著提高而肥膘低,与注射生长激素的效果相同。我国北京农业大学也制备出转基因猪和羊。然而,转生长激素基因的猪生殖能力明显下降,不能繁殖扩群。国外转基因动物出现畸形等。这些问题的出现表明,转基因技术中有关外源基因与染色体的定位重组,表达调控等还有待深入研究。

但转基因技术仍然是有用的,人们设想用转基因技术使转基因动物来生产某些蛋白类药物。1991 年苏格兰人首先将 α_1-抗胰蛋白酶基因置于绵羊的 β-乳球蛋白基因的调控成分之下,制成转基因绵羊。当这种绵羊长大繁殖时,乳腺内基因开放表达奶中各种蛋白,此时 $\alpha1$-抗胰蛋白酶基因在 β-乳球蛋调控成分调控下也开放,结果表达出 $\alpha1$-抗胰蛋白酶(一种药物)。奶中含量高达每升 35 g,产量十分可观。这种转基因的动物称为"生物反应器"。我国也正在研制。它潜在性的经济效应将促进这项技术的发展。

三、体细胞克隆技术

1997 年 Nature 杂志报导,英国学者 I. Wilmut 等人,从一只胚胎羊中取出乳腺上皮细胞进行培养(供体),再用另一母羊的卵母细胞(受体)摘出细胞核后,与上述乳腺上皮细胞进行体外融合。融合体经培养后,植入受体母羊的子宫中,结果融合体发育并分娩出一头小羊"多利"。由于这头小羊不是由受精卵发育而成的,而是由体细胞核(乳腺细胞)在卵细胞中无性繁殖而成,所以称为克隆羊。形成的个体具有供体所特有的特征。这是 20 世纪生物科学震惊世界的成就。它表明成熟的体细胞可以不经过有性繁殖发育成个体。其潜在的诱惑力是既然可以克隆羊,是否也可以克隆其它动物以至人自身?其前景不仅在生物学界也在社会学、人类学、论理学界引起了广泛的重视与争论。当然,这项技术还有待成熟,个别的成功,还有待重复验证。但在生物学上的确是了不起的事件。如果这项技术用于挽救一些濒临灭绝的物种等方面,其价值将是不可估量的。

四、DNA 指纹技术

DNA 指纹(DNA fingerprint)技术是 20 世纪 70 年代末发展起来的一系列遗传标记的方法。遗传标记(genetic marker)是指可用来区分不同群体或个体,又能稳定遗传的某些物质。它是研究动植物遗传育种、生物进化与分类所不可缺少的工具。任何物种间、个体间都存在着差异,即具有多态性。为表明这种多态性,早期曾用一些易于鉴定的形态和生理性状作标记,以后又利用血型,某些蛋白质或酶(同工酶)等生化性状来作为遗传标记。但这些遗传标记都存在局限性。随着认识到 DNA 分子是遗传物质,各种遗传信息都蕴藏在 DNA 分子中,生物个体间的种种差异在本质上是 DNA 分子上的差异,因此 DNA 是最可靠的遗传标记。限制性内切酶和 DNA 重组技术的出现,应用 DNA 作为遗传标记的方法不断出现。已成为分子生物学技术的一个重要领域。丰富了动植物遗传育种的工作。这里仅作简要介绍。

1. 限制性片段长度多态性　真核生物的 DNA 分子很长，在遗传过程中 DNA 碱基由于代换、重排、插入、缺失等原因，在子代 DNA 中会引起差异形成多态性。当用一种限制性内切酶去切 DNA 时，DNA 分子会降解成许多长短不等的片段，个体间这些片段是特异的，可能作为某一 DNA（或含这种 DNA 的生物）所特有的标记。这种方法就称为限制性片段长度多态性（restriction fragment length polymorp hism，RFLP）。

获得的限制性片段可以用琼脂糖电泳分开观察其多态性。但由于染色体 DNA 分子很大，各种长度的 DNA 片段在电泳胶上相互交盖，连成一片，用眼睛不能直接分辨，因此是用某一标记的 DNA 片段作为探针，与被转移到硝酸纤维素膜或尼龙膜上的电泳后的 DNA 片段进行杂交，这样只有与探计有高度同源性的片段才能被检测出来。所以 RFLP 一般都是通过 DNA 分子杂交（Southern blotting）的结果。

2. DNA 指纹图谱　1980 年 Wyman 和 Whifh 在人体 DNA 基因文库中，偶然发现一个高变异区。用 RFLR 分析检测到 8 个重复的等位基因。序列分析表明，是一些较短的重复序列首尾相连多次重复的结果。其多态性来源于重复单位的重复次不同。

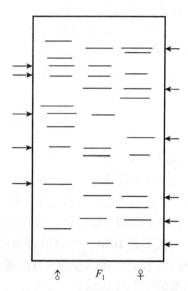

图 9-57　人的指纹分析示意图

这些高变区后来称为小卫星（minisatellite）DNA。一般由 9~70 bp 的重复单位串联重复排列而成。后来发现所有真核生物基因组中还存在着另一类由 2~6 bp 为重复单位重复排列的重复序列，因其重复单位比小卫星短，故称为微卫星（microsatellite）DNA。

1985 年 A. Jefferys 等人发现同一家族的小卫星重复单位含有相同或相似的核心序列。于是用某一小卫星做探计，可以同时与同一物种或不同物种的众多酶切基因组 DNA 片段杂交，获得具有高度个体特异性的杂交图谱，其特异性象人的指纹一样因人而异，故称为 DNA 指纹图谱（DNA fingerprint）。

DNA 指纹图的特点：第一，RFLP 中一个探计只能检测一个特异性位点的变异性，而 DNA 指纹图一次就能同时检测十几个、甚至几十个位点的变异性，因而更能有效地反映基因组的变异性。第二，由于 DNA 指纹图是由众多高变异位点上的等位基因（重复序列）形成，因而具有很高的变异性。根据研究，两个随机个体具有相同 DNA 指纹图谱的概率为 3×10^{11}。即只有同卵双生子才具有完全相同的 DNA 指纹图。第三，分析表明，DNA 指纹图中的谱带能够稳定地从一代遗传给下一代，儿女的指纹图谱中几乎每一条都能在其双亲之一的图谱中找到。DNA 指纹图还具有体细胞稳定性，即从同一个体中不同组织如血液、肌肉、毛发、精液等产生的 DNA 指纹图是完全一致的。

由于 DNA 指纹图具有以上的特点，它引起了人们的重视，表现出巨大的运用价值。最先成为法医学上鉴别罪犯和确定亲缘关系的工具。医学上用以检测癌变组织中 DNA 的突变状态等。也用于对牛、马、猪、鸡、鱼的 DNA 指纹分析，成为研究畜禽品种或品系的遗传纯度、遗传距离，为畜禽的遗传育种提供理论依据的有力手段。

3. 随机扩增多态性 DNA 1990 年 Williams 以随机序列（9～10 核苷酸）作引物用基因组 DNA 为模板进行 PCR 扩增，获得的产物经凝胶电泳后经溴乙锭染色，可见多条清晰的图谱带，不同个体内图带差异明显，有如 DNA 指纹图一样，这种方法称为随机引物 PCR，后称为随机扩增多态性 DNA（Randomly Amplified polymorphic DNA，RAPD）。这个方法的优点于引物设计是随机的，一套引物可用于多个物种基因组多态性分析。不使用探针，可以免去 DNA 分子杂交，节省时间，降低成本。但要求每个分离群体所进行的 PCR 扩增和电泳分离有高度的重复性，所以操作难度大。目前本方法正在应用和完善过程中。

五、蛋白质工程

已经知道，基因的核苷酸顺序决定了蛋白质中氨基酸的排列次序。DNA 重组技术的出现已使在体外创造特殊的基因突变成为可能。可以利用缺失、插入、移位和替换等方式使基因突变，来组建具有所希望性质的新基因，从而产生新的蛋白质。例如，在两个部位用限制性内切酶切割重组质粒，然后重新连接形成一个较小的环可以产生特异的缺失。这样可移去一大部分 DNA。也可以将重组质粒在单一切点切断，然后用外切酶酶解线性 DNA 的两个末端，于是两端的核苷酸都被切去。再将 DNA 连接起来，它就缺失了限制性酶切位点处的一小段 DNA。

也可以用寡聚核苷酸定点突变法产生一个氨基酸被替换的突变蛋白质。例如，一个蛋白质中特定的丝氨酸要突变成半胱氨酸，只要含有这个蛋白质的基因或是 cDNA 基因，又知道要改造的部位及其邻近的碱基顺序，就能实现这种突变。已知丝氨酸是由 TCT 编码，只要把 C 改为 G，就变成半胱氨酸的密码 TGT。于是用人工合成一段寡聚核苷酸引物，引物里含有 TGT 外，其余均与基因部分互补。打开含有被突变蛋白质基因的质粒的双条链成单链模板，用引物与之互补链退火（假如退火在适宜温度下进行，约 15 个碱基中，有一个碱基错配是可以容忍的）。然后由 DNA 聚合酶延伸引物，由 DNA 连接酶将双链再连接成环，转入宿主细胞复制，即产生两种子代质粒。一半的顺序中含有 TCT 顺序，另一半含有 TGT 顺序。表达具有 TGT 顺序的质粒，即可以产生在独一部位上半胱氨酸代替丝氨酸的蛋白质。应用这种寡聚核苷酸诱导突变的方法，可以产生任何特制的蛋白质。同样也可以准确地改变基因的调控部位。这就是所谓的蛋白质工程。

我们知道，蛋白质的生物学功能是与它的分子结构紧密相联的。而生命正是各种蛋白质功能的综合体现。定点突变打开了大门，可以去了解蛋白质是如何折叠、如何识别其它分子，如何催化反应和如何加工信息等。根据国际蛋白质数据库（PDB）统计，自 1959 年首次测定肌红蛋白质的空间结构以来，到 1988 年以前的 30 年间，蛋白质空间结构测定总数大约是 300 个。几乎是 10 年一个。到 1988 年，结构的测定速度增长到 100 个/年；随后以惊人的速度发展，到 1990 年接近 1 个/d，1995 年达到 3.5 个/d。所以，生命科学进入 90 年代，将迎来结构生物学的时代。所谓结构生物学即是以生命物质的精确空间结构及其运动为基础，来阐明生命活动和生命现象本质的科学。

这一切成果都来源于 DNA 重组技术和定点突变。据 1991 年至 1992 年 Science 统计，在全文报导的 13 个新蛋白质晶体结构中，有 9 个是基因克隆表达的蛋白，占总数的 69%。这一情况表明：将结构，基因和定点突变技术有机地结合起来，已成为结构生物学研究的主要趋势。

实际上，DNA 重组技术、定点突变等已在核酸和蛋白质两大分子物质研究之中架起了一座桥梁。生物化学家现在可以在基因和蛋白质两个研究领域之间自由走来走去。从基因和 cDNA 的分析中可以发现以前不知道的蛋白质的存在，并将它们分离和纯化出来（图 9-58A）。相反，纯化一种蛋白质可以找到它的基因或 cDNA 基因（图 9-58B）。因为现在有了微量化学技术和基因克隆扩增技术（包括 PCR 技术），只要有微量的蛋白质和核酸就足够了。

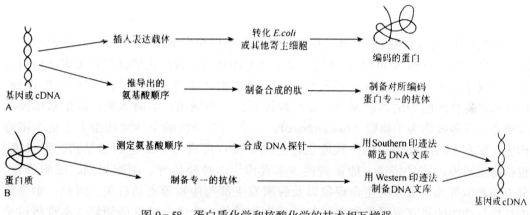

图 9-58 蛋白质化学和核酸化学的技术相互增强
(A) 从 DNA（或 RNA）到蛋白质；(B) 从蛋白质到 DNA

第十章 生物膜的结构与功能

细胞是生命有机体的基本组成单位。早在一个世纪前 de Vries 就设想，细胞被一层膜所包裹。但是直到 20 世纪 30 年代，电子显微镜技术、表面化学技术和 X 射线衍射技术的出现才证实了膜的存在。现已知道，真核细胞除了有包围整个细胞的质膜以外，还有构成各种细胞器的内膜系统，如线粒体膜、内质网膜、溶酶体膜、高尔基体膜和核膜等，这些统称为生物膜（biomembrane）。一个哺乳动物的个体大约由上千亿个细胞构成。如此多的细胞要协调一致地进行生理活动，都离不开细胞的膜结构。可以说，包括物质运输、信息传递、能量转换、激素作用、神经传导、细胞识别、细胞分化、分裂、繁殖等几乎所有的生命现象以及肿瘤发生都与生物膜密切有关。因此，生物膜的结构与功能的研究成了生物化学与分子生物学的一个十分活跃的领域。本章将讨论生物膜的基本化学组成和结构，并重点介绍生物膜在物质运输和信息传递中的作用。生物膜与能量转换的关系已在第五章生物氧化中作了叙述，其他的功能将在有关的课程中讲授，本章不再作深入的介绍。

第一节 生物膜的化学组成

动物细胞干重的 70%～80% 属于膜结构。而生物膜主要由蛋白质和脂类组成，还有少量的糖、金属离子，并结合一定量的水。膜中蛋白质与脂类的比值与膜的功能有关。例如，大鼠肝细胞线粒体内膜中含蛋白质 76%，含脂质 24%；其核膜中含蛋白质 59%，脂质 35%；人红细胞质膜中含蛋白质和脂质分别为 49% 和 43%。通常膜的功能越复杂多样，它所含蛋白质的比值也越高。唯有神经髓鞘膜的功能比较单纯，主要起绝缘作用，它的蛋白质含量仅为 18%，而含脂质达 79%。

一、膜　脂

膜脂包括磷脂、少量的糖脂和胆固醇。磷脂中以甘油磷脂为主，其次是鞘磷脂。动物细胞膜中的糖脂以鞘糖脂为主。此外，膜上含有游离胆固醇，但只限于真核细胞的生物膜。

(一) 膜脂的种类

1. 甘油磷脂 甘油磷脂以甘油为基础,在甘油的 1 和 2 位碳原子的两个羟基上各结合一个脂酰基,并且 2 位碳原子上连结的大多为不饱和脂酰基。在 3 位碳原子的羟基上再结合一分子磷酸,形成磷脂酸,即二脂酰甘油磷酸。然后,磷酰基与其他的醇类以磷酯键相连,生成多种甘油磷脂。如磷脂酰胆碱(卵磷脂)、磷脂酰胆胺(脑磷脂)、丝氨酸磷脂、肌醇磷脂、磷脂酰甘油和双磷脂酰甘油等。

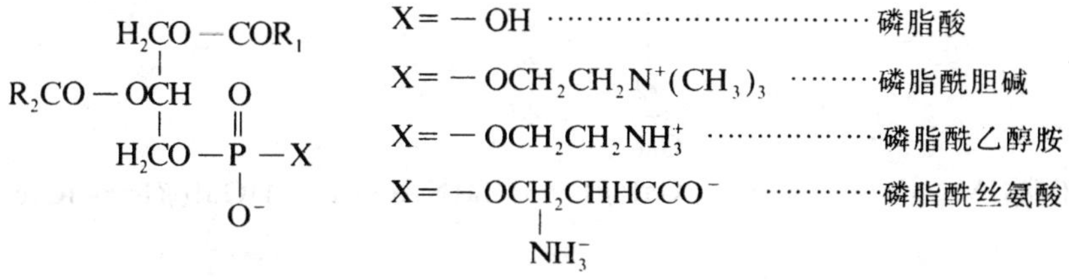

$$\begin{array}{l} H_2CO-COR_1 \\ R_2CO-OCH \\ \quad\quad\quad H_2CO-\overset{O}{\underset{O^-}{P}}-X \end{array}$$

$X = -OH$ ……………… 磷脂酸
$X = -OCH_2CH_2N^+(CH_3)_3$ ……… 磷脂酰胆碱
$X = -OCH_2CH_2NH_3^+$ …………… 磷脂酰乙醇胺
$X = -OCH_2CHHCCO^-$ ………… 磷脂酰丝氨酸
$\quad\quad\quad\quad\quad |$
$\quad\quad\quad\quad NH_3^-$

甘油磷脂通式

R_1, R_2: 脂酰基的烃基,R_1 多为饱和烃基,R_2 常属不饱和烃基

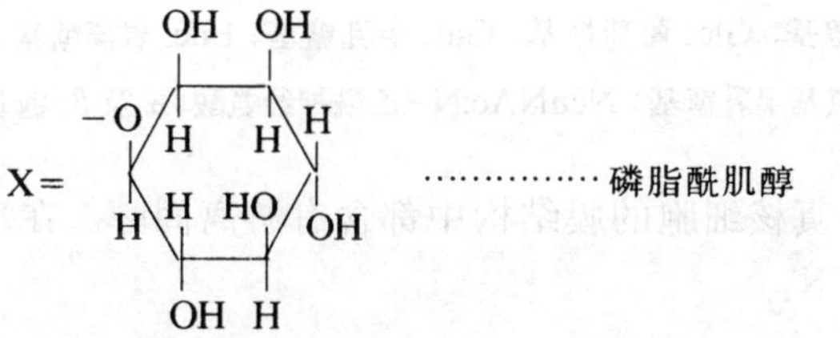

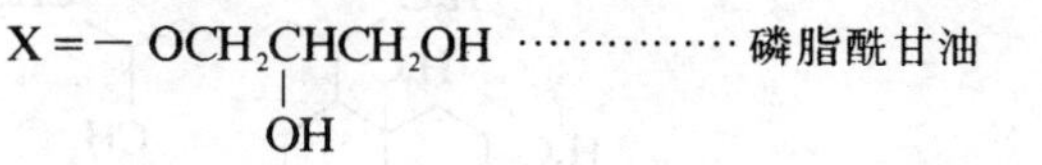

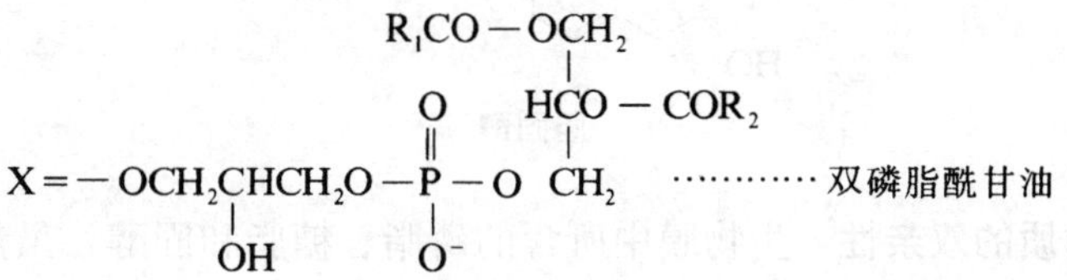

$X = $ (肌醇环) ………… 磷脂酰肌醇

$X = -OCH_2CHCH_2OH$ ………… 磷脂酰甘油
$\quad\quad\quad\quad |$
$\quad\quad\quad\quad OH$

$$X = -OCH_2CHCH_2O-\overset{O}{\underset{O^-}{P}}-O\begin{array}{l} R_1CO-OCH_2 \\ HCO-COR_2 \\ CH_2 \end{array}$$ ………… 双磷脂酰甘油
$\quad\quad\quad\quad |$
$\quad\quad\quad OH$

2. 鞘磷脂 与甘油磷脂不同,鞘磷脂以神经鞘氨醇为基础,它本身含有 18 个碳原子的烃链,其氨基与一个长链脂酰基以酰胺键相连,一个羟基连接磷酰胆碱:

神经鞘氨醇: $CH_3(CH_2)_{12}CH=CHCHCH_2CHOH$
$\quad\quad\quad\quad\quad\quad\quad\quad\quad\quad\quad |\quad\quad |$
$\quad\quad\quad\quad\quad\quad\quad\quad\quad\quad OH\quad NH_3^+$

神经鞘磷脂: $CH_3(CH_2)_{12}CH=CHCHCHCH_2CHO-\overset{O}{\underset{O^-}{\overset{\|}{P}}}-OCH_2CH_2N^+(CH_3)_3$
$\quad\quad\quad\quad\quad\quad\quad\quad\quad\quad\quad\quad\quad |\quad\quad |$
$\quad\quad\quad\quad\quad\quad\quad\quad\quad\quad\quad OH\quad NH$
$\quad\quad\quad\quad\quad\quad\quad\quad\quad\quad\quad\quad\quad\quad\quad |$
$\quad\quad\quad\quad\quad\quad\quad\quad\quad\quad\quad\quad\quad\quad COR$

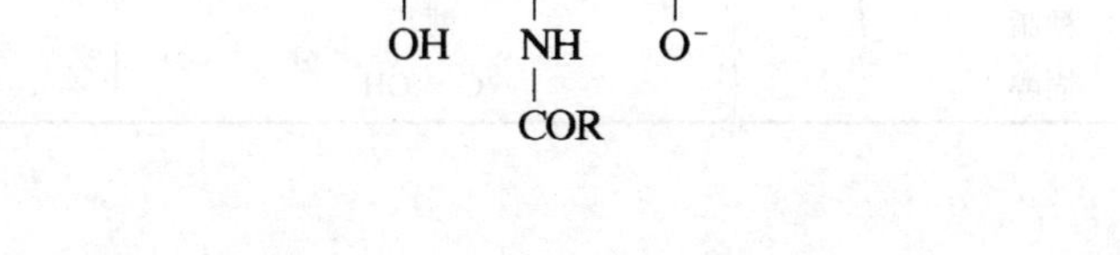

3. 糖脂 动物细胞膜中的糖脂以鞘糖脂为主。如以糖基取代神经鞘磷脂中的磷酰胆碱，即成为鞘糖脂。主要的鞘糖脂有，葡萄糖基脑苷脂，乳糖基 N-脂酰基鞘氨醇，血型糖脂和神经节苷脂等：

葡萄糖基脑苷脂 ·············· Glc($\beta 1 \rightarrow 1'$) Cer

乳糖基 N-脂酰鞘氨醇 ········ Gal($\beta 1 \rightarrow 4$) Glc($\beta 1 \rightarrow 1'$) Cer

血型糖脂（B-1）······ Fuc($\alpha 1 \rightarrow 2$) Gal($\beta 1 \rightarrow 4$)GlcNAc($\beta 1 \rightarrow 3$) Gal($\beta 1 \rightarrow 4$)Glc($\beta 1 \rightarrow 1'$) Cer
$$\overset{\alpha 2}{\underset{3}{\uparrow}}$$
Gal

神经节苷脂 GM_1 ············ Gal($\beta 1 \rightarrow 3$)GalNAc($\beta 1 \rightarrow 4$) Gal($\beta 1 \rightarrow 4$)Glc($\beta 1 \rightarrow 1'$)Cer
$$\overset{\alpha 2}{\underset{3}{\uparrow}}$$
NeuNAc

Cer: N-脂酰鞘氨醇基；Glc: 葡萄糖基；Gal: 半乳糖基；Fuc: 岩藻糖基；GlcNAc: N-乙酰氨基葡萄糖基；GalNAc: N-乙酰氨基半乳糖基；NeuNAc: N-乙酰神经氨酸；α 及 β: 糖苷键的空间配位；1、2、3、4: 结合位置

4. 胆固醇 真核细胞的膜结构中都含有游离固醇。在动物细胞膜中主要是胆固醇。胆固醇的结构如下：

胆固醇结构图

胆固醇

（二）膜脂质的双亲性 生物膜中所含的磷脂、糖脂和固醇，虽然种类很多，结构各异，但都有共同的特点，即它们都是双亲分子（amphipathic molecule）。在其分子中既有亲水的头部，又有疏水的尾部。例如，在甘油磷脂分子中，1位和2位碳原子羟基上分别连结有脂酰基的两条非极性的烃链，称之为"疏水尾"，而磷酰-X（醇基）部分，由于其强极性，称为"极性头"。其它膜脂分子也有同样的性质，见图 10-1 和表 10-1。

表 10-1 膜脂的双亲性

膜脂	亲水头部	疏水尾部
甘油磷脂	磷酰-X	两条脂肪酸链
鞘磷脂	磷酰-X	脂肪酸链和鞘氨醇链
糖脂	糖基	脂肪酸链和鞘氨醇链
固醇	C_3—OH	环戊烷多烃菲环

X: 醇基

膜脂分子的双亲性，赋予了它们一些特殊的性质。在水溶液中，它们极性的亲水的头部可通过氢键与水分子相互作用而朝向水相，其非极性的疏水的尾部会依赖疏水作用而相互聚拢以避开水。结果形成脂质的双分子层（见图 10-2），可见膜脂质的双亲性是形成脂质双层结构的分子基础。

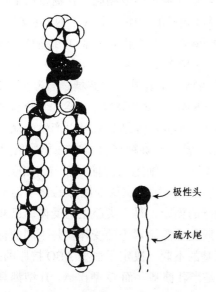

图 10-1 甘油磷脂分子的双亲性

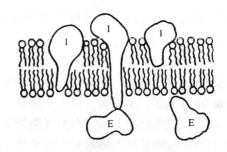

图 10-2 膜脂质双分子层和膜蛋白
I：内在蛋白　E：外在蛋白

二、膜 蛋 白

膜蛋白是膜的生物学功能的主要体现者。目前所知道的膜蛋白有酶、膜受体、转运蛋白、抗原和结构蛋白等。按蛋白质在膜中的位置和与膜结合的紧密程度，通常把膜上的蛋白质分为外在蛋白和内在蛋白两类，见图 10-2 所示。

（一）**外在蛋白**（extrinsic protein）又称外周蛋白。它比较亲水，可通过离子键等非共价相互作用与膜的外表面或内表面（主要是内表面）的蛋白质或膜脂质分子的亲水头部结合。这种结合不太紧密，改变溶液的 pH，离子强度等可以容易地把它们从结合的膜表面洗脱下来。

（二）**内在蛋白**（intrinsic protein）又称整合蛋白。它们通常镶嵌在膜中或贯穿于膜。蛋白质分子中亲水的部分伸向膜的外侧或内侧，即面向水相，而疏水的部分常以α-螺旋形式镶嵌入膜的内部（图 10-3），与脂

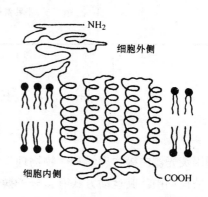

图 10-3 一个跨膜蛋白（乙酰胆碱受体）

双层的疏水区域相结合，除非使用表面活性剂（去垢剂）或有机溶剂，否则很难把内在蛋白与膜脂质分开。

三、膜　糖

膜上含有少量与蛋白质或脂质相结合的寡糖，形成糖蛋白或糖脂。在糖蛋白中，糖基可借助于 N-糖苷键连接于蛋白质分子中的天冬酰胺残基的酰胺基上（称 N-连接），或者借助 O-糖苷键与蛋白质分子中的丝氨酸或苏氨酸残基的羟基相连（称 O-连接）；而糖脂中的糖基一般通过 O-糖苷键与甘油或鞘氨醇的羟基相连接。

在膜上发现的糖的种类并不多，主要有：葡萄糖、半乳糖、甘露糖、岩藻糖、N-乙酰氨基葡萄糖、N-乙酰氨基半乳糖、N-乙酰神经氨酸（又称唾液酸）等。单糖基之间以不同方式互相连接。由于糖基中含有多羟基，因此，不同的连结方式可以产生出众多结构复杂的寡糖链。唾液酸则常出现在寡糖链的末端。膜上的寡糖链都暴露在质膜的外表面（向细胞外）上，它们与一些细胞的重要特性有关联，如细胞间的信号转导和相互识别。因此，有人形象地把它们比作"化学天线"，细胞用来捕捉和辨认细胞外的化学信号。前面提到的神经节苷酯是一个含有七个糖基的寡糖链的糖脂，是一类膜上的受体。已知破伤风毒素、霍乱毒素、干扰素、促甲状腺素、绒毛膜促性腺激素等的受体就是不同的神经节苷酯。再如，红细胞膜上糖蛋白的寡糖链末端糖基的不同，决定了血型 ABO 抗原的差别，A 型抗原的末端糖基是乙酰氨基半乳糖基，B 型是半乳糖基，而 O 型比 A、B 型都只少一个糖基。

表 10-2　ABO 血型专一性的结构基础

血　型	结　构　特　点
O(H 抗原)	半乳糖基 — 乙酰氨基葡萄糖基 | 岩藻糖基
A	乙酰氨基半乳糖基 — 半乳糖基 — 乙酰氨基葡萄糖基 | 岩藻糖基
B	半乳糖基 — 半乳糖基 — 乙酰氨基葡萄糖基 | 岩藻糖基

第二节　生物膜的结构特点

一、膜的运动性

利用荧光漂白等物理学和生物物理学的方法研究生物膜发现，膜脂分子在脂双层中处于不停的运动中。其运动方式有：分子摆动（尤其是磷脂分子的烃链尾部的摆动）、围绕自身轴线的旋转，侧向的扩散运动和在脂双层之间的跨膜翻转等。大多数运动的速度都非常快，平均约为 $2\mu m/s$。对荧光标记的磷脂分子进行示踪研究发现，它可以在 1 s 内从细菌质膜的一端扩散到另一端。而脂质分子的跨膜翻转运动则相当慢，要以小时，以天来计算。不过这种翻转运动可能对于维持脂双层的不对称性是重要的。膜脂质的这些运动特点，是生物膜表现出生物学功能时所必需的。

膜蛋白与膜脂一样，也是处在不断的运动之中。一方面膜蛋白有其自身的运动，另一方面由于它镶嵌在膜的脂质之中，脂质分子的运动对它也有影响。膜蛋白的运动有两种形式。一种是在膜的平面作侧向的扩散运动，另一种是绕着膜平面的垂直轴作旋转运动。但一般不容易从膜的一侧翻转到另一侧。

二、膜脂的流动性与相变

膜脂双层中的脂质分子在一定的温度范围里，可以呈现有规律的结晶态（凝固态）或可流动的液态（液晶态）。两种状态的转变温度称为相变温度，这是磷脂分子赋予生物膜可以在凝固态和液晶态两相之间互变的特性。由于天然生物膜的脂质组成比较复杂，它比单一磷脂的相变温度范围要宽一些，当低于相变温度时，脂双层呈凝固态，高于相变温度时，呈液晶态（图10-4）。生理条件（体温）下，哺乳动物细胞的质膜都处于流动的液晶态。

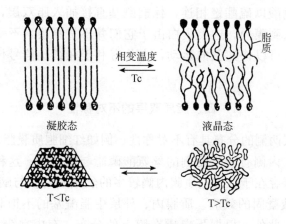

图10-4 膜脂的相变

膜的主要成分是磷脂，磷脂分子中所含的脂肪酰烃链的性质与膜脂的相变密切有关。一般来说，脂质分子中所含的脂肪酰烃链的不饱和程度越高，或者脂肪酰烃链越短，其相变温度也相应越低。较低相变温度使脂双层具有较好的流动性。一些变温动物，如鱼类、爬虫类动物细胞的质膜中含有较高比例的不饱和脂肪酸，因此，即使在较低的环境温度下，仍能保持细胞质膜的流动性，以使细胞代谢活动正常进行。还有研究指出，膜上的胆固醇对膜的流动性和相变温度有调节功能，插入磷脂分子之间的胆固醇，与磷脂的脂肪酰烃链之间发生相互作用。当高于相变温度时，它能增加脂双层分子排列的有序性，以降低膜的流动性，而低于相变温度时，又能使磷脂分子疏水的脂肪酰烃链尾部排列紊乱，防止形成凝胶状态，以增加膜的流动性。可见，胆固醇对于膜的流动性具有双向的调节作用。

三、膜蛋白与膜脂质的相互作用

长期以来认为，膜蛋白与膜脂之间没有直接的功能上的联系，但近年的研究得出了不同的结论。发现膜上内在蛋白的周围常结合有一层或几层脂质分子（称界面脂），膜蛋白与膜脂之间显然存在相互作用，对许多膜蛋白的功能而言，膜脂还是必不可少的。这种相互作用有以下两个方面的表现：

① 膜上的许多内在蛋白需要一定量的膜脂才能维持其构象和表现出活性。有研究发现，肌浆网上每分子的 Ca^{2+} ATP 酶至少需要 30 个磷脂分子才表现出完整的活性。并且有的膜蛋白对膜脂还有专一性要求，例如线粒体内膜的 β-羟丁酸脱氢酶需要卵磷脂才有活性，若用鞘磷脂代替卵磷脂，这个酶的活性下降一半。其原因是卵磷脂分子与这个膜酶结合之后，引起酶蛋白构象的改变，使其活性得以增加。这与酶蛋白的变构机理十分相似。

② 最新的研究还发现有一些膜上的蛋白质与多种脂肪酸、烃类或糖脂共价相连，后者通常插入在脂双层中，构成含脂膜蛋白。它们与脂双层的联系依赖于它所连接的插入脂双层的脂肪酸。已知的含脂膜蛋白有棕榈酸连结蛋白，豆蔻酸连结蛋白，异戊二烯结合蛋白和糖脂连结蛋白等。例如在棕榈酸连结蛋白中，蛋白质中的一个半胱氨酸残基的巯基与棕榈酸以硫酯键相连，棕榈酰基直接插入脂双层，蛋白部分位于脂双层的外侧，并不深入到膜内。这类蛋白由于它们并不贯穿膜，不受膜内侧细胞骨架蛋白约束，因此在膜上可以快速侧向运动，十分有利于在细胞信号传递和细胞相互识别中发挥作用。

四、脂质双层的不对称性

膜脂质在脂双层两侧的分布具有不对称性。例如红细胞质膜脂双层的外侧含有较多的卵磷脂与鞘磷脂，内侧有较高比例的丝氨酸磷脂与脑磷脂。这种膜脂的不对称性与膜的功能有关。如果存在于红细胞质膜内侧较多的丝氨酸磷脂与脑磷脂一旦转到外侧，则会产生出促进血液凝固的效应。质膜内、外层中脂酰基的不饱和程度也不一致，因此其流动性也不同。此外，根据蛋白质在膜上的分布，有内在蛋白和外在蛋白之分，而依其功能，有的膜蛋白，如受体常在膜的外侧感受环境中的化学信号，有的如细胞骨架蛋白则与膜的胞液一侧发生联系。可见膜蛋白在膜上的定位和功能也是明显不对称的。

五、流动镶嵌模型

为了阐明生物膜的功能，自 20 世纪 30 年代以来，许多学者设想出了数十种模型试图揭示生物膜的结构特点，但都有不同程度的局限性。1972 年，Singer 和 Nicolson 提出了生物膜的"流动镶嵌学说"(fluid mosaic hypothesis)。这一学说虽然仍不完善，但得到了比较广泛的支持。根据前面已介绍过有关生物膜的结构特点，现将这个学说归纳为以下几点：

1. 脂质双层是膜的基本结构，膜脂质分子在不断运动中，在生理条件下，呈流动的液晶态，脂双层结构既是屏障，又是膜蛋白表现功能的舞台。

2. 细胞质膜上的蛋白质有外周蛋白和内在蛋白两种形式，它们与膜脂分子之间存在相互作用，也处于运动之中。部分膜脂分子对于维持膜蛋白的构象和发挥其功能有直接的影响。

3. 膜的脂质、膜蛋白和膜糖在脂双层两侧的分布是不对称的，膜上的糖基总是暴露在质膜的外表面上。这种不对称性表明了膜的功能的复杂性。

生物膜的基本结构模型见图 10-5 所示。

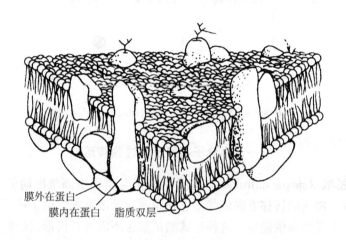

图 10-5　生物膜基本结构模型示意图

第三节　物质的过膜运输

物质的过膜运输（transmembrane transport）是生物膜的重要功能，也是活细胞维持正常生理内环境和进行各项生命活动的基本特征之一。包围细胞的质膜，使细胞具有了一定的边界，将胞液与其环境分开，而真核细胞的胞内膜系统形成了细胞器构造，使细胞在空间上和功能上区室化（compartmentation）。膜可以根据细胞生理活动需要控制物质进入或离开细胞和细胞器。因此，生物膜是一种高度选择性的转运物质的屏障。它的生理意义在于：①维持细胞的容积，保持细胞的形态并调节细胞内的 pH 和各种电解质的浓度，为生理活动提供适宜的环境；②从外部摄取细胞代谢活动所需的营养物质，排出和分泌代谢产物和废物。

物质的过膜转运有不同的方式（图 10-6）。如果只是把一种分子由膜的一侧转运到另一侧，称为单向转运（uniport）；如果一种物质的转运与另一种物质相伴随，称为协同转运（cotransport），其中，方向相同，称为同向转运（symport），方向相反，称为反向转运（antiport）。根据被转运的对象及转运过程是否需要载体和消耗能量，还可再进一步细分出各种过膜转运方式。本章将对小分子与离子和大分子物质的过膜转运分别进行叙述。

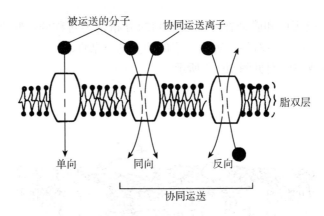

图 10-6 物质的单向、同向和反向过膜运输

一、小分子与离子的过膜转运

(一) 简单扩散（simple diffusion） 这是小分子与离子由高浓度向低浓度穿越细胞膜的自由扩散过程。物质的转移方向依赖于它在膜两侧的浓度差。由于这是物质由高浓度向低浓度的扩散，不需要提供能量。这种形式的扩散也不需要任何形式的转运载体帮助。但是不同的分子与离子并非以相同的速率进行过膜扩散。由于膜的基本结构是脂质双层，因此一般来说，脂溶性小分子的透过性较好，而离子和多数的极性分子透过性较差。图 10-7 所示为一些物质在脂双层上的透过率比较。可以看出，离子的透过性比其他的极性分子要小得多，疏水性分子，如 O_2、N_2 和苯等则能较容易地穿越膜的脂质双层。有研究认为，水、甘油、乳糖，以及 Na^+、K^+ 可能是通过存在在膜上的微孔结构进行扩散的。这种微孔是在膜运动过程的瞬间出现的暂时性结构，平均直径 0.8 nm 左右，其大小足以让上述小分子与离子通过。

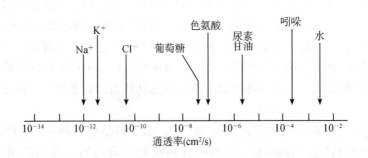

图 10-7 脂双层对一些物质的通透率

（二）促进扩散（facilitated diffusion） 促进扩散又称易化扩散。与简单扩散相似，它也是物质由高浓度向低浓度的转运过程，也不需要提供能量。但不同的是，这种物质的过膜转运需要膜上特异转运载体的参与。这些转运载体通常称为通道（channel）或载体（carrier），有的是肽类抗菌素，有的是蛋白质。

促进扩散过程受到严格调控，只在一定生理条件下进行。因此通过促进扩散转运的分子与离子在膜的两侧常有很大的浓度差别，以便在需要时，通过促进扩散转运。这种形式的扩散缩短了膜两侧转运物质达到平衡的时间，其转运速度随被转运物质的增加而增大，但由于必须有转运载体的参与，因此转运速度具有最大值。

促进扩散的过膜转运机制模式如图 10-8 所示。通道有时由过膜的 α-螺旋肽段形成。螺旋管通过瞬间的开放和关闭，使离子从膜的一侧顺浓度梯度转运到另一侧。与此相类似，过膜的转运载体常具有两种可以互变的构象。一种构象对被转运物质有高亲和力，从高浓度的膜一侧与被转运物质可逆结合，然后转变为对被转运物质有低亲合力的另一种构象，把被转运物质在膜的另一侧释放出去。红细胞膜上的葡萄糖转运蛋白，神经突触后膜上的乙酰胆碱受体蛋白（Na^+ 内流/K^+ 外流），线粒体内膜上的 ATP/ADP 变换蛋白等都通过构象的变化以实现所转运分子和离子的过膜促进扩散。许多分子与离子，甚至一些远比膜上的微孔结构小的物质，除了进行简单扩散以外，也常依赖于促进扩散进行过膜转运。

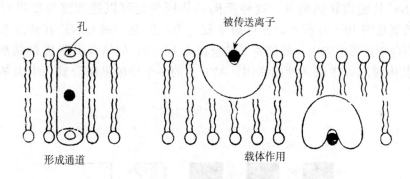

图 10-8 膜上的通道和载体

（三）主动转运（active transport） 主动转运是物质依赖于转运载体、消耗能量并能够逆浓度梯度进行的过膜转运方式。其所需的能量来自 ATP 的水解。从这里，可以明显地看出它既不同于上述的简单扩散，也与促进扩散转运方式有区别。有实验数据表明，动物细胞质膜两侧或细胞器膜两侧的某些离子浓度有很大的差别。例如非兴奋细胞内的 Na^+ 和 K^+ 分别为 14、157 mmol/L，而细胞外的浓度分别为 143 和 4 mmol/L。这种不均一性对于细胞的生理活动，例如酶的活性、细胞信号的传递、膜电位的维持等是十分重要的。离子浓度梯度的维持依赖于多种所谓"泵"的主动转运功能来实现。这些"泵"本身具有 ATP 酶的活性。例如，细胞膜的钠钾泵，又称 Na^+-K^+ ATP 酶，其作用是保持细胞内的高 K^+ 和低 Na^+、细胞外的高 Na^+ 和低 K^+。而钙泵的作用则是保持胞外和细胞内质网腔内的 Ca^{2+} 浓度远高于胞液。下面以 Na^+-K^+ ATP 酶为例来说明主动转运的机制。

从动物脑、肾细胞的质膜中分离提纯到的 Na^+-K^+ ATP 酶,由 α 和 β 两种亚基构成（图 10-9）,它们在膜中形成四聚体 $\alpha_2\beta_2$ 的形式。α-亚基至少有 8 段过膜的 α-螺旋区,大部分位于膜的胞液一侧,包含有 ATP 酶水解活性位点。其 β-链只有单一的过膜 α-螺旋,它是一个含寡糖基的肽,寡糖基结合在 β-亚基的胞外一侧。在两个 α-亚基之间形成一个离子通道。β-亚基在 ATP 的水解和离子运转中的作用还不太清楚。

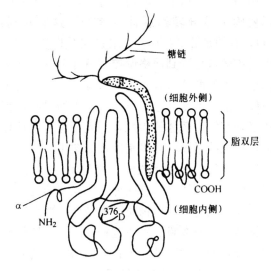

图 10-9 钠钾泵的结构
376 表示被磷酸化的 376 位 Asp 残基

Na^+-K^+ ATP 酶有两种不同的构象 E_1 和 E_2。通过它们之间的交替互变,把 K^+ 从胞外转入胞内,把 Na^+ 从胞内转到胞外,这种反向的协同转运可以逆浓度梯度进行,并消耗 ATP,其机制见图 10-10 所示,并可简单叙述为：E_1 是一种对 Na^+ 有高度亲合性的构象,Na^+ 结合于其膜的胞内一侧的离子结合位点上。Na^+ 的结合引发 E_1 的磷酸化。这一过程是由其内侧的 ATP 酶活性起作用,ATP 上的一个磷酰基结合到一个天冬氨酸残基

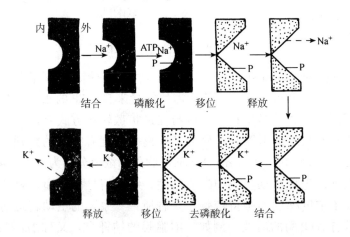

图 10-10 钠钾泵作用模型
黑色模块表示 E_1 构象,灰色模块表示 E_2 构象

上。磷酸化的结果使 E_1 构象转变成 E_2 构象，造成离子结合位点的翻转，而朝向膜的胞外一侧。磷酸化的 E_2 对 Na^+ 的亲合力低，因此将 Na^+ 释放到胞外，但对 K^+ 具有高亲合力，于是从胞外一侧结合 K^+。K^+ 的结合使 E_2 脱去磷酰基（释出 Pi），失去了磷酰基的 E_2 构象不稳定，又转变为 E_1，离子结合位点也随之从胞外一侧翻转到胞内一侧。E_1 构象对 K^+ 的亲合力低，将 K^+ 释放到胞内。至此，完成了一次 Na^+-K^+ 的转运，在这过程中消耗了 ATP。

据计算，消耗一分子的 ATP，可以将 3 分子的 Na^+ 从胞内泵到胞外，同时将 2 分子的 K^+ 从胞外泵入胞内，以维持细胞内外 Na^+ 和 K^+ 的浓度差。Na^+-K^+ ATP 酶广泛分布于动物组织中，其活性直接影响细胞的代谢活动。除了维持细胞中电解质的浓度和膜电位，相对高的 K^+ 浓度，对细胞中糖代谢的关键酶丙酮酸激酶的活性也是必需的。此外，小肠粘膜细胞等吸收葡萄糖和氨基酸进入胞内时，还伴随着 Na^+ 的同向转运。因此，质膜上的钠钾泵须把在胞内累积的 Na^+ 不断地排出去才能使葡萄糖和氨基酸的转运持续进行。

二、大分子物质的过膜转运

前面已经叙述了小分子物质进出细胞的方式，它们是直接的过膜转运。而大分子物质，包括蛋白质、核酸、多糖和病毒、细菌等，它们的进出细胞是通过与细胞膜的一起移动实现的，如内吞和外排。蛋白质还有跨越内质网膜、线粒体膜的转运发生。

（一）**内吞作用**（endocytosis） 内吞作用曾被分为两种方式：①吞噬作用（phagocytosis），即细胞摄入不溶颗粒，②胞饮作用（pinocytosis），即细胞摄入溶解物质。这种划分并不重要，因为其机制大致相同，都是细胞从外界摄入的大分子或颗粒，逐渐被质膜的一小部分包围，内陷，然后从质膜上脱落下来，形成细胞内的囊泡的过程（图 10-11）。例

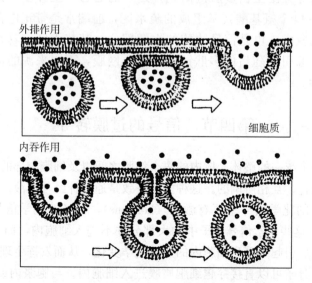

图 10-11 内吞与外排

如，原生动物摄取细菌和食物颗粒，高等动物免疫系统的吞噬细胞内吞入侵的细菌。此外，还常见由受体介导的内吞作用（receptor-mediated endocytosis），它指的是被内吞物与细胞膜上的特异受体相结合，随即引起细胞膜的内陷，形成囊泡，囊泡将内吞物裹入并输入到细胞内的过程。本书第六章脂类代谢第六节中介绍了低密度脂蛋白（LDL）被组织细胞内吞的机制就是一个例子，这是一种专一性很强的内吞作用。还比如在动物即将分娩前，血浆中的免疫球蛋白（牛为 IgG）就是以这种方式向乳腺上皮细胞进行大量转移，因此初乳中含有高浓度的免疫球蛋白，新生幼仔由此获得被动免疫力。

（二）**外排作用**（exocytosis） 外排作用基本上是内吞作用的逆过程（图 10-11），它是细胞内的物质先被囊泡裹入形成分泌囊泡，分泌囊泡向细胞质膜迁移，然后与细胞质膜接触、融合，再向外释放出其内容物的过程。例如产生胰岛素的胰岛细胞，将合成的胰岛素分子累积在细胞内的囊泡里，然后这些分泌囊泡与细胞质膜融合并打开，向细胞外释放出胰岛素。有许多因素可以影响细胞的外排作用。如神经因素引起腮腺和肾上腺髓质细胞分泌，血浆葡萄糖促进胰岛细胞分泌胰岛素都是由于细胞膜的去极化，使 Ca^{2+} 流入胞内引起的，胞内 Ca^{2+} 浓度的增加可导致分泌泡与质膜的融合而启动外排。

（三）**分泌蛋白通过内质网的转运** 蛋白质在细胞内的核糖体上合成之后须分送到细胞的各个部位，有的留在胞液中，有的送到细胞核、线粒体、溶酶体等中去，还有的要分泌到细胞外去发挥作用。这种分送转运机制受到严格的调控，是膜功能研究中一个十分活跃的领域。

在第九章核酸的生物学功能第五节蛋白质的到位中所提到的"信号肽假说"是一个被广为接受的观点。它比较清楚地解释了新合成的多肽链如何通过内质网膜向细胞膜或细胞的其他的部位进行转移的。这一假说认为分泌蛋白的合成与过膜转运是同时进行的。信号肽在引导分泌蛋白多肽链向胞外运转的通道上发挥了关键的作用。它们都有一段长度为 12~14 个氨基酸残基组成的疏水区，前端常是带正电荷的碱性氨基酸残基，后端则富含丙氨酸，也是信号肽酶的水解部位。其疏水区容易形成 α-螺旋结构，这可能有利于信号肽引导随后的多肽链穿越内质网膜，不同来源的信号肽的氨基酸序列没有发现同源性。

第四节　信号的过膜转导

动物机体是一个统一的整体。体内的每个细胞之间以及细胞内部的各个部分之间的生理活动都是密切配合、互相协调的。这种协调一致是通过神经与体液传送的化学信号的调节来实现的。体液的化学信号主要有激素（hormone），神经的化学信号主要有神经递质（nuerotransmitter）。这些化学信号分子中的大部分并不进入细胞内，而是与细胞质膜上特异的受体结合，然后引起一系列细胞内的生物化学变化，从而发挥生理效应。只有少部分较为疏水的信号分子可以直接穿越细胞质膜进入细胞内，与胞浆内或核内的受体结合，然后起作用。在这一节中将简要介绍受体的概念和信号过膜转导（transmembrane signaling）的主要系统。

一、受体的概念

(一) 受体的特点　受体（receptor）是指细胞膜上或细胞内能识别生物活性分子（激素、神经递质、毒素、药物、抗原和其他细胞粘附分子）并与之结合的生物大分子。绝大部分受体是蛋白质，少数是糖脂。能与受体结合的活性分子常被称为配体（ligand）。配体是信息的载体，是信号分子，也称第一信使。而能称得上受体的生物大分子通常有以下特点：

1. 可以专一性地与其相应的配体可逆结合。两者在空间结构上必定有高度互补的区域以利于这种结合，氢键、离子键、范德瓦尔力和疏水力是受体与配体间相互作用的主要非共价键。

2. 受体与配体之间存在高亲和力，其解离常数通常达到 $10^{-11} \sim 10^{-9}$ mol/L。

3. 受体与配体两者结合后可以通过第二信使（second messeger），如 cAMP，Ca^{2+} 引发细胞内的生理效应。

(二) 受体的类型　根据现在对受体在细胞信号转导中所起作用的认识，可将受体分为四种类型。

Ⅰ型为配体门控通道型。这类受体一般是快速反应的神经递质受体，如乙酰胆碱受体和 γ-氨基丁酸受体。它们位于膜上，直接与离子通道相连，控制着离子进出的大门。在配体与受体结合后的数毫秒内就可引起细胞膜对离子通透性的改变，继而引起膜电位的改变。

Ⅱ型为 G 蛋白偶联型。包括很多位于膜上的激素受体，如肾上腺素受体。它们须通过 G 蛋白的参与控制第二信使的产生或离子通道的效应。

Ⅲ型是酪氨酸激酶型。这类受体最大特点是本身就具有酪氨酸激酶的活性。因此受体可以直接调节细胞内效应蛋白的磷酸化过程，进而引发生理效应。如生长因子受体就属于这一类。

Ⅳ型是 DNA 转录调节型。此类受体存在于胞浆中或核内。这类受体的激活直接影响 DNA 的转录和特定基因的表达。其效应过程比较长，甚至要数天。如雌二醇的受体。

下面主要介绍与Ⅱ、Ⅲ、Ⅳ三种类型受体有关的细胞信号过膜转导机制。

二、G 蛋白偶联型受体系统

(一) G 蛋白　G 蛋白的全称为 GTP 结合调节蛋白，广泛存在于各种组织的细胞膜上。它是受体与细胞内的效应蛋白，如效应酶之间调节信号的转导过程。现在已知的 G 蛋白有十多种，但无论在结构上还是功能上都有许多共性。所有的 G 蛋白都是膜蛋白，都是由 α、β 和 γ 三种亚基组成的三聚体，其中 β 和 γ 通常紧密结合成 $\beta\gamma$ 二聚体，共同发挥作用。不同 G 蛋白的差别主要表现在它们有不同的 α 亚基上。正因为有了 α 亚基的不同才有 G 蛋白的多功能调节作用。G 蛋白的 α-亚基有 GTP 和 GDP 结合位点，并具有 GTP 酶的活性。处在非活化状态的 G 蛋白的 α-亚基结合 GDP，并与 $\beta\gamma$ 亚基二聚体有高亲合性。当激素与受体结合后，与受体相连的 G 蛋白 α-亚基释放出 GDP，结合 GTP 转变为活化的状态。结合 GTP 的 α-亚基立即与 $\beta\gamma$-亚基二聚体分离并作用于膜上的效应酶，引起效应酶活性的变化。在 α-亚基完成了这一传达信息的任务之后，由于它本身具有 GTP 酶的活性，可使 GTP 水解成 GDP 和 Pi，结合 GDP 的 α-亚基又与 βγ-亚基二聚再结合，恢复 G 蛋白的非活性状态。G 蛋白对于效应酶（如腺苷酸环化酶）的作用可以有激活和抑制两种情形，因而可把 G 蛋白分为激活型（Gs）和抑制型（Gi）。相应地，其 α-亚基可分为 $α_s$ 和 $α_i$。G 蛋白的作用过程可用以下简单反应式表示：

$$G_{\alpha\beta\gamma} + GTP \underset{}{\overset{激素-受体}{\rightleftharpoons}} G_{\alpha} - GTP + G_{\beta\gamma} + GDP$$
$$\quad\;|$$
$$\;GDP$$

非活化状态　　　　　　　　　　　活化状态

与 G 蛋白相偶联的受体通常是一条肽链形成的过膜蛋白，有七段 α-螺旋往返于质膜的脂质双层中。

（二）蛋白激酶A途径　蛋白激酶 A（protein kinase A，PKA）是了解比较清楚的与 G 蛋白偶联型受体系统有关的途径，即 cAMP-PKA 途径。cAMP 是在 50 年代研究肾上腺素激活磷酸化酶，促进糖原分解的机制中认识的，也是人们最早知道的第二信使。现在发现大多数激素和神经递质如 β-肾上腺素能受体激动剂，阿片肽，胰高血糖素等都可以刺激 cAMP 合成，而产生抑制的较少。

例如，当 β-肾上腺素与受体结合后，Gs 蛋白的 $α_s$ 亚基与 βγ 二聚体分离。由 $α_s$ 亚基激活腺苷酸环化酶，使 cAMP 生成增加，腺苷酸环化酶（AC）的激活方式如图 10-12 所示。

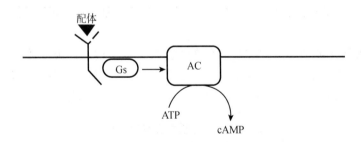

图 10-12　腺苷酸环化酶的激活
AC：腺苷酸环化酶

PKA 由四个亚基组成，两个相同的调节亚基（R）和两个相同的催化亚基（C）。这个四聚体全酶无活性，但当 4 分子 cAMP 结合到两个调节亚基的结合部位时，此四聚体解离成两部分：结合有 cAMP 的调节亚基和具有酶活性的游离的催化亚基（图 10-13）。接着催化亚基使胞内蛋白酶磷酸化而激活，发挥生理效应。

这样，激素携带的胞外信息经 cAMP 传达到胞内，由 PKA 继续向下传递，将较弱的胞外信号通过一个酶促的酶活性的级联放大系统逐级放大，使细胞在短时间内作出快速应答反应。肾上腺素作用于肌细胞受体导致肌糖原分解就是一个典型的例子（见

第四章糖代谢）。

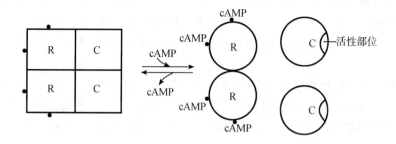

图 10-13 蛋白激酶 A 的激活
A. 调节亚基 C. 催化亚基

由于 PKA 在体内广泛分布，可催化胞内许多蛋白磷酸化，因此经由 cAMP-PKA 途径可产生许多调节效应，除了促进糖原分解等细胞代谢调节外，还有改变膜蛋白构型，调节膜对物质的通透性、刺激细胞分泌以及促进基因的转录等。在信号传递中，cAMP 不断地产生发挥生物学效应，同时也被不断地清除。在细胞中，cAMP 很快被磷酸二酯酶（phosphodiesterase，PDE）水解：cAMP $\xrightarrow[Mg^{2+}]{PDE}$ AMP，使 cAMP 开环而灭活。

除 cAMP-PKA 外，还存在另一类重要的环核苷酸类第二信使系统，cGMP-PKG 途径。G 蛋白可激活鸟苷酸环化酶使 GTP 生成 cGMP，后者再激活 PKG 而发生效应。研究发现此途径与 cAMP-PKA 途径机制相似，甚至有部分功能交叉，但详细的机制尚不清楚。

（三）**蛋白激酶C途径** 蛋白激酶 C（protein kinase C，PKC）途径即甘油二酯（diglyceride，DG）-蛋白激酶 C 途径。甘油二酯（DG）是该途径的第二信使，它是肌醇磷脂的分解产物之一。当激素与受体结合后经 G 蛋白转导，激活磷脂酶 C，由磷脂酶 C 将质膜上的磷脂酰肌醇二磷酸（PIP_2）水解成三磷酸肌醇（IP_3）和 DG。

脂溶性的 DG 在膜上累积并使紧密结合在膜上的无活性 PKC 活化。PKC 活化后使大量底物蛋白的丝氨酸或苏氨酸的羟基磷酸化。它们包括胰岛素、β-肾上腺素等激素和神经递质在细胞膜上的受体，还有糖原合成酶，DNA 甲基转移酶，Na^+-K^+ ATP 酶和转铁蛋白等，于是引起细胞内的生理效应。不过由磷脂酶 C 产生的 DG 只引起短暂的 PKC 活化，主要与内分泌腺、外分泌腺的分泌、血管平滑肌张力的改变、物质代谢变化等有关。

近年来还发现了 DG 的另一个来源：在微量 Ca^{2+} 存在下，膜上的磷脂酶 D 可使卵磷脂（磷脂酰胆碱）水解产生磷脂酸，后者再由磷脂酸磷酸酶水解生成 DG。此种 DG 也同样激活 PKC，但可引起 PKC 持久的活化，与出现较慢的细胞增殖、分化等生物学效应有关。

发挥作用后的 DG 可通过三个途径终止作为第二信使的作用。①DG 被 DG 激酶磷酸化生成磷脂酸，再参与肌醇磷脂的合成。②在 DG 脂酶作用下，水解成单脂酰甘油，进而分解产生出花生四烯酸和甘油等。③在脂酰 CoA 转移酶的作用下，DG 与其它脂肪酸合成甘油三酯。

（四）IP_3-Ca^{2+}/钙调蛋白激酶途径　在这个途径中，IP_3 和 Ca^{2+} 都是它的第二信使。IP_3 在前面已提到，它与 DG 同是 PIP_2 的分解产物。由于 IP_3 与 DG 不同，是水溶性的，在膜上水解生成后进入胞液内与内质网上的 Ca^{2+} 门控通道结合，促使内质网中的 Ca^{2+} 释入胞液中，胞内 Ca^{2+} 水平的升高，使 Ca^{2+}/钙调蛋白依赖性蛋白激酶（CaM 酶）激活。而 CaM 酶再激活腺苷酸环化酶、Ca^{2+}-Mg^{2+} ATP 酶、磷酸化酶、肌球蛋白轻链激酶、谷氨酰转肽酶等，产生各种生理效应。IP_3 可以被磷酸酶水解去磷酸生成肌醇，以终止其第二信使作用。前面所述的蛋白激酶 C 途径与这个途径关系十分密切。

三、酪氨酸蛋白激酶型受体系统

（一）酪氨酸蛋白激酶型受体　酪氨酸蛋白激酶型受体包括许多肽类激素和生长因子，例如胰岛素，类胰岛素生长因子，生长激素，上皮生长因子等，通过酪氨酸蛋白激酶型受体系统进行细胞信号传递。它们的受体，一般由单条或两条多肽链构成，结构上都比较相似（如图 10-14）。在胞外侧的是受体识别和结合配体区域；紧接着的是跨膜部分，这与 G 蛋白偶联型受体不同，每条跨膜肽链只有一个 α-跨膜螺旋，然后是胞内的酪氨酸激酶的催化部位，具有使自身的酪氨酸残基磷酸化并激活和催化其他效应物蛋白（或酶）的酪氨酸残基磷酸化的作用。

（二）受体酪氨酸蛋白激酶途径　该途径与 G 蛋白偶联型受体系统不同，受体本身具有激酶的功能。当配体与受体结合后，会引起受体间发生聚合，受体自身或相互催化磷酸化，从而产生生物效应，如促进细胞生长和分化。例如，表皮生长因子受体与生长因子结合后，发生二聚化，两个受体的胞内部分，相互催化发生酪氨酸残基磷酸化而激活。激活的受体具有酪氨酸激酶活性可催化其它蛋白的酪氨酸残基磷酸化，构成信号级联放大效应或通过蛋白质的相互作用，调控细胞的有丝分裂、分化等。

图 10-14　上皮生长因子受体模型

四、DNA 转录调节型受体系统

（一）DNA 转录调节型受体系统　DNA 转录调节型受体又称为类固醇激素受体。因为只有脂溶性的类固醇激素，如肾上腺皮质激素、雌激素、孕激素及广义上包括甲状腺素等可以自由透过细胞膜，与胞内或核内受体发生作用。目前研究确定的是糖皮质激素和盐皮质激素受体分布于胞内，维生素 D_3 的受体在核内，而孕激素和雌激素受体被认为大部分在核中，但也有分散于胞液中的。

（二）DNA 转录调节型受体途径　类固醇激素受体在胞内或核内都可能存在，如雌激素进入细胞内后，一部分与胞内受体结合，使受体激活经核孔进入核内，而另一部分激素直接扩散进入核内与受体结合。然后激活的受体结合于特定 DNA 序列，直接活化少数特殊基因的转录过程。这种反应非常迅速，从配体与受体结合到 RNA 聚合酶活性增加只需几分钟，然后产生的初级基因产物（一些蛋白质）再活化其他基因，对初级反应起放大作用，它的生物学效应一般到数小时甚至几天后才表现出来。因此这类类固醇激素作用通常表现为长期的生物学效应。DNA 转录调节型受体途径如图 10‑15 所示。

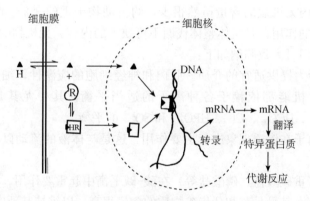

图 10‑15　类固醇激素的作用方式

第十一章 水、无机盐代谢及酸碱平衡

在过去的生物化学教学中，一般对无机物的代谢重视不够。一方面是由于无机物在体内的化学变化很少，另一方面则由于对无机物代谢的重要性认识不足。近年来越来越多的事实证明，动物体内无机盐的含量虽然很少，约占动物干重的 3%～4%，但对于生命活动却起着非常重要的作用，是机体整体代谢不可缺少的内容。无机物的种类很多，其生理作用也各式各样，但可大致归纳如下：

① 对细胞的活力提供适宜的介质。肌肉和神经细胞的应激性，细胞膜的通透性，以及所有细胞的正常机能都依赖于各种离子的适当平衡，其中尤其是 H^+、Na^+、K^+、Ca^{2+}、Mg^{2+}、OH^-、HCO_3^-、Cl^-、HPO_4^{2-} 和 SO_4^{2-} 的平衡。

② 许多无机离子在渗透现象中起主要作用，这是与体液的流动以及吸收和分泌等生理活动有密切关系。

③ 有些盐类（重碳酸盐、磷酸盐等）在酸-碱平衡中起重要作用。

④ 有些组织，尤其是骨骼和牙齿矿物质的含量很高，以维持其硬度。

⑤ 有些元素是某种生物学活性物质的必需成分。例如铁是血红蛋白的成分和碘是甲状腺素的成分等。

⑥ 有些离子，如锰、镁和钾等是酶的必需成分，有些（如钙）则对酶的活性有重要影响。因而它们在物质代谢以及代谢的调控中起着重要的作用。

⑦ 有些微量元素如钴、铜、锌和钼等，是必需的元素。

总上所述可见，无机物在动物的各种生命活动中都起着非常重要的作用。然而很可惜，目前对于各种无机物的作用机制还了解的甚少。因而人们相信，深入研究无机物的代谢及其作用机制，必将使我们对于生命活动的本质和规律有更为深刻的了解。当前关于无机物代谢的知识，已在家畜饲养和兽医临床上发挥了重要的作用。为了进一步更好的解决生产实践中的问题，也急需深入研究无机物的代谢。基于以上的原因，人们越来越重视无机物的代谢了。

各种元素在动物体内的含量差异很大。磷、钙、钾、钠、氯和镁在动物体内的含量较多，称为常量元素。而铁、铜、锰、锌、碘、钴、钼、氟、硒等的含量甚少（如钴的含量约为体重的 0.000 04%），又为动物所必需，称为微量元素。本章着重讨论钠、钾、钙、磷等的代谢。

第一节 体　液

一、体内总水量

动物体内存在的液体称为体液。体内无纯水存在，体液是在水中溶解了许多无机物和有机物（如葡萄糖、尿素、蛋白质等）的一种液体。正常成年家畜体内所含的水量是相当恒定的，但可因品种、性别、年龄和个体的营养状况不同而有所不同。一般说来，成年瘦的家畜体内的总水量约占体重的60%～70%。幼畜的含水量比成年高。肥胖家畜由于脂肪含量较多，比瘦的家畜含水量少，这是由于脂肪组织中含水较少之故。例如，瘦牛的含水量约占体重的70%，但很肥的动物其含水量仅占体重的40%左右。某些家畜体内的总含水量见表11-1。

表11-1　几种主要家畜体内总水含量

动物名	年龄	测定头数	方法	体内总水含量 (ml/kg 体重)	作　者
牛	1～12月龄	90	氚水法	704±15	Kamal H.T. 等（1970）
	成年	28	氚水法	641±25	Kamal H.T. 等（1970）
	肥育	30	安替比林法	539（431～647）	Kraybill H.F.（1951）
绵羊	青年	34	安替比林法	618（450～720）	Hansard S.C. 等（1956）
	成年	16	安替比林法	553（370～630）	Hansard S.C. 等（1956）
猪	新生	19	干燥法	834	Winddowson E.M.（1950）
	7～21日龄	12	重水法	664	Wood A.J.（1963）
	成年		比重法	462	Lynch G.PL（1963）
猫	成年	3	干燥法	677（642～724）	
		11	尿素法	630（566～715）	Eggleton M.G.（1951）

二、体液的分区

体液可划分为两个主要的分区，即细胞内液和细胞外液，它们是用细胞膜隔开的。存在于细胞内的水（包括红细胞内）称为细胞内液，它占体内总水量的67%～75%，或约为体重的50%。所有存在于细胞外面的水称为细胞外液，它约占体内总水量的25%，或约为体重的20%。细胞外液又分为两个主要的部分，即存在于血管内的血浆和血管外的组织间液，它们是用血管壁分开的。血浆约占体重的5%，组织间液约为体重的15%。这种分区如图11-1所示。消化道、

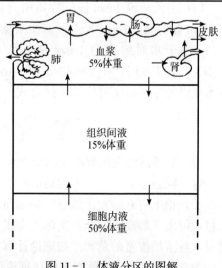

图11-1　体液分区的图解

尿道等中的液体也都属于细胞外液，但由于这些液体的量小而又很不恒定，并且性质很不相同，因而在讨论细胞外液的性质时，一般不把它们考虑在内。

关于体液的划分，近年来虽然有人提出了其他的划分方法。但上述方法是根据体液的特点划分的，是有生理意义的，因而大多数人仍用这种分法。

三、体液各分区的组成

（一）体液中所含物质的浓度表示方法　在研究体液中各种物质的含量时，过去多用每百毫升中所含某物质的克数或毫克数来表示。这种表示方法对有些物质（例如葡萄糖等）来说，现在虽然仍在使用，但是在研究各种电解质的含量时，则很不适用，而逐渐为其他浓度表示方法所代替。这是因为百分浓度不能表示出这些物质在起生理作用时的相当关系，因而反映不出它们在体液中的生理意义。现在常用的浓度表示方法有两种，即摩尔（mol/L）或毫摩尔和毫渗透摩尔浓度。

1. 毫摩尔浓度　毫摩尔浓度是指一升溶液中所含某物质的毫摩尔（mmol/L）数，而一物质的毫摩尔（mmol/L）则等于其摩尔的千分之一。

2. 毫渗透摩尔浓度　体液的渗透压在体液平衡中具有重要的作用。因此，为了表示各种物质在体液中所起的渗透压作用，常用毫渗透摩尔浓度，即每升溶液中所含该物质的毫渗透摩尔量（简称毫渗量）数来表示。毫渗量等于渗透摩尔量（简称渗量）的 1/1 000。

一个溶液的渗透压大小是由单位容积中溶质有效粒子数目的多少决定的，而与溶质粒子的大小或价数等性质无关。因此，在相同容积的溶液中，一个 Na^+、一个 Ca^{2+}、一个葡萄糖分子或一个蛋白质分子，尽管它们的大小、重量和电荷的性质或数目各不相同，但却产生相同的渗透压。根据 Avogadro 定律，1 摩尔任何物质所含粒子的数目都是相等的，溶于 1 L 水中时，均产生相当于 2.267×10^6 Pa 的渗透压，这就是一渗量。它的千分之一，即 1 毫渗量。

这里有两点需要注意：

（1）上面所说 1 mol 任何物质所含粒子的数目相等，是指溶于水时不再解离的粒子，如 1 mol 葡萄糖、1 mol Na^+ 等。如果溶于水时能再解离的物质情况就不同了。如 1 mol NaCl，溶于水时解离为 1 mol Na^+ 和 1 mol Cl^-，所以产生二渗量的渗透压。而 1 mol Na_2SO_4，溶于水时产生 2 mol Na^+ 和 1 mol SO_4^{2-}，所以可产生三渗量的渗透压。由 mg% 换算为毫渗透摩尔浓度时可用下列公式：

$$\frac{mg\% \times 10}{\text{分（原）子量}} \times \text{解离的离子数} = \text{毫渗量/升}$$

（2）溶液的渗透压取决于其所含粒子的数目指的是有效粒子的数目。对于稀薄溶液来说，这个问题不大。对于浓度高的溶液，则由于粒子相互团聚等原因，常使有效粒子的数目低于理论上应有的粒子数目。例如血浆中 NaCl 的浓度是 142 mmol/L，理论上应为 284 毫渗量，但由于解离不完全，实际上提供不了这么多的毫渗量。一个复杂溶液的总渗量应为其所含各溶质渗量的总和。按理论计算，血浆渗透压应为每千克水 325 毫渗量，而实际测定约为 291 毫渗量。实际测定值比理论值低一些，就是由于有效粒子的数目低于理论上应有的数目之故。溶液的渗透压一般用冰点下降法测定。

由于溶液的渗透压只取决于所含溶质有效粒子的数目，因而很明显，同等重量的溶质，其分子量越小则所起渗透压的作用越大。例如每升血浆中约含 3.2 gNa^+，但其所起的渗透压作用约为 140 毫渗量，即接近血浆总渗量的一半。而每升血浆中含蛋白质 60～70 g，却只相当于 3～5 毫渗量。

此外，渗透压与溶质的价数无关。

（二）细胞外液的组成 细胞外液的成分和特性容易被测知，测得的结果也比较可靠。这是因为细胞外液的一个组成部分——血浆易于取样和直接进行研究，而且除了蛋白质以外，组织间液的成分又基本上与血浆相同之故。

血浆和组织间液的无机盐含量基本相同，其主要差异是血浆中的蛋白质含量比组织间液中高很多。这说明蛋白质不易透过毛细血管壁，而其他电解质和较小的非电解质都可自由透过。在细胞外液中含量最多的阳离子是 Na^+，阴离子则以 Cl^- 和 HCO_3^- 为主要成分。且阳离子总量和阴离子总量相等，说明其为电中性。

正常动物细胞外液的化学组成和物理化学性状是相当恒定的，这是动物健康生存的必须条件。我们知道，生命起源于海洋，至今动物的所有细胞都仍浸浴在（即生活在）细胞外液之中，它是每个细胞生活的环境，称之为机体的内环境。这是与整个动物所处的环境（称为外环境）相对而言的。只有当机体内环境的化学组成和物理化学性质维持在正常恒定的范围之内时，每个细胞才能进行正常的生命活动。而只有当所有细胞的生命活动正常时，动物才能健康生存。否则，如果内环境发生了改变，则细胞的代谢将发生紊乱，必将引起动物发生病变，甚至导致死亡。由此可见，机体的内环境恒定是非常重要的。尽管动物的外环境千变万化，这种变化以及细胞代谢本身都不断的影响着机体的内环境，使之发生改变。但在正常情况下，动物是能够通过它的调节机能来保持其内环境恒定的。只有当这种变化太大，超出了动物调节的能力，或是调节机能失常时，内环境才会发生改变，从而引起动物的各种病变。研究水与无机盐代谢的重要内容之一，就是研究机体如何调控其细胞外液的各种化学成分和物理化学性状保持恒定，以及失常的原因。当机体内环境失常时，就要设法纠正。最常用的纠正方法就是输液疗法。

（三）细胞内液的组成 当前对于细胞内液组成的了解，远不如对细胞外液那样清楚和完整。其主要原因是：

① 目前还没有完善的方法测定细胞内液中电解质的浓度。

② 不同动物细胞内液的组成很可能不同，因而用实验动物所测的结果不一定符合各种家畜的情况。

③ 具有不同结构和功能的不同组织细胞内液的化学组成很可能不相同。

④ 同一细胞内不同部位的电解质浓度是不相同的，这种差异是由生物泵机能、激素、神经肌肉活动等生物学现象决定的。因而把细胞内液视为一个笼统的概念也应重新考虑。

现已知细胞内液和细胞外液的化学成分很不相同。首先是细胞内的蛋白质含量很高，它成了细胞内液中的主要阴离子之一。在无机盐方面，细胞内液的主要阳离子是 K^+，其

次是 Mg^{2+}，而 Na^+ 则很少。由此可见，细胞内液和细胞外液之间在阳离子方面的突出差异是 Na^+、K^+ 浓度的悬殊。已知这种差异是许多生理现象所必需的，因而必须维持。细胞内液的主要阴离子是蛋白质和磷酸根。Cl^- 虽然是细胞外液中的主要阴离子，但在细胞内液中几乎不存在。细胞内液和细胞外液中成分的这些差异表明，细胞膜是不允许绝大多数物质自由通过的。

体液中的各种成分因不同的品种，同一品种的不同个体，以及同一个体的不同部位，甚至测定的时间不同都会有所差异。其中最突出的是细胞内液的成分。例如，前面谈到 Cl^- 在细胞内液中很少，然而红细胞、肾小管和胃、肠细胞却是例外。又如，虽然一般说来细胞内的 K^+ 多 Na^+ 少，但许多动物的红细胞却不如此。如表 11-2 中所示，狗和猫的红细胞中是 K^+ 少 Na^+ 多，其浓度和细胞外液相似。而绵羊红细胞内 K^+ 的含量是由遗传决定的，有高红细胞 K^+ 绵羊和低红细胞 K^+ 绵羊等。

表 11-2 哺乳动物红细胞中钠和钾的含量*

品　　种	钠**	钾**
狗	107	9
猫	104	6
马	—	88
牛	79	22
绵羊***	16	64
	84	18
猪	11	100

* 引自 Prankerd（1961）；** 每升细胞中所含毫摩尔数；*** 绵羊红细胞内阳离子浓度有显著变异。

四、体液在各分区间的交流

在动物的生命过程中，各种营养物质不断地经过血浆到细胞间液，再进入细胞。细胞代谢的产物以及多余的物质也不断地进入细胞间液，再经过血液进入其他细胞或排出体外。这说明为了维持生命活动，体液各分区的成分必须不断地穿过毛细血管壁和细胞膜进行交流。

（一）**血浆和组织间液的交流**　物质在血浆和组织间液之间的交流需要穿过毛细血管壁。毛细血管壁虽然不允许蛋白质自由穿过（不是绝对的），但水和其他溶质则可自由通过。因此水和其他溶质在这两个分区间的交流主要靠自由扩散。即各种溶质由高浓度一方向低浓度一方扩散，水则由低渗一方向高渗一方扩散，直至平衡为止。正是因为这样，使得血浆中各种物质的浓度与组织间液基本相同。只有血浆中蛋白质的浓度高于组织间液。由于其他溶质都能自由透过毛细血管壁，因而不能产生有效的渗透压。而血浆中的蛋白质浓度高，它所产生的胶体渗透压是有效的，使得血浆的渗透压大于组织间液，成为组织间液流向血管内的力量。与之相反的力量是血管内的水静压，它使血管内的液体流向血管外。在毛细血管的动脉端，水静压大于血浆的胶体渗透压，使体液向血管外流动。在毛细血管的静脉端，则水静压小于血浆的胶体渗透压，于是体液向血管内流动。这是血浆和组织间液交流的另一个方式。此外淋巴循环也起一定作用。

（二）**组织间液和细胞内液的交流** 物质在这两个分区之间的交流需要通过细胞膜。细胞膜只允许水、气体和某些不带电荷的小分子（如尿素）自由通过。而蛋白质则只能少量通过，有时甚至完全不能通过。无机离子，尤其是阳离子一般不能自由通过。这是造成细胞内液和细胞外液中的成分差异很大的原因。然而生命活动需要各种物质不断的在这两个分区之间进行交流，而且事实上这种交流非常活跃。那么物质是怎样在这两个分区之间进行交流的呢？已知细胞膜有主动转运物质的机能，它能使物质由低浓度向高浓度方向转运。例如细胞膜上的 Na^+ 泵，就是在消耗能量的基础上把 K^+ 摄入细胞内，把 Na^+ 排出细胞外，以保持细胞内外 Na^+、K^+ 浓度的巨大差异。许多营养物质也靠主动转运摄入细胞内。另外，在细胞膜上还有转运各种物质的穿膜孔道，这些孔道随着生理条件的不同而时开时闭。开时则物质可顺浓度梯度转运，闭时则不能转运，这就是易化扩散。例如当神经冲动传来时，则神经和肌肉细胞膜上的 Na^+ 穿膜孔道和 K^+ 穿膜孔道开放，于是 Na^+ 通过其孔道进入细胞，K^+ 则通过其孔道由细胞逸出。许多物质都有其特异的穿膜孔道，它们可通过这种方式进出细胞。至于水的转移则主要取决于细胞内外的渗透压。亦即当细胞内外的渗透压发生差异时，靠水的转移来调节，以维持细胞内外的渗透压相等。可自由穿过细胞膜的物质则随水一起移动。由于细胞外液的渗透压主要取决于其中钠盐的浓度，细胞内液的渗透压主要取决于其中钾盐的浓度。所以水在细胞内外的转移主要取决于细胞内外 K^+、Na^+ 的浓度。例如，当饮水后，水首先进入细胞外液，使细胞外液 Na^+ 的浓度降低，从而降低了细胞外液的渗透压，于是水进入细胞，至细胞内外的渗透压相等为止。反之，当细胞外液的水减少或 Na^+ 增多时，则细胞外液的渗透压升高，于是水由细胞内转向细胞外。总之，各种物质进出细胞的机制比较复杂，它受到细胞代谢和多种生理功能的调控，许多机制目前还不清楚。很明显，进一步研究这些机制，将有助于我们深入理解许多生理的和病理的现象。

第二节 水和钠的代谢

一、水的代谢

（一）**水的生理作用** 对所有生物来说水都是非常重要的。水是机体代谢反应的介质，并且要求水的含量合适；水本身也参加许多代谢反应；营养物质的运入细胞和细胞代谢产物的运到其他组织或排出体外，都需要有足够的水才能进行；水并且是体温调节所必需的物质。因此机体的含水量必需恒定适当。当体内的含水量过多或过少时，都会引起代谢的紊乱而造成疾病。由于以上原因，动物在禁水时一般比单纯禁食死亡得快。体内水的含量正常恒定是靠水的摄入和排出来维持的。

（二）**水的摄入** 体内水的来源有三：即饮水、饲料中的水和代谢水。

尽管不同饲料的含水量差异很大，但在任何情况下动物随饲料摄入的水量都是相当大的。例如青贮饲料的含水量常在 70% 以上，就是风干草的含水量也在 10% 左右。

营养物质在体内氧化所产生的水称为代谢水或内生水。每氧化 1g 脂肪、糖和蛋白质约分别产生 1.07、0.60 和 0.41 mL 水。当水源缺乏时，代谢水在对机体水的供应上起着重要的作用。

饮水在动物水的来源中占有非常重要的地位。这不仅因为在许多情况下，饮水量比其他水的来源大，更重要的是饮水量的多少是调节体内水平衡的重要环节之一。在一般情况下，动物随饲料摄入的水量和代谢产生的水量都不受体内水含量多少的影响。而饮水量则直接受到体内水平衡状况的影响。已知饮水量是受丘脑下部的渴中枢调节的。当动物由于缺水而使细胞外液的渗透压升高时，则可兴奋渴中枢，使动物有渴感而增加饮水。反之，当体内水足够而渗透压正常时，则动物没有渴感而不饮水。另外心排出量降低也兴奋渴中枢。

（三）水由体内的丢失　水由体内丢失的重要途径是由肾排出。这不仅因为大多数动物在一般情况下随尿丢失的水量为大，更重要的是肾脏能够根据机体的情况来调节其排尿量。已知肾脏的排尿量受垂体后叶分泌的抗利尿激素控制。抗利尿激素促进肾小管重吸收水而使尿液浓缩，从而减少水由尿排出。它的分泌则由血浆的渗透压控制。

例如当体内水的来源减少而使血浆渗透压升高时，它促进垂体分泌抗利尿激素，于是肾小管多吸收水以减少排尿量而避免机体缺水。反之，当体内水的来源增多而血浆渗透压下降时，则抑制抗利尿激素的分泌，于是肾脏多排尿、排稀尿，使多余的水排出以避免体内水过多。不过动物的排尿量有没有高限，虽然现在还不清楚，但是是有低限的。即动物虽然可以随着摄入水量的减少而减少其排尿量，但尿量减少到一定的程度就不能再减了。既使在水源完全断绝动物已经缺水的情况下也是如此。这是因为代谢废物（主要是尿素）必须以溶解的状态排出，尿液不能过份浓缩之故。

不同动物的最低排尿量是不同的。它一方面取决于废物的产量，同时还取决于动物浓缩尿的能力。尽管不同动物浓缩尿的能力不同，但都有一个最低排尿量。例如育肥猪约为 200 mL 左右。

动物如狗、猫和绵羊等的粪又比较干，所以由粪中排出水量很少。但像马和牛的粪量既大，其含水量又比较多，所以由粪排出的水量是相当大的。据测定成年的马、牛每天由粪中排出的水量都在 10L 以上。任何动物在正常情况下，其粪中的排水量是不受体内水含量多少的影响的。

水由体内排出的另一个途径是由皮肤和肺的蒸发。这种蒸发是看不见的，称为不感觉失水。水的这种蒸发可使体内热量散失，是调节体温所必需，它很少受体内水含量的影响。即使体内已经缺水，也要蒸发一定量的水。例如成年人每天约为 850 mL。

当机体释放的能量增多或环境温度升高到一定程度时，一般的热量散失不能满足需要，则汗腺活动而出汗。此时大量的水由此途径丢失。而且不感觉失水基本上是纯水，而汗中则含有比血浆低的一定量的无机盐。

泌乳动物由乳中也排出水。

不管体内水含量的情况如何，动物正常总是要从粪中（人约为 80~150 mL）和不感觉蒸发丢掉一定量的水，这个数量再加上最低排尿量就是临床上所说的"生理需水量"。

正常成年家畜每天摄入的水量和排出的水量是相等的，称为水平衡。在一般情况下乳牛的典型数值见表 11-3。这个数值当然是随着环境条件和生理条件的不同而改变的。

表 11-3 乳牛的每日水平衡　　　　　　　　　　　　（单位：L）

平　衡	不泌乳的	泌乳的
摄入		
饮水	26	51
饲料水	1	2
代谢水	2	3
总　　计	29	56
排出		
粪	12	19
尿	7	11
不感觉失水	10	14
乳	0	12
总　　计	29	56

二、钠的代谢

（一）钠的生理作用　体内的钠约一半左右在细胞外液中，在这里起着主要的生理作用。其余大部分在骨胳中。当体内缺钠时，骨中钠的一部分可被动用以维持细胞外液的钠含量，但大部分不能动用。细胞内液中钠的含量很少。

由于细胞外液中 Na^+ 占阳离子总量的 90% 左右，而且阴离子的含量随阳离子的增减而增减，所以 Na^+ 和与之相应的阴离子所起的渗透压作用占细胞外液总渗透压的 90% 左右。由此可见，Na^+ 是维持细胞外液的渗透压及其容积的决定性因素。此外，为了维持神经肌肉的正常应激性，要求体液中各种离子有一定的浓度和比例，所以 Na^+ 的正常浓度对维持神经肌肉的正常应激性有重要的作用。

由于在代谢过程中，像 Na^+ 这类离子是不会产生或消失的，所以体内 Na^+ 的含量主要由摄入和排出进行调节。

（二）钠的摄入　动物体内 Na^+ 的来源靠由饲料摄入。饲料中的钠是易于充分吸收的。多年来已知道，在野生动物中只有草食兽常常舔吃食盐。草食兽的饲料中虽然含 K^+ 很多，但植物中含 Na^+ 却很少。肉食兽则不需要补充盐，因为肉的细胞外液提供了足够的钠。

近年来对于营养的研究虽然很多，但动物甚至人对 Na^+ 的确切需要量却不清楚。缺乏这方面资料的原因之一是由于钠的需要量受其由体内排出的量所控制。而钠的丢失量则变化很大，它与温度、劳动量以及饲料中其他成分尤其是钾的含量有关。在实际饲养中，一般是在饲料中提供多余的 Na^+，并依靠其排出机制来调节钠的平衡。

（三）钠的排出　Na^+ 由体内排出的途径之一是在剧烈劳动或热天时的出汗。消化道的各种分泌液中也含有钠。肉食兽以及某些草食兽的消化液在肠道后段 Na^+ 几乎全被吸收，因而粪中钠的丢失量是可以忽略的。但粪量很大，粪中又含水较多的草食兽，如牛和马，则由粪中排出的钠量是相当显著的。

对所有家畜来说，钠排出的最重要途径是通过肾的排尿。肾的排钠受到严格的调控，借以维持细胞外液中的最适含钠量。肾排出钠是有阈值的，钠的正常肾阈值为 110~130 mmol/L 血浆。在正常情况下，当血浆中的钠浓度低于此阈值时，则尿中不再排 Na^+。

已知无论机体的情况如何，肾小球滤过液中 Na^+ 的 90% 以上是被肾小管重吸收的，其余一小部分则根据机体的情况或者重吸收或者排出以调节排钠量。而控制吸不吸收这部分钠的主要因素是醛固酮。醛固酮是肾上腺皮质分泌的一种激素，它的作用是促进肾小管重吸收 Na^+。当醛固酮的分泌量多时，Na^+ 的排出则减少甚至不排，而醛固酮分泌少时则 Na^+ 的排出增多。虽然醛固酮能控制的滤过液中 Na^+ 的比例很小，但其绝对量则很大，这是因为肾小球滤过液的量很大之故。例如人滤过钠中只有 2%~3% 是受醛固酮控制的，但其量为每天 15~20 g，即约为体内总钠量的 1/10。

三、水、钠平衡的调控

细胞的正常生命活动要求体液各分区的容积和各种电解质的含量都要正常恒定。由于水是由低渗向高渗方向转移的，而细胞膜的转运功能保证了细胞内各种电解质的含量正常恒定，其中首先是 K^+ 含量的正常恒定，即使细胞内有正常恒定的渗透活性。因而只要细胞外液的渗透压正常，细胞内液的容积和渗透压也就正常恒定了。但细胞外液的渗透压取决于其中水、钠含量的比例，细胞外液的容积则取决于其中水、钠的绝对含量。因此，要想使体液各分区的容积和渗透压都正常恒定，就必须调控体内水和钠的含量正常恒定。这种调控是通过调控水和钠的摄入和排出来实现的。即必须使水和钠的摄入量与其各自的排出量相等，以达到水、钠的平衡。

虽然通过渴的机制以调控水的摄入在水平衡的调节中也起着重要的作用，但水、钠平衡主要是靠肾的排出进行调控。肾脏能对体液容积以及其中所含各种离子浓度的改变立即发生反应，通过排出各种物质的多少以调节它们在体内的含量，从而使体液的容积和渗透压维持正常恒定。然而这个调节机制是相当复杂的。因为引起体液变化的因素很多，而且这些变化的信号又必须通过某种途径，灵敏、迅速而又准确的传达给肾脏，使之发生相应的反应。

现在认为在体内的不同部位存在有各种感受器，它们能够灵敏地分辨出体液的各种变化，然后，或是直接通过神经，或是通过激素的媒介，把信号迅速传给肾脏，引起肾脏的调节作用。由于这个调节系统比较复杂，途径也不只一个，有些机制还不很清楚，下面只介绍一个简单的例子来说明这个机制问题。

例如当摄入的 Na^+ 较多而使细胞外液的渗透压升高时，则其调节过程为：

（1）丘脑下部的渗透压感受器兴奋。
（2）它引起抗利尿激素的产生和释放增加。
（3）此激素通过循环到达肾脏，引起肾小管增加水的重吸收。
（4）因而使细胞外液的渗透压降至正常，但容量增大了。
（5）这直接或间接抑制了容量感受器。

(6) 它使醛固酮的分泌降低。

(7) 因而降低了肾小管对 Na^+ 的重吸收而多排出 Na^+，同时多排出水，最后使细胞外液的容量和渗透压都恢复正常。

由此可见，总的结果是把多余的钠排出体外。其他情况可依此类推。

在上面的叙述中，把细胞外液渗透压的改变作为调控抗利尿激素分泌的因素。即细胞外液渗透压高时，抗利尿激素分泌增多；渗透压低时，抗利尿激素分泌减少。把细胞外液容积的改变做为调控醛固酮分泌的因素。当细胞外液容积增大时，醛固酮的分泌减少；缩小时则分泌增多。当然影响抗利尿激素和醛固酮分泌的还有其他因素，不过这是基本的。通过上述调节步骤，则无论细胞外液的容积变大变小，渗透压变高变低，都可恢复至正常。

此外还须提及的是，由于血浆的容积对于机体比其他细胞外液更为重要，因而甚至在组织间液发生显著膨大或缩小时，机体也能通过心血管的调控机制，使血浆容量尽可能维持在正常范围内。

四、水、钠代谢的紊乱

当体内水过多或过少时，称为水的代谢紊乱或平衡失常。钠过多或过少时，称为钠的代谢紊乱或平衡失常。但在兽医临床上常见的体液平衡失常一般是混合型的。即水、钠、钾以及其他电解质的平衡失常，结果引起体液容积、渗透压、pH 以及重要电解质的浓度和分布发生改变。而且虽然从原则上说，体内水、钠、钾等的含量失常，只是一个摄入和排出不平衡的问题，但实际情况常因机体的调节作用而变得复杂。因此在遇到实际问题时，必须根据情况详加分析。下面只做一般的叙述。

（一）**水与钠缺乏** 当机体丢失的水量超过其摄入量而引起体内水量缺乏时，称为脱水。当机体脱水时，一般同时发生钠的缺乏。但根据水和钠缺乏的相对程度不同，可分为缺水和缺钠的两种情况。

1. **缺水** 当机体缺水的程度大于缺钠时称为缺水，也叫原发性脱水或高张性脱水。发生这种缺水的原因是水的摄入不足。水摄入不足的原因有：偶然的水源断绝；中枢神经系统紊乱而失去正常的渴感；各种疾病引起的上消化道麻痹、阻塞或兴奋等动物不能正常饮水等。这样引起的脱水是逐渐出现的，因为至少有三个重要的代偿因素起作用：

(1) 抗利尿激素分泌至最大值而立即限制肾排水。

(2) 继续由消化道吸收水以维持细胞外液的容积。这一点对草食兽相当重要，因为草食兽消化道的容积特别大，在断绝饮食的初期其中仍保留有大量的液体。

(3) 继续产生的代谢水。

虽有上述因素可以延缓脱水，但时间长了脱水必然发生并逐渐严重。这是因为在水源断绝而机体已经缺水的情况下，动物虽然可以通过调节机制把水的丢失降至最低，但每天仍需丢失其"生理需水量"的水，例如成年人每天仍需丢失水 1 500 ml 左右。

当水源断绝而动物缺水时，初期虽然 Na 和 Cl^- 仍随尿排出，但随后肾小管对 Na^+ 和

Cl^-的重吸收极度增强，使尿中排Na^+和Cl^-的量减少。这种减少也有利于水的重吸收。但由于蒸发和由尿排出代谢产物而使动物继续丢水，因而使细胞外液中Na^+的浓度上升而出现高血钠（可见这种高血钠并不意味着体内钠量多余），血浆渗透压高于正常（称为高张）。血浆的高渗引起：

（1）动物发生渴感。

（2）促进抗利尿激素的分泌，使尿液浓缩，尿量降至最低限。

（3）水由细胞内向细胞外转移，以补充（但不能恢复）细胞外液的丢失，因而使细胞内液和细胞外液的容积都低于正常。

但血浆的渗透压并非在整个脱水过程中一直继续升高，而是当升高到一定程度时，则Na^+与水大致按比例的由尿排出，血浆渗透压就不再升高，直至死亡。

缺水严重时，由于水由皮肤的蒸发受到限制，因而影响体温的调节而使体温升高，这大概是脱水热发生的原因。

这种情况继续下去，则动物的缺水越来越严重。当失水量达到一定程度时可导致动物的死亡。但不同家畜对缺水的耐受能力不同，驴、绵羊、骆驼比牛、狗、猪的耐受力大很多。

2. **缺钠** 在水、钠按比例的缺乏，或者钠缺乏的程度大于水时，称为缺钠。动物体内缺钠的主要原因是由于钠的丢失过多而又得不到充分补充的结果。仅仅由于钠的摄入不足一般是不会引起缺钠的，这是因为肾脏保钠的能力非常有效之故。

钠缺乏最常见的原因是消化道疾病造成的消化液严重丢失。家畜，尤其是马、牛分泌消化液的量很大。除胃液的钠离子浓度略低于血浆外，其余的都与血浆相似。正常时，这些消化液在消化道后段都基本上被重吸收。但在消化道发生疾病时，或是引起腹泻和呕吐，或是使消化液积存于消化道中，便造成消化液的大量丢失。在兽医临床上最常见的病例有马的肠炎、肠道阻塞、胃扩张和牛瘤胃积液性扩张等。此时由于水和钠同时丢失，血浆渗透压不高，因而动物没有渴感。如不及时抢救，动物可因此很快死亡。

大量出汗也可引起体内钠的缺乏。但汗中钠的浓度比血浆低，所以单纯由于出汗造成的脱水是高渗性的，此时动物发生渴感。如果动物自动摄入或在治疗上投给大量无钠水时，则出现低血钠及其症状。

肾小管损伤时，可使钠的重吸收机能减低，由肾丢失的钠量大大增加。肾上腺皮质功能不全时，由于醛固酮缺乏，也可导致尿中排钠量增多。此外在糖尿病或投给某些利尿剂时也可加快钠的由尿丢失。在以上情况下，如果得不到补充，都可造成体内缺钠。

由皮肤烧伤或开放伤口的渗出，外科手术时血液或其他体液的丢失，都可造成体内缺钠和缺水。

由以上各种原因引起体内缺钠时，如果钠的丢失相对地多于水的丢失时，则出现低血钠。如果钠与水按比例的丢失，则血钠浓度正常，但可因摄入无钠水而造成低血钠。当出现低血钠而细胞外液渗透压降低时，按理水将移入细胞。但因低渗可立即引起抗利尿激素释放的减少或完全停止，使肾的排水量增多，细胞外液的渗透压恢复正常，因而进入细胞的水甚少。因此在缺钠初期，血钠浓度一般正常，对细胞内液的影响很小，但细胞外液的容积缩小。同时由于脱水使血浆的胶体渗透压有所增加，而静脉的水静压又有所降低，因而使组织间液进入血循环。所以此时以组织间液的丢失为主，而血浆的丢失较少。由于血浆容量对于生命更为重要，所以上述组织间液的进入血浆是机体的一种保护作用。当体液继续丢失，血容量进一步减少时，机体才通过肾脏保留较多的水，以尽量维持细胞外液，开始出现低血钠和水的进入细胞，使细胞体积膨大。血容量继续下降的结果，引起血压下降；血液循环量不足；肾血流量不足，肾小球滤过率降低，因而含氮代谢终产物在体内潴留，出现氮质血症；尿中无钠，尿量减少，甚至尿闭。此时引起的代谢紊乱甚多，但动物一般死于循环衰竭。

（二）水和钠过多 在兽医临床上水过多不是体液平衡紊乱的重要问题。但当以很快的速度静脉输入过多的液体时易于发生。钠过多的病例也是少见的。但当食盐的摄入过多（如猪的食盐中毒），而水的摄入受到限制时，则发生钠过多。此时发生高血钠症。

第三节 钾的代谢

一、钾的生理作用

体内的钾绝大部分（约占总量的 98%）存在于细胞内，细胞外液中 K^+ 的浓度则很低。由于钾对细胞的功能有许多重要的作用，因而无论细胞内或细胞外钾的含量都必需维持正常恒定。细胞内钾的含量过少，或细胞外液中 K^+ 的浓度过高或过低，都会引起严重的病变。关于钾的生理作用有许多机制还不清楚，但可大致归纳如下：

1. 维持细胞的正常代谢 已知许多酶的活性依赖于钾的正常浓度。例如糖代谢与钾有密切关系，在糖原合成时必须有一定量的钾进入细胞。因此当投给动物葡萄糖和胰岛素时，K^+ 由细胞外转入细胞内，甚至出现低血 K^+。又如在细胞蛋白质分解时，K^+ 由细胞内排出，平均每分解 1 g 氮释放出约 2.7 mmol K^+。而在蛋白质合成时，则有同样量的 K^+ 进入细胞。

2. 由于钾是细胞内的主要阳离子，因而在维持细胞内液的正常渗透压中起着重要的作用。在维持体液的酸碱平衡中也起着重要的作用。

3. 神经肌肉的正常应激性靠体液中各种离子的正常浓度和比例来维持，K^+ 是其中的一个重要成员。

4. K^+ 的浓度对心肌收缩运动的协调具有重要作用。血浆 K^+ 浓度高时对心肌有抑制作用，高到一定程度可使心脏停跳在舒张期。血浆 K^+ 浓度低时则常产生心律紊乱，过低时可使心脏停跳在收缩期。

二、钾的平衡及其调控

体内钾含量的正常恒定靠钾的摄入和排出来维持。

（一）钾的摄入 和钠一样，饲料中的钾也是极易被动物吸收的。钾是动物和植物细胞内液中含量最多的阳离子，因此在几乎所有的正常饲料中钾的含量都很高。草食动物的饲料中含钾量尤其多。据测定，某些优质的混合干草中含钾约 393 mmol/kg。450 kg 体重的成年马每天需要食入此种草约 10 kg，即每天摄入 283 g 左右的氯化钾。虽然肉食兽的饲料中钠和钾的比例与草食兽的不同，但总的说来，只要正常进食，则任何动物都很少会缺钾的。

(二) **钾的排出**　钾绝大部分由尿排出。此外由汗和消化液也排出一些。当然和钠一样，只有排粪量大而粪中含水又比较多的动物，才能由粪排出显著量的钾。其他动物的粪中排钾量则是可以忽略的。

肾是排钾的主要器官，也是调节钾平衡的主要器官，即通过排出钾的多少以维持体内钾含量的正常恒定。由于在一般情况下动物摄入的钾量总是多余的，所以肾脏的主要作用是防止钾在体内积存至有毒的量。正常肾排 K^+ 的能力很强。尽管摄入的钾很多，肾总是能很快地由血浆中把 K^+ 清除掉，而使细胞外液中 K^+ 的浓度不致升高。但是肾保钾的能力却比保钠的能力小很多。当 Na^+ 的摄入断绝时，肾重吸收 Na^+ 的作用可立即增强以致尿中实际无 Na^+，从而把钠潴留在体内。但肾潴留钾的作用却不能这样快。当钾的摄入断绝而尽管体内已经缺钾时，钾的排出还要继续几天才能停止。

已知 K^+ 由肾小球滤出并在近曲肾小管中重吸收，但肾远曲小管细胞还泌出 K^+。因因此尿中的 K^+ 包括了近曲肾小管未能重吸收的 K^+ 和远曲肾小管泌出的 K^+。

肾小球滤出的 K^+ 被近曲肾小管重吸收的程度取决于血浆中 K^+ 的浓度，亦即摄入钾量的多少。当摄入的钾多而血浆中 K^+ 的浓度较高时，则肾小球滤出的 K^+ 不能全被重吸收，因而有一部分被排出。当摄入的钾少而血浆中 K^+ 的浓度较低时，则滤出的 K^+ 实际上全被重吸收，此时尿中的 K^+ 只是由远曲肾小管细胞分泌出来的。而影响远曲肾小管细胞分泌 K^+ 的因子则很多。现在认为远曲肾小管细胞分泌 K^+ 是由其管腔侧细胞膜的转运机制来完成的，它受到细胞内 K^+ 的浓度以及其他因素的影响。而肾小管细胞内 K^+ 的浓度则由其基底侧细胞膜上的钠泵来维持。当摄入的钾多而血浆中 K^+ 的浓度升高时，肾小管细胞外液中 K^+ 的浓度亦高。因而钠泵摄入的 K^+ 多，使小管细胞内 K^+ 的浓度增高，它和管腔中 K^+ 浓度的差加大，促进了 K^+ 的泌出。反之亦是。血浆 pH 影响 K^+ 泌出的原理与此类似。当碱中毒时，由于细胞内的 H^+ 和细胞外液中的 K^+ 进行交换，使远曲肾小管细胞中 K^+ 的浓度升高，促进了 K^+ 的泌出。而酸中毒时，由于细胞内的 K^+ 和细胞外液中的 H^+ 进行交换，降低了远曲肾小管细胞中 K^+ 的浓度，从而抑制了 K^+ 的泌出。

影响远曲肾小管泌出 K^+ 的其他重要因素是远曲肾小管液中 Na^+ 的浓度和醛固酮。已知在远曲肾小管进行 Na^+ 和 K^+ 的交换。因此在远曲肾小管液中的 Na^+ 越多时，则 K^+ 的分泌也越多，反之亦是，二者一般成正比关系。而醛固酮则促进这种交换，所以醛固酮的作用是保钠排钾。醛固酮的分泌虽然也受体内钾含量的影响，即当摄入的钾多时，醛固酮的分泌也增多，以促进 K^+ 的排出；而体内缺钾时，醛固酮的分泌则减少，以降低钾的泌出。但醛固酮的主要作用是保钠。它的分泌首先是取决于体内 Na^+ 含量的情况。

总上可见，当摄入的钾多时，则尿中不仅有远曲肾小管泌出的 K^+，还有肾小球滤出而未能重吸收的 K^+，因而尿中排 K^+ 很多。当摄入的钾少时，则肾小管滤出的 K^+ 全部被重吸收,远曲肾小管泌出的 K^+ 也减少,因而尿中排 K^+ 较少。但当体内缺钠而远曲肾小管液中还有 Na^+ 时,则醛固酮分泌增多以保钠。此时即使体内已经缺钾,醛固酮也要促进 K^+ 的泌出以换回 Na^+。只有当肾小管液中 Na^+ 的含量极少时, K^+ 的泌出才能停止。

三、钾代谢的紊乱

当动物体内钾的含量过多或过少而引起细胞内或细胞外液中钾的含量不正常时,即为钾代谢的紊乱。为了判断钾的代谢是否正常,目前在临床上还只能是分析血浆中钾的浓度,而血浆中钾的浓度常常不能反映体内钾的含量。因为钾和钠一样,它们在血浆中的浓度不仅取决于它们在血浆中的含量,而且还取决于水的含量。因此测定血浆中钠、钾浓度的高低,不能反映它们在血浆中绝对含量的多少,更不能反映它们在体内含量的多少。这对于钾尤其是如此。因为除了上述原因外,更重要的是由于体内的钾大部分存在于细胞内,而且细胞内钾的含量和细胞外液中钾的浓度之间并没有恒定的关系。例如当机体缺钾时, K^+ 可由细胞内转入细胞外,使血浆中 K^+ 的浓度正常;当肌肉坏死时,细胞内的钾大量转入细胞外液,可使血 K^+ 升高,但这并不意味着体内钾的含量多余;酸中毒使血 K^+ 升高,碱中毒使血 K^+ 降低,都是由于 K^+ 的转移,并不反映体内钾的实际含量。由此可见,我们决不能够用血 K^+ 浓度的高低,来判断细胞内钾含量的多少。

钾代谢的紊乱,尤其是钾缺乏是常见的和后果严重的,近年来已引起了广泛的关注。已知当机体缺钾时,发生细胞内 K^+ 的外溢和 Na^+ 的进入细胞,使细胞内 K^+ 和 Na^+ 的含量都发生显著改变。这种改变显然会严重影响细胞的代谢而引起各种病变。但细胞内钾含量变化的问题正在研究之中,目前尚提不出明确的概念。因此下面我们还只是讨论有关低血钾和高血钾的问题。

(一) 低血钾　血清钾的浓度低于正常时称为低血钾症。它可因钾的摄入减少而造成。前已述及,当钾的摄入停止时,钾的排出不能立即停止,因而引起体内缺钾。体内缺钾时,由于细胞内的钾可释放一部分至细胞外,故血钾不一定明显降低。但当不吃饲料的动物继续饮水,或注射给无钾液体数天后,可见到明显的低血钾。

病畜呕吐或腹泻而丢失大量体液时可使机体缺钾。此时如用无钾液体补充体液的丢失,则易于出现低血钾。

肾上腺皮质机能亢进或长期使用肾上腺皮质激素可使钾由尿中丢失过多而出现低血钾。

在碱中毒时可引起明显的低血钾。在酸中毒时,即使机体已经因其他原因而缺钾,但因细胞内 K^+ 的外溢以换入 H^+,可不出现低血钾。而当酸中毒纠正后,常可出现低血钾(原理见第四节)。

低血钾时出现神经症状、肌肉无力和心律紊乱等。

(二) 高血钾　最常见的高血钾症是由酸中毒引起的。因为酸中毒引起细胞内钾的转移至细胞外液中。肾功能不全时也发生高血钾症。最常见的是发生在急性肾功能不全;或肾功能不全同时又继续大量摄入钾,或同时发生严重的细胞坏死,严重的酸中毒等。

高血钾的主要危险是心脏突然停止跳动而死亡。

第四节 体液的酸碱平衡

一、体液的酸碱度

正常家畜细胞外液（以血浆为代表）的pH，一般在7.24～7.54之间，各种动物之间的差别不大。超出这个范围就是不正常的。如果家畜细胞外液的pH高于7.8或低于6.8时，家畜就会死亡，故将pH6.8～7.8称为家畜体液pH的极限值，由此可见，家畜细胞外液的pH必须维持在一个很窄的范围之内。但是家畜在正常生命活动中，一方面不断由肠道吸收一些酸性或碱性物质，另一方面在代谢过程中，也会产生各种不同的酸和碱。例如在脂肪酸、氨基酸和葡萄糖的分解代谢中产生的有机酸和碳酸；核酸代谢产生的磷酸；胱氨酸和甲硫氨酸分解产生的硫酸等。碱性物质有氨基酸脱氨基产生的氨等。吸收的和产生的这些物质都进入血液和其他细胞外液，对这些体液的pH产生影响。然而在正常生理条件下，家畜并不发生酸中毒或碱中毒，这是为什么呢？这是因为在家畜体内有强大而完善的调节酸碱平衡的机制。

二、体液酸碱平衡的调节

机体通过体液的缓冲体系，由肺呼出二氧化碳，和由肾排出酸性或碱性物质以调节体液的酸碱平衡。

（一）血液的缓冲体系

1. 血液的缓冲剂　家畜体液中的缓冲体系是由一种弱酸和其盐构成的。血液中主要的缓冲体系有以下几种。

（1）碳酸氢盐缓冲体系　它是由碳酸（弱酸）和碳酸氢盐（钠盐或钾盐）组成的。二氧化碳几乎是所有的有机化合物在家畜体内代谢的最终产物。而二氧化碳能溶于水，可生成碳酸。碳酸是弱酸，可解离为 HCO_3^- 和 H^+，HCO_3^- 主要与血浆中的钠离子结合成 $NaHCO_3$ 或在红细胞中与钾离子结合成 $KHCO_3$。分别构成 $NaHCO_3/H_2CO_3$ 和 $KHCO_3/H_2CO_3$ 缓冲体系。

（2）磷酸盐缓冲体系　在血浆中它是由磷酸二氢钠（NaH_2PO_4）和磷酸氢二钠（Na_2HPO_4）组成的，而红细胞内则主要是磷酸二氢钾和磷酸氢二钾。磷酸盐缓冲体系在细胞内比细胞外更重要。

$$CO_2 + H_2O \longrightarrow H_2CO_3$$
$$\downarrow$$
$$H^+ + HCO_3^-$$
$$\begin{array}{cc} K^+ & Na^+ \\ KHCO_3 & NaHCO_3 \\ \text{（红细胞内）} & \text{（血浆）} \end{array}$$

（3）血浆蛋白体系及血红蛋白体系

① 血浆蛋白体系 血浆中含有数种弱酸性蛋白质，它也可以生成相应的盐，从而构成 Na-蛋白质/H-蛋白质缓冲体系。血浆蛋白缓冲体系的缓冲能力较小，只有碳酸氢盐缓冲体系的 1/10 左右。

② 血红蛋白体系 此体系仅存在于红细胞中。血红蛋白也是一种弱酸，血红蛋白与氧结合后生成的氧合血红蛋白也是一种弱酸，在红细胞内均可以钾盐形式存在，分别构成血红蛋白缓冲体系 KHb/HHb 和氧结合血红蛋白缓冲体系 $KHbO_2/HHbO_2$。

现将上述三种主要的缓冲体系总结如下：

血浆中：$\dfrac{NaHCO_3}{H_2CO_3}$，$\dfrac{Na-\text{蛋白质}}{H-\text{蛋白质}}$，$\dfrac{Na_2HPO_4}{NaH_2PO_4}$

红细胞中：$\dfrac{KHCO_3}{H_2CO_3}$，$\dfrac{KHbO_2}{HHbO_2}$，$\dfrac{KHb}{HHb}$，$\dfrac{K_2HPO_4}{KH_2PO_4}$

血液中各种缓冲体系的缓冲能力是不同的（见表 11-4）。

表 11-4 血液中各种缓冲体系的缓冲能力

缓冲体系	pK	缓冲能力**
$\dfrac{BHCO_3}{H_2CO_3}$	6.10	18.0
$\dfrac{KHbO_2}{HHbO_2}$	7.16	8.0
$\dfrac{KHb}{HHb}$	7.30	8.0
$\dfrac{Na-\text{蛋白质}}{H-\text{蛋白质}}$	*	1.7
$\dfrac{B_2HPO_4}{BH_2PO_4}$	6.80	0.3

* 血浆中含有数种 H-蛋白质，其 pK 值各不相同。

** 使每升血浆的 pH 自 7.4 降至 7.0 时，其所含各种缓冲体系所能中和 0.1 mol/L 盐酸的毫升数。

由表 11-4 可见在血液中的各种缓冲体系中以碳酸-碳酸氢盐的缓冲能力最大。而且肺和肾调节酸碱平衡的作用，又主要是调节血浆中碳酸和碳酸氢盐的浓度，再者测定这种缓冲剂浓度的方法也比较简便，因此在研究体液的酸-碱平衡时，血浆中碳酸-碳酸氢盐缓冲体系是最重要的缓冲体系。虽然磷酸盐缓冲体系也是一种很有效的缓冲剂，但是它在血浆中的浓度很低，实际效应较小。血浆中血浆蛋白缓冲体系所起的缓冲作用比磷酸盐缓冲体系大得多，但比红细胞内血红蛋白体系要小。此外，当酸或碱侵入血液引起血浆 pH 发生改变时，则血浆中所有的缓冲体系都发生相应的变化。所以血浆中碳酸氢盐缓冲体系的变化可反映出体内酸碱平衡的全貌。由于以上种种原因，在酸碱平衡的讨论中，主要是讨论这个体系。

2. 缓冲作用的原理 现在我们就以碳酸氢盐缓冲体系为代表来讨论缓冲作用的原理。根据 Henderson-Hasselbalch 公式：

$$pH = pKa + \log\frac{[\text{盐}]}{[\text{酸}]}$$

可见一种缓冲溶液的 pH，主要决定于两个因素，一个是组成缓冲体系的弱酸的解离常数（Ka 值）；另一个是组成缓冲体系的酸和其盐浓度的比值。各种弱酸的 pK 值是一定的。例如碳酸的 pK 值是 6.1。因此，血浆的 pH 是由血浆中 $[HCO_3^-]/[H_2CO_3]$ 的比值决定的，而与二者的绝对浓度无关。只要保持这个比值血浆 pH 将不会改变，但当这个比值发生改变时，血浆的 pH 也就发生相应的改变。根据测定，正常家畜血浆中 $[HCO_3^-]/[H_2CO_3]$ 的比值约为 20/1，（但若 40/2 或 10/0.5 时绝对浓度改变，但比值不变，pH 不变），因而：

$$pH = pKa + \log\frac{[HCO_3^-]}{[H_2CO_3]}$$
$$= 6.1 + \log\frac{20}{1}$$
$$= 6.1 + 1.3$$
$$= 7.4$$

由于血浆中 H_2CO_3 的浓度相当于血浆中溶解的 CO_2 的浓度，而血浆中溶解的 CO_2 的浓度与气态 CO_2 的分压成正比。因此为了应用方便，血浆中 H_2CO_3 的浓度也可用二氧化碳分压（Pco_2）来表示和计算，即 $[H_2CO_3] = [CO_2] = \alpha \cdot Pco_2$。式中 α 为二氧化碳的溶解度系数（38 ℃ 血浆中 CO_2 的 α 值是 0.0002 mmol/L/Pa，因此血浆的 pH 又可以下式表示：

$$pH = pKa + \log\frac{[HCO_3^-]}{\alpha \times Pco_2}$$
$$pH = 6.1 + \log\frac{[HCO_3^-]}{0.0002 \times Pco_2}$$

在正常情况下，家畜血浆中 HCO_3^- 的含量约为 26 mmol/L，CO_2 分压约为 5 732.8 Pa，代入上式：

$$pH = 6.1 + \log\frac{26}{0.0002 \times 5732.8}$$
$$= 6.1 + \log\frac{20}{1}$$
$$= 7.4$$

实际测定时，血浆的 pH，Pco_2 和 $[HCO_3^-]$ 都可以直接测定，但只要测出三者中的两项，即可根据公式计算出第三项。

在弄清楚上述血浆 pH 与其 $[HCO_3^-]$ 和 $[H_2CO_3]$ 的关系之后，就可以进一步讨论机体调节血浆 pH 的机制了。首先我们讨论缓冲体系在调节血浆 pH 中的作用。例如当畜体在代谢过程中产生了强酸性物质之一的硫酸（H_2SO_4）时，这种强酸的解离度很大，可产生大量 H^+。进入体液后，本来会导致体液的 pH 明显下降的。但由于与血浆中的缓冲剂，例如碳酸氢盐进行下列反应：

$$2NaHCO_3 + H_2SO_4 \longrightarrow Na_2SO_4 + 2H_2CO_3$$

其结果使解离度很大的 H_2SO_4 转变成解离度很小的 H_2CO_3。因此，使体液的氢离子浓度改变不大。同样当强碱进入血浆时，则 H_2CO_3 与之中和，也可保持血浆的 pH 不致发生较大的改变。

3. 缓冲作用的局限性和碱贮　从上述讨论可见，当强酸或强碱进入血液时，缓冲体系防止 pH 发生较大改变的作用是迅速的，立即的。然而只靠缓冲体系而无其他调节机制时，则会发生两个不可克服的问题。第一个问题是，当酸或碱侵入时，虽然 pH 的改变不大，但还是有所改变的。例如当代谢产生的 H_2SO_4 侵入血浆后，它与血浆中的 HCO_3^- 发生反应，使 HCO_3^- 转变为 H_2CO_3，即血浆中 [HCO_3^-] 降低了，而 [H_2CO_3] 升高了，[HCO_3^-]/[H_2CO_3] 的比值也必随之降低，因而 pH 也会稍有下降。当 H_2SO_4 的进入量不大时，当然不会发生问题。但是细胞代谢继续进行，产生的 H_2SO_4 继续进入血液，则使体液的 pH 继续下降，终于会低于正常范围而导致酸中毒（强碱侵入的原理一样，不必赘述，以下同此）。第二个问题是，根据：

$$pH = pKa + \log\frac{HCO_3^-}{H_2CO_3}$$

的原理，虽然血浆的 pH 只与 [HCO_3^-]/[H_2CO_3] 的比值有关，而与二者的绝对浓度无关。但血浆的缓冲能力，却与它们的绝对浓度有关。因此当酸（例如硫酸）进入时，虽可因缓冲作用而使血浆的 pH 不致下降很大，但 HCO_3^- 的浓度下降了，因而血浆缓冲酸的能力也就随之下降。下降到一定程度，血浆就失去了缓冲能力，此时再稍有强酸进入，即可使血浆的 pH 有明显的下降。由此可见，机体为了维持体液 pH 的正常恒定，除了体液的缓冲作用以外，还必须有随时调整血浆中 [HCO_3^-]/[H_2CO_3] 比值以及恢复二者的绝对浓度的机制。在动物体内这种作用是靠肺和肾来完成的。

由于人和许多家畜在正常代谢过程中产生的酸（其中包括蛋白质分解代谢产生的硫酸和磷酸）比较多，因而体液受到酸的作用比较大，所以血浆中必须经常保持一定量的 HCO_3^- 以便随时中和进入的酸，因而我们把血浆中所含 HCO_3^- 的量称为碱贮，意即中和酸的碱贮备，通常以毫摩尔/升（mmol/L）来表示。但必须注意，当酸进入血液时，并非只是 HCO_3^- 去中和它，而是所有的缓冲体系都起作用，特别是血红蛋白起着相当重要的作用，它们的含量也都会有相应的改变。但由于 HCO_3^- 是血浆中缓冲能力最大的，并且易于测定，故通常以它的含量代表碱贮。

这里还需指出的是，体内代谢产生最多的酸性物质是碳酸或未水合的二氧化碳，它们不能被碳酸氢盐缓冲，而主要是靠血红蛋白来缓冲，很小一部分是被血清蛋白和磷酸盐缓冲：

$$H_2CO_3 + KHb \longleftrightarrow KHCO_3 + HHb$$

$$H_2CO_3 + Na^- 蛋白质 \longleftrightarrow NaHCO_3 + H-蛋白质$$

$$H_2CO_3 + Na_2HPO_4 \longleftrightarrow NaHCO_3 + NaH_2PO_4$$

（二）**肺呼吸对血浆中碳酸浓度的调节**　前面我们已经谈到当酸或碱进入血液时会使血浆中 H_2CO_3 和 HCO_3^- 的浓度改变，这种趋向单靠缓冲作用是不能解决的，必须靠肺和肾的调节机能来调整。肺对血浆 pH 的调节机能在于加强或减弱 CO_2 的呼出，从而调节血

浆和体液中 H_2CO_3 的浓度，使血浆中 $[HCO_3^-]/[H_2CO_3]$ 的比值趋于正常，从而使血浆的 pH 趋于正常。

例如当酸进入血浆时，因中和作用使血浆中 $[HCO_3^-]$ 下降，因而 $[HCO_3^-]/[H_2CO_3]$ 的比值下降，血液偏酸。它刺激呼吸中枢兴奋，于是肺加强呼吸，多呼出一些 CO_2，使血浆中 H_2CO_3 的浓度下降，因而使 $[HCO_3^-]/[H_2CO_3]$ 的比值和 pH 均趋于正常。反之当碱进入血液而血浆偏碱时，则肺的呼吸减弱，从而多保留一些 CO_2，使血浆中 $[HCO_3^-]/[H_2CO_3]$ 的比值和 pH 也趋于正常。由此可见，肺调节酸碱平衡的作用是快速的。肺的作用在于调整血浆中 $[HCO_3^-]/[H_2CO_3]$ 的比值，但不能调整血浆中 HCO_3^- 和 H_2CO_3 的绝对含量。例如当酸进入血液，血浆中 HCO_3^- 浓度下降时，肺的作用是使 H_2CO_3 的浓度也相应下降，其结果是二者的含量均下降。同样，当碱进入血液时，二者均上升。因此肺的调节虽然在维持血浆 pH 正常中有重要的作用，但仍不能从根本上解决问题。已知肺的呼吸受血浆 pH 及 CO_2 分压的调节，详情在生理学中阐述。

(三) **肾脏的调节作用**　肾脏通过肾小管的重吸收作用和分泌作用排出酸性或碱性物质，以维持血浆的碱贮和 pH 的恒定。

1. 肾对血浆中碳酸氢钠浓度的调节　肾是维持机体内环境恒定的最重要的器官。它可通过多排出或少排出 HCO_3^- 以维持血浆中 HCO_3^- 的浓度恒定，在肺机能的配合下，使血浆中 HCO_3^- 和 H_2CO_3 的浓度保持恒定，从而使其 pH 趋于正常恒定。已知血浆中的碳酸氢盐几乎全部从肾小球滤出，而肾的近端小管细胞腔膜对碳酸氢盐是完全没有通透性的。那么如何实现碳酸氢盐的重吸收呢？现已证明碳酸氢盐的重吸收需要有 H^+ 和碳酸酐酶存在。H^+ 可由近端肾小管主动（远端肾小管亦可排 H^+）排泄到小管管腔中，并与滤出液中的 Na^+ 进行交换。碳酸酐酶是一个分子较小的蛋白质（分子量 30 000），可以由肾小球滤出。但通常血浆中碳酸酐酶浓度很低，滤过量不能很多。而近端肾小管细胞的刷状缘上碳酸酐酶的浓度很高，这可能是管腔液中碳酸酐酶的主要来源。碳酸氢盐重吸收的化学反应如下：

$$HCO_3^- + H^+ \longleftrightarrow H_2CO_3 \xrightarrow{\text{碳酸酐酶}} CO_2 + H_2O$$

即由肾小管排出的 H^+ 与管腔中的 HCO_3^- 结合成 H_2CO_3。H_2CO_3 被碳酸酐酶分解为 CO_2 和 H_2O，CO_2 顺浓度梯度自由扩散进入细胞，使上列反应朝右进行。当 CO_2 扩散进入肾小管细胞后，在碳酸酐酶催化下，它再与 H_2O 化合形成 H_2CO_3，H_2CO_3 再解离为 H^+ 和 HCO_3^-，H^+ 被主动转移到管腔中进行 H^+、Na^+ 交换，而 HCO_3^- 被保留在细胞内，和 Na^+ 结合成 $NaHCO_3$。与管腔膜不同，HCO_3^- 可以自由通过肾小管细胞的基底膜，顺浓度梯度向细胞外扩散，进入血液。可见这种重吸收的 HCO_3^- 并非是直接来自肾小球滤液中的 HCO_3^-。通过上述机制可见，HCO_3^- 的重吸收作用主要决定于体液的 pH（H^+ 浓度）。当体液 pH 低时，肾小管排 H^+ 增加，HCO_3^- 的重吸收作用增强。而当 pH 高时，肾小管排 H^+ 减少，HCO_3^- 的重吸收作用也就减弱。肾小管重吸收 HCO_3^- 的机制见图 11-2。

为了更清楚的说明这个问题，我们再以 H_2SO_4 进入血浆后所引起的结果进行讨论。由于 H_2SO_4 的进入，血浆中 HCO_3^- 浓度降低，pH 也随之稍有下降。于是肾小管细胞中的

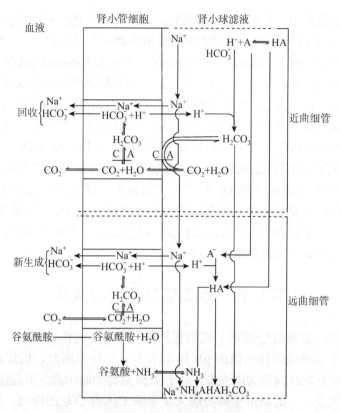

图 11-2 肾脏调节 pH 的机制
CA 碳酸酐酶　HA 有机或无机酸

H^+ 增加，其排出 H^+ 的量，不仅能把肾小球滤过的 HCO_3^- 全部重吸收回来，而且还要多排出一些 H^+，以增加血浆中 HCO_3^- 的含量。肾脏多排出一个 H^+，即使血浆中增加一个 HCO_3^-，直至血浆的碱贮恢复至正常含量为止，其结果是使尿液偏酸。肾同时还把 SO_4^{2-} 排出。所以总的结果是把进入血浆中的 H_2SO_4 全部排出，从而保持了血浆碱贮的正常含量。当血浆的碱贮恢复正常时，肺呼吸再减慢，多保留一些 CO_2，于是血浆中的 HCO_3^- 和 H_2CO_3 含量均恢复至正常。

2. 肾小管的泌氨作用　这是肾脏调节酸碱平衡的另一种方式。远端肾小管具有的一种重要功能是泌氨。肾小管管腔内的尿液流经远端肾小管时，尿中氨的含量逐渐增加。排出的 NH_3 与 H^+ 结合生成 NH_4^+ 使尿的 pH 升高。这种泌氨作用有助于体内强酸的排出。肾小管的泌氨作用与尿液的氢离子浓度有关。尿越呈酸性，氨的分泌越快。尿越呈碱性，氨的分泌就越慢。

肾小管分泌的氨大部分来自谷氨酰胺，少部分来自氨基酸的氧化脱氨基作用。肾上皮细胞中含有丰富的谷氨酰胺酶、谷氨酸脱氢酶和氨基酸氧化酶。它们分别使谷氨酰胺、谷氨酸或其他氨基酸脱氨，脱下的氨由肾上皮分泌到管腔中和 H^+ 结合生成 NH_4^+。

综上所述，可见家畜体液酸碱平衡的调节是由体液的缓冲体系、肺和肾共同配合进行的。缓冲体系和肺调节酸碱平衡的作用是迅速的，它保证了当酸或碱突然进入体液时，体液的 pH 不发生或发生较小的改变。但不能把进入的酸（固定酸）或碱由体内清除出去，而这种清除要靠肾的作用。但肾的作用较缓慢，故单靠肾不能应付酸或碱的突然进入。因此为了维持体液 pH 的正常恒定，这三方面的作用是缺一不可的。

3. **排酸性尿和排碱性尿的原理**　在正常情况下不同家畜尿液的 pH 是不同的。狗和猫一般排酸性尿；草食动物如牛、马则排碱性尿；而猪则随饲料的不同或排酸性尿或排碱性尿。这是为什么呢？这是由于它们的饲料不同所致。狗和猫的饲料中蛋白含量较多，蛋白质分解时产酸（如硫酸、磷酸）。在体内产酸较多的情况下，肾脏排出的 H^+，超过其从肾小管液中重吸收的 HCO_3^- 的量，因而尿液偏酸，尿中基本上无 HCO_3^-。而草食动物的饲料中含有较多的有机酸的钾盐或钠盐，这些物质在体内分解后产生较多的 $KHCO_3$ 或 $NaHCO_3$，因而在肾小球滤液中 HCO_3^- 的含量也就较多。在这种情况下肾小管排出的 H^+ 不能把滤过的 HCO_3^- 全部重吸收，因而尿液中含有较多的 HCO_3^-，尿液偏碱。简而言之，动物在代谢过程中产酸较多时，肾脏排酸较多，尿呈酸性；产碱较多时，肾脏排碱较多，尿呈碱性。这是肾脏调节体液酸碱平衡的结果。

第五节　体液酸碱平衡的紊乱

在正常情况下，家畜通过其调节机制保持着体液 pH 的正常恒定，即 pH 在 7.24～7.54 之间。当由于某种原因使体液的 pH 超出 7.24～7.54 范围时，机体就会出现代谢紊乱。我们将 pH 低于 7.24 时称为酸中毒，高于 7.54 时称为碱中毒。引起体液 pH 改变的原因大体上可分为两类：一类是由于肺功能失常影响了体内 CO_2 的排出；另一类则是由于肺功能失常以外的某种原因引起的体液酸碱平衡失常。因此可将酸碱平衡紊乱分为四种，即呼吸性酸中毒、呼吸性碱中毒、代谢性（亦称非呼吸性）酸中毒和代谢性碱中毒。无论是在酸中毒还是碱中毒时，机体还可以通过肺（非呼吸性时）或肾进行调整，使体液的 pH 趋于正常。机体的这种调节作用称为代偿作用。现将这四种酸碱平衡紊乱发生的生化机制分别叙述如下。

一、呼吸性酸中毒

是由于肺的通气或肺循环障碍，CO_2 不能畅通地排出而引起。呼吸性酸中毒时，血液中 P_{CO_2} 升高，$[NaHCO_3]/[H_2CO_3]$ 比值下降，pH 降低。在这种情况下代偿功能主要是肾脏的排 H^+ 增加，$NaHCO_3$ 的重吸收增强，因而血浆中 $NaHCO_3$ 的浓度也升高。如代偿完全，血液 pH 接近正常或稍偏低。呼吸性酸中毒主要见于下列情况：使用挥发性麻醉剂和采用密闭系统麻醉机麻醉；广泛性肺部疾患（肺水肿、严重的肺气肿、胸膜炎）；气胸、胸部外伤或药物引起的呼吸中枢的抑制。

二、呼吸性碱中毒

由于通气过度，肺排出 CO_2 过多而引起。呼吸性碱中毒时，血液中 P_{CO_2} 降低，$[NaHCO_3]/[H_2CO_3]$ 比值升高。呼吸性碱中毒时，肾脏的代偿作用与呼吸性酸中毒相反，肾小管排 H^+ 减少，HCO_3^- 重吸收减少，$NaHCO_3$ 的排出增加，故血浆中 $[NaHCO_3]$ 降低。主要见于疼痛或生理应激时引起的呼吸增加，例如狗在高温环境中引起的过度换气。

其他动物较少见。

三、代谢性酸中毒

这是临床上最常见和最重要的一种酸碱平衡紊乱。产生的原因主要是体内产酸过多或丢碱过多，两种情况都引起血浆中 $NaHCO_3$ 减少，$[NaHCO_3]/[H_2CO_3]$ 比值下降，使血液 pH 下降。代谢性酸中毒时，其代偿功能主要是肺增加换气率（呼吸加深加快），增加 CO_2 的排出，降低血中 P_{CO_2}，使 $[NaHCO_3]/[H_2CO_3]$ 比值趋于正常。肾小管功能正常时，肾小管增加 H^+ 的排出，同时增加碳酸氢盐的重吸收，使 $[NaHCO_3]/[H_2CO_3]$ 比值趋于正常。由于产酸过多引起的常见病例有：

① 牛的酮病和羊的妊娠毒血症时，产生大量酮体在血中蓄积引起酸中毒。

② 反刍动物饲喂不当，使瘤胃发生异常发酵，产生大量乳酸，乳酸从瘤胃吸收进入血液，可引起代谢性酸中毒。

③ 休克病畜，由于微循环障碍，组织细胞缺氧，糖的无氧分解增强，产生大量乳酸和丙酮酸，此时又常继发肾的代偿功能不全或完全失去代偿作用，最后导致严重的酸中毒。

由于丢碱过多引起代谢性酸中毒的病例主要是肠道疾病，如仔猪肠炎、马骡急性结肠炎和沙门氏菌肠炎等。由于持续大量腹泻，造成大量消化液的丢失，而消化液中含有较多的 $NaHCO_3$，因而使机体丢失 $NaHCO_3$ 过多，血浆中 $NaHCO_3$ 浓度下降引起酸中毒。此外，在正常情况下肠道前段分泌的消化液到肠道后段基本上重吸收回来，机体不会丢失多少碱。当由于任何原因引起肠道后段重吸收障碍时，都会造成碱丢失过多而引起酸中毒。例如有的肠炎病例并不腹泻，而是大肠麻痹，不能重吸收消化液，致使大量消化液潴留在消化道中引起酸中毒；某些结症、肠扭转时也发生类似情况。食草家畜的肠道容积很大，因而常见此病。

代谢性酸中毒时排出酸性尿。

四、代谢性碱中毒

主要表现细胞外液中 $NaHCO_3$ 浓度增高，导致 $[NaHCO_3]/[H_2CO_3]$ 比值增高，血液 pH 升高。代偿机能的作用，首先是由于呼吸中枢受抑制，肺呼吸变浅变慢，换气减少，血中 CO_2 保留较多，使 $[NaHCO_3]/[H_2CO_3]$ 比值和血液 pH 趋向正常。常见的家畜病例中，除犬连续呕吐易发生代谢性碱中毒外，最常见的是牛的皱胃变位和十二指肠的阻塞（嵌塞）或弛缓，都会导致牛的代谢性碱中毒。两者的机制是基本相似的，都是由于皱胃分泌的大量 HCl 不能进入肠道重吸收，而使大量酸性胃液潴留在胃中，造成 HCl 不断丢失。严重呕吐也会造成胃酸的大量丢失，这就是由于失酸过多引起的碱中毒，其机制如下：胃液中的 HCl 是在胃壁细胞内由 NaCl 和 H_2CO_3 反应生成的，其反应是：$NaCl+H_2CO_3 \rightarrow NaHCO_3+HCl$。生成的 HCl 分泌入胃中，$NaHCO_3$ 则进入血浆。可见 HCl 的分泌使血浆中 $NaHCO_3$ 的含量增多。在正常情况下，HCl 可进入肠道被重新吸收，因而不会引起酸碱平衡紊乱。但在上述疾病的情况下，分泌的 HCl 不能进入肠道重吸收。由于在 HCl 不断分泌时，血浆中 $[NaHCO_3]$ 的升高，就会引起严重的碱中毒。代谢性碱中毒的另一种原因是由于偶然的得碱过多。例如在临床上错误地给家畜灌服大量的小苏打，会使其血液中的

[NaHCO₃]突然升高而引起碱中毒。如此时肾功能良好，可以通过代偿作用，将过量的NaHCO₃从尿中排出，使酸碱平衡得到恢复。如此时肾功能不全，预后将更严重。

五、酸碱平衡与血钾

酸碱平衡紊乱时，除了[NaHCO₃]/[H₂CO₃]比值改变外，同时还伴有其他电解质的蓄积和丢失，特别是钾离子与酸碱平衡的关系密切。低血钾可引起碱中毒，其机制尚未完全清楚。一般认为细胞外液的K^+减少时，细胞内的一部分K^+就转移到细胞外液，以补充细胞外液中K^+的不足。每从细胞内转移出3个K^+，就有2个Na^+和1个H^+由细胞外液进入细胞内，结果是细胞外液中H^+减少，引起碱中毒。细胞内的H^+升高，发生细胞内的酸中毒。同时低血钾还使肾小管细胞排泌H^+的作用增强，NaHCO₃的重吸收作用增加，这是缺钾引起碱中毒的又一个原因。由上述可见这种缺钾性碱中毒时，其尿液是偏酸的，这是和其他碱中毒的不同之处。

另外在失碱性酸中毒时，钾也随消化液与NaHCO₃一起丢失。但由于细胞外液中H^+浓度增加，H^+和细胞内K^+交换，以及与此同时肾脏排H^+增多，排K^+减少，其结果可使细胞外液中的钾含量不致明显下降。而在酸中毒被纠正以后，K^+会重新转移至细胞内，此时如不注意钾的补充，将会产生低血钾症。另外高血钾可引起酸中毒，这是K^+进入细胞并从细胞内换出H^+的结果。

第六节　钙和无机磷代谢

一、钙、磷在体内的分布及其生理作用

钙和磷占机体总灰分的70%以上。体内总钙量的99%以上和总磷量的80%～85%存在于骨胳和牙齿中，以维持骨胳和牙齿的正常硬度。其余的钙主要分布在细胞外液（血浆和组织间液）中，细胞内钙的含量很少。其余的磷则在细胞外液中和细胞内分布。

体液中钙、磷的含量虽然很少，但在维持机体的正常机能中却起着非常重要的作用。细胞外液中钙的作用有：

① 降低神经肌肉的兴奋性。
② 降低毛细血管和膜的通透性。
③ 维持正常肌肉收缩。
④ 维持神经冲动的正常传导。
⑤ 参与正常血液凝固。

此外，已知钙激活许多酶，其中有些与上述机能有关，有些则说明钙还有其他重要的作用。近年来，越来越多的材料表明Ca^{2+}是重要的代谢调节物。骨胳外的磷则起着更为广泛的作用。它参与构成活细胞的结构物质；参与几乎所有重要有机物的合成和降解代谢；高能磷酸化合物则在能量的释放、储存和利用中起着极为重要的作用。此外，磷能以$H_2PO_4^-$或HPO_4^{2-}形式存在于体液中以及由尿中排出，从而对体液的酸碱平衡起到重要的调节作用。关于有机磷化合物的代谢，已在前面几章中分别讨论了。本章只讨论无机磷酸化合物的代谢。

(一) 骨骼中的钙和磷 正常成年动物骨骼的组成成分大致如下：水，45%；灰分，25%；蛋白质，20%；脂肪，10%*。哺乳动物骨的灰分大致是由 36% 的钙、17% 的磷和 0.8% 的镁以及其他一些元素组成的。其中钙和磷的比值总是在 2:1 左右。甚至在骨部分脱盐时也是如此。因此，如果不知道骨中灰分的总重量，只是测定其灰分中钙和磷的百分含量，是不能说明一个动物骨骼的矿物质储备情况的。

从骨的组织结构来看，它是一个由有机物组成的骨母组织，分散在其中的是骨细胞和骨盐结晶。骨盐的成分很像羟磷灰石。其分子式可写成 $3Ca_3(PO_4)_2 \cdot Ca(OH)_2$，并具有羟磷灰石的基本晶体格子。不过此式只表示了主要的成分钙和磷，而实际上还有少量的其他离子，如 Na^+、K^+、Mg^{2+}、F^-、CO_3^{2-}，以及柠檬酸根等。

现在认为在这些晶体之间有介质存在。介质可能是半液态的，许多离子悬浮在其中，其物理、化学以及生理学性质和晶体很不相同。羟磷灰石晶体在结构上是稳定的，不易溶解，因而不易和体液中的离子进行交换，称为骨盐的不易交换部分。但其表面离子则易于交换。这些晶体极小，而总的表面面积很大。至于晶体间介质中的离子则是易于溶解并易于和体液中的离子进行交换的，称为骨盐的易交换部分，动物在其生命活动过程中，体液中的钙和磷不断进入并沉积在骨中，同时骨骼中的钙和磷也不断地动员进入体液。因此骨盐不仅是维持骨的硬度所必需，也是体内钙、磷的贮存库。当动物由饲料中摄入不足，或者机体对钙、磷的需要增加（如在妊娠、泌乳或产卵时），以致摄入少于排出时，钙和磷就由骨组织中动员出来以满足机体的需要。

(二) 血液中的钙和磷 正常成年动物血清钙的浓度平均约为 10 mg/100 mL，一般正常范围为 9~12 mg/100 mL（表 11-5）。但产卵母鸡的血钙高达 27~44 mg/100 mL。青年动物的正常血钙浓度与成年相同。红细胞中含钙量极微。

血清中的钙以三种形式存在。其中 45%~50% 是游离的钙离子，约 5% 是与柠檬酸等形成的不解离的钙，这两部分都是可扩散的。其余的 40%~45% 是与蛋白质结合的钙，它是不能扩散的。在组织间液中则主要是游离的 Ca^{2+}，其浓度与血浆中游离 Ca^{2+} 浓度大致相同。现在认为体液中发挥生理作用的主要是游离 Ca^{2+}。因此为了维持正常的生理活动，血浆中游离 Ca^{2+} 的浓度必须恒定在一个极小的范围内。由于蛋白结合的钙量可因血浆蛋白含量的改变而发生改变，因而在有些情况下，只知血钙总量常不能代表血浆游离 Ca^{2+} 浓度的变化，故在临床上常需测定血浆游离 Ca^{2+} 浓度。现在测定游离 Ca^{2+} 含量的最好方法是用电极测定法。否则在测定血浆总钙量的同时，测知血浆中清蛋白的含量，然后进行校正，也可计算出血浆游离 Ca^{2+} 浓度的近似值。

血液中的磷大多数是在红细胞内以有机磷酸酯的形式存在，红细胞中并含有少量的无机磷。血清中磷的总含量约为 14~15 mg/100 mL，其中有 5~8 mg 是有机磷。本章要讨论的是血浆中的无机磷，它主要以 HPO_4^{2-} 和 $H_2PO_4^-$ 形式存在。正常成年动物血浆无机磷含量为 4~7 mg/100 mL，马和狗是例外（见表 11-5）。青年动物一般含量较高和变动较大（5~9 mg/100 mL）。

---

* 数据引自 Mogens G., Simesen (1970). In "Clinical Biochemistry of Domestic Animals" (J. J. Kaneko and C. E. Cormelius, eds). Vol. I, pp. 314

表 11-5 正常动物血钙和无机磷浓度（mg/100 mL）

动物	血钙平均值（血液部分 *）		血磷平均值（血液部分）		资料来源 **
蒙古马	10.2	(S)	3.72	(S)	昆明军区
骡	9.60	(S)	3.08	(S)	昆明军区
奶牛（北京）	10.73	(S)	6.11	(S)	北京农业大学
牛	10.2	(S)	6.2（小牝牛）	(S)	
牛	7.4	(S)	3.9（小牛）	(S)	
绵羊	12.16	(S)	5.21	(S)	
绵羊	9.2	(S)	4.3	(P)	
猪（2～3月龄）	10.47	(S)	4.65	(S)	北京农业大学
哺乳仔猪	10.84	(S)	7.91	(S)	北京农业大学
山羊	10.3	(S)	6.8～8.4	(B)	
狗	10.16	(S)	3.2	(B)	
狗	—		4.3	(P)	

* S=血清 P=血浆 B=全血

** 除标明表外均引自 "Clinical Biochemistry of Domestic Animals"（kaneko and cornelius eds. 1970）

（三）**细胞内的钙** 细胞内钙的含量虽然很少，但却不是均匀分布的。已知许多细胞中的钙是聚集在线粒体中的，而肌细胞中的钙则聚集在肌浆网内。这种聚集是由于这些亚细胞结构的膜上钙泵活动的结果。当机体需要时，钙可由这些亚细胞结构中顺浓度梯度冲入胞液，发挥生理作用。Ca^{2+} 在细胞内的这种转移具有多方面的重要生理意义，因而已成为当前生物化学研究的重要课题之一。

二、钙和无机磷代谢

关于家畜钙和无机磷的代谢，我们着重讨论两方面的问题：一是家畜由饲料摄入的钙、磷量和由体内排出的钙、磷量之间的平衡问题。对成年家畜来说，其摄入量和排出量要相等，以维持体内钙、磷含量的正常恒定。否则当摄入量比排出量少而形成负平衡时，则使骨中的钙、磷丢失，造成骨软化症。对幼畜来说，由于骨骼的生长，需要摄入的钙、磷量大于其排出量，使骨盐充分沉积。否则就会骨盐沉积不足引起佝偻病。二是维持血浆中钙、磷特别是钙浓度正常恒定的问题。它要求进入血液的钙、磷量和同时由血液中清除的量相等，否则会造成血浆中钙、磷浓度的过高或过低而引起疾病。例如血钙过低时，由于神经肌肉的高度兴奋而引起痉挛和瘫痪。家畜产后瘫痪就是血钙过低的常见病例。

这两方面的问题又是互相关联的。因为钙、磷的摄入和排出同样影响着血浆中钙、磷的浓度。不过除此以外，血浆中钙、磷的浓度还受着与骨中钙、磷的相互交换的影响。而且在许多情况下，这种交换对维持血浆中的钙、磷浓度更为重要。下面即逐步说明这些问题。至于有关钙、磷代谢的其他方面的问题，有些在其他章节中分散的讲述过了，有些则由于机制尚不明了，这里就不再叙述。

（一）**钙、磷的吸收** 饲料中的钙和无机磷不必经过消化就能够被吸收，而有机磷则需经过酶水解成无机磷后才能被吸收。因此饲料中的钙和无机磷主要在小肠前段吸收，而饲料中的有机磷，由于需要消化，则主要要在小肠后段被吸收。这样在大部分钙吸收后再吸收磷，可有利于二者的吸收。现在认为钙主要靠主动吸收，而磷则似乎被动吸收的。

关于小肠主动吸收钙的机制目前尚不完全清楚。已知在肠黏膜细胞中有一种与钙结合力很强的蛋白质，称为钙结合蛋白。有人认为此种蛋白质起着主动吸收钙的作用。钙结合蛋白可在肠黏膜细胞的黏膜侧促进肠腔中的钙进入细胞，并把钙转移至浆膜侧，然后由浆膜侧细胞膜上的钙泵将钙由细胞内排出进入血液。钙泵是依赖钙的 ATP 酶，它利用水解 ATP 释出的能量，促进钙的主动转运。钙泵普遍存在体内各种生物膜上。近年来已从肌浆网中将它提纯，并证明其分子由两部分组成：一部分具有 ATP 酶性质；另部分可形成管道供 Ca^{2+} 通过。其转运机制与钠泵类似，即在分解 ATP 的同时，钙泵通过磷酸化和脱磷酸反应而发生构象的改变，把钙主动转运过膜。

影响钙、磷吸收程度的因素很多，主要的如下：

1. 其他因素相同时，饲料中钙的含量越多吸收的钙量也越多，但吸收的百分数则下降，反之亦是。另外钙的吸收率受动物需要量的影响。引起钙需要量增加的因素，如在妊娠和泌乳时，可增高钙的吸收率。

2. 肠道 pH 对磷酸钙、碳酸钙等的溶解度有很大影响。在碱性、中性溶液中这些化合物的溶解度很低，难于吸收。而在酸性溶液中它们的溶解度大大增加，易于吸收。因此，增高肠道酸性的因素都有利于钙、磷的吸收。而胃酸分泌不足时，则不利于钙、磷的吸收。

3. 饲料中钙磷的比值对钙、磷的吸收有很大影响，这是因为磷酸钙的溶解度积是一个常数的原因。饲料中钙过多则影响磷的吸收，磷过多也影响钙的吸收。而二者中有一种吸收不足，都影响骨的生成，多吸收的那种也不能为机体利用而只有排出体外。因此在家畜饲养中必须注意调整饲料中钙、磷含量的比值。一般说来，饲料中的钙：磷比值以 2：1～1.5：1 为宜。但不同动物对不适宜的钙：磷比值的忍受力是不同的。例如非反刍动物不能忍受大于 3：1 的钙：磷比值，却能忍受小于 1：1 的比值。而反刍动物则能忍受 7：1 的钙：磷比值，但当钙：磷比值小于 1：1 时可看到生长的减慢。

4. 饲料中的其他因素　由于溶解状态的钙和磷易于吸收，不溶解的不易吸收，因而饲料中任何影响钙、磷溶解度的因素都影响钙、磷的吸收。例如，已知草酸可降低单胃动物对钙的吸收，这是因为草酸钙不溶于水之故。反刍动物瘤胃微生物能分解草酸，因而当草酸含量不大时，不致影响其对钙的吸收。谷物中含有颇多的植酸（六磷酸肌醇），其中的磷是不能被单胃动物吸收的。而且植酸还与钙形成不溶解的钙盐，因而也影响钙的吸收。但在反刍动物的瘤胃中微生物可把植酸完全水解，所以不影响钙、磷的吸收。麸皮是马的主要饲料之一，其中含有很多植酸，所以对马应特别注意这个问题。此外，脂肪酸可与钙形成不溶解的钙皂，因而它过多进食也影响钙的吸收。而铁、铅、锰、铝等与磷酸形成不溶的盐，因而影响磷的吸收。

5. 维生素 D 促进钙的主动吸收，对磷的吸收也有一定的促进作用。这大概是由于促进钙吸收后，使局部的钙：磷比值有利于磷的吸收之故。现在认为维生素 D 促进钙主动吸收的机制是：当 D_3 在肝中转变为 25-羟胆钙化醇，再到肾中转变为 1,25-二羟胆钙化醇（甲状旁腺素促进此转变过程）后，此物质可进入肠黏膜细胞，促进该细胞中指导钙结合蛋白合成的 mRNA 的生成，因而增高了肠黏膜细胞中钙结合蛋白的含量。前已述及，钙结合蛋白是起主动吸收钙作用的蛋白质，因而促进了钙的主动吸收。据认为在骨细胞中也存在类似的机制。

6. 甲状旁腺素促进钙的吸收。其作用机制可能与它促进 1,25-二羟胆钙化醇的生成有关。

7. 随年龄的增长钙的吸收降低。

（二）钙、磷的排出　动物主要通过粪和尿排出钙和磷。泌乳家畜由乳中排出显著量的钙和磷。产蛋母鸡则由蛋中排出显著量的钙。

1. 由粪排出　粪中排出钙的大部分是饲料中未被吸收的钙，称外源性粪钙。小部分是随消化液分泌出来而未被吸收的钙，称内源性粪钙。钙的分泌部位主要在小肠。

粪中排出的磷同样有外源性和内源性之分。已知猪大多数内源性磷是在小肠分泌的，乳牛和绵羊的主要分泌部位在瘤胃。

2. 由尿排出　钙和磷的由尿排出是受到调控的。肾小球滤过的钙和磷大部分被肾小管重吸收。尿中排出的钙、磷量受血浆中钙、磷浓度的影响。钙排出的肾阈值在 6.5~8.0 mg/100 ml 血浆。血钙浓度低时排出较少，高时则尿钙稍有增加。并且甲状旁腺素增加肾小管重吸收钙的作用，降钙素则增加尿中排钙量。因此，现在虽然普遍认为血浆钙浓度的调节主要是激素直接对骨的作用，但看来肾机能也起着重要的作用。而且肾脏疾病可明显地改变血钙的含量。

牛尿中排出磷的量比其粪中排出的少很多。这和人是相反的，人的尿磷排出大于粪磷排出。这个差异显然是由于草食动物排碱性尿的原因，碱性严重限制了同时由尿排出钙和磷的可能性。甲状旁腺素促进磷由尿排出。

3. 由乳腺和随蛋排出　泌乳动物有显著量的钙和磷分泌到乳中，并且发现乳中几种成分的浓度高于血液。例如乳钙浓度为血液的 12~13 倍，磷为 7 倍和镁为 6 倍左右。产卵母鸡随蛋排出大量的钙。据计算母鸡体内的总钙量约为 20g，而每个蛋约含 2g 钙，如果母鸡每天产一个蛋，这意味着每天体内钙的 1/10 左右被转换。从这里也可看出研究畜禽钙、磷代谢的重要。

（三）钙、磷在骨中的沉积和动员　和其他组织一样，骨也在不断进行代谢，即不断地生成和降解。在骨生成时发生钙、磷在骨中的沉积，当骨降解时则钙、磷的由骨中动员出来。骨的这种代谢一方面是为了骨的成长和改造，另方面则是为了维持血浆中钙、磷浓度的正常恒定和机体的其它需要。例如当血浆中钙、磷浓度高时可向骨中沉积，低时则由骨中动员钙、磷。又如母鸡产蛋前在骨中储备一定量的钙、而在产蛋时又动员出来。由此可见，在讨论钙、磷代谢时，必须阐明骨的生成与降解的机制。

在骨组织中有三种细胞：即成骨细胞、骨细胞和破骨细胞。其中成骨细胞担负骨的生成，骨细胞和破骨细胞在甲状旁腺素的作用下担负骨的降解。而这三种细胞是可以相互转变的。成骨细胞可变为成熟的骨细胞。当骨降解时，骨细胞和成骨细胞可转变为破骨细胞。破骨细胞反过来也可以转变为成骨细胞。

1. 钙、磷在骨中沉积的机制——骨的生成　骨的生成包括两个基本过程：

① 有机骨母组织的形成。

② 骨盐在其中的沉积

骨母组织有两个主要成分：其一是胶原，它是一个纤维状蛋白质，排列成平行的纤维束，它可有不同的走向。其二是基质物质，它主要由粘蛋白和粘多糖组成。黏多糖大致是硫酸软骨素，它包围在粘蛋白周围，胶原纤维则包埋在这种基质中。基质可看成是一种粘合物质，它起着保持胶原纤维的正常结构和定位的作用。

胶原的前身是原胶原。原胶原在成骨细胞内生成后，便转移到细胞外，在细胞的周围形成胶原。关于胶原和原胶原的结构及其生成过程将在第十三章中讨论。但这里需要指出的是：

① 在胶原分子中所含的羟脯氨酸和羟赖氨酸是在羟化酶的催化下，分别由脯氨酸和赖氨酸生成的，维生素 C 是此酶的辅助因子。所以正常骨的生成需要维生素 C。

② 当胶原降解时，生成的羟脯氨酸不能再用于胶原的合成，并可以肽的形式由尿排出。因此测定尿中羟脯氨酸的含量，可做为骨降解程度的参考指标。

黏多糖和黏蛋白也是由成骨细胞合成后转移到细胞外面的。这样成骨细胞就在其周围布置好了骨母组织，然后骨盐便沉积于其中而形成骨。骨盐的沉积（也叫骨的钙化）需要两个条件：一个是局部因素，即需由成骨细胞的代谢活动形成可钙化的骨母组织；另一个是体液因素，即需要由体液供给充分的矿物质离子，其中主要是 Ca^{2+} 和 PO_4^{3-}。细胞外液中 Ca^{2+} 和 PO_4^{3-} 的浓度乘积需要超过其溶解度积，才能沉淀为羟磷灰石结晶。以前曾经认为体液中 Ca^{2+} 和 PO_4^{3-} 的浓度是低于其溶解度积的，而在骨组织中由于各种原因，使其局部浓度升高，超过了溶解度积，所以发生沉积。对于这个学说现在趋于否定。现在一般认为，体液中 Ca^{2+}、PO_4^{3-} 的浓度是超过其溶解度积的，因而是过饱和溶液。但由于细胞外液中存在有某些起稳定作用的物质，因而不发生沉淀。焦磷酸和多磷酸等便是起稳定作用的物质。羟磷灰石的沉淀需要诱发物和起稳定作用的物质被破坏。大概胶原就是诱发物，它诱发羟磷灰石结晶的生成。此外成骨细胞还产生碱性磷酸酶，此酶也是焦磷酸酶，它催化焦磷酸的分解，促进了骨盐的沉积。

在钙化过程中，成骨细胞被包埋在致密骨的哈弗氏系的腔隙中，此时成骨细胞转变为骨细胞。有大量的小管道把这些腔隙联通起来，这个体系造成了很大的表面面积。据估计一个成年人的骨系统中，这种腔隙和小管道的总面积可达 1 200 m²。由此可以理解，在甲状旁腺素的作用下，骨细胞是能够比较迅速的促使骨盐溶解而释放出钙和磷的（骨细胞的解骨作用）。

2. 钙、磷由骨中动员的机制——骨的吸收 骨的吸收是指已生成的骨组织的降解消失。它包括有机骨母组织通过降解作用而消失，和矿物质通过溶解作用而消失。

现在认为骨细胞和破骨细胞都在甲状旁腺素的作用下参与骨的吸收作用的。这两种细胞都含有组织蛋白酶、胶原酶等。当骨吸收时，这些酶被释放到细胞外面，促使胶原和黏多糖降解，从而使骨母组织消失。

至于骨盐的溶解，其细节还不很清楚。由于细胞外液中 Ca^{2+}、PO_4^{3-} 的浓度是过饱和的，从理论上说，在这种环境中溶解羟磷灰石需要两种条件：

① 吸收部位的 pH 如果能降低则有利于骨盐的溶解。

② 如果在吸收部位有某种有机物质，它能与 Ca^{2+} 形成溶解的但不解离的化合物的话，也能使骨盐溶解。

据此 Neuman 等提出了"酸学说"。此学说认为甲状旁腺素刺激或改变了骨细胞的代谢，使其产生和释放乳酸及柠檬酸等的量大为增加，这些酸可使局部的 pH 降低，同时柠

檬酸又可能与 Ca^{2+} 形成溶解的但不解离的螯合物，因而促进了骨盐的溶解。有不少证据支持这个学说。例如，在骨吸收其局部柠檬酸的含量是升高的。但是有人认为柠檬酸浓度的升高是骨溶解的结果，而不是原因。另外，吸收部位的局部 pH 究竟怎样尚待证明。因而关于骨盐溶解的确切机制尚需进一步研究。不过骨的吸收是通过甲状旁腺素改变了骨细胞代谢的结果则是大家都同意的。

3. 激素的作用机制　影响骨的生成和吸收的主要激素是甲状旁腺素和降钙素。前已述及甲状旁腺素作用于骨细胞和破骨细胞，促进骨的吸收和骨盐的作用。降钙素则抑制骨的吸收，并可能还促进骨盐的沉积。但二者对骨细胞的作用机制都未能确定。不过已知甲状旁腺素可激活骨和肾细胞膜上的腺苷酸环化酶，因而增高细胞中 cAMP 的浓度。体外的实验证明此物质可促进骨吸收，因而认为甲状旁腺素是通过 cAMP 对其靶细胞起作用的。至于降钙素的作用是否与 cAMP 有关尚有不同的意见。不过有人提出降钙素能激活磷酸二酯酶，此酶促使 cAMP 水解为 $5'-AMP$，因而消除了 cAMP 的作用。

关于甲状旁腺素通过 cAMP 而发挥作用的机制，目前已提出如下的学说。已知家畜细胞内的钙浓度比细胞外液低很多，这是由于细胞膜上有钙泵，将 Ca^{2+} 不断的排出细胞之故。而细胞内的钙则主要集中于线粒体内。线粒体膜上的钙泵不断的将 Ca^{2+} 由胞液摄入到线粒体中，使胞液中 Ca^{2+} 浓度极低，而线粒体中则较高。当细胞外液中 Ca^{2+} 浓度升高而扩散入细胞内时，绝大部分可摄入于线粒体内，故线粒体可看成是细胞内钙的储存库。

甲状旁腺素（PTH）的主要靶细胞是骨骼、肾小管和肠黏膜细胞。当 PTH 作用于这些靶细胞时，首先使细胞膜上的腺苷酸环化酶活化，此酶催化 ATP 转变为 cAMP 和焦磷酸。cAMP 浓度升高后可促使线粒体中的 Ca^{2+} 移入胞液。焦磷酸则促进细胞外的 Ca^{2+} 进入细胞（可引起血钙暂时下降）。二者的结果使胞液中 Ca^{2+} 浓度升高。胞液中 Ca^{2+} 浓度升高则激活细胞膜上的钙泵，把细胞内的 Ca^{2+} 排入细胞外液。故总的结果实质上是把 PTH 靶细胞线粒体中的 Ca^{2+} 排入血液。使血钙升高。以上可以解释在投给甲状腺和甲状旁腺切除的动物以 PTH 时，血钙先暂时下降，然后才持续上升的现象。

PTH 对其靶细胞的作用虽然都是使胞液中的 Ca^{2+} 浓度升高，但对不同的靶细胞的效果却不相同。PTH 使未分化的间叶细胞液中 Ca^{2+} 浓度升高后，可促进其 RNA 的合成，使之转化分裂为破骨细胞，从而增加了破骨细胞。破骨细胞液中 Ca^{2+} 浓度升高后，则使溶酶体释放各种水解酶，将骨母组织中的胶原和粘多糖等水解而消失；抑制异柠檬酸脱氢酶活性，因而使柠檬酶和乳酸等的浓度升高，并扩散到细胞外，促进骨盐溶解；抑制破骨细胞转为成骨细胞。骨细胞胞液中 Ca^{2+} 浓度升高后，也使骨细胞活跃地发生溶骨作用。而且骨细胞的溶骨作用比破骨细胞迅速，在 PTH 的作用下几分钟即发挥作用。破骨细胞则须在 6 h 后发挥作用。但破骨细胞的作用比骨细胞强烈而持久。

PTH 增强肾小管细胞重吸收钙和抑制其重吸收磷的作用以及促进小肠吸收钙的作用，大概也都与 PTH 使这些靶细胞的胞液中 Ca^{2+} 浓度增高有关。

除甲状旁腺素和降钙素外，其他激素对骨的生成也有影响。如生长素促进骨的生长；甲状腺素加快骨的成熟；糖皮质激素干扰骨母组织的生成等。

（四）血浆中钙、磷浓度恒定的调节机制　血浆和其他细胞外液中钙的浓度是维持在一个很狭的变动范围之内的。甚至在动物已严重缺钙，只要调节机能正常和骨中还有一定储备时也是这样。血浆中游离 Ca^{2+} 浓度的恒定非常重要，动物机体调节血浆中 Ca^{2+} 浓度恒定的机构也非常完备和有效。这种调节机构是通过控制钙、磷的吸收；在骨中的沉积和动员以及由尿的排出来维持血钙恒定的。由于溶解度等因素，血浆中钙的浓度恒定了，磷的浓度一般来说便也是恒定的。

现在认为在调节血浆中钙离子浓度恒定的机制中，起主要作用的是通过体液中的钙与骨中钙的交换。其包括两种机制：一种是血浆中 Ca^{2+} 和易交换骨 Ca^{2+} 之间的物理化学平衡，它不依赖于激素的作用。通过这种机制可使血钙维持在 7 mg/100 ml 左右的水平（正常平均为 10 mg/100 ml）。另一种机制是在甲状旁腺素的作用下，把骨盐晶体中的钙（不易交换钙）动员出来，使血钙达到正常水平。这是甲状旁腺素激活骨细胞和使破骨细胞增殖的结果，其机制前已述及。而甲状旁腺素的分泌则受血浆中 Ca^{2+} 浓度的控制。当血浆中 Ca^{2+} 浓度低于正常时，它促进甲状旁腺增加甲状旁腺素的分泌，于是由骨中动员钙以提高血浆中 Ca^{2+} 的水平；而当血浆中 Ca^{2+} 浓度偏高时，则抑制此激素的分泌。这是一个很有效的反馈控制机制。通过这个机制，血浆中的游离 Ca^{2+} 自己把自己的浓度控制在正常的范围之内。

甲状旁腺素除了促进骨的吸收外，还促进尿中排磷量的增加。这是它促进肾小管细胞增高 cAMP 的产生，而 cAMP 抑制磷重吸收从而降低血磷。血磷的降低也有利于血钙的升高。此外，由于它加速骨盐的动员而使骨质脱钙和血钙升高，因而尿钙也增加。但它同时促进肾小管对钙的重吸收作用，故使肾对钙的清除率降低。这些是初期的比较快的作用（骨细胞的解骨作用）。甲状旁腺素作用时间较长时，引起强烈的骨改造。此时破骨细胞增殖并且活性增强，大量破坏骨质。继之成骨细胞也积极活动，以进行骨的重建。由于成骨细胞活性增高，释放的碱性酸酶增多，这就是佝偻病以及骨软化病动物血中碱性磷酸酶活性增高的原因。

在维持血钙浓度恒定中另一个重要的激素是甲状腺分泌的降钙素。当血浆中 Ca^{2+} 浓度高于正常时促进降钙素的分泌增多。它抑制骨的吸收并促使钙在骨中沉积，因而使血钙降低。看来正是在甲状旁腺素和降钙素的共同作用下，使血钙浓度维持在正常水平的。目前正在研究这两种激素在分子水平上的作用机制。

此外，维生素 D 有把血钙浓度提高到正常水平的作用，它的作用主要是通过促进肠道对钙的吸收。大量维生素 D 本身也促进骨的吸收。所以维生素 D 缺乏时血钙降低。

已知在碱中毒时发生痉挛，但血浆总钙浓度正常。这提示血浆 pH 可影响血浆中钙的离子化程度，即当血浆偏碱时游离 Ca^{2+} 浓度降低，而偏酸时则升高。这个概念已盛行了许多年，并提出了如下的公式：

$$\frac{[Ca^{2+}][HCO_3^-][HPO_4^{2-}]}{[H^+]} = K \text{（常数）}$$

但迄今没有直接的证据。

在禽类，性激素对血钙有明显的影响。例如母鸡在接近排卵和正排卵时血钙明显升高。投给雌激素可发生类似现象。但在哺乳动物尚未发现此种作用。

甲状旁腺素、降钙素和维生素 D 对血钙浓度调节的机制可归纳如图 11-3 所示。

（五）小结　由以上讨论可见，为了维持家畜家禽的健康、生长和高产，必须保证其摄入和吸收足够量的钙和磷，以使成年动物的钙、磷达到平衡，幼畜和怀孕母畜则达到正

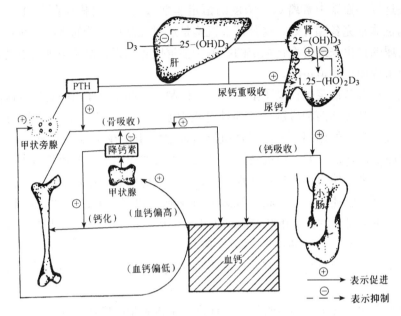

图 11-3　甲状旁腺素、降钙素和维生素 D_3 在维持正常血钙浓度中的作用

平衡，否则就会影响家畜家禽的健康和生产。在这个问题中，主要是摄入的或者更确切的说是吸收的钙或磷过多或二者的量不足的问题。因为吸收的量过多时，则机体可用多排出来调节，一般不致发生什么疾病。而吸收不足时，则机体虽然也可用减少排出以进行调节，但常常不能充分调节，致使体内钙磷不足。钙、磷吸收不足的主要原因有：

① 饲料中钙、磷的绝对含量不足。
② 影响钙、磷吸收的物质的作用。
③ 钙/磷比例不合适。
④ 维生素 D 缺乏。
⑤ 胃肠道消化机能障碍等。

关于家畜家禽对钙、磷的需要量及合理的饲料配制在饲养学中讨论。

当动物由饲料中吸收的钙、磷量不能满足其代谢的需要而缺乏钙、磷时，在一般情况下，只要调节机能正常，其血清中钙、磷的浓度尤其是钙的浓度仍能维持在正常范围内。这是通过调节机制由骨中动用的结果。例如当吸收的钙量降低或排出钙量增加时，虽然也可使血钙有降低的趋势。但低血钙立即促使甲状旁腺素的分泌增加，于是发生溶骨作用，把骨中的钙动员出来维持血钙的正常恒定。动物在钙、磷缺乏时，其调节机能是宁可使骨的钙、磷含量不正常，也要维持血浆中钙、磷含量的恒定。因为这是生命攸关的问题。当然如果调节机能发生障碍，就会发生血浆中钙、磷含量的不正常。例如在甲状旁腺机能减退时，则机体虽然并不缺钙，也会出现低血钙症状的。

骨质疏松症的特点是骨母组织和矿物质一起丢失，而骨的外形仍保留。因而骨质多孔（密度低）、较弱和易发生骨折。

第七节 镁代谢

动物的所有组织都含镁。但体内总镁量的 70% 左右在骨中，其余的在细胞外液中和细胞内，而细胞内的浓度远大于细胞外液中的浓度。各种家畜血浆中的正常镁含量有所不同，一般在 2~5 mg/100 ml 范围内。

镁离子影响组织的兴奋性。大量注射镁盐可抑制中枢，有麻醉和镇痉作用。这些作用可完全被钙拮抗，而拮抗的原理尚不明了。体液中镁的浓度低时，则神经肌肉的兴奋性亢进，发生痉挛和抽搐以至死亡。镁离子还是许多酶的必需辅助因子。

饲料中镁含量多时吸收的量也增多，但吸收率却降低。维生素 D 对镁的吸收也有一定促进作用，但比其对钙的作用小很多。体内镁随粪、尿排出，泌乳动物也随乳汁排出。

关于血浆中镁含量的调控机制迄今知道的很少。骨中的镁无疑是体内镁的贮存库，当血浆中镁浓度低时，可动员骨中镁进行补充。但动员的速度缓慢，并且至今未发现有如血钙浓度和甲状旁腺素那样的反馈控制机制。现在认为肾排出是重要的调节因素。已知肾排镁是有阈值的，据测定牛的阈值是 1.80~1.90 mg/100 ml 血浆。当血浆镁浓度低于正常值时，尿中实际无镁。因此在兽医临床上可用测定尿镁的方法判断动物是否已发生低血镁症。一般说来，当肾功能正常时，尿中有镁可说明动物未发生低血镁症。

迄今研究的最多和常见的镁代谢紊乱是反刍动物的低血镁症。类型是由于长期以牛乳饲喂犊牛而发生的缺镁症，这是由于牛乳中镁的含量低不能满足犊牛需要引起的。其特点是血镁浓度降低和骨中镁含量也降低。低血镁引起抽搐，不治疗可导致死亡。

另一种常见的放牧乳牛的低血镁症，有急性型和慢性型之分。二者都以血镁过低而抽搐以至死亡为特点，但急性型的骨镁不见减少，而慢性型则骨镁含量也减少。其发病原因尚不明了，但肯定是与牧草类型和放牧条件有关。这方面的研究材料很多，但迄今未有肯定的结论。绵羊也有类似疾病。

第八节 铁代谢

一、分布与功能

动物体内的含铁量虽然很少（成年人 3~5 g），但铁非常重要。它是血红蛋白、肌红蛋白和细胞色素以及其他呼吸酶类（细胞色素氧化酶、过氧化氢酶、过氧化物酶）的必需组成成分。其主要功能是把氧转运到组织中（血红蛋白）和在细胞氧化过程中转运电子（细胞色素体系）。

全身铁的 60%~70% 以血红蛋白的形式存在于红细胞中，而血浆中铁的含量极少。在血浆中铁主要以铁传递蛋白的形式进行运输，游离的铁极微。约 3% 的铁以肌红蛋白形式存在于所有细胞中，但有些动物，例如马和狗的肌红蛋白含量比其他动物明显的高。据估计狗肌红蛋白中的铁约占全身铁量的 7%。所有含铁的酶中的铁约占全身铁的 1%。其余的铁以铁蛋白或血铁黄素形式贮存，贮存的部位主要是在肝、脾、肠黏膜以及骨髓的细胞中。

二、吸收和排出

与其他电解质不同，体内铁的含量不是用排出调节而是用吸收调节，体内需要多少就吸收多少铁。机体能把体内的铁很有效的保存起来。各种含铁物质在降解时，其中的铁几乎能全部被机体再利用，因而排出的铁量极少。家畜粪中的铁绝大部分是饲料中未被吸收的铁，极小量是随胆汁以及肠黏膜细胞脱落而由体内排出的。尿中排铁量更少。此外通过出汗毛发脱落以及皮肤脱落也丢失少量的铁，母畜泌乳也排出少量的铁。动物主要是在失血时丢失较多的铁。

铁主要以 Fe^{2+} 在十二指肠吸收。饲料中的有机铁可在胃酸的作用下释放出来，而 Fe^{3+} 则被肠道中的还原剂还原成 Fe^{2+} 被吸收。这种还原剂有维生素 C、谷胱甘肽以及蛋白质中的硫氢基等。Fe^{2+} 可与维生素 C，某些糖和氨基酸形成螯合物，这些化合物在较高的 pH 中也能溶解，故有利于吸收。消化道疾病和饲料中较多的磷酸以及其他降低 Fe^{2+} 溶解度的物质，都影响铁的吸收。铜缺乏影响铁的吸收。

铁的吸收量取决于机体的需要，需要多少吸收多少，多余的则拒绝吸收。这种吸收或不吸收是由肠黏膜细胞直接控制的。肠黏膜上皮细胞中含有铁蛋白，它是由聚集的氢氧化铁和脱铁铁蛋白组成的，含铁量约 20%。以前认为铁被吸收入肠黏膜细胞后转变为铁蛋白，当铁蛋白被铁饱和后就不再吸收铁。仅当机体需要铁，例如由于生长需要或失血之后，此时肠黏膜细胞把铁释放到血浆中，并运至其他组织利用。这样，肠黏膜细胞中的铁蛋白变为不饱和了，于是吸收一定量的铁以达到饱和为止。此学说把肠黏膜细胞中的铁蛋白看做是一个"活塞"，由它控制着体内铁的含量。当前对铁吸收的机制虽然还不清楚，但上述铁蛋白控制的学说已趋于被废弃。因为有证据指明，人肠黏膜细胞中铁的含量大概与铁的吸收没有关系。现在关于控制铁吸收的机制，虽已提出了几种学说，但都未证实，这里不再叙述。

铁吸收不足当然引起缺铁。它常伴有红细胞中原卟啉含量的增加。这不仅在发生缺铁贫血时，而且在铁储存量降低时也是如此。测定红细胞中原卟啉的含量对确诊缺铁性贫血是有价值的。

三、转运、利用和贮存

吸收的 Fe^{2+} 从肠黏膜细胞进入血浆后，再氧化为 Fe^{3+}，并与血浆中的一种 β-球蛋白结合起来，此化合物称为铁传递蛋白。铁传递蛋白结合铁的能力较高，正常含铁量仅约为其结合能力的 33%。不同病变时此数值有变化，故可做为诊断指标。在铁掺合到血红蛋白中去时，似乎是铁传递蛋白进入发育着的网织红细胞内，并在其中把铁释放出来以进行掺合。

现在认为网状内皮系统不仅储存铁，而且也释放其中的铁为组织利用，即在维持血浆的铁含量中起部分作用。当网状内皮细胞向细胞外液中释放铁时，其铁蛋白中的 Fe^{3+} 必须还原为 Fe^{2+} 才能进入血浆，而到达血浆后又需再氧化为 Fe^{3+} 与铁传递蛋白结合起来转运。血浆铜蓝蛋白参与此过程，至少是参与此氧化作用。

当组织需要时，血浆中的铁由铁传递蛋白中释放出来，并穿过毛细血管进入细胞，在其中储存或利用。由铁传递蛋白把铁转运至储存位置是需要维生素 C 和 ATP 的，可能还需要其他阴离子。

肝、脾和肠黏膜是储存铁的主要部位，但其他器官（如胰、肾上腺）以及所有网状内皮细胞都起储存铁的作用。储存的形式是铁蛋白和血铁黄素。正常时铁蛋白占 60%，在铁沉积过多的疾病中，则血铁黄素突出地多。在一般普鲁士蓝组织化学染色时，铁蛋白不染色，血铁黄素则染色。

铁主要用于合成血红蛋白、肌红蛋白和某些呼吸酶类。呼吸酶是在所有的细胞中都合成的，肌红蛋白在肌肉细胞中合成，血红蛋白则在造血组织，主要是在骨髓的发育中的红细胞中生成。当血红蛋白降解时，其中的铁是易于再利用的。肌红蛋白和呼吸酶中的铁则不易再利用。在贮存铁中，铁蛋白中的铁比血铁黄素中的易于利用。

机体每天动用的铁远远超过其外源供应的量。例如人每天由红细胞降解获得的铁约为 20~25 mg，其中大部分立即用于再合成血红蛋白，少量则通过血液运送至其他组织，掺合在储存铁、肌红蛋白或含铁的酶类中。而每天由食物吸收的铁则不到 1 mg。铁的代谢如图 11-4 所示。

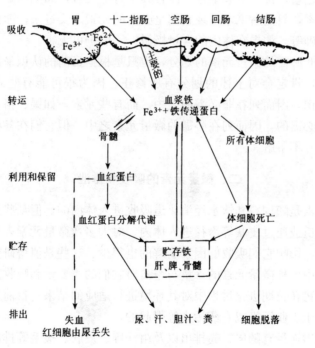

图 11-4 铁代谢示意图

第九节 畜禽体内的微量元素

一、微量元素的概念和分类

畜禽体内的微量元素指占体重 0.05% 以下的各种元素，这是因为占体重 0.05% 以下的元素只能用微量分析的方法测定之故。而含量占体重 0.05% 以上的各种元素，则可用常量分析的方法进行测定，故称为常量元素。显然这是种用化学分析的方法来划分体内的元素是不合理的，因为它不反映各种元素在体内的代谢情况或生理作用。但目前尚无更好的划分方法，因而还只能这样划分。

畜禽体内的微量元素一般为两大类：一类是必需微量元素。因为已经查明它们都各自具有特殊的生理功能，而且当畜禽体内缺乏它们时，会患有特殊的疾病。另一类是异常微量元素。这类元素到目前为止还未发现它们有任何特殊生理功能，也未发现当畜禽体内缺乏它们时会患有疾病，因而认为它们不是畜禽所必需的元素。目前已知畜禽体内的微量元素多达50多种，其中有14种已肯定为必需的微量元素，即锰、铁、钴、铜、锌、钼、碘、氟、硅、钒、铬、硒、锡和镍。其余则是非必需的异常微量元素。

在非必需的异常微量元素中又可分为毒性元素和惰性元素两类。汞、镉、砷、碲、铅、铍、锑、钡、铊、钇等已被证明是毒性元素，它们在体内微量存在时就能引起毒性反应，而溴、硼、铝等30多种元素在体内微量存在时，并不引起有害反应，故变惰性元素。当然毒性元素和非毒性元素的划分不是绝对的。实际上任何元素，包括必需的元素在内，在体内过量存在时都会引起毒性反应。例如，铜、钴、锰、硒和氟等已被证明为必需的微量元素，如果摄入过量，常会引起中毒。而且其中有些元素，如氟和硒等，过去很长时期曾被认为是毒性元素，只是后来才发现它们是必需的元素。反过来，即使是毒性很强的元素如汞、铍、铅、砷等，如果在体内的含量极微，一般仍可无害。

关于必需的和非必需的微量元素的划分，也只是根据目前的认识来制定的。随着对微量元素研究的进展，肯定会对上述的划分有所修正。因为很可能有些元素实际上是必需的，而现在还不认识，因而列在非必需的之中。而有些元素，如锡、铬、钒等，虽然用实验动物已经证明是必需的，因而列在必需的微量元素之中，但它们在各种畜禽体内的作用究竟如何，现在也并不了解。

二、微量元素的吸收和排泄

大多数微量元素是随饲料和饮水经消化道吸收进入体内的。但某些元素，例如碘，还可随大气通过呼吸道或通过皮肤等途径进入体内。对大多数微量元素来说，胃肠吸收它们的机制是不清楚的，影响它们吸收的因素了解的也很少。这些是值得研究的问题。目前已知天然饲料和饮水中各种微量元素的含量与畜禽对它们的需要量和吸收量之间有高度的一致性，这大概是生物在长期进化过程中对其环境进行适应的结果。目前发生的微量元素中毒现象，多半是由于工业污染或农药污染等引起的。

微量元素的排出途径有随尿、粪排出以及由汗腺、皮肤、被毛等排出。不同元素的排出途径差异很大。钴、钼、氟、碘、硒等主要由尿排出；铜、锌、铬、锰等则主要随粪排出。铁、锌、溴、铅、铜、铝、镉、钡、硼、锰、锑、砷、硒、氟等有一部分能进入被毛而排出。现在，分析被毛中某些异常微量元素的含量，已被用为检测环境污染的指标。

三、微量元素在体内的分布和存在方式

微量元素在体内的分布极不均匀。许多元素都有其特异的集中存在的部位。例如：氟、锶、铅、钡的90%以上集中在骨骼；锌、溴、锂、汞有50%以上集中在肌肉；碘有85%以上集中在甲状腺；钒有90%以上集中在脂肪组织；铁有70%左右集中在红细胞内；

铜大部分集中在肝脏等。这种集中存在，有的是与它们的特殊生理功能有关（如铁在红细胞内，碘在甲状腺内等），有的则是储存部位。

微量元素在畜禽体内存在的方式是多种多样的。有的以离子形式存在；有的与蛋白质紧密结合；有的则形成有机化合物等等。而且同一元素可以多种形式存在。这种存在方式，往往与它们的生理功能、运输或储存有关。例如：碘以甲状腺素的形式存在，钴以维生素 B_{12} 的形式存在等，都与它们的生理功能有关。许多元素，如铜、铁、锌等都是在血浆中与蛋白质结合起来进行运输的。在组织中，许多元素，如铜、铁等都是以和蛋白质结合的方式储存起来的。

四、必需微量元素的生理功能

已知畜禽体内缺乏某种必需微量元素时，会发生特异的症状。而且对这些元素的生理功能，现在也知道一些。然而由于对它们的功能了解的还很不够，因而目前还不能很好的用以阐明缺乏时所发生的特异症状的原因。已知的微量元素的生理功能是多种多样的，现归纳如下。

1. 许多微量元素与酶的活性有关，这大概是已知的微量元素最为广泛的作用。例如：铜是酪氨酸酶、细胞色素氧化酶的必须成分；钼是黄嘌呤氧化酶和醛氧化酶的必需成分；锌是硫酸酐酶、碱性磷酸酶、胰羧基肽酶等的必需因子；锰是精氨酸酶、碱性磷酸酶、异柠檬酸脱氢酶、葡糖磷酸变位酶、肠肽酶等的激活剂和琥珀酸脱氢酶等的必需因子；硒是谷胱甘肽过氧化物酶的必需因子等。很明显，这些微量元素是通过酶来发挥它们的生理作用的。

2. 有些微量元素是构成某些生物活性物质的成分。例如碘是甲状腺素的成分；钴是维生素 B_{12} 的部分；铁是血红素的成分等。这些微量元素的生理作用即表现为这些生物学活性物质的作用。缺乏它们，即引起这些活性物质的含量不足而发生疾病。

3. 有的元素，如氟可被吸附在牙齿珐琅质的羟磷灰石晶体表面，形成一层抗酸的氟磷灰石，因而对牙齿有保护作用。

此外已知许多微量元素还有许多其他生理作用。例如缺铜可引起贫血；锌对蛋白质的合成有促进作用等。但由于对其机制还不明了，因而尚不知道它们是通过何种途径发挥这些作用的。

五、微量元素中毒

任何元素摄入体内的量过多时，都会产生对机体有害的作用而中毒。这里所要谈的是那些少量甚至微量进入体内而引起中毒的元素。有些元素甚至进入体内的量极微，但可因在体内积累而最后引起中毒。

引起中毒的微量元素主要是金属元素，其中尤其是重金属元素。但有些非金属元素，如砷、硒、碲、氟等也有较高的毒性。不同元素引起中毒的机制并不相同。但对重金属来说，它们一般都是与蛋白质结合，引起蛋白质的性能发生改变，从而抑制了酶的活性或蛋白质的其他正常功能，使细胞代谢发生紊乱。有些元素，如氟等因为是酶的强烈抑制剂而引起中毒。也有些元素是由于和某种必需微量元素竞争而引起中毒。例如镉中毒是由于它和锌竞争，使许多含锌的酶活性严重降低的结果。还有一些元素引起中毒的机制至今仍不清楚。

许多微量元素在进入体内后，常常积存在某一组织中，这可能是一种解毒的保护性作用。然而当积累到一定程度后，即暴发为严重的中毒现象。此积累过程即为慢性中毒。例如铜的摄入量超出其排出量时积存在肝中，肝中的铜超过一定水平时便大量释放入血，引起死亡；氟摄入多余时沉积于骨中，骨中的氟超过一定水平时便冲入软组织而引起死亡，铅也沉积在骨中，当骨的代谢增强时，则铅由骨中动员出来而使动物中毒；镉沉积于肾中，渐进地损害肾功能等。

引起微量元素中毒的原因，大多数是由于工农业的污染饮用水、饲料、空气或土壤而造成的。防止微量元素中毒是当前环境保护的重要内容之一。在家畜饲养中，一方面要注意提供足量的必须微量元素，以防止微量元素的缺乏。同时又要防止因微量元素的过多而引起中毒。

第十二章 血液化学

血液是机体内环境最重要的组成部分。它是机体与外环境联系的媒介；能沟通体内各组织之间的联系，运输养分与代谢废物；能维持组织细胞正常生命活动所需的最适温度、pH、渗透压及各种离子浓度的适当比例；并具有防御机能。血液各成分可反映机体代谢的情况。当家畜患病时，代谢情况发生变化，这些改变往往会反映到血液的成分上来。所以临床上常利用化验血液成分作为疾病诊断及治疗的参考。

血液内所含的物质及其功能非常复杂，本章着重介绍血浆蛋白质及红细胞代谢两个问题。

第一节 血液化学成分概说

血液包括多种血细胞（红细胞、白细胞、血小板）及血浆。全血平均含水 81%～86%，其中血细胞含水较少，例如红细胞含水 60%～65%，而血浆则含水较多，达 90%～93%。

红细胞的化学成分与一般细胞很不相同。其固形物主要是血红蛋白、它与氧的运输有密切关系。

白细胞的化学成分与一般细胞大体相似。其中颗粒白细胞含有较丰富的溶酶体，溶酶体内含有多种水解酶，如组织蛋白酶、溶菌酶、磷酸酶等。这些水解酶有消化吞噬细菌的功能。血小板内富含具有收缩性能的蛋白质，它与血小板的粘着、聚集和释放反应以及血块回缩等功能有密切关系。

血浆的固形物中数量最多的是蛋白质。除蛋白质外，其他一切含氮物质总称为非蛋白含氮物，主要有尿素、尿囊素、肌酸酐、马尿酸、氨基酸、氨、嘌呤碱、尿酸等。其中除氨基酸是供应各组织的养分外，其余绝大部分是代谢废物。非蛋白含氮物的量一般以氮的量来表示，称非蛋白氮（N.P.N.）。几种主要家畜血中非蛋白氮的含量列于表 12-1。从表中可以看出家畜血中的非蛋白氮主要是尿素氮，约占一半左右。血中含氮废物来自各组织蛋白质的分解代谢，并经肾脏随尿排出。在蛋白质分解过多或肾脏机能不全而不能将血中含氮废物按正常速度排出时，则血中非蛋白含氮物增加。故血中非蛋白氮含量的变化，可反映体内蛋白质分解代谢和肾功能的情况，可作为临床诊断的参考指标。

血浆中还含有无机盐、葡萄糖、脂肪、磷脂、胆固醇、胆固醇酯及少量它们代谢的中间产物。如乳酸、柠檬酸、乙酰乙酸、β-羟丁酸等。此外还有微量的激素、维生素等活性物质。它们的生理功能及代谢情况已在前面各章介绍了。

表 12-1 家畜血浆非蛋白氮的正常范围（mg%）

动 物	总 量	尿素氮	尿酸氮	肌酸酐氮	氨基酸氮
猪	20~45	8~24	0.05~2	1~2.7	8~8.5
牛	20~40	6~27	0.05~2	1.0~2.1	4~8
马	20~40	10~20	0.9~1	1.2~1.9	5~7
绵羊	20~38	8~20	0.05~2	1.2~1.9	5~8
山羊	30~44	13~28	0.3~1	0.9~1.8	
鸡（产蛋期）	20~35	0.4~1	1~7		4~9
鸡（非产蛋期）	23~36	0.4~1	2		5~10

第二节 血浆蛋白质

一、血浆蛋白质的种类及含量

血浆蛋白质一般分为清蛋白、球蛋白及纤维蛋白原三种，可用盐析法分离，也可用电泳法及其它方法分离。用醋酸纤维薄膜电泳法分离时，球蛋白部分可分离为 α-球蛋白、β-球蛋白、γ-球蛋白等部分。血液经凝固后，血块回缩即析出血清。血清的组成与血浆基本一样，只是无纤维蛋白原。主要家畜血清蛋白质的含量见表 12-2。利用免疫电泳法或聚丙烯酰胺凝胶电泳法分离，可将血浆蛋白质分离成更多的部分。

表 12-2 主要家畜血清蛋白质的含量（g%）

畜 别	总蛋白	清蛋白	球蛋白
哺乳仔猪	7.06	3.46	3.60
后备小猪	7.18	3.09	4.09
奶牛（北京黑白花）	9.14	4.05	5.19
蒙古马	8.03	2.64	5.39
骡	8.65	3.11	5.52
空怀母驴	7.96	4.23	3.66
怀骡母	7.22	5.22	2.72
绵羊	5.38	3.07	2.31
山羊	6.67	3.96	2.71

二、血浆中的主要蛋白质

（一）**纤维蛋白原** 血浆中的纤维蛋白原完全是由肝脏合成。含量虽少，仅占血浆总蛋白的 4%~6%，但有很重要的生理功用。当血管损伤而出血时，纤维蛋白原可转变为不溶的纤维蛋白，从而使血液凝固，有阻止血液继续流出而保护机体的功用。

纤维蛋白原为细长的纤维状蛋白，分子量为 340 000，由 6 条肽链组成，即 A_α 链、B_β 链及 γ 链各二条。彼此借二硫键相连接，如图 12-2。纤维蛋白原经凝血酶的作用后，水解而断裂下 A_α 链中的 A 部分及 B_β 链中的 B 部分，生成纤维蛋白单体。许多纤维蛋白单

图 12-1 马血浆蛋白质电泳图谱

体分子能自发地头尾以直线状相连接，聚合成为纤维蛋白多聚体。在这种多聚体中，纤维蛋白单体之间借非共体键相互连接，它可溶于稀酸及 6 mol/L 尿素，故称为可溶性纤维蛋

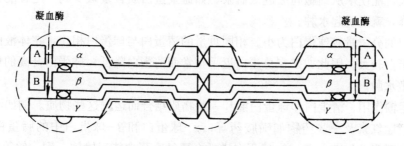

图 12-2 纤维蛋白原的分子模型

白多聚体。它再进一步经纤维蛋白转谷氨酰胺酶（即凝血因子 XIII α）的催化，互相交联成为稳定的不溶解的纤维蛋白。这种交联作用是通过不同可溶性纤维蛋白多聚体分子中的谷氨酰侧链与赖氨酸侧链的反应发生的：

$$\begin{array}{c}\vdots\\ CO\\ |\\ CH-(CH_2)_2-CONH_2 + H_3^+N-(CH_2)_4-CH\\ |\qquad\qquad\qquad\qquad\qquad\qquad\qquad\qquad\qquad |\\ NH\qquad\text{谷氨酰胺侧链}\qquad\text{赖 氨酸侧链}\qquad NH\\ \vdots\end{array}\xrightarrow[Ca^{2+}]{\text{转谷氨酰胺酶}}$$

$$\begin{array}{c}\vdots\\ CO\qquad\qquad\qquad O\quad H\qquad\qquad CO\\ |\qquad\qquad\qquad\quad\parallel\quad |\qquad\qquad\quad |\\ CH-(CH_2)_2-C-N-(CH_2)_4-CH+NH_4^+\\ |\qquad\qquad\qquad\qquad\qquad\qquad\qquad\qquad |\\ NH\qquad\qquad\qquad\qquad\qquad\qquad\qquad\quad NH\\ \vdots\qquad\qquad\qquad\qquad\qquad\qquad\qquad\quad \vdots\end{array}$$

纤维蛋白原转变为纤维蛋白可用下式表示：

$$(A\alpha B\beta\gamma)_2 \xrightarrow{\text{凝血酶}} (\alpha\beta\gamma)_2 \xrightarrow{\text{自发}} [(\alpha\beta\gamma)_2]_n \xrightarrow[\text{Ca}^{2+}]{\text{转谷氨酰胺酶}} \{[(\alpha\beta\gamma)_2]_n\}_m$$

纤维蛋白原 → 纤维蛋白单体，2A+2B 血纤维蛋白肽，交联作用 → 纤维蛋白

（二）清蛋白和球蛋白 血浆蛋白质中数量最多的是清蛋白和球蛋白。清蛋白是由肝脏合成的。球蛋白中的 α-球蛋白主要由肝脏合成，γ-球蛋白及某些 β-球蛋白主要在网状内皮系统的浆细胞内合成。

正常家畜家禽血浆中清、球蛋白的含量及比值都有一定范围。清蛋白与球蛋白的比值（清/球即 A/G）称血清的蛋白质系数。在人此系数大于1，在多数家畜此系数小于1。几种主要家畜血浆中清、球蛋白的含量见表12-2。

血浆清蛋白和球蛋白的主要生理功用如下：

（1）维持血浆正常胶体渗透压（简称胶渗压） 血浆蛋白质浓度比细胞间液高，胶体渗透压较大，能使水从细胞间液进入血浆。如血浆蛋白质含量减少到一定程度，由于血浆胶渗压下降，就可引起水肿。

清蛋白的分子量较球蛋白为小。相同重量的清蛋白与球蛋白相比，在体液内形成的胶渗压则清蛋白较大。因此如果在总蛋白近乎正常而清蛋白降低，球蛋白升高的情况下，也有可能发生水肿。

（2）运输作用 清蛋白和球蛋白能和一些物质结合而运输这些物质。例如清蛋白能运输脂肪酸、胆红素及一些药物如磺胺药等；γ-球蛋白和 β-球蛋白中的脂蛋白能运输脂肪、固醇、磷脂及胡萝卜素；β-球蛋白中的金属结合蛋白能运输铁、铜、锌等。

（3）免疫作用 人及动物血液中的抗体，大部分是 γ-球蛋白，也有小部分是 β-球蛋白。抗体又称免疫球蛋白，它具有保护机体的重要作用。

（4）修补组织 在人及动物体内，血浆蛋白质参加组织蛋白质的代谢，并在相当程度上与组织蛋白质保持动态平衡。如用不含蛋白质的饲料饲养动物，同时用同种动物的血浆蛋白质进行静脉注射，则动物能长久保持氮平衡。由此可见血浆蛋白质具有修补组织的作用。

（5）缓冲作用 血浆蛋白质与其盐组成了缓冲对，具有维持血浆 pH 恒定的作用。

（三）酶 血浆中有许多种酶。根据血浆中酶的来源可将它们分为三类：

1. 功能性酶 此类酶在血浆中发挥重要的催化功能。例如凝血酶原等多种凝血因子（经激活后有凝血功能），纤溶酶原（经激活后有溶解纤维蛋白的功能）、铜蓝蛋白（一种氧化酶）、脂蛋白脂酶等。这类酶大多数由肝脏合成分泌入血。当肝功能下降时，这些酶在血浆中的活性可下降。

2. 外分泌酶 此类酶来自外分泌腺，只有极少量逸入血液。如淀粉酶（来自唾液腺及胰腺）、脂肪酶（来自胰腺）、蛋白酶原（来自胃和胰腺）等。这些外分泌腺酶在血浆中很少发挥催化作用。当腺体酶合成增加时，进入血液的酶也相应增加。

3. 细胞酶　此类酶本来在各组织细胞内。当细胞更新或破坏时，或细胞在一定条件时，可经常有少量进入血液。如碱性磷酸酶、转氨酶、乳酸脱氢酶、磷酸化酶等。它们在血浆中也很少发挥催化作用。当某些组织细胞破坏增加，或细胞膜通透性增加，或细胞内合成某些酶增加时，则这些有关的酶在血浆中的活性也升高。

正常情况下，各种来源的酶进入血浆后，它们又逐渐地被肝或肾清除，或在血管内失活和分解。所以动物血浆中这些酶在一定范围内变动。当有关脏器发生病变，或酶被清除的能力发生改变时，则血浆中某些酶的活性会超出正常范围，故可作为临床诊断的参考。

三、血浆蛋白质的更新

血浆蛋白质不断地进行更新。血浆蛋白质的来源主要是由肝脏及网状内皮系统的浆细胞不断地合成。其去路尚不完全清楚，但已知有下列几条途径：

1. 进入消化道　各消化液中都含有或多或少的血浆蛋白质，这些蛋白质在消化道中可消化成氨基酸而被吸收。据试验，清蛋白约有 70% 是进入消化道分解的。

2. 在肾中分解及排出　在正常情况下，分子量大于 90 000 的血浆蛋白质较难通过肾小球，某些能通过而进入小球滤液的蛋白质约有 95% 左右可被近曲小管重吸收，故尿中来自血浆的蛋白质甚微。被肾小管重吸收的血浆蛋白质则可在小管细胞中分解成氨基酸而进入血液。

3. 在肝脏和网状内皮系统中分解　体内很多组织都可通过吞噬或胞饮作用摄取血浆蛋白质，并由溶酶体将其分解。其中以肝脏和网状内皮系统较为重要。

4. 随排泄性分泌液排出　很少一部分血浆蛋白质可随排泄性的分泌液，如支气管和鼻黏膜分泌液、精液和阴道分泌液、乳汁、泪和汗等排出体外。

在正常情况下，蛋白质进入血浆和离开血浆的速度近乎相等，故血浆蛋白质含量稳定在一定范围之内。

血浆蛋白质中以纤维蛋白原的再生速度最快，球蛋白较慢，清蛋白最慢。有人报道，将家兔放血，再注入没有纤维蛋白原的血直到血浆中大多数纤维蛋白原被除去为止，随后在 5~6 h 内血浆纤维蛋白原的含量即又几乎恢复正常。如将狗的血浆蛋白质除去一半，同时给以丰富的蛋白质饲料，在开头 24 h 内再生作用相当快，大约恢复损失量的 1/3。此后再生渐慢，到 7~14 d 全部蛋白质可恢复正常。

四、疾病对血浆蛋白的影响

有些疾病能使血浆蛋白质含量及清/球比值发生变化，在临床上可作为诊断及预后的参考。

清蛋白的浓度在一般疾病中是不变或降低。除了脱水引起血浆浓缩外，血浆清蛋白浓度是不会增加的。血浆清蛋白降低可见于以下几种情况：

（1）合成清蛋白能力降低。肝脏为合成清蛋白的器官，肝脏的某些疾病或磷、氯仿等中毒，都可使肝合成清蛋白的能力下降，造成清蛋白降低。

（2）长期损失蛋白质。某些肾脏疾病能使肾小球通透性增加，则蛋白质分子可通过而从尿中排出。

（3）患感染性疾病时，在球蛋白增加的同时，往往清蛋白下降。这可能是由于球蛋白的增加而引起的，是机体调节的结果，其作用是使机体保持血浆胶渗压在一定的范围内。

（4）长期营养不足。在球蛋白中，α-球蛋白在一般疾病中不降低，在发烧、感染、创伤等情况下会升高。β-球蛋白的改变往往与脂蛋白代谢不正常有关。γ-球蛋白在感染时会升高，特别是细菌、原虫、肠道寄生虫感染时会升高，这是由于体内合成抗体增多的结果。但在大多数病毒感染的疾病中，血清蛋白质变化很少或没有变化。此时虽然血清中可以具有很高的抗体滴定度，但血清蛋白质的各部分在重量上并没有显著变化。

上述一些疾病情况，往往在清蛋白下降的同时，球蛋白上升。所以蛋白质系数（A/G）明显下降。

第三节 免疫球蛋白

一、概 述

免疫球蛋白（immuno globulin，缩写 Ig）是人类及高等动物受抗原刺激后体内产生的能与抗原特异性地相互作用的一类球蛋白，又称为抗体。

抗体是机体免疫系统的一个重要组成部分。淋巴细胞与机体的免疫有极密切的关系。根据其功能及产生过程不同，可把它分为两类。一类称 T 淋巴细胞（简称 T 细胞），另一类称 B 淋巴细胞（简称 B 细胞）。B 细胞可转变为浆细胞，抗体主要是由浆细胞合成并分泌到血浆中的。抗体与抗原结合后，即给抗原作上标记，能诱发免疫系统来消灭此抗原。T 细胞本身虽不直接产生抗体，但它可与 B 细胞合作帮助 B 细胞产生抗体。

抗体作用的对象是抗原。抗原侵入人或高等动物体内，能刺激机体产生特异性抗体，并能与抗体发生特异性反应。

抗原根据其来源可分为天然抗原与人工抗原两大类。属于天然抗原的有：血细胞、细菌、病毒、毒素、类毒素、蛋白质等。人工抗原有的是将天然抗原的分子结构作某些改变，结合进去一定的基团，如将碘、二硝基苯基或偶氮基等结合到蛋白质分子中去；有的是完全人工合成的，如合成的多肽，多分枝的氨基酸聚合体等。另外有些物质如某些多糖，类脂等非蛋白质类的物质，单独注入动物体内不能引起机体产生抗体，须与某些蛋白质载体结合后，注入体内才能引起机体产生抗体，但它能与由此而产生的特异性抗体发生反应，这些物质称为半抗原。某些结构简单的化学物质也可作为半抗原。由于它们结构简单，便于研究，所以常用来研究抗原抗体反应的机制。

抗原是相当大的分子或更大的颗粒（如细菌、血细胞等）。但当它刺激机体产生抗体或与抗体相结合时，只是分子中某一部分基团直接决定了动物产生抗体的性质，并在该部位与抗体特异性地结合，这种部位称为抗原决定簇。一个抗原分子可有多个抗原决定簇，其数目与抗原分子的大小及其结构的复杂性有关。据推算，卵清蛋白（分子量 42 000）有 5 个抗原决定簇，甲状腺球蛋白（分子量 700 000）大约有 40 个抗原决定簇。半抗原与蛋白质载体结合后，半抗原部分一般也是抗原决定簇，同时蛋白质载体本身还有其天然的抗原决定簇。抗原决定簇有一定的空间结构，抗体与它的结合是由于在立体结构上有互补关系，与酶同底物的关系很相似。

二、Ig 的分子结构

（一）Ig 的基本结构及分类　Ig 是所有蛋白质中最不均一的一类蛋白质。根据其理化性质尤其是免疫学性质，可将其分为五类，即 IgG、IgA、IgM、IgD 及 IgE。从分子结构上看，所有的 Ig 分子都是由四条肽链组成基本单位，称为四链单位，如图 12-3 所示。

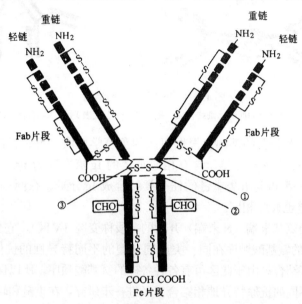

图 12-3　免疫球蛋白结构的基本单位
虚线表示变区，实线表示恒区
① 木瓜蛋白酶水解处　② 胃蛋白酶水解处　③ 绞链区

此五类 Ig 中，IgG、IgD 及 IgE 每分子都由一个四链单位组成，IgM 由五个四链单位组成，五个四链单位间通过 J 链相联结（见图 12-4）。J 链也是多肽链，通过二硫键与每个四链单位结合。IgA 有单体，也有二聚体，血清中主要是单体，也有少量二聚体，二聚体也是通过 J 链将两个单体联结起来。在唾液、眼泪、初乳及鼻、支气管、胃肠道的分泌液中，还大量存在着分泌性 IgA。它具有抗细菌和病毒的作用，并具有抗蛋白水解酶的作用。所以在复杂的有蛋白水解酶的环境中，如胃肠道中，仍具有抗体活性，从而发挥其局部免疫作用。分泌性 IgA 是由两个单体 IgA，一条 J 链及一个分泌成分（又叫 SC 或分泌片）所组成，（见图 12-4）。分泌成分也是一条肽链，它是分泌性 IgA 通过细胞膜进入外分泌腺的管腔所必需的因素，有人认为它还有保护分泌性 IgA 不受蛋白酶水解的作用。

（二）四链单位的一级结构　在每个四链单位中，有两条彼此相同的较长的肽链，约由 450 个（或略多）氨基酸残基组成，称为重链（H 链）。另两条肽链较短，约 210～230 个氨基酸残基，也彼此相同，称轻链（L 链）。这些肽链间除以二硫键相结外，还有各种非共价键相结合。

每个四链单位的重链和轻链中，从其羧基末端（C 末端）开始的一段称恒区（C 区），这部分的氨基酸排列顺序在同一类或同一型的各种不同特异性的 Ig 中的是基本不变的。在重链中，此恒区约占链长的 3/4。在轻链中，恒区约占链长的 1/2。恒区的氨基酸排列

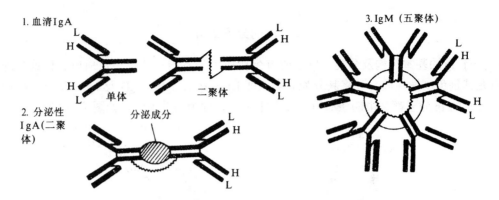

图 12-4 IgA 和 IgM 的结构
粗线代表四链单位的肽链　细线代表二硫键 "〰〰" 代表 J 链　L：轻链　H：重链

顺序是各条肽链分类及分型的基础。根据恒区的免疫学性质，可将轻链分成 κ 及 λ 两型；将重链分成 γ、α、μ、δ 及 ε 五类，含有相应重链的 Ig 依次称为 IgG、IgA、IgM、IgD 及 IgE。两型轻链的任一型可与五类重链的任一类结合成 Ig 分子。在同一分子中，两条轻链彼此相同，两条重链也彼此相同。

从重链和轻链的氨基末端（N 末端）开始的一段称变区（V 区），它分别约占重链的 1/4 及轻链的 1/2。此区的氨基酸顺序在同一类或同一型的不同特异性的抗体中是彼此不同的，抗体与抗原即在此区结合。由于此区可有各种各样的氨基酸顺序，所以保证了不同抗体能与多种多样分子结构不同的抗原特异地相结合。经进一步研究，在重链和轻链的变区中，各有三个超变区，每个超变区约包括 5~10 个氨基酸残基。在不同特异性的抗体中，超变区的氨基酸顺序特别容易变化。而变区的其他部位氨基酸顺序则比较稳定，它组成了超变区立体结构中的骨架，故称骨架区。超变区直接与抗原结合，骨架区维持基本的立体结构。

Ig 是糖蛋白，分子中的糖主要结合于重链的恒区上。已发现的糖有：D-甘露糖、D-半乳糖、L-果糖、D-乙酰神经氨糖酸、氨基葡萄糖、岩藻糖等。

（三）**Ig 的酶解片段**　在研究 Ig 的结构与功能时，常用酶降解法。用木瓜蛋白酶或胰蛋白酶将 IgG 初步水解时，可断裂成三个片段（见图 12-3），即两个 Fab 片段及一个 Fc 片段。Fab 片段含有一条完整的轻链和约半条靠氨基末端的重链。此片段含有全部的抗体与抗原结合部位，仍具与有抗原结合的能力。Fc 片段含有二条重链的靠羧基末端的一段，它与抗体的特异性无关，但有激活补体、调理作用等活性。所以 Ig 的 Fab 部分有识别抗原并与之结合的功能，结合后，再通过 Fc 部分激活补体或调理作用以消灭抗原，所以 Fc 部分有发效的功能。Fab 片段与 Fc 片段连接处有一小段称为绞链区，该区内富含脯氨酸，使该区具有易弯曲性，有助于 Ig 抗原及补体的结合。

（四）**Ig 的立体结构**　经进一步研究 Ig 的立体结构，发现 Ig 分子的每条肽链可分成几个结构区。每个结构区是一个球状折叠单位，数个结构区成串排列似串珠。轻链有两个结构区，即轻链的变区（V_L）及恒区（C_L）。重链中 γ 链和 α 链各有四个结构区，即一个变区（V_H）及三个恒区（C_H1、C_H2、C_H3）。μ 链、δ 链及 ε 链各有五个结构区，即比 γ 链多一个恒区 C_H4，见图 12-5。

每个结构区的肽链折叠方式相似，都有两个 β 折叠层构成的平面，两年 β 折叠层平面间充满疏水侧链。变区的上下两个 β 折叠层结构构成了变区的骨架区。超变区在 β 折叠层之外凸出来的环状部分。V_H 上的三个超变区与 V_L 上的三个超变区共同组成了与抗原决定簇结合的结合中心（有的结合中心由五个超变区组成）。结合中心的立体结构与抗原决定簇相吻合，犹如酶的活性中心与底物相吻合一样。图 12-6 中表示出每个结构区中有由 β 折叠层构成的两个平面（f_x 及 f_y），f_x 有四股肽段，f_y 有三股肽段。变区比恒区多一额外的序列 E，超变区在 b_2、E 和 b_6 部分。

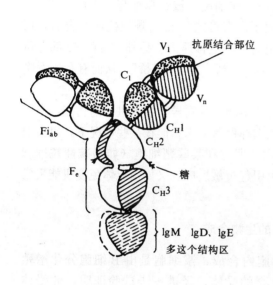

图 12-5 Ig 的结构区

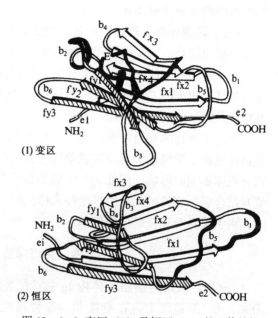

图 12-6 Ig 变区（V）及恒区（C）的立体结构

三、免疫球蛋白的生物学功能

（一）结合抗原 与抗原结合是 Ig 免疫功能的基础。每一四链单位有两个抗原结合中心，它是由每个 Fab 片段中重链和轻链的超变区所组成。识别一种抗原决定簇一般需要有一套共六个超变区（即三个重链的和三个轻链的）。但某些 Ig 的结合中心由五个超变区组成与其互补，另一种抗原决定簇又需另一套超变区与其互补。现已知有 200 种以上的不同氨基酸顺序的超变区，它们的不同组合配套可识别为数极多的抗原决定簇。

抗体与抗原的相互结合虽有高度的特异性，但并非绝对的（犹如酶对底物一样，虽有高度特异性，但大多数不是绝对的）。一般一种抗原决定簇能和多种抗体相结合，而在亲和力[*]上有所区别。例如将半抗原二硝基苯基结合到蛋白质载体上去免疫家兔，可在该家

---

[*] 抗体亲和力是指抗体与抗原决定簇之间相互作用的力量，其大小可用平衡常数 K 来表示。

$$Ab+Ag \rightleftharpoons AbAg \quad K=\frac{[AbAg]}{[Ab][Ag]}$$

（抗体）（抗原）（复合体）

式中浓度的单位都是 mol/L。抗体结合中心与抗原决定簇的立体结构吻合得愈好，其间相互作用的次级键愈多，则 K 值愈大。大多数半抗原与抗体作用的 K 值为 10^{-4}—10^{-10} mol/L。亲和力愈大，则其生物学活性愈高。

兔的血清中分离得亲和力 $K=10^{-6} \sim 10^{-10}$ mol/L 的许多种抗二硝基苯基抗体。

在体内，抗原被抗体结合后，它并不直接被抗体消灭。抗体只是给它作上标记，最后消灭抗原还需通过补体及吞噬细胞的作用。

（二）激活补体 补体（C）是血浆中一组参与免疫反应的对抗原非特异性的蛋白酶系。当 Ig 与具有抗原性的细胞结合后，就能通过 Fc 部分激活补体酶系，使酶系按一定顺序依次活化，最后形成 10 个补体分子组成的十聚体，称为"攻膜复合体"，使具有抗原性的细胞的膜破裂而被杀死。

（三）调理作用 调理作用是指促进颗粒抗原（如细菌）被吞噬细胞吞噬的作用。Ig 与颗粒抗原结合后有调理作用，其机制还不太明了。有可能是 Ig 与颗粒抗原结合后，可改变抗原表面的电荷，从而减少抗原与吞噬细胞间的静电排斥力。另外，Ig 的 Fc 部分可与吞噬细胞膜上的 Fc 受体结合，即在吞噬细胞与颗粒抗原之间"搭桥"，从而有利于吞噬细胞对颗粒抗原的吞噬作用。

从动物进化的观点来看，抗体及补体有防御微生物及其它异物侵害机体的功能，有利于机体维持正常健康，所以在进化过程中被自然选择保留下来。但在某些情况下，也会出现对机体不利的影响。例如 IgE 的组织结合作用，即它和某些靶细胞（如嗜碱性粒细胞等）结合后，当特异的抗原再次侵入体内时，可引起过敏反应。又如当机体免疫机能失常时，可引起自身免疫的疾病等等。

四、免疫球蛋白的生物合成

（一）合成 Ig 的细胞 体内 Ig 主要在浆细胞内合成，浆细胞是由 B 细胞分化增殖而来。B 细胞膜上存在有能和抗原特异性结合的受体，经进一步试验证明，此受体就是膜上的 Ig。随 B 细胞分化程度的不同而有 IgM、IgD、IgG 中的一种或几种。它定向地排在膜上，其 Fc-端插入膜的脂双层中，Fab 一端朝外游离着以便和抗原结合。Fab 部分含有结合抗原决定簇的结合中心，受体即依靠此结合中心的立体结构来识别抗原决定簇。

B 细胞来源于干细胞，在其分化成 B 细胞的过程中，主要由于基因重组的情况不同使同一个体不同 B 细胞的基因彼此不同，以致体内有各种各样不同受体的 B 细胞，它们组成了对抗原决定簇的识别库。据估计，人体内约有 10^{12} 个 B 细胞，组成了约有 10^7 种彼此不同的识别库，平均每一识别库约有 10^5 个 B 细胞。对一个 B 细胞来说，它只能合成一种特异地结合某一定抗原决定簇的 Ig。在干细胞分化成 B 细胞时，合成少量 Ig 结合到膜上成为抗原的受体。当它受抗原激发后增殖及分化成浆细胞时，它的后代浆细胞（这种由一个细胞无性繁殖而来的细胞系称一个克隆）也只能合成此种特异性的抗体。也就是说，一个 B 细胞膜上 Ig 的变区与该 B 细胞所繁殖的克隆所合成并分泌的 Ig 的变区结构是一样的，故其特异性都是针对同一抗原决定簇。

（二）B 细胞的激发及 Ig 的合成 当抗原进入体内时，一定的抗原只能选择性地激发一小部分具有相应特异受体的 B 细胞。B 细胞的激发是个复杂的过程，大多数抗原对 B 细胞的激发须有 T 细胞和巨噬细胞的协同作用。B 细胞经激发后，膜内腺苷酸环化酶被活化，使 cAMP 量增多，激活了细胞内一系列代谢过程，细胞内 DNA 和 RNA 的合成量急剧增高，细胞质内出现大量的核糖体，细胞增大，并发生分裂和分化。每一细胞约可分裂20代左右，最后分化成浆细胞，浆细胞就不再分裂。在受激发的 B 细胞分裂并逐步分化成浆细胞的过程中，每代子细胞含有逐渐增多的免疫球蛋白。最初几代的细胞只能合成 IgM，以后细胞继续分裂分化，可产生 IgG、IgA 等。就单个浆细胞来说，只能产生一种免疫球蛋白，就受抗原刺激的单个 B 细胞繁殖的克隆来说，虽然其发展过程可合成 IgM 或 IgG，但其对抗原的特异性却是相同的。也就是说，一个细胞系在发展过程中，重链的恒区可以改变，但轻重链的变区则都是与原来 B 细胞受体的变区相同的。

浆细胞合成免疫球蛋白的过程是与一般蛋白质生物合成的过程一样，重链和轻链分别在各自的核糖体上合成，链间的二硫键在内质网上形成，最后在内质网及高尔基器中接上糖基，在分泌之前，据认为这些完整的免疫球蛋白分子是含在分泌小囊内。

五、编码 Ig 的基因结构

编码 Ig 的基因是十分独特的，它不是一个基因决定一条肽链，而是多个基因决定一条肽链，并且这些基因在胚胎期是多个片段远离的。从胚胎期的细胞分化到 B 细胞以及在抗原激发后再分化成浆细胞的过程中，基因都经过重组。以小鼠的重链为例，在胚胎期编码 Ig 重链的 DNA 顺序如图 12-7 之（1），至少有 50 个或更多的编码重链变区的基因 V_1、V_2……V_n，每个 V 基因前有一个短的引导顺序 L_1、L_2、……L_n，在各 V 基因之间及 V 与 L 之间都有插入顺序。在最后一个 V 基因之后有一长段内含子，然后有少数 D 顺序及 J 顺序的小片段。Ig 的重链变区约有 120 个氨基酸残基，V 基因只编码第 1~97 个氨基酸残基，第 98 以后由 D 及 J 所编码。在 J 片段之后又是一长段不编码顺序，然后才是编码重链恒区（C_H）的基因组。C_H 的基因组内有 C_μ、$C_{\gamma 3}$、$C_{\gamma 1}$、$C_{\gamma 2a}$、$C_{\gamma 2b}$、C_α 等基因，分别为 μ 链、γ_3 链、γ_1 链、γ_{2a} 链、γ_{2b} 链、α 链等的恒区编码。各恒区基因之间有插入顺序，每个恒区内有四个片段，分别为 Ig 的 C_{H1}、绞链区 C_{H2}、C_{H3} 编号，四个片段间还有插入顺序。

在胚胎细胞分化成 B 细胞的过程中，发生基因重组，每种 V、D、J 片段之一互相连接，它们之间的其他基因及插入顺序都缺失了。如图 12-7 之（2）。V、D、J 的连接处正是编码重链第三个超变区的位置，因此 V、D、J 的不同组合也是抗体多样性的根源之一，V、D、J 连结后，L、VDJ 及 C_μ 基因连同其间还存在的插入顺序一起被转录成大分子的 μ 链的 mRNA 的前体，然后再加工剪接，切去插入顺序，成为成熟的 μmRNA，从核内输到细胞浆与核糖体结合，指导 μ 链的合成。L 片段翻译为前导肽，在内质网腔一侧被肽酶切除。

在 B 细胞受到抗原的激发以后，基因又发生多次重组，变区的基因可与 C_μ 以后的恒区基因相连接，而在变区基因与该恒区基因之间的基因连同其间的插入顺序都被切除。这种重组可发生多次，使变区基因可先后与各恒区基因结合组成一个转录单位〔见图 12-7，（3）〕。如此转录出的重链的 mRNA 的前体，再加工剪接成成熟的 mRNA 输到细胞浆，指导重链的合成。通过这种基因重组，使 B 细胞及其所繁殖的克隆合成 Ig 的特异性不变而 Ig 的类别则由 IgM 转变为 IgG、IgA。

编码轻链的基因与此基本相似。在胚胎编码变区的基因 V 与 J 及编码恒区的基因也都

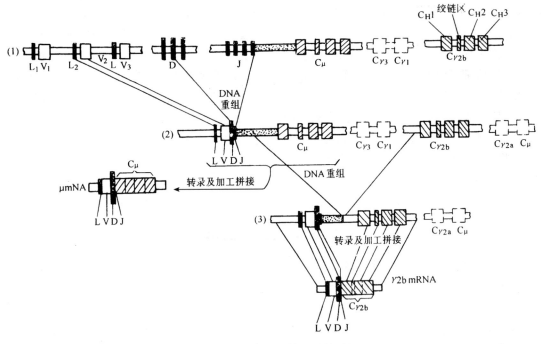

图 12-7 小鼠 Ig 重链基因的重组

是彼此远离的。在发育分化过程中，经过 DNA 重组及对 mRNA 前体的加工，才成为成熟的 mRNA，但不象重链那样有恒区转变的过程。

六、免疫球蛋白的多样性及其根源

Ig 是已知最不均一的一类蛋白质。据估计，一个人的血浆中有千百种结构不同的 Ig。这是由于在生活过程中，总有许多种抗原进入体内，一种抗原有多个抗原决定簇，每种抗原决定簇可以激发多种亲和力彼此不同的 B 细胞受体，因此一种抗原进入体内就可激发许多种具有相应受体的 B 细胞。这些 B 细胞繁殖分化，各自产生自己的克隆。各克隆所合成的 Ig 在变区的一级结构上各克隆间彼此不同，因此造成血浆中 Ig 的高度不均一性。但血浆中存在的千百种 Ig 比起一个人体内 B 细胞的识别库 10^7 的数目来还是很小的数字，也就是说，抗原进入体内只有一小部分 B 细胞被激发。

关于抗体多样性的根源问题，一般认为是多方面的。首先，动物在进化过程中就获得相当大量的在胚胎期就有的变区基因。轻链的基因研究的较多。一般认为编码 κ 链变区的有数百个 V_κ 基因及 5 个 J 基因，编码 λ 链变区的基因很少，一般认为不超过 10 个。重链至少有 50 个或更多（有人认为数百个）的变区基因。其次在胚胎细胞分化成 B 细胞的过程中，通过基因重组，每个 V_κ 基因可与 5 个 J 基因中的任一个连接，并且在某一个 V_κ 基因与某一个 J 基因链接时，其连接点又不十分严格，现已知至少有三个位置可结合，如图 12-8，因此又增加了不同组合的机会。如 V_κ 基因按 300 个计，则编码 κ 链变区的基因有 $300 \times 5 \times 3 = 4\,500$ 种可能的组合。λ 链及重链的基因重组也基本如此。如假定编码重链变区的基因也有 4 500 种可能的组合，则由 κ 链与重链组成的 Ig 有 $4\,500 \times 4\,500 = 2 \times 10^7$ 种可能的组合。此数字再加上未计在内的 λ 链与重链的组合已大于体内 B 细胞的识别库（一般估计

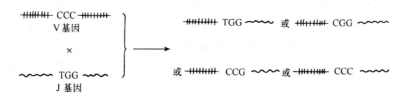

图 12-8　V、J 基因拼接位置不严格造成的多样性　由于拼接位置不同形成了不同的密码子

人体内 B 细胞识别库有 10^7 种），因此可以说明抗体多样性的主要根源。此外，据试验，胚胎期编码 λ 链变区的基因数目很少，例如小鼠仅有 2 个 V_λ 基因，而已知的 λ 链变区的氨基酸顺序的数目要比此数多得多，因此 λ 链变区的多样性有一部分还可能来自体细胞突变。

总之，动物通过进化过程获得的在胚胎期就具备的相当大量的变区基因；胚胎细胞分化成 B 细胞时的基因重组；和体细胞突变等方式造成了各种各样的抗体，以保护机体抵抗外来物的入侵。

第四节　红细胞的代谢

一、红细胞的化学组成及代谢特点

（一）**化学组成**　红细胞含水较其他细胞为少，约 60%～65%。固形物中绝大多数是血红蛋白，约占 32%，其余的是其他蛋白质、脂类、葡萄糖、代谢中间产物、无机盐及酶等。

其他蛋白质包括糖蛋白、脂蛋白、血铜蛋白等。脂类主要是胆固醇、卵磷脂和脑磷脂。红细胞膜脂类与蛋白质的比为 1∶1.6 至 1∶1.8。由于红细胞膜是由镶嵌着蛋白质的脂双层组成，故凡能使脂类溶解或改变脂类物理性状的物质如乙醚、氯仿等脂肪溶剂，胆盐、肥皂等乳化剂都能引起膜的脂双层破坏而溶血。某些生物毒素，特别是蛇毒及溶血性细菌的毒素也有引起溶血。生物毒素引起溶血的原因很复杂。有的是由于毒素内含有能水解卵磷脂的酶（如蛇毒及溶血性链球菌中含有磷脂酶 A 能从卵磷脂分子上水解下一个不饱和脂肪酶，生成溶血卵磷脂，引起溶血）；另一些毒素是由于能溶解脂类或和脂类结合。此外，物理的因素如紫外线照射，交替地冰冻与融化也可改变细胞膜的结构而引起溶血。

红细胞中的酶有碳酸酐酶、过氧化氢酶、肽酶、胆碱乙酰化酶、胆碱酯酶、糖酵解酶系以及有关谷胱甘肽合成的酶系等。碳酸酐酶对血液运输二氧化碳起着很重要的作用，酵解酶系所催化的葡萄糖酵解作用是哺乳类动物红细胞取得能量的主要方式。胆碱乙酰化酶与胆碱酯酶使红细胞保持一定量的乙酰胆碱，它与红细胞的通透性有关。如果胆碱乙酰化酶被抑制，则红细胞膜失去其选择性的通透性而引起溶血。

（二）**红细胞代谢的特点**

1. **代谢概况**　哺乳动物成熟的红细胞没有核、线粒体、内质网及高尔基体，不能进行核酸、蛋白质及脂类的合成。它缺乏完整的三羧循环酶系，也没有细胞色素的电子传递系统。正常情况下耗氧量甚低，它所需的能量几乎完全依靠葡萄糖酵解而取得。酵解产生的 ATP 主要用于维持细胞膜上的钠泵。如 ATP 缺乏，则膜内外离子平衡失调，Na^+ 进入红细胞多于 K^+ 排出，结果使红细胞膨大成球状甚至破裂。此外，ATP 还用于膜脂与血浆脂的交换以更新膜脂。还有少量 ATP 用于合成脱氢辅酶。

鸟类的红细胞则有核等结构，它与一般细胞相似，主要通过糖的有氧氧化取得能量。

2. 糖代谢 哺乳动物成熟的红细胞没有糖原的储存。红细胞膜上含有运载葡萄糖的载体，使葡萄糖很容易通过细胞膜，故葡萄糖的浓度在红细胞内与血浆中几乎相等。葡萄糖的代谢绝大部分是通过酵解，此外还有小部分通过磷酸戊糖途径、2,3-二磷酸甘油酸支路及糖醛酸循环。酵解途径在糖的氧化中已介绍过，下面只补充介绍其他途径。

（1）**磷酸戊糖途径** 在成熟的红细胞内经磷酸戊糖途径产生的 NADPH，不象其他细胞那样可作为还原力，如用于合成脂肪酸，而是用于保护细胞及血红蛋白不受种种氧化剂的氧化。在生理条件下，葡萄糖代谢通过磷酸戊糖途径的约占 3%～11%。当红细胞内代谢不正常使氧化型谷胱甘肽（GSSG）与还原型谷胱甘肽（GSH）的比值（GSSG/GSH）增大，或过氧化氢酶失活（Fe^{2+} 被氧化成 Fe^{3+} 而失活）致使过氧化氢在红细胞内堆积时，磷酸戊糖途径都加速。这些情况都是为 NADPH 提供了电子最终受体，因而促进了磷酸戊糖途径。而磷酸戊糖途径的重要生理意义也就在于使红细胞内许多物质维持其还原状态。以维持其正常功能。例如使 GSSG 还原为 GSH 以及破坏其它有害的氧化剂等。GSH 在细胞内具有重要的生理功能。它能通过谷胱甘肽过氧化物酶还原体内生成的 H_2O_2，以消除 H_2O_2 对血红蛋白、含—SH 基的酶及膜上—SH 的氧化；它也能直接还原高铁血红蛋白。因而它能维护这些酶、细胞膜及血红蛋白的正常机能。上述反应可归纳如图 12-9。

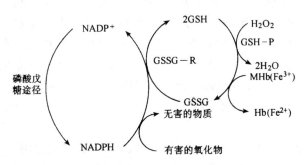

图 12-9 红细胞内磷酸戊糖途径的主要生理意义 GSSG-R：氧化型谷胱甘肽还原酶 GSH-P_x：谷胱甘肽过氧化物酶 MHb：高铁血红蛋白，铁为三价 Hb：血红蛋白，铁为二价

（2）**糖醛酸循环** 糖醛酸循环又称 Touster 通路，其过程见下页图 12-10。此通路被重视的理由是与 NAD^+ 及 $NADP^+$ 有关的反应非常多。1 分子葡萄糖变为 1 分子 5-磷酸-D-木酮糖能有 4 分子 NAD^+ 变为 NADH，同时又使 2 分子 NADPH 变为 $NADP^+$，即通过此途径可间接使 NADPH 的氢转给 NAD^+ 生成 NADH，它对于维持红细胞中血红蛋白的还原状态有重要意义，这一点在下面再详细讨论。

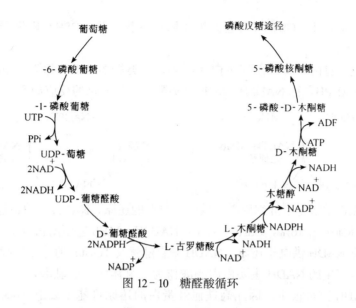

图 12-10 糖醛酸循环

二、血红蛋白的性质及代谢

（一）血红蛋白的主要化学性质

1. 与氧结合　有关的详细机理在蛋白质第一章已介绍。

2. 血红蛋白的氧化及其恢复　血红蛋白可被铁氰化钾、亚硝酸盐、盐酸盐、大剂量的甲烯蓝及过氧化氢等氧化剂氧化为高铁血红蛋白（MHb）。在高铁血红蛋白中，铁已氧化为三价，失去了运输氧的能力。高铁血红蛋白可用下式表示：

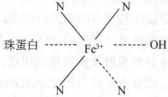

正常的红细胞中也有少量某些氧化剂能把血红蛋白氧化为高铁血红蛋白。但红细胞有使高铁血红蛋白缓慢地还原为血红蛋白的能力，所以正常血中只有少量的高铁血红蛋白。但如吃入较多量的上述氧化剂，使产生高铁血红蛋白的速度超过红细胞本身还原它的速度，则可出现高铁血红蛋白血症。据试验高铁血红蛋白占总血红蛋白10%～20%时只引起中度发绀，无其他症状；占20%～60%时出现一系列轻重不同的症状；占60%以上时可引起死亡。萝卜、白菜等的叶子中含有较多量的硝酸盐，如果保存不善或加工不善，由于微生物繁殖的结果，将硝酸盐还原为亚硝酸盐。家畜（特别是猪）如吃入大量此种饲料，则可引起中毒。

正常红细胞把高铁血红蛋白还原为血红蛋白的方式有酶促反应及非酶促反应两种。维生素C及还原型谷胱甘肽还原高铁血红蛋白是非酶促反应：

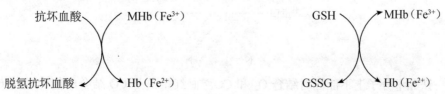

而氧化型谷胱甘肽（GSSG）再还原为还原型谷胱甘肽（GSH）则靠磷酸戊糖途径的 NADPH 已如前述。

在酶促反应中有两类高铁血红蛋白还原酶，一类需 NADH，称为 NADH‑MHb 还原酶。另一类需 NADPH，称 NADPH‑MHb 还原酶。它们催化的反应如下：

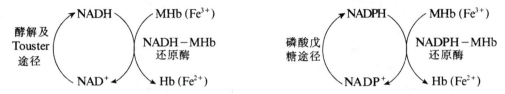

据计算，在正常情况下红细胞内高铁血红蛋白的还原，NADH‑MHb 还原酶催化的部分占 61%，抗坏血酸占 16%，GSH 占 12%，NADPH‑MHb 还原酶占 5%，所以说高铁血红蛋白主要是靠 NADH 供电子还原。NADH 来自酵解及 Touster 通路。但酵解中间过程 3-磷酸甘油醛脱氢产生的 NADH 主要由丙酮酸作为受氢体而生成乳酸，所以用于还原高铁血红蛋白的 NADH 数量很少。因此高铁血红蛋白的还原可能主要靠 Touster 通路产生的 NADH。在 Touster 通路中，1 分子葡萄糖变为 1 分子木酮糖-5-磷酸时，有 4 分子 NAD^+ 变为 NADH，但必须有 2 分子 NADPH 变为 $NADP^+$，而 NADPH 则须来自磷酸戊糖途径。因此磷酸戊糖途径也有间接把高铁血红蛋白还原为血红蛋白的功用，即由它提供的 NADPH 可通过 Touster 通路转变为 NADH。

在正常情况下，NADPH‑MHb 还原酶对高铁血红蛋白的还原作用很弱，而适量的甲烯蓝则有类似该酶的作用，通过甲烯蓝-甲烯白的中间转换可大大加速对高铁血红蛋白的还原作用。

在临床上常遇到家畜吃含亚硝酸盐过多的饲料而中毒，其原因前已介绍，即由于亚硝酸盐过多，其氧化血红蛋白产生高铁血红蛋白的速度超过了正常红细胞还原高铁血红蛋白的能力。临床治疗时，可静脉注射葡萄糖及小剂量的甲烯蓝，此外也可再注射抗坏血酸。抗坏血酸可还原高铁血红蛋白，葡萄糖可作为产生 NADPH 及 NADH 的最根本的供氢体。小剂量甲烯蓝的作用则是如上所述，能使红细胞内产生甲烯蓝-甲烯白的互相转变，大大加速了磷酸戊糖途径对高铁血红蛋白的还原作用。它实际上是起传递电子的作用，所以只需小剂量。如果注射大剂量的甲烯蓝，超过了磷酸戊糖途径的还原能力，则血液中就有大量甲烯蓝剩余，它是个氧化剂，能氧化血红蛋白成为高铁血红蛋白。所以大剂量的甲烯蓝与小剂量的甲烯蓝在临床上效果恰恰相反，其原因就在这里。

3. 血红蛋白与一氧化碳的结合　血红蛋白与 CO 作用能生成碳氧血红蛋白（HbCO），CO 与 Fe^{+2} 也是配位键结合。

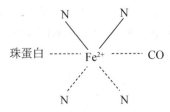

同一铁卟啉分子上不能同时结合 O_2 和 CO。血红蛋白与 CO 结合的能力较与 O_2 结合

的能力强 200~300 倍，如空气中有 1 份 CO 和 250 份 O_2，则血液中的氧合血红蛋白与碳氧血红蛋白数量大致相等，亦即血红蛋白运氧的能力降低 50%，因此氧的运输就受到障碍，这就是 CO 中毒作用的实质。

4. 血红蛋白与二氧化碳的作用　血红蛋白与二氧化碳作用时，其蛋白质部分的游离氨基与二氧化碳结合成为碳酸血红蛋白（$HbCO_2$）。如以—NH_2，标出血红蛋白的游离氨基，则反应如下：

$$Hb—NH_2 + CO_2 \rightleftharpoons Hb—NH—COOH$$

体内新陈代谢产生的二氧化碳，约 18% 是通过碳酸血红蛋白的形式运至肺部排出体外（约 74% 以碳酸氢盐形式运输）。

（二）血红蛋白的分解代谢

1. 血红蛋白的分解与胆红素的生成　红细胞的平均寿命各家畜有所不同。马约 140~150 d，绵羊 64~118 d，山羊约 125 d，猪约 62 d。家畜体内每天约有 0.6%~3.0% 的红细胞破坏（衰老的红细胞主要在脾脏、肝脏、骨髓的网状内皮系统中被破坏）。红细胞破裂后，血红蛋白的辅基血红素被氧化分解为铁及胆绿素。脱下的铁几乎都变为铁蛋白而储存，可重新利用。胆绿素则被还原成胆红素。胆红素在水中溶解度很小，进入血液后，即与血浆清蛋白或 α_1 球蛋白（以清蛋白为主）结合成溶解度较大的复合体而运输。此种与蛋白质结合的胆红素在临床上称间接胆红素（也称游离胆红素）。由于蛋白质分子大，所以间接胆红素不能通过肾脏从尿排出。胆红素有毒性，特别对神经系统的毒性较大。经与蛋白质结合后，虽然结合是可逆的，但大部分胆红素被蛋白质结合，这样可限制胆红素自由地通过各种生物膜，减少游离胆红素进入组织细胞产生毒性作用。某些有机阴离子，如磺胺类、脂肪酸、胆汁酶、水杨酸类等可与胆红素竞争同清蛋白结合，从而减少胆红素同清蛋白结合的机会，增加其透入细胞的可能性。

2. 胆红素在肝、肠中的转变　间接胆红素随血液运到肝脏时，胆红素即与清蛋白分离而进入肝细胞，主要与 UDP-葡萄糖醛酸反应生成葡萄糖醛酸胆红素，此为肝脏解毒作用的一种方式。UDP-葡萄糖醛酸由糖代谢而来，其生成的反应过程见图 12-10 糖醛酸循环的前四步反应。葡萄糖醛酸胆红素在临床上称直接胆红素（也称结合胆红素），它的溶解度较大。血液中如有直接胆红素，就可通过肾脏从尿排出，使尿中出现胆红素（正常尿中没有）。肝细胞产生的葡萄糖醛酸胆红素从肝细胞排入毛细胆管随胆汁排出。由于毛细胆管内胆红素浓度很高，所以肝细胞排胆红素是一个复杂的耗能过程。

随胆汁进入小肠的葡萄糖醛酸胆红素在回肠末端及大肠内经肠道细菌的作用，先脱去葡萄糖醛酸，再经过逐步的还原过程转变为无色的尿胆素原及粪胆素原（它们结构相似又常同时存在，习惯上任提一种名称或总称为胆素原）。它们在大肠下部及排出体外时，均可被氧化成尿胆素及粪胆素，此即粪的颜色的一种重要来源。

在肠内，一部分尿胆素原可被吸收进入血液，经门静脉而进入肝脏。这种被吸收的尿胆素原大部分可被肝细胞吸收，再随胆汁排入小肠，此即称为尿胆素原的肝肠循环。从门静脉进入肝脏的尿胆素原还有一小部分未被肝细胞吸取而从肝静脉流出，随血液循环至肾脏而排出，此即尿中含有少量尿胆素原的来源。尿中少量的尿胆素原在空气中可被氧化而变成尿胆素使尿色变深。以上各种色素总称为胆色素，其转变的简要过程见图 12-11。血红蛋白的分解代谢可归纳于图 12-12。

3. **黄疸** 黄疸是由于血液中胆红素含量过多而使可视粘膜被染黄的现象。正常血液中胆红素含量很少。直接胆红素一般不进入血内，间接胆红素进入血液后很快被肝脏处理

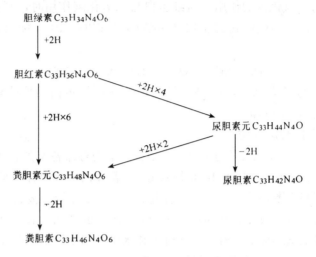

图 12-11 胆色素的转变

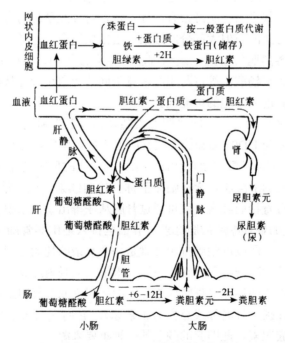

图 12-12 血红蛋白的分解代谢

而排入肠道，故血液中含量很低。例如马血清中正常范围为 0.5～4.5 mg%，牛为 0～1.4 mg%，绵羊为 0～0.5 mg%，猪为 0～0.8 mg%。如在异常情况下，胆红素来源增多（如红细胞大量破坏——溶血性黄疸），或胆红素去路不畅（如胆道阻塞——阻塞性黄疸），或肝脏处理胆红素能力降低（实质性黄疸），都可引起血中的胆红素增加使可视黏膜黄染。

第十三章 某些组织和器官的生物化学

第一节 神经组织

神经组织在体重中所占比例很小,但大脑和神经系统却支配着全身绝大多数的机能活动。其支配作用的方式有二,即直接用神经冲动传送至组织或器官;或间接通过体液因素来实现。因此可以预料,神经组织无论在组成上或代谢上都会有其特点的。近年来对神经组织生物化学的研究很活跃,为在分子水平上揭示这个特殊组织的奥秘积累了资料。本节仅就大脑的一般代谢和神经递质做简要的介绍。

一、大脑的一般代谢

要想深入了解大脑的机能,必须了解其各组成部分的结构、代谢和机能的精细区别。但对大脑总体代谢的研究,也能阐明大脑活动的某些总的特点。

(一) **能量代谢** 一个 70 kg 的人,其脑重约 1.5 kg。这样小的组织却接受心排血量的 15% 左右,并且占休止时全身耗氧量的 20% 左右,可见大脑代谢非常活跃。在正常营养状况下,大脑的呼吸商为 1,说明它是以糖为燃料进行呼吸的。但大脑中储存的葡萄糖和糖原,仅够其几分钟的正常活动,所以大脑主要利用血液供应的葡萄糖。而且根据大脑的耗氧量进行计算,其消耗的葡萄糖有 90% 以上是彻底氧化为二氧化碳和水的,生成乳酸和丙酮酸的不超过 10%。这样大量的葡萄糖通过氧化分解途径,必然在胞液中产生大量的 NADH,而这些 NADH 又必须迅速氧化掉。由于吡啶核苷酸类不能穿过线粒体膜,故在大脑胞液中生成的 NADH 是通过 α-磷酸甘油穿梭作用进入线粒体后被氧化的。

由于大脑需要靠血液供应葡萄糖,所以对血糖浓度的降低最敏感。血糖浓度的轻微下降,可由大脑血流量的增加所代偿。但降低较多时,则引起大脑机能的紊乱。低到一定程度可发生低血糖昏迷,此时大脑的呼吸大大降低。在血液循环停止后,大脑的机能很快丧失。这主要是由于氧的供应断绝,而大脑的含氧量仅够其 8s 左右的活动之故。过去曾经认为,在正常生理条件下大脑只能利用葡萄糖供给能量。现在看来并非如此。已证明在成年动物的大脑中具有足够的酶活性,通过这些酶的作用可由酮体提供三羧循环所需的全部乙酰 CoA。只是在正常情况下,血中酮体的浓度太低,不能在大脑的能量供应中起明显的作用。但在有些情况下，例如由于较长期的饥饿，血中酮体含量大为上升而血糖降低时，则酮体的氧化可达大脑总耗量的 60% 左右。此时葡萄糖则仅为 30% 左右。

幼畜在哺乳期，把酮体变为乙酰 CoA 的酶活性比成年高，因而在大脑的氧化底物中酮体占相当显著的部分。在出生时，血糖和血中酮体都暂时降低。但开始吃乳后，由于乳是高脂肪饲料，其血中酮体的浓度显著上升，以致酮体可以做为大脑的能源之一。

现在证明，在糖尿病酮血症和摄入葡萄糖低时，大脑利用酮体。

在饥饿时，虽然如上所述大脑消耗的氧化原料发生了重大改变，但大脑整体的大小和组成却保持不变。这和机体的其他部分是极为不同的，其他部分在死前可丢失其原重的一半。表 13-1 列举了大鼠在蛋白饥 5 周后的某些变化。另外还证明大脑的蛋白质和 DNA 含量不受饥饿的影响，这可说明大脑在整体中的重要性。

表 13-1 正常饲喂大鼠和以蔗糖及水维持 5 周的大鼠体重、大脑重和大脑组成

	对照（正常饲喂）	饥饿的（蔗糖和水）
体重 (g)	289	160
大脑重 (g)	1.71	1.67
大脑胆固醇 (mmol/kg)	49.7	49.7
大脑总磷脂 (mmol/kg)	65.1	66.0
大脑 DNA	4.01	4.24

（二）氨和谷氨酸的代谢　在神经组织中含有几种酶（如腺苷酸脱氨酸）能以高速度产生氨。但氨是有毒的，其在大脑内的恒态浓度必须维持在 0.3 mmol/L 左右。多余的氨靠形成谷氨酰胺运出脑外。

$$\text{谷氨酸}+NH_3+ATP \xrightarrow{\text{谷氨酰胺合成酶}} \text{谷氨酰胺}+ADP+Pi$$

谷氨酰胺把大脑产生的氨运至肝脏以生成尿素，这样使大脑经常发生谷氨酸的净丢失。这种丢失的 63% 左右由血液中的谷氨酸补充，其余的则靠葡萄糖（图 13-1）。葡萄糖供给谷氨酸的过程是：首先由三羧循环中的 α-酮戊二酸在谷氨酸脱氢酶的作用下生成谷氨酸，而消耗的 α-酮戊二酸则由丙酮酸固定 CO_2 生成草酰乙酸来进行补充，丙酮酸则是由葡萄糖生成的。

大脑中产生氨的一个特别重要的反应系列是 γ-氨基丁酸（一种抑制性神经递质）的

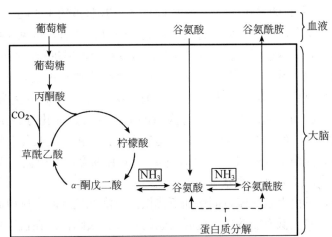

图 13-1　与游离氨的清除有关的反应

生成和分解（图 13-2）。这个反应系列是由谷氨酸脱羧基反应开始的，此反应需要磷酸吡哆醛做为辅酶。此反应系列称为 γ-氨基丁酸循环。似乎大脑中葡萄糖总转换量的 10% 左

右是被三羧循环的这个旁路所代谢的。

（三）维生素在大脑代谢中的作用　饲料中缺乏与供能反应辅酶有关的维生素时，可引起神经机能紊乱。这是易于理解的，因为如上所述，大脑的代谢速率特别高，能量供应不足时，大脑的机能便迅速受到损伤。

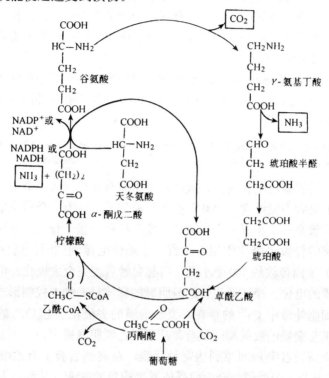

图 13-2　γ-氨基丁酸循环及有关反应

1. **硫胺素（B_1）**　在丙酮酸转变为乙酰 CoA 的脱羧反应中需要焦磷酸硫胺素。因此当硫胺素缺乏时，三羧循环（正常时大脑活动的主要能源）被抑制，丙酮酸和乳酸聚存。人的大脑中每克组织约含 5 纳摩尔硫胺素，并且它比任何其他器官都更顽强的保持这个含量。在食物中缺乏硫胺素的头 15d，其他组织的含量降至原含量的 30% 左右，而大脑仍能保持其正常含量。其后大脑中硫胺素的含量开始下降，并出现神经症状。其表现为周围神经炎、精神错乱以及其他症状。

2. **吡哆醛（B_6）**　在大脑中需要磷酸吡哆醛做为辅酶的重要反应有：谷氨酸和草酰乙酸之间的转氨基反应；谷氨酸变为 γ-氨基丁酸，5-羟色氨酸变为 5-羟色胺和多巴变为多巴胺的脱羧反应等。维生素 B_6 缺乏的特点是惊厥。这可能是由于生成 γ-氨基丁酸的能力降低的结果，因为 γ 氨基丁酸对神经活动有抑制作用。

（四）脂类　在化学组成上，大脑的特点是脂类含量高，它占白质干重的 56% 和灰质的 32% 左右。而且主要是类脂，并以胆固醇的含量最高。脑中大多数脂类在代谢上是不活泼的，它们主要起结构的作用。

二、神经递质

周围神经末梢与效应器细胞发生机能联系的部位称为突触。在这里神经末梢与其效应器细胞之间有一定的间隙称为突触间隙。神经末梢靠近突触间隙的细胞膜称突触前膜，效应器细胞靠近突触间隙的细胞膜称为突触后膜。神经纤维把神经冲动传递给效应器细胞是通过神经末梢释放某种化学物质，这些物质经过突触间隙作用于效应器细胞而实现的。这种物质称为神经递质。它们都是可扩散的小分子化合物。现在证明，神经细胞之间也是通过这种方式传递信息的。在周围神经中，有些神经纤维兴奋时，其末梢释放乙酰胆碱做为神经递质，称胆碱能神经。另一些则释放去甲肾上腺素，称去甲肾上腺素能神经。下面简单介绍这两种神经递素质。

（一）乙酰胆碱　电生理证明，支配骨骼肌的神经末梢释放乙酰胆碱。乙酰胆碱是在靠近前突触末端处合成的。合成反应是由乙酰—CoA 将其乙酰基转给胆碱：

$$CH_3C(=O)-SCoA + HOCH_2CH_2N^+(CH_3)_3 \longrightarrow CH_3C(=O)-O-CH_2CH_2N^+(CH_3)_3 + HSCoA$$

乙酰辅酶A　　　　　胆碱　　　　　　　　乙酰胆碱　　　　　　辅酶A

催化反应的酶是胆碱乙酰化酶。合成的乙酰胆碱有些被摄入到突触小囊中，其余的则留在胞液中，每个突触小囊约含 10 000 个乙酰胆碱分子，称为一个递质量子。

乙酰胆碱的释放是一个小囊一个小囊地释放，故称为量子释放。在休止时它零星地释放，引起突触后膜的轻微去极化作用。而当一个动作电位到达时，则释放的频率大为增高，在不到 1×10^{-3}s 内释放约 100 个小囊，引起突触后膜完全去极化。可见释放小囊的数目取决于突触前膜的电位。换句话说，乙酰胆碱的释放是一种电控制形式的分泌。乙酰胆碱的分泌依赖于细胞外液中 Ca^{2+} 的存在，突触前膜的去极化引起 Ca^{2+} 的进入，它的作用是促进突触小囊膜与突触前膜的瞬间融合，从而把乙酰胆碱排出。

释出的乙酰胆碱通过突触间隙到达突触后膜，在突触后膜上有乙酰胆碱的特异性受体。2 分子乙酰胆碱与一个受体结合而使受体发生构象的改变，从而打开了一个阳离子孔道。此孔道几乎对 Na^+、K^+ 有相等的通透性，于是 Na^+ 进入细胞而 K^+ 逸出。此通透性是在 1×10^{-4}s 内显著升高的。但是由于 Na^+ 穿过膜的电化学梯度大于 K^+，所以 Na^+ 的进入比 K^+ 的逸出多。Na^+ 的进入使突触后膜去极化并触发一个动作电位。乙酰胆碱与其受体的结合可表示如下：

$$2A + R \rightleftharpoons A_2R \rightleftharpoons A_2R^*$$

其中 A 是一个乙酰胆碱分子，R 是关闭的通道，R^* 是开放的通道。一个开放的通道在其 1×10^{-3}s 的开放期间约有 10^4 个离子通过。受体受乙酰胆碱的作用时间较长可产生脱敏作用，就是说它关闭一个较长间隔，而不对乙酰胆碱发生反应。

为了恢复突触后膜的可兴奋性，必需除掉极化信号。乙酰胆碱是被乙酰胆碱酯酶水解为乙酸和胆碱的：

$$H_3C-C(=O)-O-CH_2CH_2N^+(CH_3)_3 + H_2O \rightleftharpoons H_3C-C(=O)-OH + HO-CH_2CH_2N^+(CH_3)_3$$

乙酰胆碱　　　　　　　　　　　乙酸　　　　　　胆碱

这样便恢复了突触后膜的通透性，膜便处于极化状态。乙酰胆碱酯酶位于突触间隙。其突出特点是活性很高，40×10^{-6}s 能分解 1 分子乙酰胆碱。此酶的高活性对迅速恢复突触后膜的极化状态是必需的。只有突出后膜在不到 1×10^{-3}s 的时间内恢复其极化，才能完成每秒钟传导1 000次冲动的任务。

乙酰胆碱酯酶的催化机制是：在其活性中心有一个特异的丝氨酸残基，它与乙酰胆碱反应生成一个共价键联结的乙酰基—酶中产物，并释出胆碱。然后乙酰基—酶中产物再与水反应生成乙酸和游离的酶。

上述乙酰胆碱作为神经递质的作用机制使我们从分子水平上阐明了许多药物和毒物的作用原理，并对生产实践具有重要的应有价值。例如毒扁豆碱和新斯的明是乙酰胆碱酯酶的抑制剂，在医药上用以治疗肠蠕运迟缓和青光眼。许多有机磷化合物是乙酰胆碱酯酶的更强的抑制剂，在农业上被用作杀虫药。而且根据有机磷化合物抑制乙酰胆碱酯酶的作用机制，已制造出解除这些农药中毒的药物。另外，直接作用于乙酰胆碱受体的化合物也可使神经肌肉的传导发生障碍。箭毒碱的作用在于它与乙酰胆碱相竞争地与乙酰胆碱受体结合，从而抑制了终板的去极化。而十烷双胺的作用与之相反，它与此受体结合后，引起终板持久的去极化。琥珀酰胆碱是乙酰胆碱的类似物，在外科手术中它被用于产生肌肉松弛。突触后膜的乙酰胆碱酯酶水解琥珀酰胆碱的速度很慢，因而它引起终板的持久去极化。但血浆和肝中有一种特异性较小的胆碱酯酶，此酶可水解琥珀胆碱。因而琥珀酰胆碱的特点是，在停止注射后神经肌肉的传导作用很快恢复。在用纯乙酰胆碱受体免疫兔子后，兔子表现数周的肌肉无力和疲劳。这是由于它们产生了抗体，而抗体在神经肌肉联结处直接作用于乙酰胆碱受体之故。人类肌无力病的症状与之类似。并且在此种病人的血清中确实含有与其乙酰胆碱受体直接作用的抗体。即肌无力是一种自身免疫病。

（二）儿茶酚胺类和γ-氨基丁酸（GABA） 除乙酰胆碱外已鉴定出一些神经递质。确定一个神经递素必须符合以下标准：

① 向突触间隙注射此物质必需引起与突触前神经兴奋相同的反应。
② 突触前神经末梢必需富含此物质，分离出含有此物质的突触小囊是最有力的证据。
③ 突触前神经必需适时释放此物质，并且其量足以对突触后神经发生作用。

几种儿茶酚胺是符合这些标准的。例如，去甲肾上腺素是受交感神经纤维支配的平滑肌联结处的神经递质（在副交感神经联结处的神经递素是乙酰胆碱）。另外两个儿茶酚胺类神经递素是肾上腺素和多巴胺。事实上，这些儿茶酚胺是在交感神经末梢和在肾上腺中由酪氨酸合成的。合成的第一步是酪氨酸羟化为多巴，此反应为限速反应。然后多巴脱羧生成多巴胺。多巴胺羟基化生成去甲肾上腺素。去甲肾上腺素甲基化便生成肾上腺素。

儿茶酚胺类神经递素的灭活方式是儿茶酚环上3-羟基的甲基化。此反应由儿茶酚—O—转化甲基酶所催化，甲基的给体是S-腺苷甲硫氨酸。此外，这些神经递质可受单胺氧化酶氧化移去其氨基而灭活。

γ-氨基丁酸也是神经递素。它增高突触后对K^+的通透性。因此，γ-氨基丁酸使膜电位远离触发动作电位的阈值，所以它是一个抑制性神经递质。前已述及，γ-氨基丁酸由谷氨酸生成，并转变为琥珀酸而灭活。

第二节 肌肉收缩的生物化学

肌肉是怎样进行收缩的？长期以来即是人们所感兴趣的研究课题。经过多年的努力，现在已从分子水平上基本上研究清楚了骨骼肌的收缩机制了。现在证明，收缩是由两条相互交错的蛋白纤维相对滑动引起的。收缩的能量来自 ATP 的水解，骨骼肌的收缩由 Ca^{2+} 的浓度进行调控，而 Ca^{2+} 浓度则由肌浆网调控。肌浆网是一种膜系统，在休止时它把 Ca^{2+} 贮藏起来，而当神经冲动到达时则释出 Ca^{2+}。肌肉收缩是把化学键能变为动能的最明显的例子，其他如细胞分裂时染色体的移动；噬菌体 DNA 的注入细菌；分子主动转运；mRNA 的移动等，都是把化学键能变为动能的例子。因此，如何把化学键能变为动能仍是当前分子生物学中最引人注目的问题之一。本节仅讨论骨骼肌收缩的分子原理。

一、肌纤维和肌原纤维

骨骼肌的每个肌纤维呈圆柱形，直径在 $10\sim100\mu m$ 之间，但长为几毫米到几厘米。每个肌纤维被可用电刺激而兴奋的膜包围起来，此膜称为肌纤维膜（或细胞膜）。紧靠在膜下面有多个细胞核。肌纤维内大部分空间充满了许多纵向排列的肌原纤维，其直径为 $1\mu m$，这是肌肉收缩的位置。肌原纤维浸浴在肌浆（细胞内液）中。肌浆中含有糖原，ATP，磷酸肌酸以及酵解酶类。每个肌原纤维都被肌浆网所包围。肌浆网是由极细管道形的网状物，其中贮存着 Ca^{2+}。肌浆网并与横向微管系统（T 系统）紧靠在一起。不同类型的肌肉有不同数目的线粒体。

每个肌原纤维由一系列的重复单位——肌小节组成。肌小节与肌小节之间由 Z-线结构分开。肌小节是肌原纤维的基本收缩单位，其结构如图 13-3 所示。每个肌小节由许多

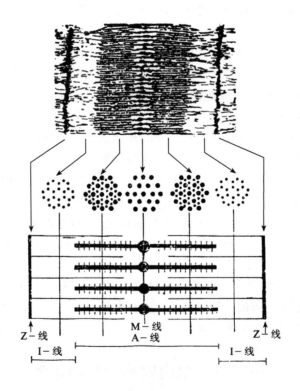

图 13-3 肌小节模式图

粗丝和细丝重迭排列组成。粗丝位于肌小节中段，与肌原纤维的纵轴平行排列，形成所谓A带。许多粗丝整齐排列成六角形，粗丝的中央由叫做M桥的纤维把它们固定起来。细丝排列方式与粗丝相同，但细丝联于Z线，从肌小节的两端伸向中央，并插入粗丝中与之部分重叠。但从肌小节两端伸向中央的细丝彼此不相联结。A带两端与Z线之间的部位称为I带。在粗丝和细丝的重迭区域，有横桥由粗丝伸向细丝。现在证明，在肌肉收缩时，粗丝和细丝本身都不缩短，而是彼此之间做相对滑动，使粗丝和细丝之间的重迭部分增多，因而肌小节缩短，引起了收缩。肌肉舒张时的滑动方向相反。舒张是被动滑动过程。而收缩则是在分解ATP的同时，引起横桥发生构象改变的消耗能量的过程。下面较详细的阐明其分子机制。

二、肌球蛋白和粗丝

粗丝的主要成分是肌球蛋白。肌球蛋白是一个很大的分子（50 0000），它由两条相同的主链和四条轻链所组成。电子显微镜观察表明，它具有一个很长的棒（尾巴），棒的一端联有两个球形的头（图13-4）。已证明尾巴部分由两条主链的一部分组成。每条链各形成 α-螺旋，两条链又共同形成螺旋。两条主链的其余部分则各自形成球形的头，轻链则形成两个头的一部分。

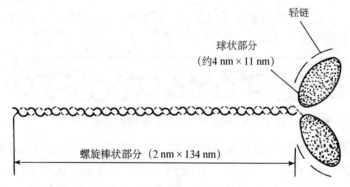

图13-4　肌球蛋白分子示意图

肌球蛋白有三个重要的性质：
① 肌球蛋白分子自动聚合形成丝。
② 有ATP酶活性。
③ 能与细丝联结。

在肌球蛋白分子聚合形成粗丝时，它们的尾巴部分聚合起来形成粗丝的主轴，而头部则凸出形成伸出细丝的横桥。而且在聚合时，所有肌球蛋白分子的尾巴都伸向粗丝的中央，头部向两侧。这样使粗丝的中央有一小段无横桥的，而两侧则互为镜像的有许多伸出的横桥（头部），这些横桥是螺旋形的排列并在主轴上（图13-5）。粗丝的这种结构很重要，因为只有这样才能靠头部的活动，把细丝由两侧拉向中央，使肌小节缩短，肌肉收缩。

用蛋白酶部分水解肌球蛋白分子证明，其ATP酶活性在头部，其与细丝联结的位点也在头部。

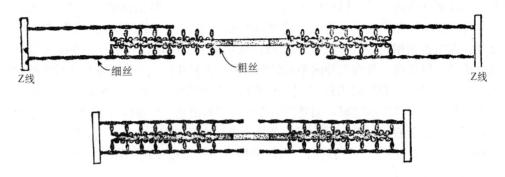

图 13-5 图解说明在肌肉收缩时粗丝和细丝间的相互作用

三、肌动蛋白和细丝

细丝的主要成分是肌动蛋白。单个肌动蛋白的分子量为 42 000，成球形，故称 G-肌动蛋白。许多肌动蛋白分子聚合起来形成纤维状，故称 F-肌动蛋白，即细丝的基本结构。在细丝中，由两条肌动蛋白单体聚合形成的丝互相盘绕形成螺旋形（图 13-6）。

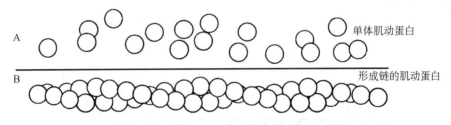

图 13-6 单体肌体蛋白形成细丝的示意图

在肌球蛋白的溶液中加入肌动蛋白即形成二者的复合体，称为肌动球蛋白。复合体的形成使溶液的黏度大大升高，但在加入 ATP 时其黏度又降低，说明 ATP 可使之解离。当把肌动球蛋白制成丝状，并放入含有 ATP、K^+ 和 Mg^{2+} 的溶液中时，此丝发生收缩。而单独用肌动蛋白或肌球蛋白制成的丝则不这样。这说明肌肉收缩的力量来自肌球蛋白、肌动蛋白和 ATP 之间的相互作用。

四、粗丝和细丝间发生相对位移的机制

F-肌动蛋白大大增强肌球蛋白的 ATP 酶活性（约 200 倍）。实验证明，单独肌球蛋白水解 ATP 的速度是快的，但释放其产物 ADP 和 Pi 则很慢。当肌动蛋白与肌球蛋白-ADP-Pi 复合体结合时，加快 ADP 和 Pi 的释放。然后肌动球蛋白再与 ATP 结合，此结合使之解离为肌动蛋白和肌球蛋白-ATP，后者又转变成肌球蛋白-ADP-Pi 复合体（图 13-7）。这是肌动蛋白增高肌球蛋白 ATP 酶活性的原因，这些反应需要 Mg^{2+}。

上述肌动球蛋白水解 ATP 的循环，正是粗丝和细丝间发生一次位移的循环，亦即肌肉收缩的基本过程。如图 13-9 所示，现在认为在休止状态时，肌球蛋白含有紧联结着的 ADP 和 Pi（图 13-8，A），此时其头部与细丝分开。当肌肉受到刺激时，肌球蛋白的头部与细丝相结合，此时它们之间为直角（图 13-8，B）。然后肌球蛋白头部结合的 ADP 和 Pi

释放出来，同时肌球蛋白的头部发生倾斜，它的长轴与细丝间的角度约为45°（图13-8，

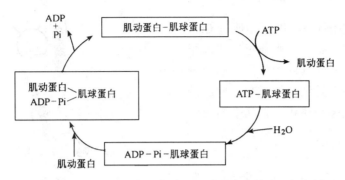

图13-7 ATP水解推动肌动蛋白和肌球蛋白的结合和解离循环

C）。可见收缩的力量于释放 ADP 和 Pi 时产生。然后肌球蛋白的头与 1ATP 分子结合，并由细丝上解离下来（图13-8，D）。随即 ATP 水解生成 ADP 和 Pi，它们紧密联结在肌球蛋白的头上，肌球蛋白的头又变为与细丝相垂直而完成循环。

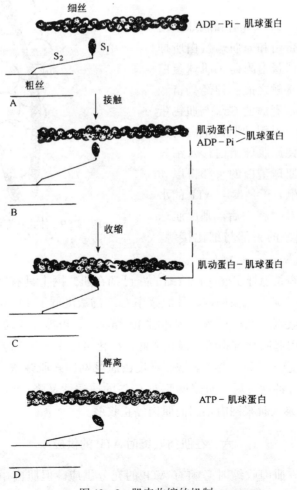

图13-8 肌肉收缩的机制

五、调控肌肉收缩的机制

已知在生理条件下，神经是通过 Ca^{2+} 调控肌肉收缩的，而 Ca^{2+} 则通过原肌球蛋白和肌钙蛋白以实现其调控作用。原肌球蛋白和肌钙蛋白都是细丝的成分。原肌球蛋白很长，呈双螺旋棒状，它几乎与丝的长袖相平行（图 13-9）。肌钙蛋白是三条肽链形成的复合体。这三条肽链是 TnC、TnI 和 TnT，TnC 结合 Ca^{2+}，TnI 结合在肌动蛋白上，TnT 则结合在原肌球蛋白上。在细丝上每隔 385 nm 有一个肌钙蛋白复合体，这也是一个原肌球蛋白分子的长度，并相当于大约 7 个肌动蛋白单体的长度。

在没有 Ca^{2+} 时，肌动蛋白和肌球蛋白的相互作用被肌钙蛋白和原肌球蛋白所抑制，这是由于原肌球蛋白阻碍了肌球蛋白的头部与肌动蛋白接触之故。神经兴奋触发肌浆网释放 Ca^{2+}。释放的 Ca^{2+} 与肌钙蛋白的 TnC 成分结合，并引起肌钙蛋白的构像发生改变，从而使原肌球蛋白移入细丝螺旋形槽中。因而肌球蛋白的头部得以和细丝的肌动蛋白接触，于是发生 ATP 的水解和肌肉收缩。当 Ca^{2+} 移去后，则原肌球蛋白又封阻了球蛋白的头部与细比接触，于是肌肉停止收缩。

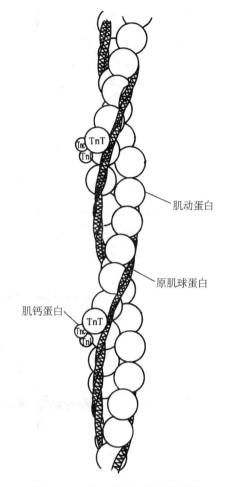

图 13-9 休止状态细丝的模式图

那么，神经兴奋是怎样引起肌肉收缩的？已知在肌浆网上具有钙泵。当肌肉休止时，钙泵把肌浆中的 Ca^{2+} 泵入肌浆网内，使肌浆中 Ca^{2+} 的浓度低于 10^{-6} mol/L，此浓度不能引起肌肉收缩。而肌浆网内 Ca^{2+} 的浓度则超过 10^{-3} mol/L。当神经冲动到达终板（神经和肌肉的联结处）时，引起肌纤维膜的去极化，此去极化再由 T—系统传至肌纤维内部，引起肌浆网对 Ca^{2+} 的通透性增高，Ca^{2+} 顺浓度梯度由肌浆网冲入肌浆浓度达 10^{-6} mol/L，因而引起肌肉收缩。神经冲动过后，肌浆网膜对 Ca^{2+} 的通透性又降至休止时的水平。而钙泵又将肌浆中的 Ca^{2+} 泵入肌浆网内，因而肌肉停止收缩。

六、在肌肉收缩时 ATP 的供应

由上述可见，在肌肉收缩时必须有 ATP 的充分供应。但肌肉中 ATP 的含量是很少的，它仅够肌肉不到 1s 的收缩活动，因此必须不断的补充 ATP。然而，ATP 的根本来源是酵解作用、三羧循环和氧化磷酸化过程。但是由于肌肉对能量的需求是不可预知的，有时会发生突然的大量的需求，因而必需有一个能即刻利用的能量储备，以缓冲即刻的供应紧张。在哺乳动物肌肉中，这种能量储备物质是磷酸肌酸。磷酸肌酸是一个高能磷酸化合物，在肌酸激酶的催化下，能把其磷酸基转给 ADP：

$$磷酸肌酸 + ADP \rightleftharpoons ATP + 肌酸$$

这是一个可逆反应。在肌肉休止时，ATP 可将其磷酸基转给肌酸，生成磷酸肌酸储备起来。当肌肉收缩时，磷酸肌酸又将其磷酸基转给 ADP 以生成 ATP。当肌肉持续活动时，磷酸肌酸很快被消耗，因而 ATP 的含量下降。同时 ADP 和 Pi 的浓度上升。AMP 的浓度也因腺苷酸激酶（肌激酶）催化的下列反应而上升：

$$2ADP \rightleftharpoons ATP + AMP$$

这些变化促进了酵解作用，三羧循环和氧化磷酸化以产生 ATP。当肌浆中 Ca^{2+} 浓度升高时，也同时促进肌肉收缩和上述产生 ATP 的途径。

第三节　结缔组织

结缔组织是一种布满全身的连续性组织，将机体的各部分联成一个整体，能维持各器官一定的形态，能使细胞养分的吸收和废物的排除顺利的进行，并有防御某些疾病传染的功能。

结缔组织有三种基本成分，即细胞及细胞外的纤维和基质。纤维具有一定的形态结构，基质是无定形的胶态物质，充满在结缔组织的细胞与纤维之间。结缔组织的细胞外成分数量占大部分，本节着重介绍细胞外成分——纤维和基质。

一、纤　维

（一）纤维的种类及其化学组成　纤维是结缔组织的重要部分，像肌腱、韧带等致密结缔组织中，含纤维较多。而皮下及器官的疏松结缔组织，不仅含纤维少，而且纤维的性质也有所不同。纤维按其性质可分为三类：

1. 胶原纤维　也称白色纤维，具有韧性，1 mm 粗细的胶原纤维能耐受 10~40 kg 的张力。如肌腱，主要由此种纤维构成。骨、软骨及家畜的皮也含有很丰富的胶原纤维。胶原纤维由胶原蛋白组成。

2. 弹性纤维　也称黄色纤维，具有弹性。如血管、韧带等富含弹性纤维。弹性纤维主要由弹性蛋白组成。

3. 网状纤维　内脏的结缔组织中往往以此种纤维为主，其主要化学成分为另一型的胶原蛋白。

（二）组成纤维的主要蛋白质

1. 胶原蛋白　胶原蛋白是体内数量最多的一种蛋白质，约占体内总蛋白 1/3。体内的胶原蛋白都以胶原纤维的形式存在。胶原蛋白很有规律的聚合并共价交联成胶原微纤维，胶原微纤维再进一步共价交联成胶原纤维。

（1）胶原蛋白的组成、结构及性质　胶原蛋白含有大量甘氨酸、脯氨酸、羟脯氨酸及少量羟赖氨酸。羟脯氨酸及羟赖氨酸为胶原蛋白所特有，体内其他蛋白质不含或含量甚微。胶原蛋白中含硫氨基酸及酪氨酸的含量甚少。

胶原蛋白分子是由三条α-肽链互作螺旋缠绕而成的三股绳索状结构，分子量为30 000，直径约1.5 nm，长约300 nm*。胶原蛋白分子每隔64～70 nm的距离有易于染色的极性部分存在。在胶原蛋白分子聚合及交联成胶原微纤维时，是很有规律地依次头尾直线聚合。大量这种直线聚合物又呈阶梯式很有规律地定向平行排列（如图13-10）。故染色的胶原微纤维可观察到有规则的相隔64～70 nm的横纹。

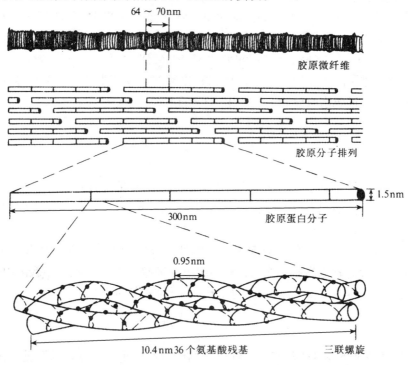

图13-10 胶原纤维及胶原蛋白结构示意图

胶原蛋白分子的每一条α-链约由1 050个氨基酸残基成。按其一级结构的不同可分为两类，即α1链及α2。而α1链又分为几种不同的亚类，即α1（Ⅰ）、α1（Ⅱ）、α1（Ⅲ）、α1（Ⅳ）。根据这些链的组合情况不同可将胶原蛋白分子分成多种类型，如表13-2。

表13-2 胶原蛋白分子的类型

分 型	肽链组成	主 要 体 内 分 布
Ⅰ	〔α1（Ⅰ）〕₂α2	真皮、肌腱、骨、齿等
Ⅱ	〔α1（Ⅱ）〕₃	软骨
Ⅲ	〔α1（Ⅲ）〕₃	胚胎皮肤、血管、肠胃道、富含网状纤维的器官（网状纤维即由Ⅲ型胶原蛋白组成）
Ⅳ	〔α1（Ⅳ）〕₃	基底膜、晶状体

---

* 分子量为300 000的三股螺旋分子是胶原纤维的构成单位，本书称之为胶原蛋白分子。也有人把它称为原胶原（Tropocollagen）。

胶原蛋白属硬蛋白类，性质稳定，具有强的延伸力，不溶于水及稀盐溶液，在酸或碱中可膨胀。胶原蛋白在水中煮沸较长时间可变为白明胶。变为白明胶的过程并未发现水解现象。而是发生变性，氢键断开，胶原蛋白的三股螺旋被解开。白明胶易被酶水解，易消化。

(2) 胶原蛋白及胶原微纤维的合成　胶原蛋白不仅由成纤维细胞合成，其它如成软骨细胞，成骨细胞，某些上皮细胞，平滑肌细胞，神经组织的雪旺氏细胞等也能合成。胶原蛋白的合成是先在细胞内合成前胶原（procollagen），然后分泌到细胞外，经酶的作用转变为胶原蛋白分子，胶原蛋白分子再进一步有规律的聚合成胶原微纤维。

在细胞内先按一般蛋白质合成的过程合成前α-肽链，它比α-肽链长30%～40%，在氨基端及羧基端都有附加肽段。前α-肽链边合成边进入粗面内质网的囊腔内。胶原蛋白含许多羟脯氨酸及羟赖氨酸，但mRNA上无它们的密码，所以它们是由肽链上的脯胺酸及赖氨酸的残基羟化而成。在合成过程中，α-肽链边延伸边羟化。此羟化过程除需脯氨酰羟化酶及赖氨酰羟化酶外，还需要维生素C，亚铁离子，α-酮戊二酸及氧气的存在。赖氨酸残基羟化后，一部分该残基的羟化基上再结合上半乳糖及葡萄糖。然后，前α-肽链在内质网腔内进行三链结合，形成规则的前胶原三联螺旋。最后进入高尔基复合体，再分泌到细胞外。

在细胞外由羧基端内切肽酶和氨基端内切肽酶分别切去两端附加的肽段（也叫前肽）成为胶原蛋白分子。

胶原蛋白分子在细胞外液中能自行聚合成原微纤维，但不稳定，韧性也差。在经过分子内三条α-肽链间及各平行分子间的共价交联后，才形成韧性大能耐受更加张力的胶原微纤维。共价交联的方式有多种，主要是α-肽链中的赖氨酸或羟赖氨酸残基经赖氨酸氧化酶的催化，使其游离氨基氧化为醛基，然后醛基与相邻的游离氨基或另一醛基缩合。反应如下：

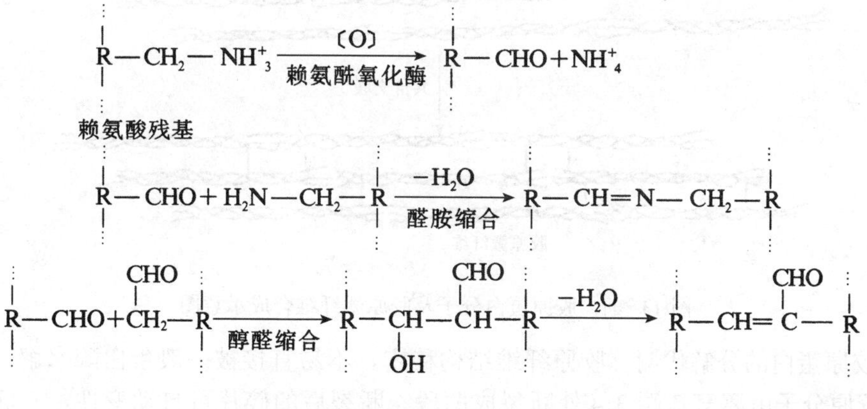

$$R-CH_2-NH_3^+ \xrightarrow[\text{赖氨酰氧化酶}]{[O]} R-CHO+NH_4^+$$

赖氨酸残基

$$R-CHO+H_2N-CH_2-R \xrightarrow[\text{醛胺缩合}]{-H_2O} R-CH=N-CH_2-R$$

$$R-CHO+CH_2-R \xrightarrow[\text{醇醛缩合}]{} R-CH-CH-R \xrightarrow{-H_2O} R-CH=C-R$$
（上式中含 CHO 基及 OH 基）

R代表肽链中氨酰或羟赖氨酰的其余部分

胶原蛋白分子及胶原微纤维的合成示意图见图13-11。

胶原微纤维的稳定性及韧性决定于共价交联，它受赖氨酰氧化酶活性的影响。该酶含Cu^{2+}。如体内缺Cu^{2+}，则会降低该酶活性，而影响胶原微纤维的共价交联，以致结缔组织中纤维的韧性减弱。

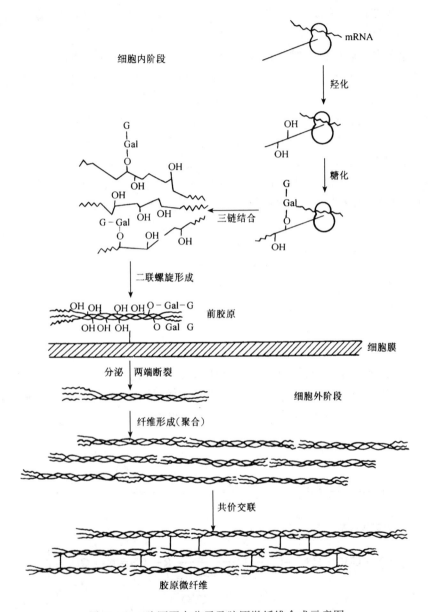

图 13-11 胶原蛋白分子及胶原微纤维合成示意图

3. 胶原蛋白的分解代谢 胶原纤维结构稳定，不易直接被一般蛋白酶水解。但胶原酶能将胶原分子由离氨基端 3/4 处断裂成两段。断裂后的碎片可自动变性，三联螺旋解开，然后由其他蛋白酶及肽酶水解。断裂碎片也可被细胞吞噬，然后在溶酶体内分解。分娩后的子宫，不断重建的骨组织，以及正在愈合的创口等处都含有丰富的胶原酶，故胶原蛋白的分解较快。其他组织胶原酶少，胶原蛋白的更新也较慢。胶原酶对温度特点敏感，36℃时酶的活性比 30℃时大 10 倍，39℃比 37℃大 2.9 倍。炎症组织局部温度升高，可能因此而加速胶原的分解。

4. 弹性蛋白　弹性蛋白是组成弹性纤维的主要成分。它含有 95% 的非极性氨基酸，如甘氨酸、脯氨酸、缬氨酸、亮氨酸、异亮氨酸、丙氨酸等。其结构与代谢研究得不如胶原蛋白清楚。

弹性蛋白是极难溶解的硬蛋白，在水中长时间煮沸也不变为白明胶。它对弱酸、弱碱的抵抗力较强。弹性蛋白可被弹性蛋白酶水解，这种酶存在于胰液中。

二、基　质

（一）**基质的组成**　基质是无定形的胶态物质，充满在结缔组织的细胞和纤维之间。基质的化学成分有水、"非胶原蛋白"、黏多糖及无机盐等。非胶原蛋白与胶原蛋白不同，属于球蛋白，并含有较多的含硫氨基酸。而胶原蛋白则为纤维状硬蛋白，含硫氨基酸的含量甚少。非胶原蛋白通过它分子中丝氨酸或苏氨酸残基上的羟基与黏多糖以糖苷键结合成黏蛋白。由于黏多糖以氨基糖为主要成分，故目前将其改称为氨基多糖。此种氨基多糖在黏蛋白中所占的比例常超过其中的蛋白部分，故有人将黏蛋白改称为蛋白多糖。下面着重讨论氨基多糖。

（二）**氨基多糖**

1. 氨基多糖的结构与分布　氨基多糖是由氨基己糖，己糖醛酸等己糖衍生物与乙酸，硫酸等缩合而成的一种高分子化合物，在体内分布很广，是结缔组织基质中的主要成分。由于它含有许多糖醛酸及硫酸基团，因而具有酸性，故有时称为酸性黏多糖。常见的氨基多糖有：透明质酸、4-硫酸软骨素、6-硫酸软骨素、硫酸皮肤素、肝素等。它们的分布与结构见表 13-3。

2. 氨基多糖的生理作用　氨基多糖是基质的主要成分，结合水的能力很强，使皮肤及其它组织保持足够的水分，以维持丰满状态。氨基多糖分子中含有较多的酸性基因，对细胞外液中的 Ca^{2+}，Mg^{2+}、Na^+、K^+ 等离子有较大的亲和力，因此也能调节这些阳离子在组织中的分布。在皮肤创伤后形成肉芽的过程中，通常都先有氨基多糖增生的现象。此种增生能进一步促进基质中纤维的增生，故氨基多糖有促进创伤愈合的作用。氨基多糖具有较大的粘滞性。在关节液中，它们（主要是透明质酸）附着于关节面上，能减少关节面的摩擦，具有润滑，保护作用。氨基多糖可以形成凝胶，对于维持组织形态，阻止病菌或病毒侵入细胞有一定的作用。

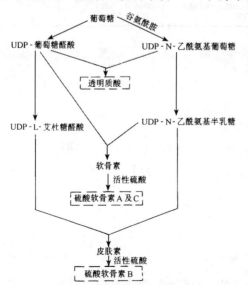

图 13-12　主要氨基多糖合成的简要过程

3. 氨基多糖的合成　合成氨基多糖的基本原料是葡萄糖，氨基部分来自谷氨酰胺。合成的简要过程见图 13-12。

表 13-3 常见的氨基多糖

名称	基本结构单位	主要存在部位
透明质酸	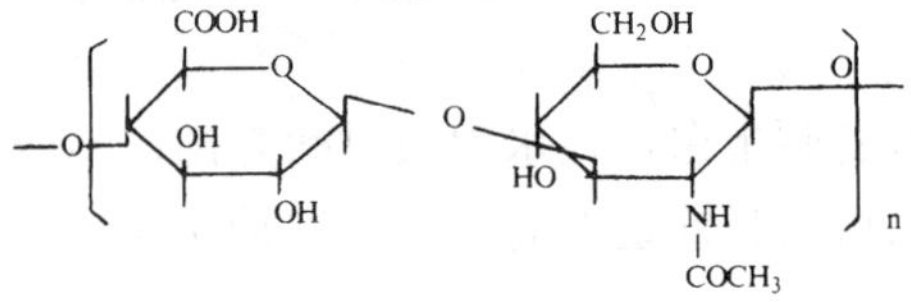 葡萄糖醛酸 — N-乙酰氨基葡萄糖	关节液、软骨、结缔组织基质、皮肤、脐带、玻璃体液
4-硫酸软骨素（硫酸软骨素A）	葡萄糖醛酸 — N-乙酰氨基葡萄糖	骨、软骨、角膜、皮肤、血管
6-硫酸软骨素（硫酸软骨素C）	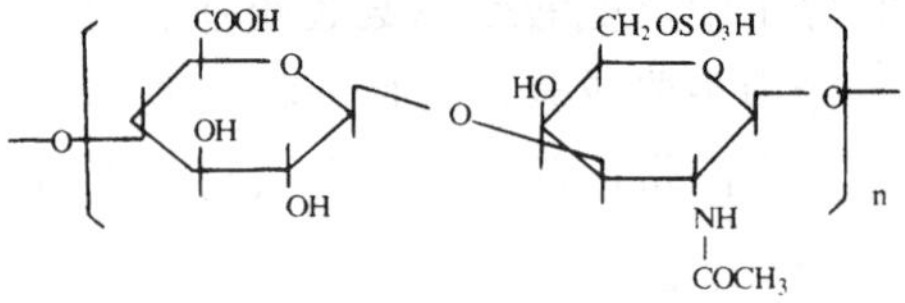 葡萄糖醛酸 — 4-硫酸-N-乙酰氨基半乳糖	软骨、肌腱、脐带、椎间盘
硫酸皮肤素（硫酸软骨素B）	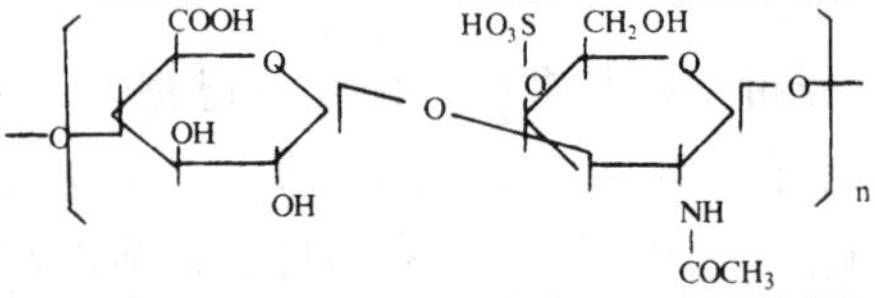 葡萄糖醛酸 — 6-硫酸-N-乙酰氨基半乳糖	皮肤、韧带、动脉、心瓣膜
肝素	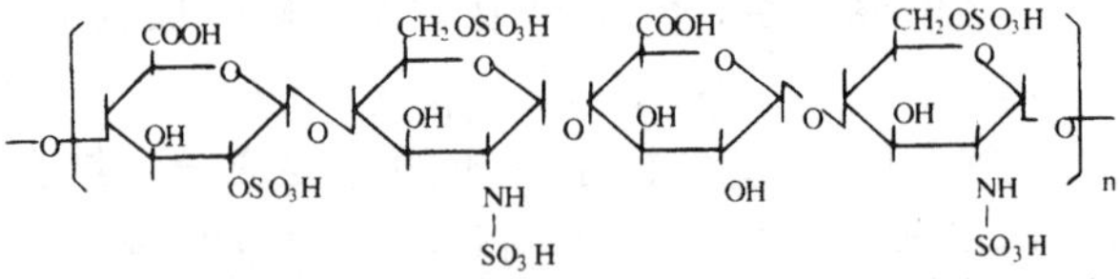 艾杜糖醛酸 — 4-硫酸-N-乙酰氨基半乳糖；2-硫酸艾杜糖醛酸、6-硫酸-N-乙酰氨基葡萄糖、葡萄糖醛酸、6-硫酸-N-硫酸氨基葡萄糖	肺、皮肤、肝、肠等肥大细胞及嗜碱性白细胞内

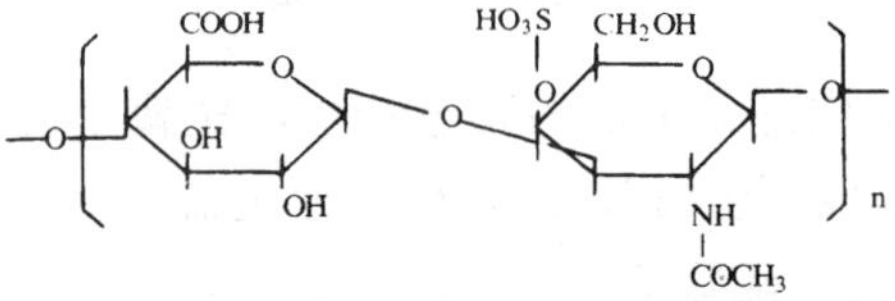

乙酰基部分来自乙酰CoA，硫酸部分来自"活性硫酸"，即[3']磷酸腺苷[5']磷酸硫酸，其结构如下：

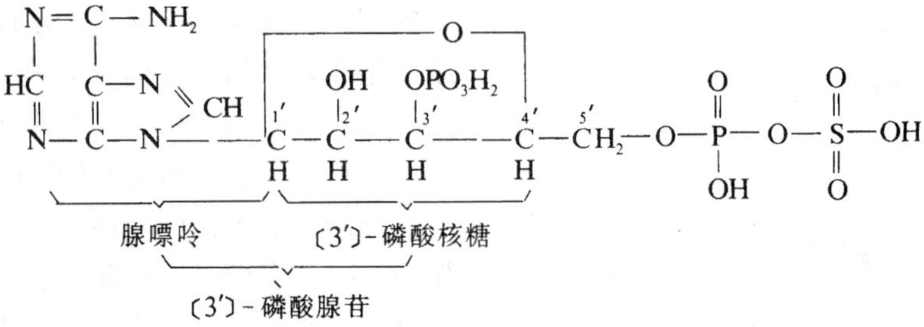

活性硫酸的分子结构式

氨基多糖的合成是在细胞内质网中逐步完成的。粗面内质网上新合成的蛋白质肽链边合成边进入内质网腔。在内质网膜上的各种糖基转移酶的催化下，先在其丝氨酸或苏氨酸残基的羟基上接上糖，然后糖基逐个继续加上，使多糖链不断延长。从粗面内质网腔经滑面内质网腔到高尔基复合体逐步完成了糖链延长及硫酸化过程，最后分泌到细胞外。

4. 氨基多糖的分解代谢　基质中的蛋白多糖主要由细胞释放出来的组织蛋白酶 D 等将部分肽链水解，所产生的带有氨基多糖的片段可被细胞内吞，然后在溶酶体内进一步彻底分解。

溶酶体内有透明质酸酶，多糖外切糖苷酶及硫酸酯酶。透明质酸酶属内切糖苷酶，能催化透明质酸、硫酸软骨素 A、硫酸软骨素 C 水解，产物主要是四糖或六糖等偶数寡糖。多种外切糖苷酶可分别对各种氨基多糖从末端逐个水解其糖苷键，使氨基多糖完全水解。经透明质酸酶催化所产生的寡糖也可再经外切糖苷酶催化，使糖苷键完全水解。大多数氨基糖都含有硫酸基团，硫酸酯酶催化硫酸酯水解。

透明质酸酶将透明质酸水解后，则黏度降低，使组织通透性增加，从而有利于颗粒物质及溶液在组织中的扩散。蜂螫、蛇毒及某些致病菌都含有透明质酸酶，能使透明质酸部分水解，使病菌或毒素容易在组织中扩散。精细胞也含有透明质酸酶，其功能可能是在受精时分解卵细胞表面的透明质酸，有利于精子的穿入。透明质酸酶在临床上可用于促进药物在皮下的扩散，也可用于减少组织粘连。

第四节　肝脏的代谢功能

肝脏是机体在代谢中最重要的器官之一，它在糖、脂类、蛋白质、维生素、激素等各方面的代谢中，都占有极重要的地位，并具有解毒、分泌、排泄等多方面的机能。在代谢各章中肝脏在各种物质代谢中的作用已分别作了介绍，为了对肝脏代谢功能有一完整的概念，在这一节内再作简要的归纳及某些补充。

一、肝脏的结构特点及其在代谢中的重要作用

（一）**结构特点**　肝脏在代谢中占有特别重要的地位，这除了与它所含酶的种类多、活性高有关外，还与它的结构特点有密切关系。从肝脏血液供应看，它的供血量大，有门静脉和肝动脉两方面的血液供应，并且有丰富的血窦，血流到此处速度变慢，肝细胞表面又有许多不规则的微细绒毛，可以直接与血液接触，所以肝细胞在与血液接触的面积和时间上，都为物质交换提供了良好的条件。此外，肝细胞的细胞膜比其他组织细胞膜的通透性要大得多。在一般组织中，分子量在 1 万以上的蛋白质是较难通过毛细血管壁及细胞膜而进入细胞的，而在肝脏甚至分子量在 4 万以上的蛋白质也能进入细胞。至于小分子的葡萄糖，则极易进入肝细胞，肝细胞内葡萄糖的浓度基本与血糖相同。而肌肉等组织对葡萄糖的通透性则较差，肌细胞内葡萄糖的浓度要比血糖低得多。所以肝组织合成与贮存糖原的效率大大超过其他组织。

（二）**肝脏在糖代谢中的作用**　肝脏在糖代谢中主要有以下作用：
（1）维持血糖的稳定。
（2）肝脏是糖异生的主要器官。
此外，糖在肝脏也可进行有氧及无氧的分解代谢。

（三）肝脏在脂类代谢中的作用　肝脏在脂类代谢中也占有很重要的地位，它主要有以下几方面：

1. 制造胆汁酸盐　促进脂类的消化吸收。

2. 肝脏是脂肪酸 β-氧化的主要场所　氧化产生的酮体，为肝外组织提供了很容易氧化供能的原料。

3. 肝脏是禽类合成脂肪的主要场所　在家畜虽然脂肪主要是在脂肪组织内合成，但肝内也能合成一定数量。禽类则主要在肝脏合成。

4. 肝脏是改造脂肪的主要器官　饲料中的脂肪与家畜（禽）体内的脂肪在组成上有所不同，主要差别在于脂肪酸碳链的长短及饱和度的大小。肝脏能调整外源性脂肪酸的碳链长短及饱和度，使之接近该家畜（禽）体内特有的脂肪。

5. 肝脏在体内脂类的转运中起重要作用　在不正常情况下，如果运入过多或运出障碍。则可以能发生脂肪肝。

6. 肝脏是合成磷脂的主要场所　体内各组织都能合成磷脂，但肝脏合成量最大，并且更新速度比其他组织器官都要快。血浆中的磷脂主要是由肝脏合成，并且主要地回到肝脏进行进一步的代谢变化。

7. 肝脏是胆固醇代谢的重要场所　肝脏不但合成本身的胆固醇，并且血浆中的胆固醇也主要在肝脏合成，其他组织的胆固醇也主要回到肝脏进行进一步代谢。肝内胆固醇的代谢大部分转变为胆汁酸盐，也有一部分胆固醇随胆汁排出。

（四）肝脏在蛋白质代谢中的作用　肝脏是蛋白质代谢最活跃的器官，其蛋白质的更新速度最快。它不但合成本身的蛋白质，还合成大量血浆蛋白质，血浆中的全部清蛋白和纤维蛋白原以及部分的球蛋白都在肝脏合成；凝血酶原、凝血因子Ⅸ、Ⅴ、Ⅶ、Ⅹ也都在肝脏合成。所以肝功能不正常时，血浆清蛋白下降会使清/球比值下降；纤维蛋白原及各种凝血因子合成减少，就会使血液凝固时间延长。

蛋白质代谢的许多重要反应在肝中进行得非常活跃。例如氨基酸的合成与分解在肝脏大量的进行。尿素的合成几乎都在肝脏进行。

（五）肝脏在维生素和激素代谢中的作用　肝脏在维生素和激素的代谢中也有特点重要的作用。它是多种维生素（A、D、E、K、B_{12}）的储存场所。胡萝卜素可在肝内（部分在肠上皮细胞）转变为维生素 A。维生素 D_3 在肝脏羟化为 25-羟胆钙化醇。有多种维生素在肝脏中合成辅酶，例如维生素 PP 合成 NAD^+ 及 $NADP^+$，泛酸合成辅酶 A，硫胺素合成焦磷酸硫胺素等。某些激素（如儿茶酚胺类、胰岛素、氢化可的松、醛固酮、抗利尿激素、雌激素、雄激素等）在肝脏不断灭活（即使其失去活性），使这些激素在血中维持一定的浓度。

二、肝脏的生理解毒作用及排泄功能

（一）肝脏的解毒功能　肝脏是机体的主要解毒器官。大肠内细菌腐败作用产生的毒物或通过各种途径进入血液的药物或毒物随血液进入肝脏后，经过各种化学变化，生成比原来毒性低，甚至无毒的化合物，经尿或胆汁排出体外。这些变化过程称为解毒作用。在机体的正常代谢中也会产生一些有毒的物质，如蛋白质分解所产生的氨，血红蛋白分解产生的胆红素，也是经过肝分别转变为尿素、葡萄糖醛酸胆红素而排出体外，这也是肝脏的解毒作用。肝脏有某些疾病时，则解毒能力降低。

肝中的解毒方式有结合、氧化、还原、水解等方式，其中以结合及氧化的方式最为重要。

1. 氧化解毒　肠内腐败产生的有毒的胺类，如腐胺、尸胺等，吸收后，进入肝脏，大部分在肝脏中经胺氧化酶的催化，先被氧化成醛及氨，醛再氧化成酸，酸最后氧化成二氧化碳和水。氨则大部分在肝脏合成尿素。

2. 结合解毒　肝内最重要的解毒方式是结合解毒。参与结合解毒的物质有多种，如葡糖醛酸、硫酸、甘氨酸、乙酰辅酶 A 等，现分别介绍如下：

$$R-CH_2-NH_2 \xrightarrow[NH_3]{\text{胺氧化酶}} R-CHO \xrightarrow{[O]} R-COOH \xrightarrow{[O]} CO_2 + H_2O$$

(1) 葡糖醛酸的结合解毒　葡糖醛酸是由葡萄糖氧化产生的。其反应步骤见第十二章章图 12-10 糖醛酸循环前四步，生成 UDP 葡萄糖醛酸。凡含有羟基、羧基或在体内氧化后成为有羟基、羧基的毒物，其中大部分与葡糖醛酸结合而解毒的。例如大肠内腐败产生的或由其他途径进入体内的酚类，其结合反应如下：

苯酚 + UDP-葡糖醛酸 →(UDP-葡糖醛酸转移酶) 苯基葡糖苷酸 + UDP

许多药物如乙酰水杨酸（阿斯匹林）、吗啡、樟脑和体内许多正常代谢产物，如胆红素、雌激素、雄酮等大部分都是通过与葡糖醛酸结合后排出体外。

(2) 硫酸的结合解毒　大肠内腐败产生的或由其他途径进入体内的酚类也可与硫酸结合而解毒。此硫酸是"活性硫酸"，即 [3′] 磷酸腺苷 [5′] 磷酸硫酸。

苯酚 + 腺嘌呤—核糖—磷酸—O—SO₂—OH → 苯基硫酸酯 + 腺嘌呤—核糖—磷酸

色氨酸在大肠内腐败生成吲哚。吸收入肝后，先被氧化成吲哚酚，再与"活性硫酸"或 UDP—葡糖醛酸作用而解毒。吲哚酚与"活性硫酸"作用生成吲哚硫酸，其钾盐—吲哚硫酸钾，又名尿蓝母，从尿中排出。

家畜在疝痛、便秘、消化不良等情况下，大肠内腐败加强，尿中的尿蓝母就显著增加，故检查尿中的尿蓝母有助于了解大肠内腐败的情况。

(3) 乙酰化解毒　在肝中，芳香族胺类可与乙酰辅酶 A 作用而乙酰化。例如磺胺药类

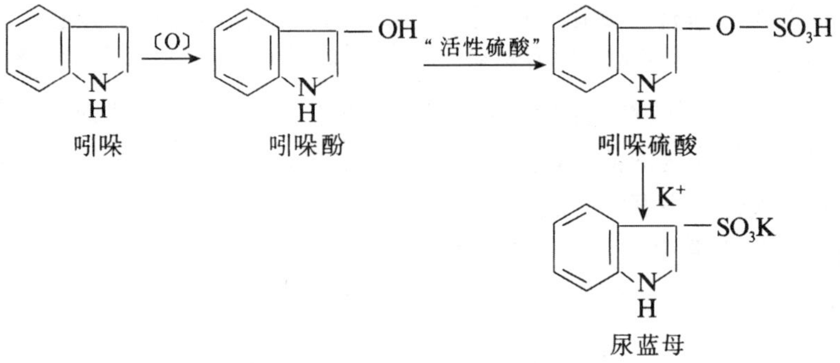

$$\text{吲哚} \xrightarrow{(O)} \text{吲哚酚} \xrightarrow{\text{"活性硫酸"}} \text{吲哚硫酸} \xrightarrow{K^+} \text{尿蓝母}$$

的解毒多属此类方式。磺胺药类经乙酰化后，抗菌药效降低以致丧失。

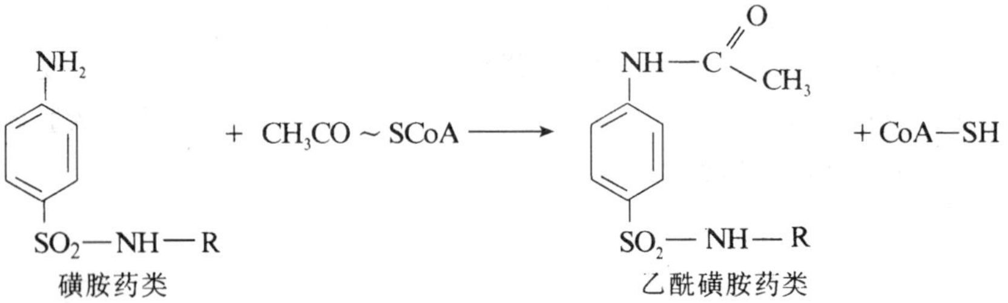

$$\text{磺胺药类} + CH_3CO \sim SCoA \longrightarrow \text{乙酰磺胺药类} + CoA-SH$$

(4) 甘氨酸的结合解毒作用　大肠细菌对饲料残渣的作用可产生苯甲酸，苯甲酸在肝脏可与甘氨酸结合生成马尿酸，然后经肾由尿排出。草食动物尿中含有较多的马尿酸。

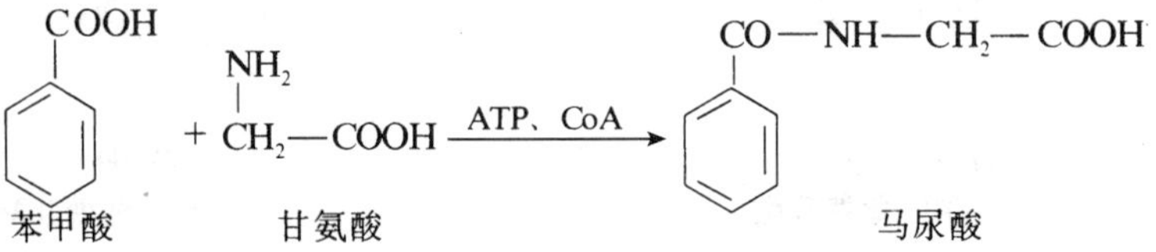

$$\text{苯甲酸} + \text{甘氨酸} \xrightarrow{ATP、CoA} \text{马尿酸}$$

甘氨酸不仅能同苯甲酸结合，还能同其他酸结合。甘氨酸与胆酸按上面类似的反应可结合成甘氨胆酸，甘氨胆酸则是胆汁的重要成分，是脂类消化吸收所不可缺少的物质。

除上述主要的解毒方式，许多有毒的金属离子可与谷胱甘肽结合而解毒；微量的极毒的氢氰酸或氰化物可在体内变为毒性很低的硫氰酸或其盐而解毒；有些药物或毒物经过还原、水解等方式解毒；有些药物是通过上述多种方式联合作用来达到解毒的目的。

通过各种解毒方式，机体就可在一般情况下不因少量毒物的产生或进入体内而中毒。但肝脏的解毒能力是有一定限度的。如果毒物进入体内过多，超过了肝脏的解毒能力，仍然会发生中毒现象。如果肝脏有病，也容易引起中毒现象。

肝脏的解毒作用是动物在长期进化中经自然选择而保留下来的生物化学反应，它有适应环境的作用。许多催化解毒作用的酶系特异性不强。例如混合功能氧化酶，能催化许多种结构很不相同的毒物、药物、激素、脂肪酸等的氧化。从进化上看，解毒的酶系特异性不强，就不需要很多种酶即可使进入体内的各种各样的毒物解毒，这对机体还是有利的，故被自然选择所保留。但由于酶的特异性不强，也可以使某些化工毒物经过这些酶催

化后，其中有产物毒性更大，有些甚至是致癌物质，对机体起有害作用。由于这些酶的催化作用并不都是解毒的，有的甚至使毒性更增加，所以可把所有这些解毒的和增加毒性的反应统称为肝脏的生物转化作用。但从生物的进化角度看，仍须突出其解毒作用。

（二）**肝脏的排泄功能** 肝脏有一定的排泄功能。如胆色素、胆固醇、碱性磷酸酶及钙、铁等正常成分，可随胆汁排出体外。解毒作用的产物，大部分随血液运至肾脏从尿排出，也有一小部分从胆汁排出。汞、砷等毒物进入体内后，一般先被保留在肝脏内，以防止向全身扩散，然后缓慢的随胆汁排出。在肝脏排泄功能发生障碍时，由胆道排泄的药物或毒物有可能在体内蓄积而引起中毒。

第十四章 乳和蛋的生物化学

第一节 乳的生物化学

一、乳的组成

乳是乳腺上皮细胞的分泌产物，含有哺乳动物幼仔生长发育所需的几乎一切营养成分，因此是动物出生后早期最适宜的食物来源。新生动物与胎儿相比，其生活环境发生了巨大变化，一方面从胎盘营养转变为肠道营养，另一方面又要面对环境中各种病原的威胁，而母乳除了为新生幼仔提供营养以外，还传递被动免疫力和代谢调节的信号。由此可见，乳对于哺乳动物幼仔的生存和生长发育具有重要的生物学意义。乳中除了大部分是水以外，还含有脂肪、蛋白质、糖类、无机盐、维生素，以及酶类、激素等生物活性物质。乳的组成和分泌量因动物种别、年龄、泌乳周期、饲料、饲养管理以及气候的影响而发生改变。表14-1所示的是若干种动物和人乳中的主要成分的含量。

表14-1 乳中主要成分的含量

	脂肪 (g/L)	蛋白质 (g/L)	乳糖 (mmol/L)	钙 (mmol/L)
奶牛	37	33	133	30
山羊	45	29	114	22
猪	68	48	153	104
大鼠	103	84	90	80
人	38	10	192	7

(一) 乳脂 乳中的脂类称为乳脂（milk fat）。乳脂的主要成分是甘油三酯，约占99%，呈小球状存在，称为乳脂肪球（milk fat globule），平均直径为3~4μm。其表面包裹着由磷脂和蛋白质构成的膜，它与乳腺上皮细胞的质膜成分相同，起着使乳脂肪球稳定悬浮在乳中和防止其被乳脂肪酶水解的作用。乳脂中的脂肪酸组成与动物体脂中的脂肪酸有很大差别，并有种别差异。表14-2列出了牛、人和大鼠乳中甘油三酯的脂肪酸组成。从表中可以看到，牛乳甘油三酯中含有较多的短链脂肪酸，如丁酸（4:0），这反映了反刍动物乳腺的代谢与瘤胃吸收大量挥发性脂肪酸相适应，而其长链脂肪酸显然比饲料中的长链脂肪酸更加饱和，这是因为瘤胃微生物能使饲料中绝大多数不饱和脂肪酸加氢饱和的缘故。此外，与牛乳不同，人乳中含有较多的油酸（18:1），而大鼠乳中中等长度的饱和脂

肪酸（8～14C）含量相对较高。

表 14-2 乳中甘油三酯的脂肪酸组成

脂 肪 酸	牛	大鼠	人
4:0	3.3		
6:0	1.6		
8:0	1.3	1.1	
10:0	3.0	7.0	1.3
12:0	3.1	7.5	3.1
14:0	9.5	8.2	5.1
15:0	0.6		0.4
16:0	26.3	22.6	20.2
16:1	2.3	1.9	5.7
17:0	0.5	0.3	
18:0	14.6	6.5	5.9
18:1	29.8	26.7	46.4
18:2	2.4	16.3	13.0
18:3	0.8	0.8	1.4

（二）**乳蛋白质** 乳中所含的氮约 95% 是以蛋白质的形式存在的，其余的 5% 是非蛋白的含氮化合物，如氨基酸、肌酸、肌酐、尿酸和尿素等。乳中的蛋白质统称为乳蛋白（milk protein），可以分为酪蛋白（casein）和乳清蛋白（milk whey proteins）两大部分。乳经离心除去上层的乳脂，得到脱脂乳（skim milk）。脱脂乳经酸化或凝乳酶凝聚，还可以经过超速离心得到酪蛋白沉淀，其上清液部分即为乳清，其中含有乳清蛋白。乳清中的蛋白种类至少有几十种，乳脂肪球膜中也含有蛋白质，但所含数量很少。

酪蛋白是乳腺自身合成的含磷的酸性蛋白，在乳中与钙离子结合，并形成微团结构，是乳中的主要营养性蛋白，也是乳中丰富钙磷的来源。酪蛋白有 α_S、β、κ 和 γ 等类型，并且都有相应的遗传变异体。从表 14-3 可见，牛乳中的 α_S-酪蛋白是最主要的酪蛋白，其次是 β-酪蛋白，γ-酪蛋白最少，它是 β-酪蛋白的酶解产物。κ-酪蛋白是酪蛋白中唯一含糖的成分，它主要分布在酪蛋白微团的表面，发挥稳定微团的作用。但 κ-酪蛋白很容易受凝乳酶作用。牛犊真胃的凝乳酶一旦接触牛乳中的酪蛋白微团即发生乳蛋白凝聚，并析出乳清，酪蛋白微团结构的破坏，有利于被酶消化。

表 14-3 牛乳和人乳中蛋白质的种类和含量 g/L（%）

蛋 白 质	牛 乳	人 乳
总蛋白质	33.0(100.0)	10.0(100.0)
酪蛋白	26.0(78.8)	3.2(32.0)
α_S-酪蛋白	12.6(38.2)	α-约 10%
β-酪蛋白	9.3(28.2)	β-约 60%
κ-酪蛋白	3.3(10.0)	κ-约 30%
γ-酪蛋白	0.8(2.4)	
乳清蛋白	7.0(21.2)	6.8(68.0)
β-乳球蛋白	3.2(9.7)	0.0(0.0)
α-乳清蛋白	1.2(3.6)	2.8(28.0)
血浆清蛋白	0.4(1.2)	0.6(6.0)
免疫球蛋白	0.7(2.1)	1.0(10.0)
乳铁蛋白	微量	1.5(15.0)
溶菌酶	微量	0.4(4.0)
其他蛋白质	1.5(4.6)	0.5(5.0)

存在于乳清中的蛋白质，包括肽类激素，种类多，功能复杂。最主要的乳清蛋白见表14-3。α-乳清蛋白存在于所有动物的乳中。虽然它在乳中的浓度通常比较低，但功能很重要。已经证实，α-乳清蛋白是乳腺特有的乳糖合成酶二聚体中的一个调节成分。β-乳球蛋白存在于许多动物的乳中，人乳中却完全缺乏这种蛋白。至于其功能目前仍不清楚。

乳清中还有一定量来自血液的血浆清蛋白和免疫球蛋白。在动物分娩后头三、四天里的乳即初乳中常有高浓度的免疫球蛋白。一些动物，如猪、牛、马等由于胎盘的特殊结构，母体血液中的免疫球蛋白不能直接传给胎儿，而是通过初乳向新生幼畜转移免疫球蛋白，通过这种途径使新生幼畜获得被动免疫力。

此外，在不同种别动物的乳中，还有乳铁蛋白、乳过氧化物酶、溶菌酶、黄嘌呤氧化酶等具有抑菌作用的非特异保护蛋白，在维持乳腺和幼仔胃肠道健康中发挥作用。在乳中还发现数十种酶的活性，如酸性、碱性磷酸酶，脂肪酶，蛋白水解酶等，它们的来源和功能尚不完全清楚。许多激素（包括类固醇激素）和生长因子，例如催乳素、生长激素、胰岛素和甲状腺激素释放激素、类胰岛素生长因子、上皮生长因子和转移生长因子等，在乳中的浓度都高于血浆，并且在初乳中浓度最高。显然初乳和乳中这些数量众多，功能各异的成分，不仅对于维持母畜乳腺的健康与功能有关，而且对新生幼仔消化道发育、代谢和免疫至关重要。但其机制尚须深入研究。

（三）乳糖 大多数哺乳动物乳中的主要糖类是乳糖（lactose），它溶解在乳清中。乳糖是由一分子半乳糖和一分子葡萄糖脱水缩合形成的二糖。它是乳腺特有的产物，在动物的其他器官中没有游离的乳糖。乳糖在所有动物乳中的含量都很高。它也是维持乳的渗透压的重要成分。

虽然乳中主要的糖是乳糖，但还发现多种其他单糖和寡糖。乳中的单糖主要是葡萄糖和半乳糖，它们与乳糖的合成关系最密切。另一些单糖，如 N-乙酰半乳糖胺、甘露糖和岩藻糖，则是乳中低聚糖和糖蛋白的结构成分。在乳和初乳中含有多种溶解的低聚糖，从人乳中已分离出近20种，并发现它们具有抗原活性和促进肠道有益菌群生长的功能。

（四）盐类和维生素 乳中无机盐约占0.75%，不同品种动物的乳中无机盐的含量会有明显变化。乳中的无机盐包括钾、钠、钙、镁的磷酸盐、氯化物和柠檬酸盐，还有微量的重碳酸盐。乳与血液相比，有较多的钙、磷、钾、镁、碘，但钠、氯和重碳酸盐则较少。铁、铜、锌、镁等微量元素通常与乳蛋白结合。牛奶中大多数的铜与酪蛋白和β-乳球蛋白结合。乳铁蛋白、铁转运蛋白、黄嘌呤氧化酶等是铁的主要载体。镁主要结合在乳脂肪球膜上，而锌则结合在酪蛋白上。乳中的微量元素水平随泌乳期和饲料的改变而变动。表14-4中所列的是乳中一些矿物质的平均含量。

表14-4 乳中若干矿物质的平均含量

元素名称	牛乳	人乳
	mg/L	
钠	500	150
钾	1500	600
钙	1200	350
磷	950	145
	μg/L	
铁	500	760
锌	3500	2950
铜	200	390
碘	75	80
硒	25	20

乳中的铜、铁常常不能满足幼畜的需要，而需要在饲料中予以适当补给。

乳中还含有丰富的维生素，但其含量和化学形式也因泌乳期、饲料和季节而有所变化。表 14-5 为乳中一些主要维生素的平均浓度。

表 14-5 五个种别动物乳中维生素的平均浓度

	牛	羊	人	大鼠	兔
μg/L					
A	410	700	750	1440	2080
B_1	430	400	140	1490	1650
B_2	1450	1840	400	1120	4750
烟酸	820	1900	1600	18100	4950
泛酸	3400	3400	2460	57	9300
生物素	28	39	6	85	375
叶酸	50	6	50	179	275
B_6	640	70	100	790	3400
B_{12}	6	1	1	28	65
K	60		15		
mg/L					
C	21		15	50	8
E	1		<1	3	3
IU/L					
D	25		23	50	5

二、乳的生成

乳中的主要成分是由乳腺腺泡和细小乳导管的分泌上皮细胞，利用简单的前体分子合成的。这些前体包括葡萄糖、氨基酸、乙酸、β-羟丁酸和脂肪酸等。它们直接或间接来自血液。把乳和血液相比，可发现尽管两者等渗，但其组成差别很大，乳中糖、脂肪、钙和钾、磷的含量分别比血中的浓度高出 90、19、13 和 7 倍，但蛋白质、钠、氯的含量却较低。并且乳中含有特殊的蛋白质种类。因此乳的生成必定包含着一系列新的物质的合成和对血液中前体分子的选择性摄取。

（一）**乳脂的合成** 乳中的甘油三酯主要是通过 α-磷酸甘油途径合成的。α-磷酸甘油可以由葡萄糖代谢产物磷酸二羟丙酮的还原得到，或者由乳糜微粒和低密度脂蛋白转运到乳腺组织中去的甘油三酯的水解来提供甘油，但用于甘油三酯合成的脂肪酸可有多种来源，且存在种别差异。

首先乳腺组织具有从头合成脂肪酸的能力。但在碳源的利用方面，反刍动物与非反刍动物之间有明显的不同。非反刍动物主要利用葡萄糖作为原料。葡萄糖氧化分解的代谢中间体乙酰 CoA 经过柠檬酸/丙酮酸循环从线粒体转运到胞液中用作脂肪酸合成的原料。非反刍动物乳腺细胞胞液中有很高的柠檬酸裂解酶活性和活泼的苹果酸转氢作用，这是乳腺把葡萄糖作为前体合成脂肪酸的关键。而反刍动物缺乏上述特点，于是把瘤胃发酵产生的乙酸和 β-羟丁酸作为乳腺合成脂肪酸的主要碳源。牛乳中几乎所有十四碳以下的脂肪酸和半数的十六碳脂肪酸是由乙酸，少量由 β-羟丁酸合成的。

乳糜微粒和极低密度脂蛋白经血液把甘油三酯转运到乳腺组织中，在微血管内皮细胞内表面甘油三酯受脂蛋白脂肪酶水解释出的脂肪酸，这是乳腺用以合成甘油三酯的又一个脂肪酸来源。反刍动物乳脂中近一半的软脂酸和碳链更长的脂肪酸估计都来源于血液而不是乳腺细胞自己合成的。乳腺摄入血浆中的游离脂肪酸非常有限。由于反刍动物瘤胃微生物的加氢作用，运输外源甘油三酯的乳糜中的脂肪酸有较高的饱和度。但许多动物乳腺细胞微粒体具有脂肪酸去饱和酶系，如山羊、乳牛和猪的乳腺能使相当大部分硬脂酸转变为油酸。例如，山羊乳腺由血中摄取的硬脂酸多于油酸，而乳中油酸的浓度为硬脂酸的3~4倍。乳中甘油三酯的来源可概括在图14-1中。

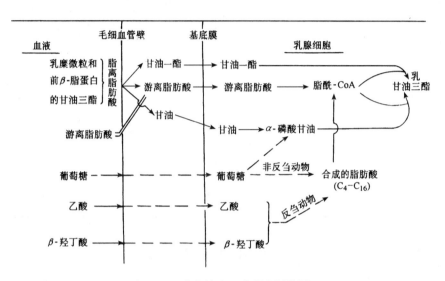

图14-1 乳中甘油三酯的来源简图

研究表明，脂肪酸的酯化作用主要发生在滑面内质网。在这个位置上合成的脂类聚集成乳脂小滴，并游离在胞浆中，其体积由小变大，并逐渐向上皮细胞的顶部迁移，并向腔面突入，突出腔面的脂滴由细胞质膜包裹，最后从顶膜上断开以脂肪球的形式排入腺泡腔中，其外面仍然包裹着脱离了细胞的质膜并含有少量细胞液成分。乳脂的这种分泌方式称为顶浆分泌。其分泌方式见图14-2。

（二）**乳蛋白质的合成** 乳中的蛋白质有两个来源：一是由乳腺从头合成的，如酪蛋白、α-乳清蛋白和β-乳球蛋白等，它们是乳腺所特有的，二是来自血液中的蛋白质，主要有免疫球蛋白和血浆清蛋白等。

1. 乳腺中从头合成的蛋白质 现已证明，90%以上的乳蛋白是在乳腺中由氨基酸从头合成的。对动物静脉注射^{14}C-标记的氨基酸以及进行动静脉差的测定都证明，酪蛋白、β-乳球蛋白和α-乳清蛋白是由乳腺中的游离氨基酸合成的，而这些氨基酸来自血液。用山羊做的实验也显示，由血液中摄入的必需氨基酸和谷氨酸与从乳中分泌出的这些氨基酸几乎相等。乳腺细胞自身还有合成非必需氨基酸的能力，为合成乳蛋白提供原料。

乳腺合成蛋白质的过程与其他组织相同（参见第九章）。乳腺细胞合成的大部分蛋白最终要分泌出去，主要乳蛋白的合成在粗面内质网的核糖体上开始，然后由信号肽引导进入内质网腔，并在内质网和高尔基体内进行磷酸化和糖基化等化学修饰过程，再由分泌泡转送到上皮细胞顶膜，通过胞吐的方式释放到腺泡腔中。酪蛋白等乳蛋白与乳糖的分泌利用的是共同的通路（图14-2）。

乳腺是一个合成蛋白质十分活跃的场所。为乳蛋白质编码的基因的表达具有明显的组织特异性和阶段特异性，即乳蛋白质的合成仅在乳腺上皮细胞中进行，表达量大，并且发生在哺乳母体即将分娩之前和分娩之后的相当长一段时间的泌乳期中，乳腺合成的乳蛋白很少进入动物的循环系统。乳蛋白基因的表达还受神经内分泌的调控。有关乳蛋白质基因

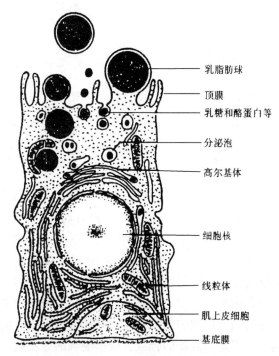

图 14-2 泌乳期乳腺分泌细胞的结构与分泌模式图

结构及其表达调控的研究已取得巨大进展，许多乳蛋白基因，如牛酪蛋白，α-乳清蛋白，β-乳球蛋白基因已被克隆和得到了全部序列。目前国内外许多实验室开展了转基因动物，试图以动物乳腺为生物反应器（biological reactor），廉价地大量生产可用于人畜的活性多肽和蛋白质。80年代后期，有人首次成功地以乳蛋白基因表达元件做为载体，使泌乳期小鼠乳腺表达出有生物活性的人组织纤溶酶原激活物（tPA）。此后又有人尿激酶原、人白细胞介素-2，人C蛋白，人抗凝血因子Ⅳ等一系列在人类医学临床有重要价值的蛋白基因在不同种别动物乳腺中得到表达，展现出了鼓舞人心的应用前景。

2. 乳中血液来源的蛋白质　乳中还有5%～10%的蛋白质不是乳腺自身合成的，而来源于血液。其中之一是血浆清蛋白。它在牛初乳中的浓度高于常乳。另一个是免疫球蛋白。在泌乳初期，初乳中的免疫球蛋白有很高的浓度，如每升乳牛和母羊初乳中的免疫球蛋白可高达一百多克。常乳中的免疫球蛋白水平远低于初乳。不同种别动物乳中的免疫球蛋白种类不同。牛乳中主要是IgG（又分为IgG_1和IgG_2），其次是IgM和IgA。在接近分娩时，血液中大量IgG向乳腺组织转移，汇集在腺泡周围，随着泌乳启动，被乳腺上皮细胞摄入，随其他乳蛋白一同分泌进入腺泡腔。免疫球蛋白从血液转入到乳腺上皮细胞中的过程与上皮细胞基底膜上的IgG受体介导的内吞作用有关。

乳中许多其他蛋白激素，尚难以明确界定它们到底是由乳腺自身合成的还是血液来源的，很可能两种情况兼而有之。

（三）**乳糖的合成与分泌**　乳糖是绝大多数哺乳动物乳中特有的，通常也是主要的糖。

乳中乳糖的含量对于乳的形成和分泌过程中渗透压的维持和分泌有重要作用。研究证实，乳糖的合成以葡萄糖为前体，发生在乳腺上皮细胞的高尔基体腔中。催化乳糖合成的一系列酶促反应如下：

(1) 葡萄糖 + ATP $\xrightarrow{\text{己糖激酶}}$ 葡糖-6-磷酸 + ADP

(2) 葡糖-6-磷酸 $\xrightarrow{\text{葡糖磷酸变位酶}}$ 葡糖-1-磷酸

(3) 葡糖-1-磷酸 + UTP $\xrightarrow{\text{UDP-葡糖焦磷酸化酶}}$ UDP-葡糖 + PPi

(4) UDP-葡糖 $\xrightarrow{\text{UDP-半乳糖-4-差向酶}}$ UDP-半乳糖

(5) UDP-半乳糖 + 葡萄糖 $\xrightarrow{\text{乳糖合成酶}}$ 乳糖 + UDP

其中乳糖合成酶是乳糖合成与分泌过程的主要限速酶。这个酶是由 A、B 两个亚基构成的二聚体，A 亚基原是在动物组织中普遍存在的 β-半乳糖基转移酶，它通常催化半乳糖基从 UDP-半乳糖上转移给 N-乙酰氨基葡萄糖。B 亚基即是存在于乳中的 α-乳清蛋白。B 蛋白与 A 蛋白的结合改变了 A 蛋白的专一性，使 UDP-半乳糖可以直接把半乳糖基转移给葡萄糖生成乳糖。B 蛋白实际上起了修饰亚基的作用。乳糖在高尔基体腔内合成，经由分泌泡向上皮细胞顶膜转移，在此过程中水分借助于乳糖的渗透作用进入含有乳糖的分泌泡中。因此，乳糖的合成直接影响乳的分泌量。乳糖与分泌泡中的乳蛋白最终一起分泌到乳腺腺泡腔中。

第二节　蛋的生物化学

一、蛋的结构

由外向内可见，蛋由蛋壳、蛋清和蛋黄三个部分所组成，因家禽的种类、品种、年龄、产蛋季节和饲养状况不同，各个组分在蛋中所占的比重也不同。表 14-6 为主要禽蛋各个部分的比例。

表 14-6　蛋的各个部分的所占比例（%）

	蛋　壳	蛋　清	蛋　黄
鸡蛋	10～12	45～60	26～33
鸭蛋	11～13	45～58	28～35
鹅蛋	11～13	45～58	32～35

（一）蛋壳的结构　蛋壳（egg shell）由角质层、蛋壳和蛋壳膜所构成。

1. 角质层　又称外蛋壳膜。这是一层履盖在鲜蛋外表面上的由可溶性胶原粘液干燥而形成的透明薄膜。它透水透气，覆盖在蛋壳上的小孔上，有抑制微生物侵入蛋内的作用。

2. 蛋壳　是包裹在蛋内容物外的碳酸钙硬壳。它使蛋具有形状并保护内部的蛋清和蛋黄。鸡蛋的蛋壳重约 5 g，厚度为 300～400 μm。家禽蛋壳结构如图 14-3 所示。

蛋壳的主体为海棉层有机基质部分，包含一个有机的核心。它是糖蛋白，在其周围沉

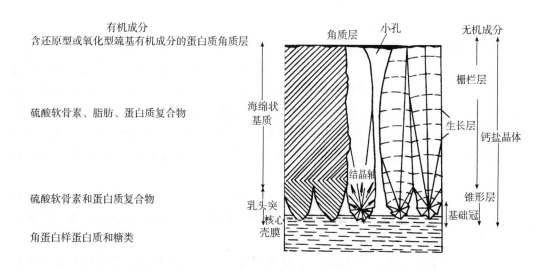

图 14-3 家禽蛋壳结构模式图

积无机盐类,其中 98% 是碳酸钙,少量为蛋白质。蛋壳上分布有许多大小在 $9\mu m \times 10\mu m$ 至 $22\mu m \times 29\mu m$ 的微小气孔,作为鲜蛋本身进行气体代谢的内外通道。

3. 蛋壳膜 蛋壳膜分内外两层,两者紧紧相贴在一起。它们都是由角蛋白纤维形成的网状结构,外膜稍厚,厚度约为 $44\sim 60\mu m$,纤维较粗,而内膜又称蛋白膜,较薄,厚度约为 $13\sim 17\mu m$,纤维致密,有更强的保护作用。在蛋的钝端,内外两层蛋壳膜分离形成气室。

(二)蛋清的结构 蛋白膜(即蛋壳内层膜)之内就是蛋清(egg whey)即蛋白,为颜色微黄的胶体,约占蛋总重的 60%。蛋白由外向内可分为四层,依次为外层稀薄蛋白,占蛋白总体积的 23.2%,中层浓厚蛋白,占 57.3%;内层稀薄蛋白,占 16.8% 和系带膜状层,占 2.7%,也是浓厚蛋白。另外,在蛋清中,位于蛋黄两端还有一白色带状结构,称为系带。浓厚蛋白占全部蛋清蛋白的一半以上。新鲜禽蛋中的浓厚蛋白含量高,因此蛋清粘稠。随着贮存时间的延长,由于蛋白酶的分解作用,蛋清中溶菌酶活性下降和细菌的逐渐入侵,浓厚蛋白含量也随之减少。因此浓厚蛋白的含量是衡量禽蛋新鲜度的重要标志。

(三)蛋黄的结构 蛋黄(egg yark)是蛋清包围的球状体,它由许多直径在 $25\sim 150\mu m$ 大小微细的球状颗粒组成。它们分散在一个连续相中,并且有一些更小的颗粒(直径约为 $2\mu m$)分布在球状颗粒和连续相二者之间。

蛋黄又由蛋黄膜、蛋黄内容物和胚胎所组成。蛋黄膜是包围在蛋黄外面的透明薄膜,厚度在 $16\mu m$ 左右,并分为三层,内外两层为黏蛋白,中间为角蛋白,它比蛋白膜更为微细和紧密,可以防止蛋清与蛋黄相混合。蛋黄的内容物是黄色乳状液,是蛋中营养最为丰富的部分。其中心为白色蛋黄层,外面被交替的深色和浅色蛋黄层所包围。有时在蛋黄表面可见一微白色,直径为 $2\sim 3$ mm 的圆点,即是胚胎。

二、蛋的成分与形成

(一) 蛋黄的成分与形成

1. 蛋黄的成分　蛋黄的组成很复杂，50%是蛋白质和脂类，二者比例为1∶2。脂类主要以脂蛋白的形式存在，此外还含有糖类、酶类、矿物质、维生素和色素等。当离心分离蛋黄时，能沉降出颗粒。颗粒约占蛋黄固形物的23%，它含有卵黄高磷蛋白和卵黄脂磷蛋白（又称高密度脂蛋白），它们分别占蛋黄固形物的4%和16%左右，另外含有少量低密度脂蛋白。而上清液中含有较多的低密度脂蛋白，占蛋黄固形物的65%，此外还含有一族水溶性的卵黄球蛋白，占蛋黄固形物的不到10%。蛋黄中还有核黄素结合蛋白，约占总蛋白质的0.4%。

① 低密度脂蛋白　所含脂类占蛋黄总脂类的95%。它的组成是：蛋白质11%，中性脂类66%（其中胆固醇占4%），磷脂23%。磷脂中卵磷脂为19%，另外还有少量的神经磷脂及溶血卵磷脂。蛋白质约含0.1%的磷。

② 卵黄脂磷蛋白（高密度脂蛋白）　蛋黄中绝大部分的铁和钙存在于卵黄脂磷蛋白中。它的组成是：蛋白质78%，脂类20%。在脂类中磷脂约占脂类的60%，胆固醇约占4%，其余为甘油三酯。此外还含有少量的糖类。

③ 卵黄高磷蛋白　它是蛋黄中主要的磷蛋白。其所含的磷至少占卵黄所有蛋白质中磷的80%，而所含的蛋白质则仅占卵黄所有蛋白质的10%。

④ 卵黄蛋白　它是蛋黄中的水溶性蛋白质，用电泳或超速离心至少可分出 α，β，γ 三种形式。

⑤ 黄素蛋白　通常与核黄素以1∶1形成复合体，在pH 3.8~8.5范围内复合体是稳定的，低于pH 3.0时，核黄素发生解离。

蛋黄中的脂类十分丰富，约占30%~33%，其中甘油三酯约占20%，磷脂类其次，为10%左右。胆固醇少量。脂类主要以脂蛋白的形式存在卵黄中。此外蛋黄中还含有叶黄素，玉米黄素和胡萝卜素等一些脂溶性色素物质，因此蛋黄呈黄色或橙色。

2. 蛋黄的形成　一般认为，在雌激素作用下，蛋黄的主要成分是蛋白质，它的合成是在肝脏中进行的，然后将合成的卵黄蛋白质经血液转运到卵巢，再转运到发育的卵中。用产蛋鸡和雌激素化的公鸡进行的研究证明，卵黄高磷蛋白的合成场所是肝脏，而且从产蛋鸡的血浆中分离出在氨基酸组成上近似于蛋黄中的卵黄高磷蛋白。另外，当产蛋鸡接近性成熟时，肝脏重量及其脂肪含量以及血脂含量都增加。产蛋鸡肝脏增加的甘油三酯是用来合成卵黄脂磷蛋白的，并从血浆中也分离出了卵黄脂磷蛋白。

卵子就是原始的卵黄，它在禽类卵巢中形成。成熟的卵子脱离卵巢掉入输卵管（称为排卵），然后进入输卵管的漏斗部。

(二) 蛋清的成分与形成

1. 蛋清的成分　蛋清中的水分含量约为85%~89%，且各层之间不同。外层稀薄蛋白含水89%，中层浓厚蛋白为84%，内层稀薄蛋白为86%，系带膜状层为82%，蛋白质含量为总量的11%~13%。已知，蛋清中至少含有40多种不同的蛋白质，其中理化性质比较清楚且含量较多的有12种主要类型的蛋白质，见表14-7。

表 14-7 蛋清中蛋白质的种类和性质

蛋白质类型	组成（%）	等电点 pH	分子量	糖类(%)	生物学的性质
卵清蛋白	54.0	4.5～4.8	46 000	3	
伴清蛋白	12～13	6.05～6.6	76 600～86 000	2	与 Fe、Cu、Zn 结合，抑制细菌
卵类黏蛋白	11.0	3.9～4.3	28 000	22	抑制胰蛋白酶
卵抑制剂	0.1～1.5	5.1～5.2	44 000～49 000	6	抑制蛋白酶，包括胰蛋白酶和糜蛋白酶
无花果蛋白酶抑制剂	0.05	～5.1	12 700	0	抑制蛋白酶，包括木瓜蛋白酶和无花果蛋白酶
卵黏蛋白	3.5	4.5～5.1	?	19	抗病毒的血凝集作用
溶菌酶	3.4～3.5	10.5～11.0	14 300～17 000	0	分裂特定的 β-(1-4)-D-葡萄糖胺，溶解细菌
卵糖蛋白	0.5～1.0	3.9	24 400	16	
黄素蛋白	0.8	3.9～4.1	32 000～36 000	14	结合核黄素
卵巨球蛋白	0.05	4.5～4.7	760 000～900 000	9	
抗生物素蛋白	0.05	9.5～10.0	68 300	8	结合生物素
卵球蛋白 G_2	4.0	5.5	36 000～45 000	?	
卵球蛋白 G_3	4.0	5.8			

① 卵清蛋白 在蛋清中的含量最多，占总蛋清蛋白的 54%，它是一个含磷酸基的糖蛋白，卵清蛋白不只一种，它可进一步分离为三种（A_1、A_2、A_3）或以上的类型。在其等电点，可用硫酸铵盐析得到针状的晶体。

② 伴清蛋白 约占蛋清总蛋白的 13%，它是一个糖蛋白。它与许多金属特别是与铁牢固结合，与血清铁传递蛋白组成相似。它能与细菌的酶系统竞争金属离子，因此具有抑菌功能。

③ 卵类黏蛋白 约占蛋清总蛋白的 11%，它的一个特征是含糖类约 20%～25%，它的重要生化特征是抑制蛋白酶类。不同品种禽类的卵类黏蛋白的抑制作用是不同的，例如，鸡、鹅等的卵类黏蛋白只抑制胰蛋白酶，而火鸡、鸭等的则抑制胰蛋白酶和糜蛋白酶。

④ 卵球蛋白 G_2 和 G_3 最初发现蛋清中有三种球蛋白，称 G_1、G_2、G_3。后来发现 G_1 就是溶菌酶。在蛋清蛋白质中 G_2 和 G_3 每种成分约占 4%。G_2 的分子量在 36 000～45 000 之间。有人发现在不同品种母鸡中 G_3 有 8 种变种，因而认为卵球蛋白在品种遗传上可能有一定的重要性。

⑤ 溶菌酶 占蛋清总蛋白的 3%～4%，它在溶液中相当稳定，在微酸性或中性溶液中保存 6 年，其活性仍保持约 77%。而且，在 pH 5.4 时煮沸 1 min 仍保持其活性。但微量的铜可使此酶很不稳定。溶菌酶的重要生物学性质是：它对细菌的细胞壁有溶解作用，可使细菌细胞壁的 D-葡萄糖胺、胞壁酸等游离出来。关于蛋清溶菌酶的结构和作用机制研究得很多，这里不做详细介绍。

⑥ 卵黏蛋白 约占蛋清总蛋白的 1.5%～2.9%。因它不溶解，呈纤维状，分子量尚不确定。它是含糖类较高的酸性蛋白质，是浓厚蛋白的主要成分。但已知它能抑制病毒的血凝集作用。

⑦ 黄素蛋白 占蛋清总蛋白的 0.8%～1%。它含有 14% 的糖类，并且还含有 0.7%～0.8% 的磷。它的特征是能与核黄素（按分子量 1∶1 比例）结合得很稳定。它的功能可能

是将核黄素转移到胚胎中。一般认为缺乏核黄素的蛋难于孵化，若注射核黄素于此蛋白就能孵化。

⑧ 卵巨球蛋白　约占蛋清总蛋白的 0.5%。除了卵黏蛋白外，它是蛋清中分子量最大的蛋白质（分子量在 8 000 000 左右）。已知它是蛋清中在免疫学上唯一具有广谱交叉反应的成分，它具有强的免疫原性。

⑨ 卵糖蛋白　它是酸性糖蛋白，等电点为 pH 3.9。它约含己糖 13.6%，己糖胺 13.8%，唾液酸 3.0%。

⑩ 卵抑制剂　约占蛋清总蛋白量的 0.1%～1.5%。它是糖蛋白，由一条多肽链组成，并且是不均一的，可分为三种或五种形式，其区别在于糖类部分。它能抑制胰蛋白酶和糜蛋白酶，一分子卵抑制剂能抑制 4 分子的酶，即 2 分子胰蛋白酶和 2 分子糜蛋白酶。

⑪ 抗生物素蛋白　是蛋清中含量最少的成分，只占 0.05%。它的重要性在于可结合生物素，成为一个极稳定的复合体。因为它能抑制细菌对生物素的摄取，而能起抗菌剂的作用。

⑫ 无花果蛋白酶抑制剂　约占蛋清总蛋白的 0.05%，分子小，是不含糖类的蛋白质，热稳定性高。它能抑制木瓜蛋白酶和无花果蛋白酶。

2. 蛋清的形成　蛋清形成的主要阶段见图 14-4。排卵后，当卵在漏斗部的尾端和膨大部前端时，分泌的蛋白质首先沉积于卵上形成第一个蛋清层，组成蛋清的内层。这一层蛋白质是浓厚的，由黏蛋白纤维形成黏蛋白纤维网，网的周围充满稀蛋白。

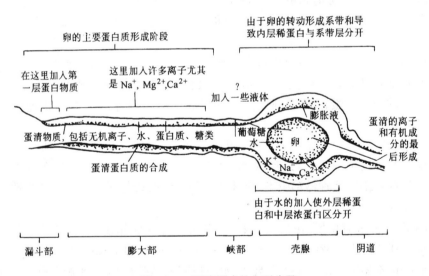

图 14-4　蛋清形成的主要步骤

注：? 表示膨胀液进入蛋壳的机制不清楚

然后当卵在膨大部下降的 3 h 中，膨大部能分泌更多的浓的胶状蛋白质沉积在卵上形成环状层，于是组成蛋清的中层浓蛋白。然而，当卵进入峡部时，其外观主要是一层蛋清，而没有分层的现象，此时其蛋清蛋白质的浓度约为卵最后浓度的 2 倍，但蛋清的总量则为最后量的一半。同时卵在峡部 1 h 多，峡部产生一些液体加入卵中，蛋清被稀释很多，于是产出的蛋蛋白容量差不多是最初分泌出来的 2 倍。

卵在壳腺中停留约20h，此时可看到蛋清的分层。系带是一对白色的弯曲的蛋白，附着于蛋黄相对的两端并与卵长轴平行的纽带。现在一般认为，系带是卵在输卵管中的机械扭力和旋转作用下，由内层蛋白的黏蛋白纤维形成的。虽然它的构成物质是在膨大部前端分泌的黏蛋白纤维，但最初分泌出来时并没有系带存在，直到卵进入壳腺后才看得清楚。在系带形成的同时被挤出来的稀蛋白形成内层稀蛋白。据研究，某些酶也参与系带的形成。

当卵在壳腺中停留的时候，壳腺膨胀液可把约15～16 g水（占蛋清水的50%左右）添加于蛋清中，从而增加了蛋清的总容量，这个过程需要持续6～8 h，其结果形成明显的中层浓蛋白和外层稀蛋白。现在认为蛋清蛋白质主要是在输卵管中形成的。可能的例外是伴清蛋白，它是一种铁传递蛋白，与血清中的铁传递蛋白很相似，因而有可能是由血清中转运至输卵管后进入蛋清的。蛋清蛋白质在输卵管细胞中的生物合成与其他组织细胞相同。

葡萄糖是由峡部提供并在壳腺里进入蛋清的。每100 ml 蛋清中可加入约350 mg葡萄糖。组成蛋清成分的无机离子对将来胚胎的发育是重要的。已知Na^+、Ca^{2+}、Mg^{2+}主要在膨大部添加进去，而K^+是在壳腺中进去的。关于离子如何透过输卵管壁的问题尚不清楚。

（三）蛋壳的成分与形成

1. 蛋壳的成分　无机物占蛋壳的94%～97%，而有机物占3%～6%，碳酸钙是蛋壳无机物的主要成分，约占93%，其次是碳酸镁和磷酸钙、磷酸镁等。有机物中主要是蛋白质，还有糖类。在蛋壳结构中的不同部分其化学成分差别也很大。角质层是一层极薄的被膜有机物，从其氨基酸组成看，并不同于通常的角蛋白，其中还含有半乳糖、葡萄糖、甘露糖、果糖等以及微量的脂质。而蛋壳中除了绝大部分的钙盐以外，其有机基质是由硫酸软骨素，脂类和蛋白质构成的复合物。蛋壳还呈现白、淡褐或淡红色、蓝灰等颜色。研究认为蛋壳的颜色与蛋壳中所含的原卟啉含量有关系。这种色素近似于血液中的血红素，在紫外线照射下能发出不同的荧光。蛋壳膜中含水约20%，其组成中大部分是蛋白质，类似胶原蛋白，还有一些多糖。但糖的含量比角质层和蛋壳中的少。

2. 蛋壳的形成　卵由峡部运动至壳腺后，壳腺分泌立即开始。在起初的3～5h中，钙的沉积速度较慢，此后钙的沉积加快，并以恒定的速度沉积15～16h，直到产蛋。蛋壳是在壳腺中形成的，大部分蛋壳中的钙也是在蛋壳形成较快的阶段中沉积下来的。

蛋壳形成中钙的来源十分重要，它主要来源于饲料和骨骼。已知壳腺本身只含微量的钙。当蛋壳形成时，一方面壳腺上皮细胞中的钙离子直接来自血液，另一方面壳腺上皮细胞能不断地将钙排至壳腺腔内。当钙沉积于蛋壳中时，有些鸡血浆中的钙量可下降多达5 mmol/L。但在这方面，不仅有个体上的差异，而且品种和品系间均存在着差异。产蛋鸡正常血浆钙含量为10～15 mmol/L，非产蛋鸡为5～6 mmol/L。所以产蛋鸡的血钙含量约为非产蛋鸡的2倍。在血钙与骨钙之间存在着动态平衡，由于这种平衡，血钙含量才能维持相对稳定。骨骼是钙的贮存地点。当饲料中缺钙，或机体对钙的需要量超过从饲料中吸取的量时，骨骼中的钙就被动用。由于高产母鸡对钙的需要量很大，所以建立了调动钙的一种特殊机制。在产蛋期间，很多骨的髓腔被新的次级骨系统所侵占。这种骨称为髓骨。在产蛋期间，当钙由肠道的吸收率小于壳腺的排出率时，则欠缺的钙量必须由骨钙来补充。

当钙的吸收率大于壳腺的钙排出率时，血中的钙就移入骨骼，呈钙的正平衡。这样看来，禽类的骨骼，特别是髓骨可看作是一个缓冲器。髓骨通常不存在于雄禽。在产蛋鸡只有那些血液供应良好的骨才有髓骨存在。例如存在于股骨，而在上膊骨和跗骨并不存在。

关于形成蛋壳碳酸盐中碳酸根离子的来源，认为可能来自于血液，因为壳腺中有丰富的碳酸酐酶，也可能直接由壳腺代谢分泌产生。

蛋壳的厚度和结构是蛋禽钙代谢效能的指标。但蛋禽的品种、年龄、营养、疾病、环境和温度等都可以影响其钙代谢。如蛋壳随年龄增大而变薄，鸡新城疫和支气管炎除影响蛋的品质外，也使蛋壳变薄；饲料缺钙，维生素 D 缺乏也影响蛋壳的形成，甚至使产蛋终止。

参 考 书

　　本书重编过程中曾参阅了国内外有关书籍及文献，引用了有关资料及图片，在此向著者表示最衷心的感谢！限于篇幅，不能逐一列出，现仅列出主要几本，敬请原谅！

[1] 沈同，王镜岩. 生物化学（第 2 版）. 高等教育出版社，1991
[2] 顾天爵等. 生物化学（第 4 版）. 人民卫生出版社，1998
[3] Stryer. L 著. 唐有祺等译. 生物化学. 北京大学出版社，1990
[4] 沈仁权等. 生物化学教程. 高等教育出版社，1993
[5] 陶慰孙等. 蛋白质分子基础. 高等教育出版社，1995
[6] 邹国林等. 酶学. 武汉大学出版社，1997
[7] 阎龙飞等. 分子生物学（第 2 版）. 中国农业大学出版社，1997
[8] 杰里弗·佐贝著. 曹凯鸣等译. 生物化学. 复旦大学出版社. 1989
[9] 汪玉松著. 乳生物化学. 吉林大学出版社，1995
[10] Stryer. L. Biochemistry（4th edition）. W. H. Freeman and Compang. N. Y. 1995
[11] Voet. D. Biochemistry（2nd edition）. John Wiley and Sons. Inc. N. Y. 1995
[12] Lehninger A. L. Principles of Biochemistry（third printing）. Worth Publishers. Inc. 1984
[13] Alberts. B. et al. Molecular Biology of the Cell（3rd edition），Garland Publishing. Inc. N. Y. 1994
[14] Szekely. M，from DNA to Protein（the Transfer of Genetic Lnformation）. Macmillan Press LTD. 1980
[15] Stevenson. D. E. et. al. Metabolic Disorders of Domestic Animals. Blackwell Scientific Publication 1963.

图书在版编目（CIP）数据

动物生物化学/周顺伍主编．—3版．—北京：中国农业出版社，1999.8（2017.6重印）

普通高等教育"九五"国家级重点教材

ISBN 978-7-109-05990-0

Ⅰ.①动⋯　Ⅱ.①周⋯　Ⅲ.动物学：生物化学-高等学校-教材　Ⅳ.Q5

中国版本图书馆CIP数据核字（1999）第36581号

中国农业出版社出版
（北京市朝阳区农展馆北路2号）
（邮政编码 100125）
责任编辑　武旭峰　王玉英

北京通州皇家印刷厂印刷　新华书店北京发行所发行
1979年8月第1版　1999年10月第3版
2017年6月第3版北京第20次印刷

开本：787mm×1092mm　1/16　印张：23.75
字数：535千字
定价：36.50元

（凡本版图书出现印刷、装订错误，请向出版社发行部调换）